城市环境生态学

戴天兴　编著

中国建材工业出版社

图书在版编目(CIP)数据

城市环境生态学/戴天兴编著 .—北京:中国建材工业出版社, 2002. 7 (2018. 2 重印)
ISBN 978-7-80159-276-7

Ⅰ. 城 ...　Ⅱ. 戴 ...　Ⅲ. 城市环境-环境生态学-高等学校-教材　Ⅳ. X21

中国版本图书馆 CIP 数据核字(2002)第 040532 号

内 容 简 介

城市环境生态学是一门边缘学科,它运用环境生态学的原理和方法来认识、分析和研究城市生态系统及城市环境的问题。

主要内容有城市环境生态学的基本原理、城市人口、城市环境、城市气候、城市灾害与防治、城市植被、城市景观、城市环境质量评价及城市环境美学质量评价等。

本书既可作为高等院校的教材,也可以作为环境科学、环境保护、城市规划、建筑、管理、园林等方面科技人员及管理人员的参考书。

*　　*　　*

城市环境生态学
戴天兴　编著
*
中国建材工业出版社 出版、发行(北京市海淀区三里河路 1 号)
全国各地新华书店经销
北京鑫正大印刷有限公司印刷
*
开本: 787×1092 毫米　1/16　印张: 21.5　字数: 527 千字
2002 年 7 月第一版　2018 年 2 月第十次印刷
定价: 50.00 元

本社网址:www.jccbs.com.cn
本书如出现印装质量问题,由我社发行部负责调换。联系电话:(010)88386906

前　言

生态与环境是现在使用率极高的词。人们关注环境是因为环境出了问题,并且是严重的问题。人们认识到这一点是近几十年的事,在此之前,人类在地球上的生存与发展可以说是高歌猛进,从未受到实质性的障碍。人们对自然环境的态度粗暴又简单,那就是战胜。从“战胜自然”、“征服自然”、“人定胜天”的口号可以看到人类在自然环境面前的恣意。

但是到了20世纪60年代,人们突然发现有一只无形的手拉动了猛进中人类发展列车的制动闸,发展受阻,人类遇到了前所未有的挫折。经过20多年的惊恐和争论,终于在1992年,世界各国在可持续发展问题上达成共识。对自然环境的正确态度应是认识、敬畏,以求得到人与自然的和谐。全面实施全球的可持续发展战略,这是人类所能作出的唯一正确的选择。可持续发展已经成为世界各国21世纪发展的主题。如果说20世纪上半叶的关键词是战争、下半叶是发展,那么21世纪的关键词就是环境。

在可持续发展战略中,提高全民环境意识,用可持续发展,即用“绿色”的眼光重新审视过去和现在,便是一个急迫的任务,《城市环境生态学》就是这样一个努力。我写,是我想发出一点声音。

本书试图用环境生态学的原理和方法来认识、分析和研究城市生态系统。除了城市环境的基本规律和问题外,还论述了生态环境与城市气候、城市景观、城市灾害、城市园林及环境美学的相互关系。作为一种尝试,显然还不成熟,但我希望本书对别人能有一点用。

本书的大部分篇章都是在母亲的病床前写成的,她却没有看到成书,在本书付印时,我谨将本书献给我的母亲。

本书在编写过程中得到了不少专家学者的关心和支持,尤其是刘加平教授给予了更多的关注和帮助,还得到了庞丽娟、阎增峰老师热忱的支持,黄宁同学绘制了大部分插图。本书参考和引用了有关文献资料,在此一并表示我衷心的谢意。

由于本人水平有限,书中定有不少错误,敬请各位专家和读者予以指正。

戴天兴

2002年2月5日

目　录

第一章　环境概论……………………………………………………………… 1
第一节　环境及其结构………………………………………………………… 1
第二节　环境要素及属性……………………………………………………… 3
第三节　环境的功能与特性…………………………………………………… 4
第四节　环境问题……………………………………………………………… 6
第五节　中国的环境问题 …………………………………………………… 15
第六节　可持续发展 ………………………………………………………… 21
第二章　生态学基础 ……………………………………………………………… 25
第一节　概述 ………………………………………………………………… 25
第二节　生物生存环境——生物圈 ………………………………………… 26
第三节　生态因子及其作用 ………………………………………………… 31
第四节　生态系统的基本概念及类型 ……………………………………… 34
第五节　生态系统的基本功能 ……………………………………………… 38
第六节　生态平衡 …………………………………………………………… 51
第三章　城市环境生态学基本原理 ……………………………………………… 56
第一节　城市环境生态学的概念 …………………………………………… 56
第二节　城市环境生态学的基本原理 ……………………………………… 58
第三节　城市及城市生态系统 ……………………………………………… 60
第四节　城市生态系统的组成与结构 ……………………………………… 61
第五节　城市生态系统的特征 ……………………………………………… 64
第六节　城市生态系统基本功能 …………………………………………… 69
第四章　城市生态系统的平衡与调控 …………………………………………… 78
第一节　城市生态系统的平衡 ……………………………………………… 78
第二节　城市生态系统评价 ………………………………………………… 82
第三节　城市生态规划 ……………………………………………………… 86
第四节　城市生态建设 ……………………………………………………… 90
第五章　城市人口 ………………………………………………………………… 93
第一节　人口的发展与城市化 ……………………………………………… 93
第二节　城市人口的基本特征 ……………………………………………… 97
第三节　城市人口的规模与发展……………………………………………… 103
第四节　城市人口的迁移……………………………………………………… 104
第六章　城市环境概要……………………………………………………………… 111
第一节　城市环境的组成及特点……………………………………………… 111

第二节　城市环境容量…………………………………………………………… 112
第三节　城市环境问题…………………………………………………………… 118
第四节　城市环境与经济益损…………………………………………………… 120
第七章　城市大气污染与控制…………………………………………………… 124
第一节　大气污染及危害………………………………………………………… 124
第二节　城市主要大气污染源…………………………………………………… 130
第三节　城市大气环境的影响因素……………………………………………… 135
第四节　城市大气污染防治……………………………………………………… 146
第八章　城市水资源及水污染控制……………………………………………… 153
第一节　对水的再认识…………………………………………………………… 153
第二节　城市水资源……………………………………………………………… 155
第三节　水体污染及危害………………………………………………………… 158
第四节　城市主要水污染源……………………………………………………… 165
第五节　水体自净作用…………………………………………………………… 169
第六节　水污染综合防治………………………………………………………… 175
第九章　城市固体废物污染与控制……………………………………………… 189
第一节　固体废物污染…………………………………………………………… 189
第二节　固体废物的控制与处理………………………………………………… 192
第三节　城市垃圾的处理………………………………………………………… 196
第十章　城市噪声及其他物理污染与控制……………………………………… 201
第一节　城市噪声污染及危害…………………………………………………… 201
第二节　城市噪声污染控制……………………………………………………… 207
第三节　电磁辐射污染及防治…………………………………………………… 210
第四节　放射性污染及其防治…………………………………………………… 213
第五节　热污染与光污染………………………………………………………… 216
第十一章　城市气候……………………………………………………………… 220
第一节　概述……………………………………………………………………… 220
第二节　城市气候的特点………………………………………………………… 222
第三节　城市气温………………………………………………………………… 224
第四节　城市的风………………………………………………………………… 230
第五节　湿度与降水……………………………………………………………… 233
第十二章　城市灾害及预防……………………………………………………… 238
第一节　概述……………………………………………………………………… 238
第二节　地震灾害………………………………………………………………… 240
第三节　其他地质灾害…………………………………………………………… 247
第四节　城市消防………………………………………………………………… 250
第五节　城市防洪………………………………………………………………… 252
第六节　其他城市灾害…………………………………………………………… 256

第十三章　城市植被……………………………………………………………… 259
第一节　概述……………………………………………………………………… 259
第二节　城市植被的生态功能………………………………………………… 261
第三节　城市植被的使用和美化功能………………………………………… 269
第四节　城市园林绿地系统规划……………………………………………… 272
第五节　卫生防护林带规划设置……………………………………………… 274
第六节　城市绿化和树种规划………………………………………………… 278
第十四章　城市景观………………………………………………………………… 287
第一节　景观概述……………………………………………………………… 287
第二节　景观要素的基本类型………………………………………………… 288
第三节　城市景观的特性……………………………………………………… 293
第四节　城市自然景观………………………………………………………… 298
第五节　城市人工景观………………………………………………………… 300
第六节　城市景观规划………………………………………………………… 303
第七节　历史遗产与其景观规划……………………………………………… 306
第十五章　城市环境质量评价……………………………………………………… 311
第一节　环境质量评价概述…………………………………………………… 311
第二节　城市环境质量评价的方法…………………………………………… 316
第三节　环境影响评价………………………………………………………… 321
第四节　城市环境美学质量评价……………………………………………… 326
主要参考文献………………………………………………………………………… 332

第一章　环境概论

环境是现在使用率极高的词,这是近几十年的事。人们关注环境是因为环境出了问题,而且是严重的问题。目前地球上发生的变化,使人们不得不正视环境问题。如果说20世纪上半叶的关键词是战争、下半叶是发展,那么21世纪的关键词就是环境。

第一节　环境及其结构

一、环境的概念

环境的本义是指周围的境况。环境必须相对于某一中心或主体才有意义,不同的主体相应有不同的环境范畴。若以地球上的生物为主体,环境的范畴包括大气、水、土壤、岩石等。若以人为主体,还应包括整个生物圈,除了这些自然因素,还有社会因素和经济因素。

环境科学所研究的环境,其主体是人类,环境指的是人类的生存环境,它的涵义可以概括为:作用于人的一切外界事物和力量的总和。

在不同的研究领域,对于环境范畴的划分是有差异的。在《中华人民共和国环境保护法》中明确指出:"本法所称环境,是指影响人类生存和发展的各种天然的和经过人工改造的自然因素的总体,包括大气、水、海洋、土地、矿藏、森林、草原、野生动物、自然遗迹、人文遗迹、自然保护区、风景名胜区、城市和乡村等。"在这里,"自然因素的总体"有两个约束条件:一是包括了各种天然的和经过人工改造的;二是并不泛指人类周围的所有自然因素,如整个太阳系、银河系等,而是指对人类的生存和发展有明显影响的自然因素的总体。

随着人类社会的发展,环境的范畴也会相应地改变。月球是距地球最近的星体,它对地球上海水潮汐等都有影响,但对人类生存和发展的影响现在还很小,所以现阶段还没有把月球视为人类的生存环境,也没有那一国的环境保护法把其归于人类生存环境范畴。但是,随着宇宙航行和空间技术科学的发展,将来会有一天人类不但要在月球上建立空间实验站,还要开发月球上的资源,人类频繁地来往于月球和地球之间。到那时,月球当然就会成为人类生存环境的重要组成部分。所以,我们要用发展的眼光来认识环境、界定环境的范畴。

二、环境科学

环境科学是一门新兴、边缘、综合性学科,是在人们亟待解决环境问题的需求下迅速发展起来的。它经过20世纪60年代的酝酿,到70年代便从零星而不系统的环境保护和研究工作汇集成一门内容丰富、领域广泛的新兴学科。尤其是近二十年,环境科学的发展异常迅猛，其他学科都向它渗透并赋予它新的内容，它涉及到自然科学、工程技术、医学和社会科学等。所以可以讲环境科学是一门还处于初生阶段、尚未成型的一门边缘学科。

在现阶段，环境科学主要是运用自然科学和社会科学的有关理论、技术和方法来研究环境问题，因而形成与其有关学科相互渗透、交叉的许多分支学科。

属于自然科学方面的有：环境工程学、环境地学、环境生物学、环境化学、环境物理学、环境数学、环境医学、环境水利学、环境系统工程等。

属于社会科学方面的有：环境社会学、环境经济学、环境法学及环境管理学等。

环境科学已形成一个学科体系，各分支学科都以环境为共同的研究对象。

三、环境的构成

环境包括自然环境和人工环境。自然环境是人类出现之前就存在的，是人类目前赖以生存的自然条件和自然资源的总称，是直接或间接影响到人类的一切自然形成的物质、能量和自然现象的总体(图 1－1)，它对人类的影响是根本性的。

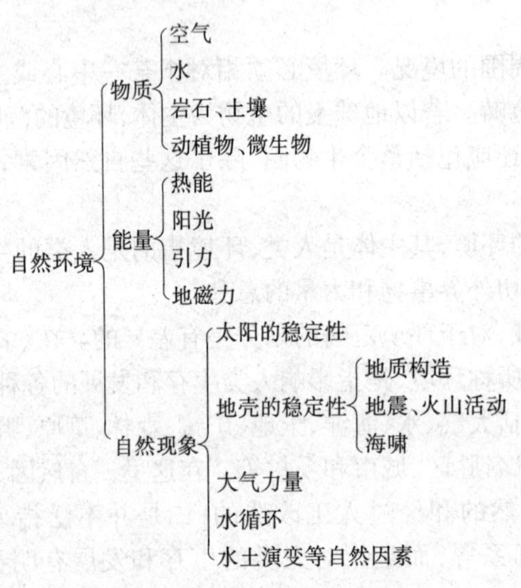

图 1－1　自然环境的构成

人工环境从狭义上讲是指人类根据生产、生活、科研、文化、医疗等需要而创建的环境空间，如人工气候室、无尘车间、温室、密封舱、各种建筑、人工园林等。从广义上说，人工环境是指由于人类活动而形成的环境要素，它包括由人工形成的物质、能量和精神产品以及人类活动过程中所形成的人与人之间的关系，后者也称之为社会环境。人工环境的组成如图 1－2 所示。

人工环境
- 综合生产力(包括人等)
- 技术发展
- 人工构筑物
- 人工产品和能量
- 政治体制
- 社会行为
- 宗教信仰
- 文化与地方因素

图 1－2　人工环境的组成

人类的生存环境已形成一个复杂庞大的、多层次多单元的环境系统，整个环境系统都受到人类活动的影响，并在不断地发展变化着，地球上已很难找到未受到人类干扰影响的自然环境。环境在时间上是随着人类社会的发展而发展，在空间上是随着人类活动领域的扩张而扩张。

按照系统论观点，人类环境是由若干个规模大小不同、复杂程度有别、等级高低有序、彼此交错重叠、相互转化变换的子系统所组成，是一个具有程序性和层次结构的网络。人们可以从不同的角度或以不同的原则，按照人类环境的组成和结构关系，将它划分为一系列层次，每一个层次就是一个等级的环境系统。从人类和环境相互作用的角度，由近及远、由小到大可分为聚落环境、地理环境、地质环境和星际环境。

聚落是人类聚居的地方，也是与人类的生产和生活关系最密切、最直接的环境，它们是人工环境占优势的生存环境。它可分为院落环境、村落环境和城市环境。院落环境是由一些功能不同的构筑物和与它联系在一起的场院组成的基本环境单元，如中国西南地区的竹楼、草原上的蒙古包、陕北的窑洞、北京的四合院、机关大院、居民大杂院等。由于自然环境的不同和经济文化发展的差异，不同院落环境具有各自鲜明的地区和时代特征。村落环境则是农业人口聚居的地方。由于自然条件的不同，以及从事农、林、牧、渔业的种类、规模、经济发展程度不同，因而村落环境无论在结构、形态、规模上，还是从功能上，其类型都很多。最普遍的有所谓农村、渔村、山村、水乡等。城市环境则是非农业人口聚居的地方，各个城市之间的差异则更大，种类更多。城市是人类社会发展到一定阶段的产物，随着社会的发展，城市化的进程在加快，目前全世界 50% 的人口集中在不到 1% 的陆地上，形成了城市中人与环境的尖锐矛盾。城市环境不是孤立地存在于地球上，它与周围环境存在着密切的联系，要研究城市环境，有必要先了解人类整体的生存环境。

地理环境的含义是围绕人类的自然现象的总体。地理环境位于地球的表层，包括岩石圈、土壤圈、水圈、大气圈，在它们相互影响、相互作用的交错带上，其厚度大约 10～30 千米。它是人类活动的舞台，它具备人类生存的三大条件：有常温常压的物理条件、适当的化学条件和生物条件。当今的地理环境概念，不仅包括自然地理环境，还包括人文地理环境。人文地理环境是人类的社会、文化和生产生活活动的地域组合，包括人口、民族、聚落、政治、经济、交通、军事、社会行为等许多成分。它们构成的圈层，称为人文圈。地理环境是环境科学的重点研究对象。

地质环境指的是地理环境中除去生物圈以外的其余部分。星际环境也称宇宙环境，在环境科学中星际环境是指地球大气圈以外的环境。

两种不同类型环境的交错地带，简称边际。边际属于两种相邻环境的过渡带，通常具有此两种环境的特征。如城市郊区和某些集镇就是城市环境和农村环境的边际。

人类的生存环境整体又是由一些基本物质——环境要素组成的。

第二节　环境要素及属性

一、环境要素的概念

环境要素，又称环境基质，是构成人类生存环境整体和各个独立的、性质不同而又服从整体演化规律的基本物质组分。环境要素可分为自然环境要素和人工环境要素。其中自然环境要素通常指水、大气、生物、岩石、土壤等。

环境要素组成环境结构单元，环境结构单元又组成环境整体或环境系统。例如，由水组成江、河、湖、海等水体，全部水体组成水圈；由大气组成大气层，整个大气层总称为大气圈;由生物体组成生物群落,全部生物群落构成生物圈等等。

二、环境要素的基本属性

环境要素具有一些十分重要的特点。它们不仅是制约各环境要素间互相联系、互相作用的基本关系,而且是认识环境、评价环境、改造环境的基本依据。环境要素的基本属性可概括如下:

1. 最差(小)因子限制律

在这里,最差(小)因子限制律是针对环境质量而言。它是由德国化学家J.V.李比西于1804年首先提出,20世纪初英国科学家布来克曼所发展而趋于完善。该定律指出:"整体环境的质量,不能由环境诸要素的平均状态决定,而是受环境诸要素中那个与最优状态差距最大的要素所控制。就如在"木桶原理"中,那块最短的木板决定这个木桶的装水量。这就是说,环境质量的好坏取决于诸要素中处于"最低状态"的那个要素,而不能用其余处于良好状态的环境要素去替代,去弥补。因此,在改进环境质量时,必须对环境诸要素的优劣状态进行数值分类,遵循由差到优的顺序依次改进,使之均衡地达到最佳状态。

2. 等值性

各个环境要素,无论它们本身在规模或数量上如何不同,但只要是一个独立的要素,那么对于环境的限制作用并无质的差异,也就是说,各个环境要素对环境质量的限制,在它们处于最差状态时,具有等值性。

3. 整体性大于各个体之和

一处环境的性质,不等于组成该环境的诸要素性质简单相加之和,而是比这个"和"丰富得多,复杂得多。就是说,环境的整体性大于环境诸要素之和。环境诸要素互相联系,互相作用产生的整体效应,是在个体效应基础上的质的飞跃。

4. 互相联系及互相依存

环境诸要素在地球演化史上的出现,有先后之别,但它们又是相互联系、相互依存的。从演化的意义上看,某些要素孕育着其他要素。岩石圈的形成为大气的出现提供了条件;岩石圈和大气圈的存在,又为水圈的产生提供了条件;岩石圈、大气圈和水圈孕育了生物圈,而生物圈又会影响岩石圈、大气圈和水圈的变化。

第三节　环境的功能与特性

一、环境的功能

环境的功能指以相对稳定的有序结构构成的环境系统为人类和其他生命体的生存发展所提供的有益用途和相应价值。例如,江、河、湖泊等水环境,可以作为人类生活、生产的水源,并有航运、养殖、纳污等作用,还可以改善地区性小气候,有的还具有旅游观光等功能。森林生态系统构成的环境单元,可以为人类提供蓄水、防止水土流失、释放氧气、吸收二氧化碳,还为鸟类和其他野生动植物提供繁衍生息场所等环境功能。

对人类和其他生物来说,环境最基本的功能包括:

1. 空间功能

指环境提供的人类和其他生物栖息、生长、繁衍的场所,且这种场所是适合他们生存发展的。

2. 营养功能

这是广义上的营养,包含环境提供的人类和其他生物生长、繁衍所必需的各类的营养物质及各类资源、能源(后者主要针对人类而言)。

3. 调节功能

如水体和森林都有调节气候的功能,此外,各类环境要素包括大气、河流、海洋、土壤、森林、草原等皆具有吸收、净化污染物,使受到污染的环境得到调节、恢复的能力。但这种调节能力与环境要素的自净能力的有限性是一致的,当污染物的数量及强度超过环境的自净能力时,则环境的调节功能将无法有效发挥作用。

对于人类来说,当其开发利用自然环境系统的功能时,应遵循环境系统形成、发展、变迁的内在机制,尽力保护原有的环境功能,科学合理地扩大它们的功能,进而实现人与自然的和谐,否则,环境功能就会逐渐衰退直至消失,破坏人类和其他生命体赖以生存发展的环境资源,造成人类与环境的对抗。

二、环境的特性

(一)环境自身的特性

环境系统是一个有时、空、量、序变化的复杂的动态系统和开放系统。系统内外存在着物质和能量的变化与交换。系统外部的各种物质和能量进入系统内部,这个过程称为输入;系统内部也对外界产生一定的作用,一些物质和能量排放到系统外部,这个过程称为输出。在一定的时空尺度内,若系统的输入等于输出,就出现平衡,称作环境平衡或生态平衡。

系统的组成和结构越复杂,它的稳定性越大,越容易保持平衡。因为任何一个系统,除组成成分的特征外,各成分之间还具有相互作用的机制,这种相互作用越复杂,彼此的调节能力就越强。

环境的各子系统和各组成成分之间,存在着复杂的相互作用,构成一个网络结构,正是这种网络结构,使环境具有整体功能,形成集体效应,起着协同作用。

(二)环境对于干扰所具有的特性

人类环境由于人类活动的作用与干扰,存在着连续不断的、巨大和高速的物质、能量和信息的流动,因而具有不容忽视的特性:

1. 整体性

人类环境的各组成部分之间存在着相互联系、相互制约的关系,局部地区的环境污染或破坏,总会对其他地区造成影响和危害。所以人类生存环境及其保护,从整体上看是没有地区界线和国界的。

2. 有限性

地球的空间是有限的,而且在已知的宇宙空间中是独一无二的。另外,人类生存环境还有其自身的有限性,如资源有限、稳定性有限、容纳污染物的能力有限或者说对污染物质的自净能力有限。

环境在未受到人类干扰的情况下,环境中化学元素、物质和能量分布的正常值,称为环境本底值。环境对于进入其内部的污染物质和污染因素,具有一定的迁移、扩散和同化、异化的能力。在人类生存和自然环境不致受危害的前提下,环境可能容纳污染物的最大负荷量,称为环境容量。环境容量的大小,与其组成成分和结构,污染物的数量及物理和化学性质有关。污染物质和污染因素进入环境后,将引起一系列物理的、化学的和生物的变化,使环境达到自然净化。环境的这种作用,称为环境自净。人类生产和生活活动产生的污染物质或污染因素进入环境的量,超过环境容量或环境自净能力时,就会导致环境质量恶化,出现环境污染。这正说明了环境有限性的特征。

3. 不可逆性

人类的环境系统在其运转过程中,主要存在两个过程:能量流动和物质循环。后一过程是可逆的,但前一过程是不可逆的,因此根据热力学理论,整个过程是不可逆的。所以环境一旦遭到破坏,利用物质循环规律,可以实现局部的恢复,但不能彻底回到原来状态。

4. 隐显性

除了事故性的污染与破坏(如森林大火、化工厂事故等)可以直接、明显看到后果外,日常的环境污染与环境破坏对人们的影响,其后果的显现,需要经过一段时间,要有一个过程。如日本汞污染引起的水俣病,经过了20年时间才显现出来。一个废电池被扔在环境中,需要很长的时间,有毒物质才能逐渐渗出,污染水体和土壤,进而危害人体和其他生物。这是一个缓慢的、不显眼的过程,正因为如此,才往往受到人们的忽视。

5. 持续性

事实证明,环境污染不但影响当代人的健康,辐且还可能会造成世世代代的遗传隐患。目前,我国每年出生有缺陷婴儿约300余万,这无疑与环境污染有关。历史上黄河流域生态环境的破坏,至今仍给人们带来无尽的水旱灾害。又如DDT农药,虽然已经停止使用多年,但已进入生物圈和人体的DDT,还得经过几十年甚至更长的时间才能从生物体中排除出去。现在几乎每一个婴儿出生后吸吮第一口奶水中就含有DDT。这些事例都说明,环境对其遭受的污染和破坏,具有持续反应的特性。

6. 灾害放大性

事实证明,某方面不引人注目的环境污染与破坏,经过环境的作用以后,其危害性或灾害性,无论从深度和广度,都会明显放大。如河流上游林地的毁坏,可能造成下游地区的水、旱、虫灾害;燃烧释放出来的SO_2、CO_2等气体,不仅造成局部地区空气污染,还可能造成酸沉降、毁坏大片森林、使大量湖泊不宜鱼类生存,或因温室效应,使全球气温升高,冰川溶化,海水上涨,淹没大片城市和农田。又如由于大量生产和使用氟氯烃化合物,破坏了大气臭氧层,结果不仅使人类白内障、皮肤癌患者增加,而且太阳光中能量较高的紫外线会杀死地球上的浮游生物和幼小生物,截断了大量食物链的始端,以至极可能毁掉整个生物圈。以上例子足以说明环境对危害或灾害的放大作用是何等强大。

第四节 环境问题

环境问题受到世界各国朝野的关注,越来越多的人们开始意识到我们的生存环境确实出了问题,而且是非常严重的问题。

一、环境问题的概念

近些年来，人们对环境问题有了更深的认识。在二三十年前人们只局限在对环境污染或公害的认识上，因此那时把环境污染等同于环境问题，而地震、水、旱、风灾则认为全属自然灾害。而现在人们已经认识到，自然灾害发生频率的激增，与人类对环境的破坏是密切相关的。

环境问题有广义和狭义两方面理解。从狭义上理解的环境问题是由于人类的生产和生活活动，使自然生态系统失去平衡，反过来影响人类生存和发展的一切问题。从广义上理解，就是自然力或人力引起生态平衡破坏，最后直接或间接影响人类生存和发展的一切客观存在的问题，都是环境问题。从引起环境问题的根源讲，可将其分为第一环境问题和第二环境问题两类。

（一）第一环境问题

由于自然力引起的环境问题，称第一环境问题，亦称原生环境问题。如火山爆发、地震、台风、洪水、旱灾、地方病等自然灾害。

地方病不同于其他病。人类在自然环境中长期进化，与环境始终保持着动态的平衡。人类之所以能健康地生存于环境中，一个重要原因是其自身的组成和地球的化学组成是相适应的。分析人体血液中 60 多种化学元素的含量，发现与地壳岩石中化学元素的平均含量非常近似（见图 1－3）。当自然环境中某些元素过多或过少时，人体健康就会受到影响，以至患病。例如有的地方患甲状腺肿大的人很多，这是由于该地区环境中缺碘引起的。

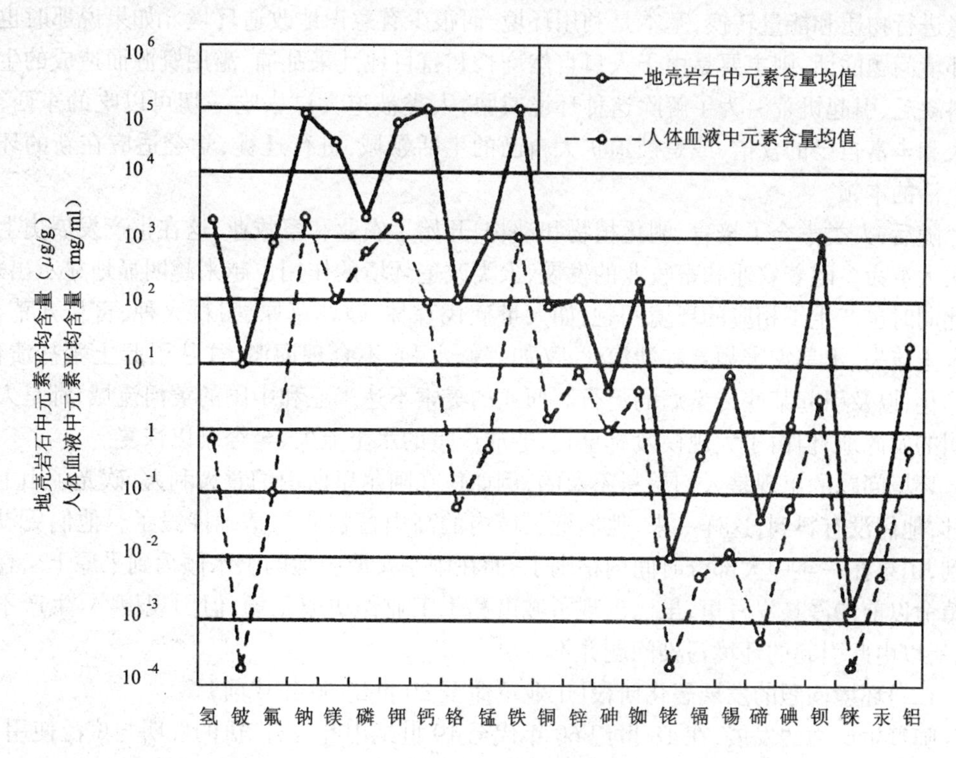

图 1－3　人体血液和地壳在元素含量上的相关性

有的地方患氟骨症的人和动物很普遍，这是环境中氟过多引起的疾病。相反，环境中含氟量过少，该地区患龋齿的人就会很多。

（二）第二环境问题

由于人类因素所引起的环境问题为第二环境问题，亦称次生环境问题。

第二环境问题一般可分为三种：一是不合理开发利用资源，超出环境承载能力，使生态环境质量恶化或自然资源枯竭的现象。例如大面积砍伐森林，造成水土流失；过度放牧造成草原沙漠化；过度抽取地下水，造成地层下沉和水源枯竭等。二是工业"三废"大量排放到环境中，破坏了原有的生态平衡，致使环境遭受污染和破坏。三是由于上述原因造成生物资源的破坏，而导致生物多样性丰富度的下降，大量物种灭绝或处于濒危境地。生物多样性的破坏必然会引起人类的生存危机，人们对这个问题严重性的认识还远远不够。

应当指出的是，第一环境问题和第二环境问题往往难以截然分开，它们常常相互影响、相互作用。

二、环境问题的由来与发展

从人类诞生起就存在人与自然环境的对立统一关系，就出现了环境问题。从古至今随着人类社会的发展，环境问题也在发展，大体上经历了以下四个阶段。

（一）环境问题萌芽阶段（工业革命以前）

人类在诞生以后很长岁月里，只是天然食物的采集者和捕食者，人类对环境的影响很小。那时"生产"对自然环境的依赖十分突出，人类主要是以生活活动，以生理代谢过程与环境进行物质和能量转换，基本是利用环境，而很少有意识地改造环境。如果说那时也发生环境问题的话，则主要是由于人口自然增长和盲目地乱采乱捕、滥用资源而造成的生活资料缺乏、引起饥荒。为了解除这种环境威胁，人类被迫尝试去吃一切可以吃的东西，以扩大和丰富自己的食谱，或是被迫扩大自己的生活领域，进行迁徙，学会适应在新的环境中生活的本领。

随后，人类学会了培育、驯化植物和动物，开始了农业和畜牧业，这在生产发展史上是一次大革命。随着农业和畜牧业的发展，人类改造环境的作用也越来越明显地显示出来，与此同时也产生了相应的环境问题，如大量砍伐森林、破坏草原、刀耕火种、盲目开荒，引起水土流失、水旱灾害频繁和沙漠化；又如兴修水利，不合理灌溉，往往引起土壤盐渍化、沼泽化，以及引起某些传染病的流行。西亚的美索不达米亚和中国的黄河流域，都是人类文明的发源地，但由于大规模毁林垦荒，造成严重的水土流失，至今难以恢复。

环境问题的出现是人们始料不及的，例如住在阿尔卑斯山的意大利人，砍光了山上的松林，他们没有料到，这样一来，他们把区域内的高山畜牧业的基础摧毁了。他们更没有料到，山泉在一年中大部分时间内枯竭了，而在雨季又使凶猛的洪水倾泻到平原上。在工业革命以前的漫长岁月里，虽已出现了城市和手工业作坊或工场，但因规模小，生产不发达，所以由此引起的环境污染问题并不突出。

（二）环境问题的发展恶化阶段（工业革命至 20 世纪 50 年代前）

随着生产力的发展，在 18 世纪 60 年代至 19 世纪中叶，蒸汽机的发明与广泛使用，给社会带来前所未有的巨大生产力，生产发展史上出现了一次伟大的革命——工业革命，它使建立在个人才能、技术和经验基础上的小生产被建立在科学技术成果之上的大生产所代替,大幅度提高了生产率,增强了人类利用和改造环境的能力。人类大规模地改变了环境的组成和结构,进而改变了环境的物质循环系统,带来了新的环境问题。一些工业发达的城市和工矿区的工业企业,排出大量废弃物使污染事件不断发生。林立的烟囱成为发达和繁荣的象征,煤炭是工业和交通的主要能源。当时英国是环境污染最严重的国家,1873 年 12 月、1880 年 1 月、1882 年 2 月、1891 年 12 月、1892 年 2 月,伦敦多次发生可怕的有毒烟雾事件,造成数以千计的人死亡。从 1850 年起泰晤士河水生物绝迹,许多河流成为臭水沟。其他一些工业国家也不例外,如美国田纳西州一个山沟城镇戈斯特镇,由于附近炼铜厂冶炼废气的污染,使周围山上的林木枯萎而剩下秃山,排出的污水使河鱼绝迹。每当雨季,洪水从秃山上倾泻而下,居民无法在此生活,纷纷离去。最后铜厂倒闭,小镇成了一片废墟。

如果说农业生产主要是生活资料的生产,它在生产和消费过程中所排放的废弃物可以纳入生态系统的物质循环,而能迅速净化、重复利用的话,那么工业生产把大量深埋地下的矿物资源开采出来,加工利用投入环境中,许多工业产品在生产和消费过程中排放的"三废"则是生物和人类所不"熟悉"的,难以降解、同化和忍受的。

(三)环境问题的第一次高潮(20 世纪 50 年代至 60 年代)

环境问题的第一次高潮出现在 20 世纪 50～60 年代,当时环境问题突出,震惊世界的公害事件接连不断。1952 年 12 月伦敦烟雾事件(5 日～8 日伦敦发生烟尘污染,4 天中死亡人数较常年同期多 400 人)、1953 年～1956 年日本水俣病事件(1953 年在日本水俣海湾的渔民中开始出现狂怒病,后来称为水俣病。患者表现焦虑、易怒、幻觉、恐惧,很多人精神失常和死亡,后查明,是甲基汞沿生物链富集并依次传递,最后到人,存留于脑中,造成毒害。)更为轰动世界的特大公害事件,就是所谓"腊芙运河污染案",腊芙运河位于纽约州尼亚加拉的边区,是一条不到 1 000 米长的未挖成的河道。1942 年一家农药厂购买了这块地产,用来倾倒工厂废弃物,在 11 年中共倾倒了 21 000 吨化学物质。1953 年这家工厂填了运河,赠给当地政府,此后在这里建了 1 200 栋房子和一所学校。若干年后,从运河覆盖层渗出黑色污液,经有关部门对空气、地下水和土壤测定,发现有 82 种化学物质,其中 11 种被认为有致癌危险。同时,发现该地区婴儿先天性缺陷比例很高,进一步调查又发现居民的体细胞中有过量的或破裂的染色体物质。以上的污染事件都引起居民的恐惧和愤怒,使全世界为之震动,形成了环境问题的第一次高潮。

(四)环境问题的第二次高潮(80 年代以后)

第二次高潮是伴随着环境污染和大范围生态破坏,尤其是 1984 年由英国科学家发现,1985 年美国科学家证实在南极洲上空出现"臭氧空洞",导致了环境问题的第二次高潮。人们共同关心的影响范围大和危害严重的环境问题有三类:一是全球性的大气污染、温室效应、臭氧层破坏和酸雨等;二是大面积生态破坏,如大面积森林被毁、草场退化、土壤侵蚀和沙漠化;三是突发性的严重污染事件迭起,如:墨西哥油库爆炸事件(1984 年 11 月)、印度博帕尔农药泄漏事件(1984 年 12 月)、前苏联切尔诺贝利核电站泄漏事故(1986 年 4 月)、莱因河污染事故(1986 年 11 月)和多起海上油轮漏油事故等。在 1978 年～1988 年间这类突发性的严重污染事故就发生了 10 多起。这些全球性大范围的环境问题严重威胁着人类的生存与发展,不论是公众还是政府,也不论是发达国家还是发展中国家,都普遍对此表示不安。

(五)环境问题发生了质变

我们把两次高潮进行对比,可以看出环境问题已由量变转化为质变。

1. 影响范围不同。第一次高潮主要出现在工业发达国家,重点是局部性、小范围的污染问题;第二次高潮则是大范围,乃至全球性环境污染和大面积生态破坏问题。

2. 就危害后果而言,前次高潮人们关心的是环境污染对人体健康的影响,环境污染虽也对经济造成损害,但问题还不突出。第二次高潮不但明显损害人群健康,因水污染和环境污染而死亡的人数全世界平均每分钟 28 人,而且全球性的环境污染和生态破坏已威胁到全人类的生存与发展。

3. 就污染源来说,第一次高潮的污染源尚不太复杂。第二次高潮出现的污染源则分布广、来源杂,解决这些环境问题,只靠一个国家的努力很难奏效,要靠众多国家,甚至全球人类的共同努力才行。

4. 与第一次高潮相比第二次高潮带有突发性、事故的污染范围大、危害严重,经济损失巨大。例如:印度博帕尔农药泄漏事件,受害面积达 40 平方公里,死亡人数 0.6 万~1 万人,受害人数为 10 万~20 万人,其中许多人双目失明或造成终生残废。

5. 关注的国家扩大了。环境问题的第一次高潮主要出现在经济发达国家,而第二次高潮既包括经济发达国家,也包括了众多的发展中国家。发展中国家不仅认识到国际社会面临的环境问题与己休戚相关,而且本国面临的诸多环境问题,如植被破坏和水土流失造成的生态恶性循环,是比发达国家的环境污染危害更大、更难解决的环境问题。

由此可见,环境问题已发生质变,已由局部问题变为全人类面临的世界性问题。

三、当前面临的主要环境问题

当前世界所面临的主要环境问题是人口、资源、生态破坏和环境污染问题,它们之间相互关联、相互影响,已成为当今世界环境科学所关注的主要问题。

(一)人口问题

由于人口的迅速增长,加上贫困与生态环境退化,已使人口与环境之间严重失调,人口的增长与分布超过了当地环境的承载力。人口的迅速增长还加剧了贫困,人口与环境相互影响又造成紧张的社会关系,出现了“环境难民”问题。

可以说人口的急剧增长是当今环境的首要问题。旧石器时代,人口的倍增期为 3 万年,公元初为 1000 年,19 世纪为 150 年,现代只需 40 年。近百年来,世界人口的增长速度达到人类历史上的最高峰,1999 年,世界人口突破了 60 亿,比世纪初增长了 4 倍。预计到 2025 年,世界人口可能超过 80 亿。新增加的人口中 90% 都出生在发展中国家。而这些国家正在遭受森林破坏、水土流失、土地沙漠化的灾害。

随着人口的增加,生产规模的扩大,一方面所需的资源要急剧增大;一方面在任何生产中都会有废弃物排出,使环境污染加重。另外随着人们生活水平的提高,对土地的占用(住、生产食物)越大。

地球上的一切资源都是有限的,即使是可再生资源,在每年中可供应量也是有限度的。而其中一些资源尤其是土地资源不仅是总面积有限,人类难以改变,而且还是不可迁移的和不可重叠利用的。这样,由于地球的资源是有限的,所以地球上所能承载的人口也必定是有限的。如果人口急剧增加,超过了地球环境的合理承载力,则必然会造成生态破坏和环境污染,这些现象在地球上的一些地区已经出现。所以,根据人类社会科学技术水平的发展,计划和控制相应的人口数量,是保护环境持续发展的主要措施。

(二)资源问题

资源问题是当今人类发展面临的另一主要问题。随着全球人口的增长和经济的发展,对资源的需求与日俱增,人类正面临着某些资源短缺或耗竭的严重挑战。全球资源匮乏和危机主要表现在:土地资源在不断减少和退化,森林资源在不断缩小,淡水资源出现严重不足,生物物种在减少,某些矿产资源濒临枯竭等等。

1. 土地资源减少

土地资源损失,尤其是可耕地资源损失、土壤退化与沙漠化已成为全球性的问题,发展中国家尤为严重。目前,人类开发利用的耕地和牧场,正在不断减少或退化,沙漠化、盐渍化问题比较严重。而全球可供开发利用的备用资源已很少,许多地区已经枯竭。随着人口的快速增长,使得许多国家粮食不能自给,人均占有的土地资源在迅速下降,加之缺乏适当的环境管理,于是把森林和草原改为耕地,从而加快了土壤退化与水土流失、土地盐渍化。

土壤退化导致土地资源减少和质量恶化。土壤退化是指土壤在物理、化学和生物学方面的性能变劣而导致其生产力降低的变化过程。沙漠化和土壤浸蚀是导致土壤退化的重要原因。

目前,全球沙漠面积相当于全球土地面积的1/4。全世界每年约有600万公顷的土地继续出现沙漠化或有沙漠化危险。纯经济效益为零或负值的土地面积,每年以2 100万公顷的速度持续增加;放牧的约8成、依赖降雨的农田约6成和灌溉农田的3成的土地因沙漠化已超过中等受害程度。现在世界上有8.5亿人口生活在不毛之地或贫瘠的土地上。在80年代中期,撒哈拉沙漠地区的旱灾曾造成300万人死亡;现在沙漠化影响着世界1/6人口的生活。

土壤浸蚀指土壤表层因风雨而损失的现象。全世界每年因土壤浸蚀损失土地700万公顷,每年经河流冲入海洋的表土达240亿吨,其中世界主要产粮国美国年流失土壤15.3亿吨、前苏联23亿吨、印度47亿吨、中国50亿吨。同时土壤风蚀、盐渍化、水涝和土壤肥力丧失等现象都在日趋增加。农药和化肥的不适当的使用,导致土壤污染。

随着全球人口的不断增加,土地资源却迅速减少和退化,生产力下降,农作物减产,这一系列问题对人类的生存构成了严重威胁。

2. 森林资源锐减

森林是地球生物圈的重要组成部分,是陆地上最大的生态系统,是人类赖以生存的基础。森林不仅提供木材和林业副产品,更重要的是它具有涵养水分、保持水土、防风固沙、调节气候、保障农业牧业生产、保存森林生物物种、维持生态平衡和净化环境等生态功能。

地球上曾有76亿公顷的森林,到19世纪降为55亿公顷,进入20世纪以后,森林资源受到严重破坏,目前全世界仅有28亿公顷,覆盖率已由过去的2/3下降到1/3(世界粮农组织估算),并在迅速减少。历史上森林植被变化最大的是温带地区,如中国的黄河流域和西亚的两河流域,但近几十年中,世界大的毁林主要发生在热带地区。全球每年砍伐和焚烧森林2 000多万公顷,其中热带雨林的消失速度由1980年的1 210万公顷增加到1990年的1 700万公顷。世界热带雨林目前仍以每分钟20公顷的速度消失。照此速度发展下去,到2030年世界雨林可能会丧失殆尽。

砍伐森林的主要目的是把林地改作耕地,或获取燃料和木材。森林减少的结果是土地裸露、土壤流失、局地气候变化、河水流量减少、湖面下降、农业生产力降低、物种减少等,并进一步造成全球性生态环境恶化。

科学家对保护热带森林的呼声越来越高,但有关国家响应的实际步骤非常缓慢。处在热带森林地区的发展中国家已成为国际经济"开发"的理想场所,这些开发项目往往要吃掉大面积森林。如何保护热带森林已是各国生态环境学家极为重视的问题。

3. 淡水资源危机

淡水是维持生命的基本要素。全球淡水储量约 $3.5 \times 10^{16} m^3$,占全球水储量的2.53%。与人类生活密切的河流、湖泊和浅层地下水只有 $104.6 \times 10^{12} m^3$,占全部淡水储量的0.3%。

随着人口激增和工农业生产的发展,缺水已成为世界性问题。20世纪,世界人口增加了两倍,而人类用水增加了5倍。据统计,全世界有100多个国家缺水,严重缺水的达40多个,占全球陆地面积60%,约有20亿人用水紧张。发展中国家至少有3/4的农村人口和1/5的城市人口得不到安全卫生的饮用水;有80%的疾病和1/3的死亡与受到污染的水有关。

水污染加重了水资源危机。水污染不仅影响人类对淡水的使用,而且还会严重影响自然生态系统并对生物造成危害。全世界每年向江河湖泊排放各类污水4 260亿吨,造成55 000亿 m^3 的水体被污染,占全球径流总量的14%以上;全世界河流稳定流量的40%受到污染,并呈日益增长趋势。估计今后30年内,全世界污水量将增加14倍。特别是发展中国家,污水、废水基本不经处理即排入水体的现象更为严重,造成有水而又缺水的现象。淡水资源短缺已成为许多国家经济发展的障碍,成为全世界普遍关注的问题。当前,水资源正面临着资源短缺和用水量持续增长的双重矛盾。正如联合国1977年所发出的警告:"水不久将成为一项严重的社会危机。21世纪淡水资源正变成一种宝贵的稀缺资源"。

(三)大气环境污染

大气环境污染作为全球性的重要环境问题,主要指广泛的大气污染造成的臭氧层破坏、酸沉降、有毒有害化学物质的危害和由于温室气体过量排放造成的全球气候变化。

1. 臭氧层破坏

地球大气平流层中的臭氧层,能吸收滤掉太阳光中过多的有害紫外线(达99%),尤其是能有效吸收可严重杀伤人和其他生物的波长为200nm～300nm的紫外线,从而减少对地球生物的伤害。臭氧层可以说是地球生命的"保护伞"。经过臭氧层过滤的阳光柔和,穿透臭氧层辐射到地球的上少量紫外线对人体无害,而且能杀菌防病,促进人体内维生素D的生成,使地球生物正常生长和世代繁衍。

但是人类的活动使大气中的某些化合物含量增加,会逐渐耗损和破坏臭氧层,例如氯氟烃类化合物、聚四氟乙烯和其他耗损臭氧的物质破坏了平流层中的臭氧分子,使臭氧浓度降低,从而使射向地球表面的有害紫外线辐射增加。有资料表明,臭氧层中臭氧浓度减少1%,会使地面增加2%的紫外辐射量,导致皮肤癌的发病率增加2%～5%。臭氧层损耗也将给野生动物和水生动物等地球生物带来灾难。自本世纪50年代中期以来,每年9月～10月南极大陆空气柱臭氧总量急剧下降,形成臭氧层空洞,到1991年此洞已扩展到整个南极大陆上空。1992年底，南极上空臭氧层空洞面积达317万平方公里，1998年9月已达2720万平方公里。此外全球各局部地区臭氧层的损耗也多有报道。

据预测，人类若不采取措施保护大气臭氧层，到2075年，由于太阳紫外线的危害，全世界将有1.54亿人患皮肤癌，其中300多万人死亡；将有1 800万人患白内障；农作物将减产7.5%；水产品将减产2.5%；材料的损失将达47亿美元；光化学烟雾的发生率将增加30%。这将危及人类的生存和发展。2001年智利南部一城市向市民发出防止紫外线伤害的警报，要求市民上午10时到下午3时避免出门，这是人类历史上第一次。

2. 温室效应及全球变暖

地球大气的温度是由阳光照到地球表面的速率和吸热后的地球以红外辐射的形式散发到空间的速度间的平衡决定的。适于地球生命生存的湿润而温和的气候是由于大气中的温室气体，如水蒸汽、CO_2、CH_4及其他吸收红外线的气体，阻挡了地球辐射热的散发，起到地球大气的吸热保温作用(温室效应)的结果。1896年，诺贝尔奖金获得者、瑞典化学家斯万特·阿伦纽斯在经过了至少1万次手算之后，得出来了这样的结论。

但是，由于人类活动，尤其是大量化石燃料的燃烧和砍伐森林的双重作用，使大气层的组成发生了惊人的变化，温室气体在大气中的浓度正在以空前的速度增加，从而导致全球气候变暖。在过去年100年间全球平均地面气温已增加了0.3℃～0.6℃，地球气温上升会引起海水膨胀和陆地冰雪融化，使海平面上升，沿海地区遭受海浸等危害。在过去100年全球海平面升高了10cm～20cm，这是全球变暖的有力佐证。但地球上不同纬度、不同地理区域，其气候变化的趋势和幅度存在着明显的差异。近40年来，我国气象台站的全年平均气温分析表明：东北、华北、新疆北部等地区有变暖趋势，但我国南部变暖不明显。

温室效应还可引起全球气候变化，如高温、干旱、洪涝、疾病、暴风雨和热带风加剧，以及土壤水分变化、农田、湿地、森林及其他生态系统变化等一系列不良后果。

据预测，大气中CO_2浓度每年上升0.4%、CH_4上升1.0%、氯氟烃类化合物上升5.0%、NO_2上升0.2%等，与此相应全球增温速度为每年0.03℃。如果继续发展，到2025年全球平均温升将达到1℃，全球海平面将升高20cm，从而使人类面临严重危害。

3. 酸沉降危害加剧

大气中含有的酸性物质转移到大地的过程统称为酸沉降。通常将pH值低于5.6的湿性酸沉降称为酸雨。酸雨的形成主要是化石燃料产生的硫氧化物(SO_x)和氮氧化物(NO_x)等大气酸性污染物溶入雨水所致。

造成酸雨的大气酸性污染物不仅影响局部地区，还能随气流输送到远离其发生源数千里以外的广大地区，成为穿越国界长距离移动的大气污染问题。

20世纪50年代以来，酸雨在世界上的分布逐年扩大，几乎遍布各大洲。降水pH值最低可达3.0左右，曾测到pH<2的酸雨，比柠檬汁还酸。

酸沉降危害严重，被称为“空中死神”。酸雨直接降落到植物叶面而使植被和农作物受害或枯死；使土壤酸化引起有害金属元素溶出伤害植物根部；使江河湖泊酸化，导致鱼类和两栖动物丧失繁育能力，使水生生物减少；同时，酸雨腐蚀各种建筑材料和古迹，并直接影响人体健康。

(四)海洋环境污染

地球上海洋面积为3.62亿平方公里，占地球表面的70.9%；海水体积为13.7亿立方公里，占地球表面总水量的97%以上。世界上60%的人生活在60公里宽的沿岸线上。海洋拥有地球上最丰富的生物资源、矿物资源、化学资源和动力资源。海洋给人类提供食物的能力约为陆地上所能种植的全部农产品的1 000倍，而现在人类对海洋的利用不足1%。海洋是人类未来希望之所在。

海洋是地球上一个稳定的生态系统。但是，在有些人看来，浩瀚的大海似乎是永远也装不满的垃圾桶，可以无限制地承受各种污染物质。近些年来，人类的活动给海洋环境和海洋生物带来一次又一次的灾难，特别是沿岸海域的污染，已直接影响到海洋生态和人类生活。海洋污染已到了不容忽视的地步。

海洋的污染主要来自陆地，污染物通过江河流入海洋。此外，对海洋资源的过度开采也对海洋环境造成危害。

(五)固体废料和有毒化学品污染

1. 固体废料

固体废料包括工业固体废弃物、生物垃圾、污水渣等。全世界每年产生各种废料100亿吨。具有毒性、易燃性、腐蚀性、反应性和放射性的废弃物，称为危险废料，全世界每年约产生4亿吨。最危险的废料是放射性废料和剧毒化学品废料。全世界各地核电站每年产生的核料约1亿吨。

固体废料，尤其是危险废料通过各种途径污染水域、土壤和空气环境，直接或间接影响人类健康和地球生态系统。固体废料的堆放还要占用大量宝贵的土地。

据测算，全球城市废料量大约25年左右增加1倍，每年约有520万人死于与废料危害有关的疾病。照此速度，到2025年前全球城市废料量将再翻一番。

2. 有毒化学品污染

当前，世界上大约有500万种化学品和700万种化学物质，其中许多对人体健康生态环境有明显危害，具有致癌、致畸、致突变的有500余种。同时，每年要有几万种新的化学物质和化学品问世，其中约有1/6投入市场。化学品一经生产出来，在没有自然和人为消解的情况下，最终必然进入环境，并在全球迁移，分别进入各生物介质，对全球带来危害。现在，化学品已对全球的大气、水体、土壤和生物系统造成污染和毒害。现在在我们的地球上，几乎找不到一处地方是没有受到污染的“清洁区”，连南极的企鹅和北极苔藓地的驯鹿，也受到DDT的污染。婴儿所吸吮的第一口奶汁中，就有DDT的污染。自20世纪50年代以来，涉及有毒化学品的污染事故日益增多，造成严重恶果。

化学污染源除工业外，还有汽车尾气、农药化肥、香烟烟雾、家庭接触的和天然源的化学物质等。

(六)生态系统简化

全世界自然环境的恶化，正在导致物种灭绝的速度加快，因此保护自然生态系统和保护生物多样性是当今世界面临的迫切问题。生物多样性是维护自然生态平衡和人类赖以生存及发展的生态基础。生物多样性包括遗传多样性、物种多样性和生态多样性。自地球出现生命以来，约经历了34亿年漫长的进化过程，并已出现过类似恐龙灭绝的事件6次，使52%的海洋动物家族、78%的两栖动物家族和81%的爬行动物家族消失了。据测算,地球上现存在的生物种类大约在500～3 000万种,其中哺乳动物4 300多种,爬行动物6 000多种,两栖动物3 500多种,鸟类约9 000种,鱼类23 000多种;而海洋生物和热带雨林生物就占全部生物种类的绝大部分。

由于人类活动,森林大量砍伐、草原开垦、湿地干涸,使生物多样性遭到巨大破坏。据近2000年以来统计,大约有110多种兽类和130多种鸟类已经灭绝;全世界约有25 000种植物和1 000多种脊椎动物处于灭绝的边缘。

近年来,由于环境污染、天然林和湿地的破坏,生物物种灭绝加速,每天约有50～100种物种灭绝,这是自恐龙消失以来物种灭绝最快的时代。不仅是物种,动植物种内的品系和族系也在消失,生态系统趋于简化。据估计,倘若一个森林地区的面积缩小10%,即可使生物品种下降50%。而地球上现存的野生生物种类一旦灭绝,就没有再出现的可能。现在人们已经逐渐认识到自然基因库对人类是多么宝贵,认识到生物多样性在经济、科学、道义、文化、心理上的价值。

第五节　中国的环境问题

一、地理因素分析

中国的土地面积次于俄罗斯和加拿大,居世界第三位,但我国是一个多山国家,山地面积占65%,另有大面积的沙漠和戈壁,可耕地面积较小。

山区地势高,重力梯度大,植被破坏使水土大范围流失,上游水土的流失,造成下游的淤塞。水土流失带在我国三级阶梯的第二阶梯上,处于干湿交替生态脆弱带。最为严重的是黄土高原,这里60%是粉沙,70%是坡地,土层厚达几十米甚至几百米,土质疏松粘力弱,极易被水流冲刷流失。长江流域因森林破坏,水土流失仅次于黄河,其中四川最为严重。西北、华北、东北中部风蚀严重。青藏高原、高山区、东北部分地区冻融侵蚀严重。我国尚有一些生态脆弱带:农牧交错带、干湿交替带、城乡交接带、水陆交界带、森林边缘带、沙漠边缘带、重力梯度带和其他脆弱区。这些生态脆弱带处于不同生态系统之间,物流、能流、结构、功能状况不平衡,变化速率快,时空移动力强,被替代概率大,复原机会小,抗干扰力弱。

和其他大国相比,我国的海岸线较短,大部分国土远离海洋,属大陆性气候。

二、资源相对贫乏、分布不均

说中国资源贫乏,可能多数人不愿接受。长期以来,中国“地大物博”的教育早已深植人心。这种盲目乐观的评估,促使了人们对宝贵资源的浪费,使得人们对我国主要资源的情况,对我国基本国情缺乏正确的认识和真实的了解。而日本对每个国民从儿童时开始不断进行“资源贫乏”的教育,使人们认识到珍惜资源是每一个公民的义务和责任,这样的教育产生了令世界注目的积极效果。我国资源相对贫乏的现状一直未能被人们所接受和重视,现在是正视这个问题的时候了。

我们可以对中国和国外在主要自然资源方面进行比较(表1－1),可以看出,我国在主要自然资源的人均占有量上,与世纪人均水平有较大差距。

表 1-1　中国与世界主要生态资源比较(1998)

项　目	世界人均量	中国人均量
水(径流量,万 m^3)	1.08	0.24
森林(hm^2)	0.79	0.11
土地面积(hm^2)	2.61	0.98
耕地面积(hm^2)	0.37	0.09
草地面积(hm^2)	0.76	0.29

*　未包括南极洲。

(一)水资源

我国水资源严重缺乏,且分布不均。

由于数次生态大破坏,对水资源失去调控能力。结果是河川径流量减少,80 年代地面水年均入海量为 50 年代的 1/20。因围湖造田,水土淤积,湖泊减少 500 多个,湖面缩小 1.88 万平方公里,储水量减少 513 亿立方米。我国水资源的缺乏已到了非常严重的地步,成为世界水资源贫乏大国(表 1-2)。从表中可知,我国年径流总量不及印尼,人均径流量还没有印度和日本多。

表 1-2　几个国家水资源情况比较

国　　家	年径流量 ($\times 10^{12}m^3$)	人　口 ($\times 10^8$)	人均径流量 ($\times 10^4m^3$)	耕　地 ($\times 10^6hm^2$)	平均径流量 ($\times 10^4m^3/hm^2$)
巴　西	5.19	1.23	4.22	32.33	16.05
加拿大	3.21	0.24	13.00	43.60	7.20
美　国	2.97	2.20	1.35	189.33	1.65
印　尼	2.81	1.48	1.90	14.20	19.80
中　国	2.71	11.30	0.24	94.20	2.85
印　度	1.78	6.78	0.26	164.67	1.05
日　本	0.42	1.16	0.36	4.33	9.75
世界总量	47.00	43.35	1.0	926.00	3.60

(引自鲁明中,1994)

在全国 600 多个城市中,缺水城市达 400 多个,其中严重缺水城市有 110 个。水资源短缺不仅影响工农牧业生产,也影响到人们的生活。农村有 3 亿多人饮水不安全,在我国北方和西北地区的农村,尚有 5 000 多万人口得不到基本的饮水保障。

我国水资源的基本特点是:水资源不仅总量缺乏,而且分布极不均衡。从空间分布来看,长江以南耕地占全国 36%,而水资源为全国的 82%以上。长江以北耕地占 64%,水资源不足 18%。黄、淮、海河流域耕地占全国的 41.8%,增产潜力最大,水资源却不到 5.7%。水资源呈明显南多北少分布。

从时间分布看,由于我国降水受季风影响,降水量和径流量在一年中分配不均。长江以南,3 月~6 月(或 4 月~6 月)的降水量约占全年降水量的 60%;而长江以北地区,6 月~9 月的降水量,常常占全年降水量的80%。降水集中程度过高,可用水资源占水资源总量的比例便低。另外,降水量年际变化也很大。我国主要江河都出现过连年枯水年和连年丰水年。这种年内分配不均,年际变化很大的特点,使可用资源的数量远远低于水资源总量。

各地水资源开发利用很不平衡,在南方多水地区,水的利用率较低,如长江只有16%,珠江15%,浙闽地区河流不到4%,西南地区河流不到1%。但在北方少水地区,各流域水资源利用率极高,如1995年海河流域利用率达到86%,淮河达到76%,黄河为82%。

河水含沙量高是我国水资源的另一特征,黄河含沙量为世界之冠,长江正在步黄河后尘。

人们对水资源缺乏严重性的认识还远远不够。尽管我国水资源严重缺乏,但水资源浪费却是非常惊人的。我国农业用水占总用水量的85%,灌溉效率仅有25%~40%。全国工业重复用水率仅20%~40%,单位产品用水量比发达国家高5~10倍,每年约有70亿吨工业用水白白流走。另一方面,水污染情况严重,由于污水治理比例不大,使82%的河流受到污染。现在,由于水污染而造成的水资源损失是最为巨大的、速率最高的。

地表水不足,便大量开采地下水,使得北京、上海、天津、西安、常州、宁波等20多个城市出现地面沉降、裂缝,造成建筑和城市设施的破坏。

(二)土地、耕地资源

中国土地总面积居世界第三位,人均土地面积为0.777公顷,相当于世界人均水平的1/3,但是我国由于多山多沙漠,所以可耕地面积较小。根据国土资源部2007年年中公布的资料,目前,中国耕地只有十八点二七亿亩,人均仅有一点三九亩,不到世界人均水平的百分之四十。中国人多地少与土地粗放利用并存,新增建设用地规模过度扩张,用地结构也不够合理,进一步加剧了人与地的矛盾。中国政府为些画了一条"红线",即全国耕地不少于十八亿亩。严格控制建设用地规模,实现耕地总量的动态平衡,是我们执行基本国策的重要措施和目标。在全国耕地面积中,坡度大于25度的陡坡耕地约600万公顷,主要分布在西部地区。按照国家有关规定,25度以上的陡坡耕地应当有计划地逐步退耕还林、还草,改善生态环境。

按土地生产力、农业资源承载力而言,全国超载区人口占总人口27.8%,包括京、津、沪、辽、粤发达地区,以及闽、桂、黔、滇、藏、甘、青欠发达地区,呈两极超载。临界区人口占总人口31.5%,含豫、鲁、冀、晋、川、陕、宁、新、内蒙,土地生产力接近人口需求。富裕区人口占总人口40.7%,有鄂、湘、赣、皖、浙、苏、黑、吉,土地生产力高于人口需求。从全国土地资源生产力总量看,年生物生产量约32亿吨干物质,按此计算,我国合理承载人口为9.5亿。

(三)森林资源

据第六次全国森林资源清查(1999-2003年)结果:全国森林面积17 490.92万公顷,森林覆盖率为18.21%,活立木总蓄积136.18亿立方米,森林蓄积124.56亿立方米。我国森林面积居世界第5位,森林蓄积列居世界第6位。除香港、澳门和台湾省外,全国天然林面积11 576.20万公顷,蓄积105.93亿立方米;人工林面积5 325.73万公顷,蓄积15.05亿立方米,人工林面积高居世界首位。但是,我国森林覆盖率仅相当于世界平均水平的61.52%,居世界第130位;人均森林面积0.132公顷,不到世界平均水平的1/4;人均森林蓄积 9.421 立方米，不到世界平均水平的 1/6。另外是分布不均。东部地区森林覆盖率为 34.27%，中部地区为 27.12%，西部地区只有 12.54%，尤其是占国土面积 32.19% 的西北 5 省区森林覆盖率只有 5.86%。

（四）草原资源

我国是草原资源大国，拥有各类天然草地 3.9 亿公顷，约占国土面积的 40%，仅次于澳大利亚，但人均占有草地仅 0.33 公顷，约为世界人均草地面积的 1/2。近年来，由于超强度开发，包括开垦天然草场和长期超载放牧，引起草地的退化、沙化、和沙漠化。

（五）海洋资源

我国东南部濒临太平洋，邻接大陆的有渤海、黄海、东海、南海。近海水域面积达 470 万公顷，大陆海岸线 18 000 公里，岛屿海岸线 14 000 公里，沿海滩涂面积 20 799 平方公里。共有岛屿 5 100 个，其中台湾、海南岛两岛面积都超过 3 万平方公里。

海洋资源指的是，海洋环境中可以被人类利用的物质和能量以及与海洋开发有关的海洋空间。我国面海部分相对集中，而大片国土地处内陆。我国近海海洋环境优越，拥有较丰富的海洋资源。台湾是我国名副其实的宝岛。

（六）自然生物资源

物种　中国有高等植物 3 万余种，占世界 10%，居世界第三位。中国约有脊椎动物 6 481种，占世界 14%，其中哺乳类 581 种，鸟类 1 331 种，鱼类 3 862 种，爬行类 412 种，两栖类 295 种。中国物种的特有性较高，在脊椎动物中，特有种数达 667 种；在高等植物中，约有 17 300 种为特有种。大熊猫、朱鹮、华南虎、羚牛、藏羚羊、褐马鸡、绿尾虹雉、白暨豚、扬子鳄和水杉、银衫、珙桐、台湾衫、银杏、百山祖冷杉、香果树等均为中国特有的珍稀濒危野生动植物。

湿地　中国现有 100 公顷以上的湿地总面积 3 848 万公顷（不包括香港、澳门和台湾），约占国土总面积的 4% 和世界湿地总面积的 10%，居亚洲第一和世界第四位。其中天然湿地面积 3 620 公顷，包括滨海湿地面积 594 万公顷、河流湿地面积 820 万公顷、湖泊湿地面积 835 万公顷、沼泽湿地面积为 1 370 万公顷。

自然保护区　截至 2006 年底，我国自然保护区数量已经达到 2 395 个，总面积为 15 153.5万公顷，占陆地国土面积的 15.16%。其中国家级自然保护区 265 个，总面积为 9 169.7 万公顷。

长白山、卧龙、鼎湖山、梵净山、武夷山、锡林郭勒、神农架、博格达峰、盐城、西双版纳、天目山、茂兰、九寨沟、丰林、南麂列岛、山口、白水江、黄龙、高黎贡山、宝天曼、赛罕乌拉、达赉湖、五大连池、亚丁、珠峰、佛坪、车八岭等 27 个自然保护区被联合国科教文组织列入"国际人与生物圈保护区网"；扎龙、向海、鄂阳湖、东洞庭湖、东寨港、青海湖及香港米浦等自然保护区被列入《国际重要湿地名录》；湖南武陵源、九寨沟、黄龙、四川大熊猫栖息地、三江并流、中国南方喀斯特被列为世界自然遗产；长城、北京故宫沈阳故宫、陕西秦始皇陵及兵马俑、甘肃敦煌莫高窟、北京周口店北京猿人遗址、西藏布达拉宫、河北承德避暑山庄及周围寺庙、山东曲阜的孔庙孔府及孔林、湖北武当山古建筑群、云南丽江古城、山西平遥古城、江苏苏州古典园林、北京颐和园、北京天坛、重庆大足石刻、四川青城山和都江堰、河南洛阳龙门石窟、明清皇家陵寝、安徽古村落：西递、宏村、山西大同云岗石窟、高句丽王城王陵及贵族墓葬、澳门历史城区、安阳殷墟、开平碉楼与村落被列为世界文化遗产；江西庐山为文化景观；泰山、黄山、峨眉山和乐山大佛、武夷山四个自然保护区被联合国科教文组织列为世界文化与自然双重遗产。

三、生态环境问题

我国的生态环境支持系统在恶化，已经引起越来越多人们的关注。

（一）森林锐减

我国原来森林资源是很丰富的，但过量的砍伐使森林资源锐减。伐木工业曾是我国的支柱产业之一。主要林区覆盖率建国时与目前比：长白山区由82.5%降到14.2%，四川省由20%降到8%，西双版纳由60%降到30%，海南由35%降到7%。用材林、成熟林蓄积量持续减少。森林质量不高，林龄结构以幼龄林、中龄林和人工林为主，消耗量大于生长量，人为造成贫林大国。另外毁林开荒和滥伐还十分严重。

森林作为自然资源，具有经济、生态和社会三大效益。现在人们已认识到森林生态系统是陆地上面积最大、最重要的生态系统。森林减少对生态环境的影响是巨大的。

（二）草原退化

近年来，由于不合理开垦，过度放牧，重用轻养，使本处于干旱、半干旱地区的草原生态系统，遭受严重破坏而失去平衡，导致生产力下降。另外，草原生产力明显受气候因素的影响，特别是近年地球气温变暖，我国北方草原地区降雨量下降。例如内蒙古东部地区，80年代与60年代相比，年均降雨量由400～450毫米下降到250～350毫米，严重影响草原质量。广大农牧民为了解决生活燃料的短缺，不得不砍伐和采挖荒漠上仅存的一点林木和植被，更增加了我国草原复原的难度。目前，我国90%的草地已经或正在退化，其中中度退化程度以上（包括沙化、碱化）的草地达1.3亿公顷，并以每年200万公顷的速度增加，退化速度每年为0.5%，而改良草地的建设速度每年仅为0.3%。建设速度远远赶不上退化速度，草原面积逐年缩小，草原植被覆盖日渐降低，许多地方已成裸地。

（三）水土流失、土壤沙化、耕地减少

我国水土流失严重，共有水土流失面积356万平方公里，占国土总面积的37.08%。每年流失表土量达50亿吨，为世界第一，相当于我国耕地每年被刮去1厘米厚的沃土层，宝贵的氮、磷、钾元素随之流失。我国水土流失最严重的是黄土高原，每平方公里土壤的侵蚀模数5 000吨～10 000吨，由此，黄河水中的含沙量为世界之最，每立方米河水达37千克以上。长江流域由于近年来植被破坏，水土流失面积迅速增加，长江已跃居世界大河泥沙含量的第四位。此外，土壤风蚀在我国一些地方也极为严重。甘肃河西走廊发生沙尘暴的次数逐年增多，1970年仅刮1～2次，1979年达12次。黑风暴一刮，天昏地暗，飞沙走石，1977年我国西北地区一次沙尘暴，白天漆黑如夜，仅河西地区就使数十人丧生。而现在沙尘暴的影响已从华北扩展的华东，甚至到达台湾岛。

由于对土地不合理的使用，土壤沙化的发展很快，建国以来，我国沙漠面积从6 667万公顷扩展到13 000万公顷，几乎扩大了1倍，约占国土面积的13.5%，另外还有670万公顷的耕地和1/3的天然草场不同程度地受到沙漠化的威胁和影响。

从表1－2可知我国的耕地面积只有美国的一半、不到印度的60%，而这有限的耕地仍以较快的速率减少。除上述原因外，我国耕地还因人口增加、经济发展和城市建设而被大量侵占。仅1957年～1980年的23年间，被侵占耕地0.23亿公顷，平均每年减少150万公顷，

相当于每年减少一个福建省的耕地面积。近年来,情况有所缓和,2006 年,全国耕地净减少 30.68 公顷。50 年代我国的人均耕地面积为 0.18 公顷,而现在仅为 0.09 公顷。

在耕地面积减少的同时,耕地质量也在下降。受荒漠化的影响,我国干旱、半干旱地区 40%的耕地在不同程度地退化。另外,耕地污染也在加剧,约有 1 000 万公顷的耕地受到不同程度的污染。

(四)生态失衡,灾害频繁

我国大部分地区受季风影响,加之历史上过度开发造成的生态破坏,各种灾害不断发生,尤其是旱灾和水灾,基本上每三年发生一次。建国后的两次生态大破坏,使得生态环境失衡严重,加之气温上升,雨量减少且不均,使得旱涝灾害同时增加(表 1-3)。

表 1-3 我国 40 年洪涝、干旱灾害情况(单位:万公顷/每年)

年 度	洪 涝		干 旱	
	受 灾	成 灾	受 灾	成 灾
1950~1957	809.6	523.9	748.1	248.0
1958~1962	758.6	399.2	3 059.2	1 194.4
1963~1966	927.5	607.0	1 368.5	606.5
1970~1976	498.0	195.0	2 379.1	581.4
1977~1979	623.7	292.7	3 155.7	1 143.3
1980~1990	1 160.5	606.9	2 732.9	1 254.1

全国平均受灾面积和成灾面积 80 年代都明显高于 50 年代,这和我国生态状况恶化有关,尤其是由于围湖造地,使湖泊面积大幅度减少。据统计,从 50 年代到 80 年代的 40 年中,我国共减少湖泊 500 多个,水面积缩小 186 万公顷,蓄水量减少 513 亿立方米。

由于生态环境的变化,我国气候变化的总趋势是趋向大陆化,形成难以逆转的生态效应。据天津环保局 1989 年研究,该地区大陆度平均增加 3.32 个百分点,引起的生态效应是每年多蒸发水分 $2\sim5\times10^8$ 吨,农作物播种期推迟 1~1.5 天,旱地面积年均扩大 10~12 万亩,冻害及干风频率增加 3%~4%。四川中部地区因降雨的时空分布不均形成"十年九旱,冬旱春干,初夏雨少,伏旱常见"的景象,和昔日的情况已发生了很大变分。另外由于植被减少,涵水能力剧降,造成长江中下游经常出现洪水灾害。1996 年和 1998 年的长江两次出现罕见的洪水,给中下游城乡造成严重灾害,再一次给人们敲响了警钟,大自然对人类破坏生态的报复随时可能兑现。

四、环境污染严重

虽着经济增长、人口增加和城市化进程加快,全国环境形势日趋严峻,以城市为中心的环境污染正在加剧并向农村蔓延,生态破坏范围在扩大,程度在加重,局部地区的环境污染和生态破坏已成为影响当地经济发展和社会稳定、威胁人们健康的重要因素。

全国地表水总体水质已属中度污染。在国家环境监测网实际监测的 745 个地表水监测断面中(其中,河流断面 593 个,湖库点位 152 个),超过Ⅲ类水质的断面已达 60%以上。全国七大水系中,珠江、长江水质良好,松花江、黄河、淮河为中度污染,辽河、海河为重度污染。27个国控重点湖(库)中,超过Ⅲ类水质的达71%,其中,巢湖水质为Ⅴ类,太湖和滇池为劣Ⅴ类。地下水水质仍呈恶化趋势。2006年,全国废水排放总量为537.0亿吨,比上年增长2.4%。四大海区中,南海、黄海近岸海域水质良好,渤海近岸海域水质为轻度污染,东海近岸海域水质为中度污染。2006年,中国海域共发生赤潮93次,较上年约增加13%。

2006年监测的559个城市中,空气质量达到一级标准的城市24个(占4.3%)、二级标准的城市325个(占58.1%)、三级标准的城市159个(占28.5%)、劣于三级标准的城市51个(占9.1%)。重点城市空气质量113个环境保护重点城市中,50个城市空气质量达到国家二级标准(占44.2%)、55个城市为三级(占48.7%)、8个城市为劣三级(占7.1%)。

全国酸雨发生频率在5%以上的区域占国土面积的32.6%,酸雨发生频率在25%以上区域占国土面积的15.4%。全国酸雨分布区域主要集中在长江以南,四川、云南以东的区域。

112个环保重点城市区域环境噪声等效声级范围在47.0～62.7dB(A)之间,等效声级面积加权平均值为54.5dB(A)。道路噪声平均等效声级范围在61.1～74.7dB(A)之间,道路交通噪声长度加权平均等效声级为68.1dB(A)。2006年,全国工业固体废物产生量为15.20亿吨,比上年增加13.1%,工业固体废物综合利用量为9.26亿吨。

生态环境问题已到了不能不正视的地步,在这样的形势下,环保工作要加快实现三个转变:一是从重经济增长轻环境保护转变为保护环境与经济增长并重;二是从环境保护滞后于经济发展转变为环境保护和经济发展同步;三是从主要用行政办法保护环境转变为综合运用法律、经济、技术和必要的行政办法解决环境问题。

第六节　可持续发展

面对愈演愈烈的环境问题,人们忧虑,甚至恐慌,但更有许多人开始思考。他们对人类几千年以来,特别是工业革命以来走过的发展道路,进行了反思。《寂静的春天》、《只有一个地球》、《增长的极限》、《我们共同的未来》等,都是人类反思的里程碑。人们终于对未来达成了共识,这就是可持续发展。

一、可持续发展的提出

自工业革命以来,人类发展的列车一直高歌猛进,但是,到了20世纪中期,开始有一只无形的手拉动了人类列车的制动闸,发展受到制约和挫折。60年代美国R.卡尔逊(Carson)的《寂静的春天》吹起了环境问题的警号。人们突然发现人类赖以生存的基础发生了动摇,尤其是在环境问题的第一次高潮出现后,环境污染已成为重大的社会问题,激起公众的不满。如1970年4月22日,美国环境保护主义者组织了2 000万人大游行,提出"先污染,后治理"的老路不能再走下去了。就是在全球公众不满的浪潮中,联合国于1972年6月5日在斯德哥尔摩召开了"人类环境会议",会议通过了《人类环境宣言》。宣言第一部分叙述了人类与环境的关系,规定了在保护和改善人类生存环境方面所应该采取的7个共同原则;第二部分就有关自然保护、生态平衡、污染防治、城市化、人口、资源、经济、环境责任及赔偿,以及核试验、发展中国家的要求等一系列范围广泛的人类环境问题,从环境道德、环境战略、环境法制的不同角度,表明了与会者的"共同信念"。与此同时发表了巴巴拉·沃德和雷内·杜博斯《只有一个地球》的研究报告。这是世界各国第一次认真讨论发展与环境问题,人们对此有了较深刻的认识,但却没有找到解决问题的途径。

1982年在内罗毕再次召开环境会议,会议回顾了10多年来全球环境状况,认为局部有所改善、整体仍在恶化、前途堪忧。会议宣言指出:"这主要是由于对环境保护的长远利益缺乏足够的预见和理解,在方法和努力方面没有进行充分的协调,……人类的一些无控制的或无计划的活动使环境日趋恶化。森林的砍伐、土壤与水质的恶化和沙漠化已达到惊人的程度,并严重地危及世界大片土地的生活条件。有害的环境状况引起的疾病继续造成人类的痛苦。大气的变化、海洋和内陆水域的污染,滥用和随便处置有害物质,以及动植物物种的灭绝,进一步威胁人类的环境。"

从斯德哥尔摩(1972)到内罗毕(1982)经历了10年,虽然发达国家的环境污染情况有了改善,但全球整体情况仍在继续恶化。终于导致环境问题的第二次高潮的到来,这次性质更加严重,范围更加扩大,情况更为复杂,解决问题的难度更大。和过去忽视环境问题的看法相反,在世界上开始出现一种非常悲观的看法,认为只有放弃发展,重返田园才是唯一出路。全球展开了一场关于"停止增长还是继续发展"的争论。

1983年受托于联合国第38届大会,在挪威首相布伦特兰夫人领导下,组成了"世界环境与发展委员会"(WCED)。经过系统的调查和研究,于1987年发表了《我们共同的未来》的研究报告。报告指出:"《我们共同的未来》不是对一个污染日益严重、资源日益减少的世界的环境恶化、贫困和艰难不断加剧状况的预测,相反,我们看到了出现一个经济发展的新时代的可能性,新时代必须立足于使环境资源库得以持续发展的政策"。提出了可持续发展的基本纲领,指出:"要解决人类面临的各种危机,只有改变传统的发展方式,实施可持续发展战略,才是积极的出路。"

1992年6月,联合国历史上空前的一次"地球首脑会议"——联合国环境与发展大会(UNCED)在巴西里约热内卢召开。本次大会把可持续发展战略列为全球发展战略,会议通过了贯穿着可持续发展思想的3个文件:《里约热内卢宣言》、《21世纪议程》、《森林问题原则声明》。2个国际公约,即《气候变化框架公约》、《生物多样性公约》,开放签字。《里约热内卢宣言》、《21世纪议程》等文件充分体现了当今人类社会关于可持续发展的新思想,反映了环境与发展领域展开全球合作的共识和最高级别的政治承诺,标志着可持续发展思想在各国取得了合法性。各国政府达成一个共识:经济发展必须与环境保护相协调,必须加强国际合作,全面实施全球的可持续发展战略。可持续发展已成为世界各国21世纪的发展主题。

回顾1972年至1992年的发展历程,可以清楚的看出,由传统的发展转变为可持续发展战略是人类经过认真反思后所作出的选择,是人类所能作出的唯一正确选择,是历史发展的必然趋势。

二、可持续发展的定义

可持续发展的定义有多种,《我们共同的未来》中提出可持续发展应是既满足当代人的需求,又不对后代人满足其需求的能力构成危害的发展。这一定义得到人们的广泛接受和认可，并在1992年联合国环境与发展大会上达成了共识。

这个定义所内涵的可持续发展的基本点是：

1．人类应坚持以与自然相和谐的方式追求健康而富有生产成果的生活，这是人类的基本权利，但是不应以耗竭资源、污染环境、破坏生态的方式求得发展。

2．当代人在创造和追求今世的发展与消费时，应同时承认和努力做到使自己的机会和后代人的机会相平等。绝不能剥夺或破坏后代人合理享有同等发展与消费的权利。

三、可持续发展理论概要

（一）发展是可持续发展的前提

可持续发展的内涵是调控自然-社会-经济复合系统，使人类在不超越环境承载力的条件下发展经济，持续不是停滞，持续依赖发展，发展才能持续。只有经济发展了，才能采用先进的生产设备和工艺、降低能耗、降低成本、提高经济效益，才能提高科学技术水平，并为防治环境污染提供必要的资金和设备。只有在强大的物质基础和先进的科学技术的前提下，才能使环境保护和经济能够持续协调地发展，在发展中实现持续。

（二）全人类共同努力是实现可持续发展的关键

人类共同生活在一个地球上，全人类是一个相互联系、相互依存的整体。在经济上和资源上，没有哪个国家能完全脱离开世界市场，达到全部自给自足。而当今环境问题已经超越国界和地区界限，成为一个全球性问题。要实现全球的可持续发展，需要全人类的共同努力，必须建立起巩固的国际秩序和合作关系。对于全球的公物，如大气、海洋和其他生态系统要在统一的目标下进行管理。

（三）公平性是可持续发展的尺度

可持续发展主张人与人、国家与国家之间的关系应该互相尊重、互相平等。你的发展不能以牺牲别人的利益为代价。可持续发展的公平原则包含以下三点：

1．当代人之间的公平

历史告诉我们：两极化的世界是不可能实现可持续发展的。过大的收入差别和地区差别，都会带来不稳定。应该有一个公平的分配制度和公平的发展机会。要把消除贫困作为可持续发展过程中特别优先考虑的问题。

2．代际之间的公平

资源是有限的，要给后代人以公平利用自然资源的权利。当代人的发展，不能以耗竭资源的方式，不能以牺牲后代人公平发展的权利为代价。

3．公平分配有限资源

各国拥有开发本国自然资源的主权，但同时负有不滥用资源和不因自身的活动而危害其他地区环境的义务。

（四）全社会广泛参与是可持续发展实现的保证

可持续发展作为一种世界各国达成共识的思想、观念，一个指导全球发展的行动纲领，需要世界各国和各国的全体民众共同参与。要不断地向民众灌输可持续发展的思想并组织实施，要使管理者和民众自觉地把可持续发展思想与环境、发展紧密结合起来，广泛参与是可持续发展实现的保证。

（五）生态文明是可持续发展的精髓

如果说农业文明为人类生产了食物，满足了人们的生存需要，工业文明为人类创造了财富，满足了人们越来越高的物质需求，那么生态文明将使人类生活在安全、美好的环境中。生态文明主张人与自然和谐共生，而不是战胜自然。和谐是最高层次的文明。

(六)可持续发展的实施以适宜的法律体系为条件

可持续发展的实施应有一系列与之相适应的政策和法律。应根据周密的社会、经济、环境、科学原则、全面的信息和综合的要求来制定政策和法律，并认真予以实施。可持续发展的原则要纳入经济发展、人口、环境、资源、社会保障等各项立法及重大决策之中。

四、可持续发展战略的总体要求

1. 人类应以人与自然相和谐的方式去发展。

2. 要把环境与发展视为一个相容而又不可分离的整体，制定出社会、经济可持续发展的政策和法律。

3. 发展科学技术、改革生产方式和能源结构。

4. 以不损害环境为前提，控制适度的消费规模和工业发展的生产规模。

5. 从环境与发展最佳相容性出发，确定管理目标的优先次序。

6. 加强对资源的保护和科学的管理。

7. 发展绿色文明和生态文化。

实现这些目标，需要全人类的共同行动。

第二章　生态学基础

从“征服自然”、“人定胜天”的豪言可以看到人们在自然环境面前的恣意。严酷的现实告诉我们,人类对大自然的认识,实在是知之甚少。认识自然、尊重自然,进而求得与自然的和谐,才是正确的态度。环境科学是研究人类活动与环境质量变化基本规律的学科,而生态学则是环境科学的理论基础。

第一节　概　　述

一、生态学概念

生态学(ecology)一词是由德国生物学家赫克尔(Ernst Haeckel)于 1869 年首次提出,并于 1886 年创立了生态学这门学科。ecology 来自希腊语“oikos”与“logos”,前者意为“住所”,后者指“学科研究”。赫克尔把生态学定义为:研究有机体与环境之间相互关系的科学。

在当今人与自然的关系、社会与经济发展的过程中,生态学成为最为活跃的前沿学科之一。从生态环境、生态问题、生态平衡、生态危机、生态意识等使用频率很高的概念可以看到,生态学具有广泛的包容性和强烈的渗透性。现在,生态学已形成一个庞大的学科体系。

生态学研究的基本对象是两方面的关系,其一为生物之间的关系,其二为生物与环境之间的关系。对生态学的简明表述为:生态学是研究生物之间、生物与环境之间相互关系及其作用机理的科学。

二、生态学的起源

生态学是人们在对自然界认识的过程中逐渐发展起来的。古希腊哲学家亚里斯多德的著作《自然历史》中,曾描述了生物之间的竞争以及生物对环境的的反应。我国春秋战国时代思想家管仲、荀况等人的著作中也讲到一些动物之间、动植物之间的某些关系,都包含了明显的生态学内容和朴素的生态学思想。欧洲文艺复兴之后,尤其是哥伦布发现新大陆之后,人类开始认识自己居住的星球,这是人类认识上的一个飞跃,对生物科学的研究也从叙述转变为实际的考察。马尔萨斯研究生物繁衍与土地及粮食资源的关系,1803 年发表了他的“人口论”。达尔文于 1859 年出版了《物种起源》,对生态学的发展也做出了很大贡献。赫克尔是在前人的基础上创立了生态学。

从学科上讲,生态学来源于生物学,是生物学的基础学科之一。到目前为止,生态学的大部分分支,都主要在生物学为主的基础上进行研究。但近年来,生态学迅速和地学、经济学以及其他学科相互渗透,出现了一系列新的交叉学科。生态问题已成为全界关注的问题,生态学研究的范围在不断扩大,应用也日益广泛。

三、生态学的发展

生态学发展的第一阶段:从古代到19世纪,是生态学的初创阶段。

人们通过对简单朴素的生态学思想、观察的积累和研究,于19世纪创立了生态学。

第二阶段:20世纪前半叶的生态学是生态学的形成阶段。

这个时期,生态学的基础理论和方法都已经形成,并在许多方面有了发展。植物群落学、动物生态学等基本的生物生态学学科体系已经建立。尤其是1935年英国生态学家泰思利提出生态系统的概念,把生物与环境之间关系的研究全面地高度概括起来,标志着生态学的发展进入了一个新的阶段。他认为:只有我们从根本上认识到有机体不能与它们的环境分开,而与它们的环境形成一个系统,它们才会引起我们的重视。

在这个阶段,生态学还是隶属于生物学的一个分支学科。

第三阶段:20世纪后半叶的生态学是生态学的发展阶段。

由于工业发展、人口膨胀、环境污染和资源紧张等一系列世界性问题出现后,迫使人们不得不以极大的关注去寻求协调人与自然的关系,探索全球持续发展的途径。是社会的需求推动了生态学的发展。

近代系统科学、控制论、电脑技术和遥感技术的广泛应用,为生态学对复杂系统结构的分析和模拟创造了条件,为深入探索复杂系统的功能和机理提供了更为科学先进的手段。另外一些相邻学科的"感召效应"也促进了生态学的高速发展。

这个时期,生态学的研究吸收了其他学科的理论、方法及成果,拓宽了生态学的研究范围和深度。同时生态学向其他学科领域扩散或渗透,促进了生态学时代的产生,生态学分支学科大量涌现。生态学和数学相结合,产生了系统生态学;生态学和物理学相结合,产生了能量生态学;用热力学解释生态系统产生了功能生态学;生态学和化学相结合,产生了化学生态学。

同时生态学的原理和原则在人类生产活动的许多方面得到了应用,并与其他一些应用学科及社会科学相互渗透,产生了许多应用科学。如农业生态学、森林生态学、污染生态学、环境生态学、人类生态学、社会生态学、人口生态学、城市生态学、经济生态学、及生态工程学等等。

生态学经历了向自然科学和社会人文科学交叉和渗透的发展过程,它的发展过程及其研究领域的拓宽深刻反映了人类对环境不断关注、重视的过程。目前,生态学理论已与自然资源的利用及人类生存环境问题高度相关,可以认为,生态学已由生物学的分支学科发展为生物学与环境科学的交叉学科。生态学已成为环境科学重要的理论基础。

生态学将朝着人和自然普遍的相互作用问题的研究层次发展,将影响人们认识世界的理论视野和思维方法,具有世界观、道德观和价值观的性质。

第二节　生物生存环境——生物圈

一、生物圈的概念

生物圈这一概念是由奥地利地质学家休斯(E. Suess)于1875年首先提出,20世纪20

年代前苏联生物地球化学家维尔纳茨基(В.И.Вернадкий)发现生物活动对地表化学物质的迁移和富集有重大影响,提出了生物圈的学说。

地球上的一切生物,包括人类,都生活在地球的表面层,因为只有这个表面层有空气、水、土壤,可以接收到太阳的辐射,因而能维持生物的生命(这个理论开始受到挑战)。我们把地球表面生物赖以生存的部分称为生物圈(biophere)。

二、生物圈的组成

生物圈由大气圈、水圈和岩石土壤圈组成。

(一)大气圈

地球大气由各种气体混合组成,由于地球引力的作用,大气的密度随高度的增加而减小,并逐步过渡到宇宙空间与星际气体物质相连接。

大气圈的结构见图2-1。

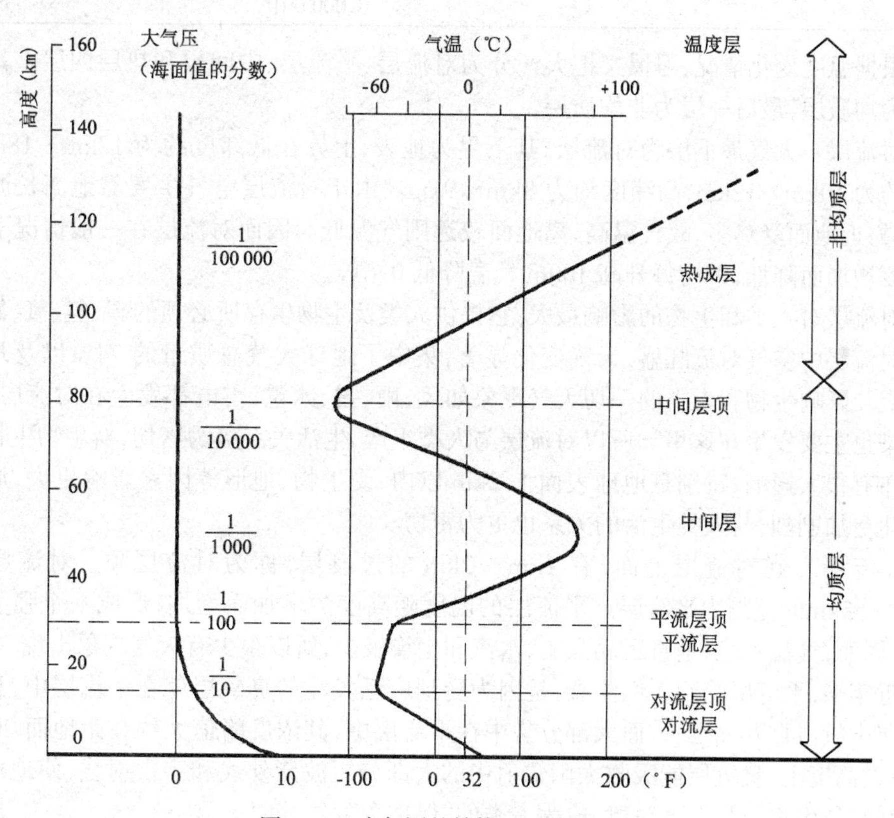

图2-1 大气圈的结构(仿斯特拉斯)

大气圈按气体物质的组成比例,可分为均质层与非均质层。

均质层 从地表向上大约80km~85km的高度,大气的化学组成按其体积成分比例基本上是一致的,称为均质层,包括对流层、平流层和中间层。均质层里除固体杂质和水汽之外的干洁空气的主要成分如表2-1所示。

非均质层 在地球表面上空大约85km以上的大气层为非均质层,由4种气体层所组成,即氮分子层、氧原子层、氦原子层和氢原子层。从85km到800km的气层中,大气密度很小,氧分子和部分氮分子在太阳紫外线辐射作用下分解为原子,并处于高度电离状态,故称为电离层。电离层能反射无线电波,在无线电通讯中有重要意义。电离层之外空气非常稀薄,受地球引力作用微弱,一些高速运动的空气质点可以逸散到太空中,故称为逸散层。

表 2-1　干洁空气主要成分

气体成分	分子式	空气中的含量(%)	
		按体积	按质量
氮	N_2	78.09	75.52
氧	O_2	20.95	23.15
氩	Ar	0.93	1.28
二氧化碳	CO_2	0.03	0.05
臭氧	O_3	0.000 001	—

根据温度变化情况,习惯又把大气分为对流层、平流层、中间层和热层四层。其中前三层为均质层,最后一层为非均质层。

对流层　大气最下层为对流层,其下界为地表,上界在低纬度约为 17km～18km,中纬度约为 10km～12km,高纬度约为 8km～9km。由于对流层空气主要靠地面长波辐射增热,靠近地面受热多,故气温高,离地面较远则气温低。因而对流层在一般情况下气温随高度增加而降低,平均每升高 100m 气温降低 0.6℃。

对流层对人类和生物的影响最大,它提供人类及生物生存所必须的碳、氢、氧、氮等元素。对流层中空气对流旺盛,天气变化显著,集中了地球大气总质量的 74%以及几乎全部水汽。影响生物和人类的一切天气现象如风、雨、雪、冰雹、雷电都发生在对流层中,大气污染也主要发生在这里。所以对流层与人类生产、生活关系极为密切,对生物生长繁殖和分布有很大影响,特别是地球表面上 2km 以内,受生物、地形等因素影响更大,局部气流变化更加剧烈,与人类生活的关系也更为密切。

平流层　在对流层上面,有 1km～2km 的过渡层,称为对流层顶。对流层顶至 50km～55km的范围为平流层。平流层的温度随高度的增加而增加,形成一个强大的逆温层,因而,气流平稳、垂直运动微弱,水汽和尘埃极少,所以很少有天气现象出现。

近年来,平流层受到人们注意,是因为受到广泛关注的臭氧层就在平流层中,臭氧在大气层中只占百万分之一,而大部分集中在平流层中,其浓度峰值大约在距地面 20km～25km 的高度上,臭氧层能吸收太阳辐射中的大部分短波紫外线和宇宙射线,使地球上的人类和其他生物免受有害辐射,成为人类的"保护伞"。

中间层　自平流层顶到 80km～85km 是中间层。中间层的特点是气温随高度增加而迅速下降,其顶部温度可下降到 -83℃。由于温度下高上低,空气作强烈的垂直对流运动,所以中间层又称高空对流层。

热层　从中间层向上进入非均质层,在这里气温急剧上升,最高可达1 100℃～1 650℃,这是太阳辐射中的紫外线被该层大气中的原子强列吸收的原故。

(二)水圈

地球上的水体包括海洋、河流、湖泊、地下水、大气水和冰,构成了地球的水圈。其中海洋是水圈的主体,世界海洋约占地球总面积的71%。水圈的水以液态、固态、气态三种形式存在,地球上水量分布情况见表2-2。

表2-2　地球上水量分布(据Shumskiy等材料)

存在态	体积(km^3)	占总水量的百分比(%)
海洋	1 349 929 000	97.5017
咸水湖	94 000	0.006 8
冰	24 230 000	1.750 1
淡水湖	125 000	0.009 0
河流	1 200	0.000 1
土壤水	25 000	0.001 8
地下水(浅层)	4 500 000	0.325 0
(深层)	5 600 000	0.404 5
大气水	12 000	0.000 9
植物	600	0.000 05
动物	600	0.000 05
合计	1 384 518 000	100.000 0

水是生物生存所必需的要素。生命起源于水环境,水是原生质的组成成分,一切新陈代谢、生化过程都是在机体内的水环境中进行的。水参与地球表面的能量转化与物质循环。

水在地球上的分布呈明显的不平衡性和不对称性。海洋咸水占总水量的97%以上,淡水只占2.5%,而在这些淡水中,几乎70%被固定在南北极的冰盖和冰川中,30%在地下含水层,淡水湖及河流里的水仅占淡水的0.36%,占地球上总水量的0.009 1%,可见淡水资源是非常有限的。

地球上的水不是静止的,而是处于永恒的循环之中。水以大气环流、海洋和河流等形式在地球上流动和再分配,通过蒸发、降雨、渗透等进行水的循环,不断往复、永无止境,使地球的水量保持平衡(表2-3)。由于水的循环,不仅调节气候,而且净化了大气和水自身。

表2-3　地球水量的平衡

类别	海洋	陆地	全球
降雨(km^3/a)	324 000	99 000	423 000
蒸发(km^3/a)	361 000	62 000	423 000
流入量(km^3/a)	+37 000	−37 000	0
降雨(cm/a)	90	67	83
蒸发(cm/a)	100	42	83
流入量(cm/a)	+10	−25	0

(引自刘培桐等,1986)

(三)岩石土壤圈

1. 岩石圈

地球的内部,从内到外大致可以分为地核、地幔和地壳三层,岩石圈即指最外层的地壳部分。大陆地壳的平均厚度约为35km,海洋下的地壳厚度为5km~8km。岩石圈是生物圈的牢固基础,地壳层的质量只是地球总质量的0.7%,但它直接影响着生命的存在和繁衍。

岩石圈中富含各种化学物质,组成原生质的元素就来源于此。岩石圈中除了植物生长所需的矿物质营养外,还贮藏着丰富的地下资源,如煤炭、石油、铁矿、铜矿等有色金属。

2. 土壤圈

土壤圈在地球表面,由岩石圈表面物理风化而成的疏松层作母质,加上水和有机物质通过化学变化以及生物作用,经过相当长的时间才形成。土壤是有机界和无机界相互联系、相互作用的产物。

土壤圈是自然环境中生物界与非生物界之间的一个复杂的独立的的开放性物质体系,具有特殊的组成和功能。土壤主要由矿物质、有机物、水分和空气构成,是环境中物质循环和能量转化的重要环节,是岩石圈、大气圈和水圈之间的接触过度地带。

土壤不仅能为生物提供营养和栖息场所,还具有同化和代谢外界输入物质的能力。土壤中生活着各种微生物和土壤动物,能对外来的各种物质进行分解、转化和改造,所以土壤又被人们看成是一个自然的净化系统。当土壤被污染超过土壤自净化能力时,就会破坏土壤自然动态平衡。

三、生物圈的形成

和地球46亿年的历史相比,生物圈的历史则短的多,它有自己的形成、发展过程。地球形成的早期,是无生物的世界,因此根本不存在生物圈。地球的的原始生物最早是从海洋中萌发的,明显的生命大约出现在25~30亿年前。约在4亿年前(泥盆纪),水生动物、植物、菌类三级生态系中的植物界开始从海洋登上陆地,生物实现了水生到陆生的飞跃,从而形成了水陆的动植菌三级生态系,生物圈就是在这个过程中形成的。

生物对整个生物圈的形成、演化起着重要的作用,它使地球的结构、条件和演化过程发生了根本的变化。早期地球上空是没有氧的还原性气体,由于绿色植物的光合作用促进了大气的演化,最后才形成现代大气的组成和大气圈。土壤是由矿物质、水、空气、有机物和生物组成的,没有生物有机体提供有机物质,就不可能有土壤。所以,土壤是生命对地壳表层改造的产物。据推算,自地球上有生命以来,已产生的生物总量几乎超过地壳无机物总量一倍。这样大量的生命物质和能量交换,极大地改变了地球的自然动态平衡,改变了物质循环和许多自然演变过程。

大约在300多万年前出现了人类,生物圈进入了新的发展阶段。人类在本质上不同于其他生物,人类能制造工具和使用工具,人类有意识的劳动改变了世界,干预了生物圈和生物地球化学过程。当然,在人类历史的早期,对生物圈的影响和作用是不大的。随着科学技术的发展,人类控制和支配自然的能力不断提高。特别是十九世纪工业迅速发展以来,人类开发自然和利用自然资源的规模越来越大。不仅大量的矿物质从地壳中被开采出来,而且生物圈从来没有的许多人工合成材料、化学物质源源不断地被输入生物圈。

这些都会影响生物圈的正常功能和物质平衡。总之,人类的生产活动成为地球上影响生物圈的巨大力量。

四、生物圈的特征

1. 生物圈是地球上人类和生物的唯一生存地,到目前为止和可以预见的将来,还没有其他选择。

2. 生物圈具有很强的"生物化"特征。把生物圈的概念仅作为生命区来理解显然是不完全的。它是一个极其复杂的、能自动调节的生命物质和非生命物质系统,它积累和重新分配巨大的物质资源和能量资源。

3. 生物有机体呈现种类的多样性。生物多样性是生物圈的基本特征之一。地球上曾出现过的物种总数有近2.5亿种,现在仅剩下500万到1 000万种。

4. 生物圈的结构呈现不平衡性和不对称性。山脉、平原、河流的分布是不平衡的,陆地上和海洋中的生命物质分布也是不平衡的。例如:活质的最大浓度分布在陆地温带、亚热带、热带的土壤中,活质的较小浓度分布在寒冷的极地、干旱地区和荒漠、高山及海洋深处。由于地形地貌的复杂性,生命物质分布不均匀,加上物种本身的多样性,造成生物种群和群落分布的镶嵌性。大陆和海洋的分布对比关系呈不对称性。

5. 生物圈通过物质循环和能量转化来自我调节和平衡,在人类出现之前,没有哪一种生物具有打破这种平衡的力量,但人类的出现则改变了这个局面。二十世纪的人类活动已开始大范围的按照人类的需要改造着生物圈,从而使生物圈发生了很大变化。但是人类是生物圈的居民,应该也必须服从自然法则。人类既然具有改变生物圈的能力,那么对于生物圈的维持就应有一种道德责任。

第三节　生态因子及其作用

一、生态因子的概念

任何一种生物生长与发育都离不开生活环境,也称生境。生境(habitat)指在一定时间内对生命有机体生活、生长发育、繁殖以及有机体存活量有影响的空间条件及其他条件的总和。

在生境中对生物的生命活动起直接作用的那些环境要素称为生态因素,也称生态因子。生态因子影响了生物的生长、发育和分布,影响了种群和群落的特征。

在生物学中,在一定的时间范围内,占据某个特定空间的同种生物有机体的集合体,称为种群。生物群落指在一定的历史阶段,在一定的区域范围内,所有有生命部分的总合。

二、生态因子的分类

生态因子可分为物质和能量两大类,不过,传统的分法是把生态因子分为非生物因子和生物因子两类。

非生物因子也称自然因子,物理、化学因子属非生物因子,如光、温度、湿度、大气、水、土壤等。

生物因子包括动物、植物与微生物，即对某一生物而言的其他生物。它们通过自身的活动直接或间接影响其他生物。

现在有一种观点认为人对环境的影响太大，作为一种特殊的生物，人应该单列，即生态因子还应包括第三方面的因素——人为因素。例如，人类的砍伐、挖掘、采摘、引种、驯化以及环境污染等。任何生物所接受的都是多个因子综合的作用，但其中总是有一个或少数几个生态因子起主导作用。

三、生态因子的一般特征

1. 综合作用

生物在一个地区生长发育，它所受到的环境因素影响不是单因子的，而是综合的、多因子的共同影响。如温度是一、二年生植物春化阶段中起决定作用的因子，但如果空气不足、湿度不适，萌芽的种子仍不能通过春化阶段。这些因子彼此联系、互相促进、互相制约，任何一个因子的变化，必将引起其他因子不同程度的变化。只是这些因子中有主要的和次要的、直接的与间接的、重要的和不重要的区别。由于生态因子之间相互联系、相互影响、互为补充，所以在一定条件下是可以相互转化的。例如温度和湿度有明显的相关关系。

2. 主导因子作用

在对生物起作用的诸多生态因子中，有一个生态因子起决定性作用，称为主导因子(leading factoy)。如以食物为主导因子，表现在动物食性方面可分为食草动物、食肉动物和杂食动物等。以土壤为主导因子，可将植物分成多种生态类型，有沙生植物、盐生植物、喜钙植物等。

3. 生态因子的不可替代性和补偿作用

生态因子对生物的作用各不相同，从总体上来说生态因子是不可替代的，但在局部是可以作一定的补偿。例如光辐射因子和温度因子可以互相补充，但能不互相替代。在一定的条件下的多个生态因子的综合作用过程中，由于某一因子在量上的不足，可由其他因子作一定的补偿。以植物的光合作用来说，如果光照不足，可以增加二氧化碳的量来补偿。但生态因子的补偿作用只能在一定的范围内作部分的补偿，而不能以一个因子替代另一个因子。而且因子之间的补偿作用也不是经常存在的。

4. 生态因子的直接作用和间接作用

生态因子对生物的生长、发育、繁殖及分布的作用可分为直接作用和间接作用。例如光、温度、水对生物的生长、分布以及类型起直接作用，而地形因子，如起伏、坡度、海拔高度及经纬度等对生物的作用则不是直接的，但它们能影响光照、温度、雨水等因子，因而对生物起间接作用。

5. 因子作用的阶段性

生物生长发育有其自身的规律，不同的阶段对环境因子的需求是不同的，所以生态因子对生物的作用又具有阶段性，例如，有些鱼类不是终生定居在固定的环境中，而是根据其生活史的不同阶段，对生存条件有不同要求，进行长距离的洄游，大马哈鱼生活在海洋中，生殖季节就成群结队洄游到淡水河中产卵。农作物在不同的生长季节，对水分的需要量和对养分的需要量及种类的需求是不同的。

四、生态因子作用的规律

1. 限制因子规律

在环境诸因子中，某个因子限制了生物的生长、发育、繁殖或生存，我们称这个因子为限制因子。如温度升高到上限时会导致许多动物死亡，温度上限对动物生存成了限制因子。在植物的光合作用中，光照、水、二氧化碳和一定的温度缺一不可，所以对植物的光合作用，这几个因子都是限制因子。此外，干旱地区的水、寒冷地区的温度都是生物发育、生殖、活动的限制因子。

2. 最低量(最小因子)定律

最低量定律是德国化学家利必希(Liebig)于1840年提出的，他在研究各种化学元素对植物生长的影响时发现，微量元素硼、镁、铁等是不可缺少的，当某种元素降到最小值时，别的养分再多，该植物也不能正常生长。他认识到，作物的产量常常不是被需要量大的营养物质所限制，而是受某些微量元素所限制，这就是利必希最低量定律，这与系统论中的“水桶原理”的涵义是一致的。

利必希最低量定律适用于物资和能量的输入与输出处于平衡状态时。利用其考察环境的时候，必须注意因子间的相互作用。在生态系统中，某些因子之间有一定程度的相互替代性。由于有些因子的作用，如某些物质的高浓度和高效用，可以改变最小限制因子的利用率或临界限制值。有些生物能够以一种化学上非常相近的物质代替另一种自然环境中欠缺的所需物质，至少可以替代一部分。例如，在锶丰富的地方，软体动物可以在贝壳中用锶代替一部分钙。有些植物生长在阴暗处比生长在阳光下需要的锌少些，所以锌对处在阴暗处的植物所起的限制作用会小一些。

3. 耐受性定律

耐受性定律是美国生态学家谢尔福德(Shelford)提出的，他认为因子在最低量时可以成为限制因子，但如果因子过量超过生物体的耐受程度时也会成为限制因子。每种生物对一种环境因子都有一个生态上的适应范围，都有一个最适点及最低点和最高点，其最高点到最低点之间的宽度称为生态幅。在生态幅的范围内，有一个最适点，生物在最适点或接近最适点时才能很好生活，趋向两端时，就会被抑制，就会引起有机体的衰减或死亡，此即为耐受性定律。一种生物如果经常处于极限条件下，生存就会受到严重危害。

根据生物对各种因子适应的幅度，可将生物分为很多类型，即对该因子的狭适性类和广适性类。生态幅表示某种生物对环境的适应能力，生态幅宽的称为广适性生物。广适性生物比窄适性生物对环境有更强的适应能力，窄适性生物很容易受到环境条件的淘汰。一些濒于灭绝的生物多是窄适性生物。

不同生物对同一个因子会有不同的耐受极限，同一种生物在不同的生长阶段对同一个因子也有不同的耐受极限。如原生动物一般能耐受高温50℃左右，形成孢囊时耐受性更高；家蝇在44.6℃左右出现热瘫痪，到45℃～48℃就开始死亡；玉米生长发育所需的温度最低不能低于9.4℃，最高不超过46.1℃，其耐受限度为9.4℃～46.1℃。

关于耐受性定律还有以下情况：

(1)生物对各种生态因子的耐受幅度有较大差异，生物可能对一种因子的耐受性很广，而对另一种因子耐受性很窄。

(2)在自然界中，生物不一定都在最适环境因子范围内生活，一般来说对所有因子耐受范围很广的生物，分布较广。

(3)当一个物种的某个生态因子不是处在最适度状态时，另一些生态因子的耐受限度将会下降。例如，当土壤含氮量下降时，草的耐旱能力将下降。

(4)自然界中生物之所以并不都在某一特定因子的最适范围内生活，其原因是种群的相互作用(如竞争、天敌等)和其他因素常常妨碍生物利用最适宜的环境。

(5)繁殖期通常是一个临界期，环境因子最可能起限制作用。繁殖期的个体、种子、胚胎、幼体的耐受限度一般要狭窄的多，较适宜的环境对它们的生存是必要的。

(6)生物的耐受性是可以改变的。生物对环境的适应和对环境因子的耐受并不是完全被动的。生物的进化可使它们积极地适应环境，从而减轻环境因子的限制作用，生物的这种能力称为因子补偿作用。在生物种内，经常可以发现，地理分布范围较广的物种与地方性的物种有所不同。动物，尤其是运动能力发达和个体较大的动物，则常常通过进化形成适应性行为，产生补偿作用以回避不利的地方性环境因子。

在生物群落层次中，通过群落中各种不同种类的相互调节和适应作用，结成一个整体，从而产生对环境因子的补偿作用，这就是所谓的群落优势。例如，自然界实地观察到的生态系统的代谢率——温度曲线总比单个种的曲线平坦，也就是说，生态系统的代谢率在外界温度变化时能够保持相对稳定，这就是群落稳定的一个具体例子。在外界因素干扰下生态系统的稳定性是有利于生物生存的。

限制因子和耐受性限度的概念为生态学家研究复杂环境建立了一个出发点。有机体与环境的关系往往是很复杂的，但不是所有因子都具有同样的重要性，研究某个特定环境时，经常可以发现可能存在的薄弱环节或关键环节，首先应集中考察那些很可能接近临界的或者“限制性的”环境条件。

第四节　生态系统的基本概念及类型

一、生态系统的概念

生态系统(ecosystem)一词最初是由英国植物群落学家 A.G. 坦斯利(A.G.Tansley)于 1935 年首先提出的。他根据前人和他本人对森林动态的研究，把物理学中的“系统”引入生态学，提出了生态系统的概念。他认为：整个系统，“它不仅包括生物复合体，而且还包括了人们称之为环境的各种自然因素的复合体。……我们不能把生物与其特定的自然环境分开，生物与环境形成一个自然系统。正是这种系统构成了地球表面上的基本单位，它们有不同的大小和类型，这就是生态系统。”。生态系统概念的提出，对生态学的发展产生了巨大的影响。在生态学的发展史中有过三次大的飞跃，从个体生态学到种群生态学是一次飞跃，从种群生态学到群落生态学是第二次飞跃，20 世纪 60 年代开始了以生态系统为中心的生态学，从群落生态学过度到生态系统生态学是生态学发展史上第三次飞跃，也是比前两次更为深刻的变革。

生态系统是指在一定的时间和空间内，生物和非生物成分之间，通过物质循环、能量流动和信息传递，而相互作用、相互依存所构成的统一体，是生态学的功能单位。生态系统也就是生命系统与环境系统在特定空间的组合。有的学者把生态系统简明地概括为：生态系统=生命系统+环境条件。

生态系统是一个广泛的概念，根据这一概念任何生命系统及其环境都可以看作生态系统。一个生态系统在空间边界上是模糊的，其空间范围在很大程度上是依据人们所研究的对象、研究内容、研究目的或地理条件等因素而确定的。从结构和功能完整性角度看，它可小到含有藻类的一滴水，大到整个生物圈。

生态系统可以是一个很具体的的概念，一片森林、一片草地、一个小池塘、一个培养皿都是一个生态系统，同时，它又是空间范围上抽象的概念。生态系统和生物圈只是研究的空间范围及其复杂程度不同。小的生态系统组成大的生态系统，简单的生态系统组成复杂的生态系统，而最大、最复杂的生态系统就是生物圈。生物圈就是一个滋生万物的最大的封闭性的生态系统，由许多大小不同的开放性生态系统组合而成。

以一个小的池塘为例，在池塘里有水、植物、微生物和鱼类。它们相互联系、相互制约，在一定的条件下，保持着自然的、暂时的相对平衡，形成一个非常精巧而又非常复杂的生态系统。

实际上，自然界或人类社会存在的各类生态系统都由微、小、中、大等多级分层的子系统组成的，它们都有空间上的联系顺序、时间上的持续发展，构成完整而复杂的生态综合体。生态系统概念的提出，为研究生物与环境的关系提供了新的基础、观点及角度。目前生态系统已成为生态学中最活跃的领域，在理论上得到了发展，在实践上得到了应用。

二、生态系统的组成

生态系统的成分，不论是陆地还是水域，或大或小，都可以概括为非生物和生物两大部分。如果没有非生物环境，生物就没有生存的场所和空间，也就得不到能量和物质，生物就无法生存，仅有环境而没有生物也谈不上生态系统。生态系统可以分为非生物环境、生产者、消费者与分解者四种基本成分。

1. 非生物环境

非生物环境包括三部分。一为太阳能和其他能源、水分、空气、气候和其他物理因子；二为参加物质循环的无机元素(如碳、氢、氧、氮、磷、钾等)与化合物；三为有机物(如蛋白质、脂肪、碳水化合物和腐殖质等)。

2. 生产者

生产者是指能利用太阳能，将简单的无机物合成为复杂的有机物的自养生物。生产者主要指绿色植物，包括水生藻类，另外还有光合细菌和化学合成细菌。

生产者在生态系统中的作用是通过光合作用将太阳光能转变为化学能，以简单的无机物为原料制造各种有机物，保证自然界二氧化碳与氧气的平衡。生产者不仅供给自身生长发育的能量需要，也是其他生物类群及人类食物和能量的来源，并且是生态系统所需一切能量的基础。生产者在生态系统中处于最重要的地位。

3. 消费者

消费者是指直接或间接依赖并消耗生产者而获取生存能量的异养生物，主要是各种动物。它们不能利用太阳光能制造有机物，只能直接或间接地从植物所制造的现成的有机物质中获得营养和能量。它们虽不是有机物的最初生产者，但可将初级产品作为原料，制造各种次级产品,因此它们也是生态系统中十分重要的环节。

消费者包括的范围很广。直接以植物为食,如牛、马、兔、食草鱼以及许多陆生昆虫等,这些食草动物称为初级消费者。以食草动物为食,如食昆虫鸟类、青蛙、蛇等,这些食肉动物称为次级消费者。以这些食肉的次级消费者为食的食肉动物,可进一步分为三级消费者、四级消费者,这些消费者通常是生物群落中体形较大、性情凶猛的种类,如虎、狮、豹、鲨鱼等,这类消费者数量较少。消费者中最常见的是杂食性消费者,如池塘中的鲤鱼、兽类中的熊、狐狸等以及人类等,它们的食性很杂,食物成分还随季节变化。生态系统中正是杂食性消费者的这种营养特点,构成了极其复杂的营养网络关系。

4. 分解者

分解者又称还原者,都属于异养生物,主要指微生物如细菌、真菌、放射菌、土壤原生动物和一些小型无脊椎动物等。它们具有把复杂的有机物分解还原为简单的无机物(化合物和单质),将其释放归还到环境中去供生产者再利用的能力。生态系统中正是有了分解者,物质循环才得以运行,生态系统才得以维持。分解者体形微小,但数量大得惊人,分布广泛,存在于生物圈的每个部分。

三、生态系统的基本特征

生态系统和其他"系统"一样,都是具有一定的结构、各组成成分之间相互关联,并执行一定功能的有序整体。从这个意义的上讲,生态系统与物理系统是相同的。但生态系统是一个有生命系统,使得生态系统具有不同于机械系统的许多特征,这些特征主要表现在以下几个方面:

1. 生态系统具有生物学特征

生态系统具有生命有机体的一系列生物学特性,如发育、代谢、繁殖、生长与衰老等。这就意为着生态系统具有内在的动态变化的能力。任何一个生态系统都是处于不断发展、进化和演变之中,人们可根据发育状况将生态系统分为幼年期、成长期、成熟期等不同的发育阶段。

2. 生态系统具有一定的区域特征

生态系统都与特定的空间相联系,这种空间都存在着不同的生态条件。生命系统与环境系统的相互作用以及生物对环境长期的适应结果,使生态系统的结构和功能反映了一定的地区特征。同是森林生态系统,寒带的针叶林与热带雨林有着明显的差异,这种差异是区域自然环境不同的反映。也是生命成分在长期进化过程中对各自空间环境适应和相互作用的结果。

3. 生态系统是开放的"自律系统"

机械系统是在人的管理和操纵下完成其功能的,而自然生态系统则不同。生态系统具有代谢机能,这种代谢机能是通过系统内的生产者、消费者、分解者三个不同营养水平的生物种群来完成的,它们是生态系统"自我维持"的结构基础。在生态系统中,不断地进行着能量和物质的交换、转移,保证生态系统发生功能并输出系统内生物过程所制造的产品或剩余物质和能量,自然生态系统不需要管理和操纵,它是开放的自律系。

4. 生态系统是一种反馈系统

反馈指系统的输出端通过一定通道,即反馈环反送到输入端,变成了决定整个系统未来功能的输入。生态系统就是一种反馈系统,能自动调节并维持自己正常功能。系统内不断通过(正、负)反馈进行调整,使系统维持和达到稳定。自然生态系统在没有受到人类或其他因素的严重干扰和破坏时,其结构和功能是非常和谐的,这是因为生态系统具有这种自动调节的功能。在生态系统受到外来的干扰而使稳定状态改变时,系统靠自身反馈系统的调节机制再返回稳定、协调状态。应该指出的是:生态系统的自动调节功能是有一定限度的,超过这个限度,会对生态系统造成破坏。

四、生态系统的结构

构成生态系统的各组成部分,环境及各种生物种类、数量和空间配置,在一定的时期处于相对稳定的状态,使生态系统能够保持一个相对稳定的结构。对生态系统结构的研究目前主要着眼于形态结构和营养结构。

(一)形态结构

生态系统的形态结构是生物种类、数量的空间配置和时间变化,也就是生态系统的空间与时间结构。例如,一个森林生态系统,其植物、动物和微生物的种类和数量基本上是稳定的,它们在空间分布上有明显的成层和垂直分布现象。在地上部分,自上而下有乔木层、灌木层、草本植物层和苔藓地衣层;在地下部分,有浅根系、深根系及根际微生物。动物的空间分布也有明显的分层现象,最上层是能飞行的的鸟类和昆虫;地面附近是兽类;最下层是蚂蚁、蚯蚓等,许多鼠类在地下打洞。在水平分布上,林缘、林内植物和动物的分布也有明显不同。

各生态系统在结构的布局上有一致性。上层阳光充足,集中分布着绿色植物的树冠或藻类,有利于光合作用,故上层又称为绿带或光合作用层。在绿带以下为异养层或分解层,又称褐带。生态系统中的分层有利于生物充分利用阳光、水分、养料和空间。

形态结构的另一种表现是时间变化,这反映出生态系统在时间上的动态。一般可以从三个时间量度上来考察。一是长时间量度,以生态系统进化为主要内容,如现在森林生态系统自古代时期以来的变化;二是中等时间度量,以群落演替为主要内容,如草原的退化;三是以年份、季节和昼夜等短时间度量的周期性变化,如一个森林生态系统,冬季满山白雪覆盖,一片林海雪原,春季冰雪融化,绿草如茵,夏季鲜花遍野,五彩缤纷,秋季果实累累,气象万千。不仅有季相变化,就是昼夜也有明显变化,如绿色植物白天在阳光下进行光合作用,在夜间只进行呼吸作用。短时间周期性变化在生态系统中是较为普遍的现象。

生态系统短时间结构的变化,反映了植物、动物等为适应环境因素的周期性变化,而引起整个生态系统外貌上的变化,这种生态系统短时间结构的变化往往反映了环境质量高低的变化。所以,对生态系统短时间结构变化的研究具有重要的意义。

(二)营养结构

生态系统各组成部分之间,通过营养联系构成了生态系统的营养结构。

1. 食物链

生态系统中各种成分之间最本质的联系是通过营养来实现的,既通过食物链(food chain)把生物与非生物、生产者与消费者、消费者与消费者连成一个整体。食物链在自然生态系统中主要有牧食性食物链和腐生性食物链两大类型,它们在生态系统中往往是同时存在的。如森林的树叶、草、池塘的藻类,当其活体被消费者取食时,它们是牧食性食物链的起点;当树叶、枯草落在地上,藻类死亡后沉入水底,很快被微生物分解,这时又成为腐生性食物链的起点。

2. 食物网

在生态系统中,一种生物一般不是固定在一条食物链上,往往同时属于数条食物链,生产者如此,消费者也是这样。如牛、羊、兔和鼠都可能吃同一种草,这样这种草就与4条食物链相连。再如,黄鼠狼可以捕食鼠、鸟、青蛙等,它本身又可能被狐狸和狼捕食,黄鼠狼就同时处于数条食物链上。实际上,生态系统中的食物链很少是单链,它们往往是相互交叉,形成复杂的网络式结构,即食物网(food web)。食物网形象地反映了生态系统内各生物有机体之间的营养位置和相互关系。

生态系统中各生物之间,正是通过食物网发生直接和间接的联系,保持着生态系统结构和功能的相对稳定性。应该指出的是,生态系统内部营养结构不是固定不变的,而是不断发生变化的。如果,食物网中某一条食物链发生了障碍,可以通过其他食物链来进行必要的调整和补偿。有时,营养结构网络上某一环节发生了变化,其影响会波及整个生态系统。

食物链和食物网的概念是很重要的。正是通过食物营养,生物与生物、生物与非生物环境才能有机地结合成一个整体。食物链(网)概念的重要性还在于它揭示了环境中有毒污染物转移、积累的原理和规律。通过食物链可以把有毒物质在环境中扩散,增大其危害范围。生物还可以在食物链上使有毒物质浓度逐渐增大千倍、万倍,甚至百万倍。

所以,食物链(网)不仅是生态环境的物质循环、能量和信息传递的渠道,当环境受到污染时,它们又是污染物扩散和富集的渠道。

五、生态系统的类型

自然界中的生态系统是多种多样的,为研究方便起见,人们从不同的角度,把生态系统分成若干个类型。如可以按生态系统的能量来源特点;按生态系统能量内所含成分的复杂程度;按生态系统的等级等。常见的是以下两种类型的划分:

(一)按人类对生态系统的干预程度划分

1. 自然生态系统指没有或基本没有受到人为干预的生态系统,如原始森林生态系统、未经人工放牧的草原生态系统、荒漠生态系统、极地生态系统等。

2. 半自然生态系统指受到人为干预,但其环境仍保持一定的自然状态的生态系统,如人工抚育的森林、经过放牧的草原、养殖湖泊和农田等。

3. 人工生态系统指完全按照人类的意愿,有目的、有计划地建立起来的生态系统,如城市生态系统等。

(二)按生态系统空间环境性质划分

1. 陆地生态系统,包括森林、草原、荒漠、极地等生态系统。

2. 淡水生态系统,可再分为:流水生态系统,如河流;静水生态系统,如湖泊、水库等。

3. 海洋生态系统,可再分为:海岸生态系统、浅海生态系统、远洋生态系统。

第五节　生态系统的基本功能

生态系统的的结构及其特征决定了它的基本功能,主要表现在生物生产、能量流动、物质循环与信息传递几个方面。

一、生物生产

生态系统不断运转，生物有机体在能量代谢过程中，将能量、物质重新组合，形成新的产品的过程，称为生态系统的生产。生态系统的生物生产可分为初级生产和次级生产两个过程。前者是生产者把太阳能转变为化学能的过程，又称为植物性生产。后者是消费者的生命活动将初级生产品转化为动物能，故称之为动物性生产。

1. *初级生产*

初级生产是指绿色植物的生产，即植物通过光合作用，吸收和固定光能，把无机物转化为有机物的过程。初级生产的过程可用下列化学方程式概述：

$$6CO_2 + 12H_2O \xrightarrow{\text{光能}(2.8\times10^6\text{J})\text{叶绿素}} C_6H_{12}O_6 + 6O_2 + 6H_2O \quad (2-1)$$

式中：CO_2 和 H_2O 是原料，糖类（CH_2O）是光合作用的主要产物，如蔗糖、淀粉和纤维素等。实际上光合作用是一个非常复杂的过程，人类至今对它的机理还没有完全搞清楚。

毫无疑问，光合作用是自然界最为重要的化学反应。

植物在单位面积、单位时间内，通过光合作用固定太阳能的量称为总初级生产量（*GPP*）常用单位：$J/(m^2\cdot年)$。植物的总初级生产量减去呼吸作用消耗的量（*R*），余下的有机物质即为净初级生产量（*NPP*）。总初级生产量与净初级生产量之间的关系，可以用下式表示：

$$NPP = GPP - R \quad (2-2)$$

生态系统初级生产的能源来自太阳辐射能，如果把照射在植物叶面的太阳光作100%计算，除叶面蒸腾、反射、吸收等消耗，用于光合作用的太阳能约为0.5%～3.5%，这就是光合作用能量的全部来源。生产过程的结果是太阳能转变为化学能，简单的无机物转变为复杂的有机物。

在一个时间范围内，生态系统的物质贮存量，称为生物量。不同的生态系统，不同水热条件下的不同生物群落，太阳能的固定数及其速率、其总初级生产量、净初级生产量和生物量都有很大差异。全球初级生产量分布有以下特点：

(1)陆地比水域的初级生产量大

主要是因为占海洋面积最大的大洋区缺乏营养物质，其生产力很低，平均仅125g/($m^2\cdot$年)，有“海洋荒漠”之称。

(2)陆地上初级生产量有随纬度的增加而逐渐降低的趋势

陆地生态系统中热带雨林的初级生产量最高，由热带雨林向温带常绿林、落叶林、北方针叶林、稀树草原、温带草原、荒漠而依次减少。初级生产量从热带到亚热带、温带、寒带逐渐降低。

(3)海洋中初级生产量有由河口湾向大陆架和大洋区逐渐降低趋势

河口湾由于有大陆河流所携带的营养物质输入，其净初级生产量平均为1500g/($m^2\cdot$年)，大陆架次之，大洋区最低。

(4)全球初级生产量可划分为三个等级

生产量极低的区域：生产量为2.09×10^6—4.19×10^6J/($m^2\cdot$年)或者更少。大部分海

洋和荒漠属于这类区域。

中等生产量区域：生产量为2.90×10^6—1.26×10^7J/(m^2·年)。许多草地、沿海区域、深湖和一些农田属于这类区域。

高生产量区域：生产量大约为4.19×10^7—1.05×10^8J/(m^2·年)或者更多。大部分湿地生态系统、河口湾、珊瑚礁、热带雨林和精耕细作的农田、冲积平原上植物群落等属于这类区域。

2. 次级生产

生态系统的次级生产是指消费者和分解者利用初级生产物质进行同化作用建造自己和繁衍后代的过程。次级生产所形成的有机物(消费者体重增加和后代繁衍)的量叫次级生产量。

生态系统净初级生产量只有一部分被食草动物所利用，而大部分未被采食和触及。真正被食草动物所摄取利用的这一部分，称为消耗量。消耗量中大部分被消化吸收，这一部分为同化量，剩余部分经消化道排出体外。被动物所固化的能量，一部分用于呼吸而被消耗掉，剩余部分被用于个体成长和生殖。生态系统次级生产量可用下式表示：

$$PS = C - Fu - R \qquad (2-3)$$

式中：PS 为次级生产量；C 为摄入的能量；Fu 为排泄物中的能量；R 为呼吸所消耗的能量。

生态系统中各种消费者的营养层次虽不相同，但它们的次级生产过程基本上都遵循上述途径。

二、能量流动

(一)生态系统的能量

能量是作功的能力。在生态系统中，能量是基础，一切生命活动都存在着能量的流动和转化。没有能量的流动，就没有生命，没有生态系统。生态系统内的能量流动与转化是服从于热力学定律的。

生态系统的能量流动是指能量通过食物网络在系统内的传递和耗散过程。它始于生产者的初级生产，止于还原者功能的完成，整个过程包括着能量形式的转变，能量的转移、利用和耗散。生态系统中的能量包括动能和潜能两种形式，潜能也即势能。生物与环境之间以传递和对流的形式相互传递与转化的能量是动能，包括热能和光能；通过食物链在生物之间传递与转化的能量是势能。生态系统的能量流动也可以看作是动能和势能在系统内的传递与转化的过程。

(二)生态系统能量流动的基本摸式

1. 能量形式的转变

在生态系统中能量形式是可以转变的，例如在光合作用中就是由太阳能转变为化学能；化学能在生物间的转移过程中总有一部分能量耗散掉，这是一部分化学能转变为热能耗散到环境中。

2. 能量的转移

在生态系统中，以化学能形式的初级生产产品是系统内的基本能源。这些初级生产产品主要有二个去向：一部分为各种食草动物所采食；一部分作为凋落物质的枯枝败叶成为分解者的食物来源。在这个过程中能量由植物转移到动物与微生物身上。

3. 能量的利用

能量在生态系统的流动中，总有一部分被生物所利用，这些能量提供了各类生物的成长、繁衍之需。

4. 能量的耗散

无论是初级生产还是次级生产过程，能量在传递或转变中总有一部分被耗散掉，即生物的呼吸及排泄耗去了总能量的一部分。生产者呼吸消耗的能量约占生物总初级生产量的50%左右。能量在动物之间传递也是这样，两个营养层次间的能量利用率一般只有10%左右。

(三)生态系统能量流动的渠道

生态系统是通过食物关系而使能量在生物间流动的。食草动物取食植物，食肉动物捕食食草动物，即植物→食草动物→食肉动物，从而实现了能量在生态系统的流动。所以生态系统能量流动的渠道就是食物链和食物网。图2-2是一个简化了的食物网。

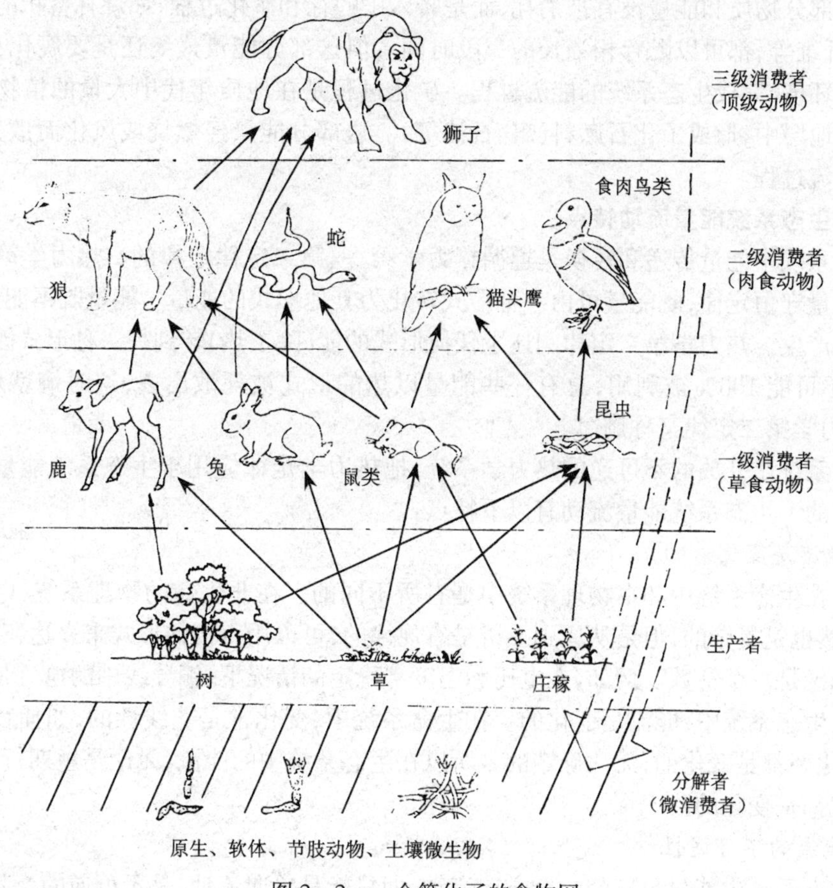

图2-2　一个简化了的食物网

在分析生态系统的能量流动或食物关系时，要认识到食物链不是固定不变的，某一环节的变化将会影响到整个链条，甚至生态系统的结构。但在人为的干扰不很严重的自然生态系统中，食物链又是相对稳定的。

生态学中把具有相同营养方式和食性的生物归为同一营养层次，把食物链中的每一个营养层次称为营养级，或者说营养级是食物链上的一个环节。如生产者称为第一营养级，它们都是自养生物；食草动物为第二营养级，它们是异养生物并具有以植物为食的共同食性；食肉动物为第三、第四…营养级。但有些动物可能同时占据多个营养层次，如杂食动物。

根据生物之间的食物联系方式和环境特点，可以把生态系统的能量流动分为以下几种类型：

1. 第一能流：指生态系统中牧食性食物链传递的能量。牧食性食物链是生物间以捕食关系而构成的食物链。如小麦→麦蚜虫→肉食性瓢虫→食虫小鸟→猛兽。

2. 第二能流：指生态系统中腐生性食物链传递的能量。腐生性食物链是从死亡的生物有机体被微生物利用开始的一种食物链。如动植物残体→微生物→土壤动物；有机碎屑→浮游动物→鱼类。

3. 第三能流：指在生态系统的能量传递过程中，贮存和矿化的能量。生态系统中常有相当一部分物质和能量没有被消耗，而是转入了贮存和矿化过程，如森林蓄积的大量木材、植物纤维等，都可以贮存相当长的一段时间。但这部分能量最终还是要腐化，被分解而还原于环境，完成生态系统的能流过程。矿化过程是在地质年代中大量的植物和动物被埋藏在地层中，形成了化石燃料(煤、石油等)。这部分能量经燃烧或风化而散失，从而完成其能流过程。

(四)生态系统能量流动特点

生态系统中能量传递和转换是遵循热力学第一、第二定律定律的。热力学第一定律也就是能量守恒定律，既能量可由一种形式转化为其他形式的能量。能量既不能消灭，也不能凭空产生。热力学第二定律阐述了任何形式的能(除了热)转到另一种形式能的自发转换中，不可能100%被利用，总有一些能量以热的形式被耗散出去，这时熵就增加了。所以，热力学第二定律又称熵律。

生态系统是开放的不可逆的热力学系统，把热力学定律应用于生态系统能量流动是十分重要的。生态系统能量流动有以下特点：

1. 能流是变化着的

能流在生态系统中和在物理系统中是有所不同的。在非生命的物理系统(电、热、机械)中虽然也是复杂的，但是从原则上讲是有规律的，可以用直接的形式来表达，对于一定的系统来说是一个常数。例如，在电压和温度都稳定的情况下，铜导线中的电流是一个常数。而在生态系统中，能流是变化的。在生命系统中，变化常是非线性的，如捕食者的捕食量、消化率都是变化的，无法确定的。所以在生态系统中的能流，无论是短期行为，还是长期进化都是变化的。

2. 能流的不可逆性

在生态系统中能量只有朝一个方向流动，即只能是单向流动，是不可逆的。其流动方向为：太阳能→绿色植物→食草动物→食肉动物→微生物。太阳的辐射能以光能的形式输入生态系统后，通过光合作用被植物所固定，此后不能再以光能的形式返回；自养生物被异养生物摄取后，能量就由自养生物流到异养生物，也不能再返回；从总的能流途径而言，能量只能一次性流经生态系统，是不可逆的。热力学第二定律注意到宇宙在每一个地方都趋于均匀的熵。它只能向自由能减少的方向进行,而不能逆转。所以,从宏观上看,熵总是日益增加。

3. 能量的耗散

根据热力学第二定律,在封闭的系统中,一切过程都伴随着能量的改变,在这种能量的传递与转化过程中,除了一部分可继续传递和作功的自由能以外,还有一部分不能传递和作功的能,这种能以热的形式耗散。

在生态系统中,从太阳辐射能被生产者固定开始,能量沿营养级的转移,每次转移都必然有损失,流动中能量逐渐减少,每经过一个营养级都有能量以热的形式散失掉。图2-3是以各营养级所含能量为依据而绘制的,其形似塔,所以称为"生态学金字塔"。

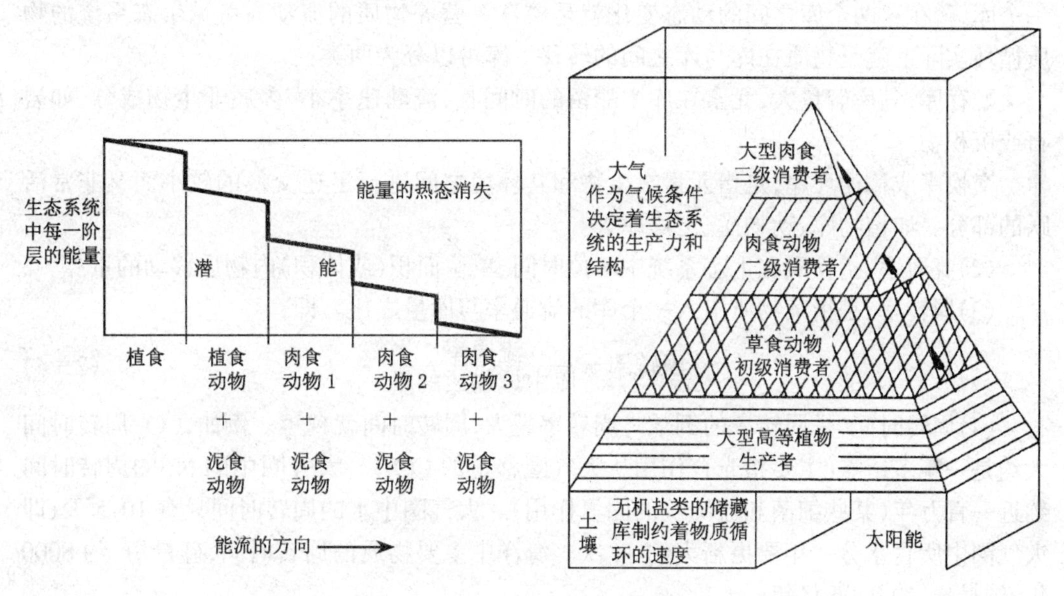

图2-3 生态学金字塔

4. 能量利用率低

首先生产者(绿色植物)对太阳能的利用率就很低,只有约1.2%。然后,能量通过食物营养关系从一个营养级转移到下一个营养级,每经过一个营养级,能流量大约减少90%,通常只有4.5%~17%,平均约10%转移到下一个营养级,亦即能量转化率为10%,这就是生态学中的"十分之一定律",也称"林德曼效率",由美国生态学家林德曼(R.L.Lindeman)于1942年提出。这一定律证明了生态系统的能量转化效率是很低的,因而食物链的营养级不可能无限增加。国外有学者先后对100多个食物链进行了分析,结果表明大多数食物链有三或四个营养级,而有五个或六个营养级的食物链的比例很小。

三、物质循环

(一)物质循环的基本概念

1. 物质处于不断的循环之中

宇宙是物质构成的,运动是物质存在的形式。物质循环是生态系统的重要功能之一。生态系统中生物的生命活动,除了需要能量外,还需要有物质基础,物质在地球上是循环使用的。生态系统中各种营养物质经过分解者分解成为可被生产者利用的形式归还环境中重复利用,周而复始地循环,这个过程叫物质循环。

生态系统的物质循环是闭路循环,在系统内的环境、生产者、消费者、还原者之间进行。植物根系吸收土壤中的营养元素通过光合作用以建树植物本身,消费者和分解者直接或间接以植物为食,植物的枯枝败叶、动物的尸体,经过还原者的分解,又归还到土壤中重新利用。

2. 生态系统物质循环研究常用的几个概念

(1)库(pool)是指某一物质在生物或非生物环境暂时滞留(被固定或贮存)的数量。例如,在一个湖泊生态系统中,磷在水体中的数量是一个库;磷在浮游生物中的含量又是一个库,磷在这两个库之间的动态变化就是磷这一营养物质的流动。可见生态系统的物质循环实际上就是物质在库与库之间的转移。库可以分为两类:

贮存库,其库容量大,元素在库中滞留的时间长,流动速率小,多属非生物成分,如岩石或沉积物。

交换库或称循环库,是指元素在生物和其环境之间进行迅速交换的较小而又非常活跃的部分。如植物库、动物库、土壤库等。

(2)流通率,指物质在生态系统中单位时间、单位面积(或体积)内物质移动的量。

(3)周转率,是指某物质出入一个库的流通率与库量之比。即:

$$周转率=\frac{流通率}{库中该物质的量} \tag{2-4}$$

(4)周转时间,是周转率的倒数。周转率越大,周转时间就越短。例如,CO_2 周转时间大约是一年多一点(主要指光合作用从大气圈移走的 CO_2)。大气圈中的 N_2 的周转时间约近一百万年(某些细菌和蓝绿藻的固氮作用)。大气圈中水的周转时间只有 10.5 天,即大气圈中所含水分一年要更新大约 34 次。海洋中主要物质的周转时间,硅最短,约 8000 年;钠最长,约 2.06 亿年。

3. 生态系统中的物质

生物的生命过程中,大约需要 30~40 种化学元素,这些元素大致可分为三类;

(1)能量元素,也称结构元素,是构成生命蛋白所必须的基本元素碳、氢、氧、氮。

(2)大量元素,是生命过程大量需要的元素包括钙、镁、磷、钾、硫、钠等。

(3)微量元素,以人体为例,上述两类元素约占 99.95%。而微量元素,在人体只占 0.05%,包括铜、锌、硼、锰、钼、钴、铁、氟、碘、硒、硅、锶等。微量元素的需要量很小,但也是不可缺少的。在人体中,铁元素是血红素的主要成分,钴是维生素 B_{12} 不可缺少的元素,钼、锌、锰是多种酶的组成元素。这些物质存在于大气、水域及土壤中。

(二)生态系统的能量流动与物质循环的关系

1. 生态系统中生命的生存和繁衍,既需要能量,也需要营养物质。没有物质,生态系统就会解体;而没有能量,物质也没有能力在生态系统中进行循环,生态系统也不能存在。

2. 物质是能量的载体。没有物质,能量就不可能沿着食物链传递。物质是生命的基础,也是贮存、运载能量的载体。

3. 生态系统的能量流和物质流紧密结合,维持着生态系统的生长发育和进化,见(图 2-4)。生态系统的能量来自太阳,物质来自地球,即地球上的大气圈、水圈、岩石圈和土壤圈。一个来自“天”,一个来自“地”,正是这“天”与“地”的结合,才有了生命,才有了生态系统。

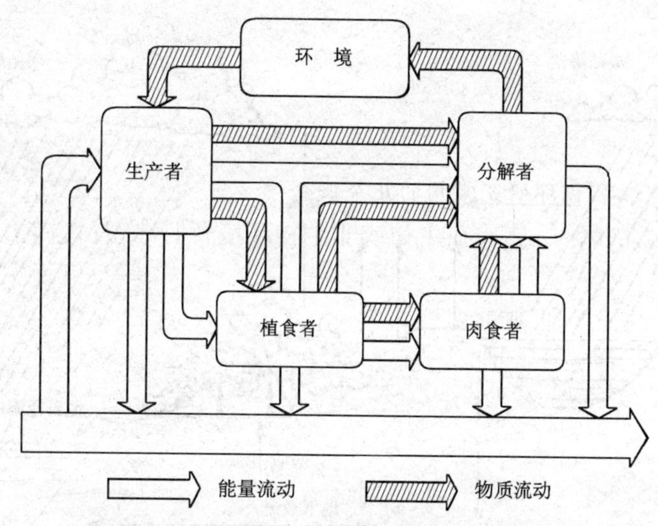

图 2-4 生态系统中能量流动与物质循环的关系

(三)生态系统物质循环的分类

1. 从物质循环的层次上分,可以分为:生物个体层次的物质循环、生态系统层次的物质循环和生物圈层次的物质循环。

生物个体层次的物质循环主要指生物个体吸收营养物质建造自身的同时,还经过新陈代谢活动,把体内产生的废物排出体外,经过分解者的作用归还于环境。

生态系统层次的物质循环是在一个具体范围内进行的(某一生态系统内),在初级生产者代谢的基础上,通过各级消费者和分解者把营养物质归还环境之中又称营养物质循环。

生物圈层次的物质循环是营养物质在各生态系统之间的输入与输出,以及它们在大气圈、水圈和土壤圈之间的交换,称生物地球化学循环或生物地质化学循环。

2. 根据物质参与循环的形式,可以将循环分为气相循环、液相循环和固相循环三种。气相循环物质为气态,以这种形态进行循环的主要营养物质有碳、氧、氮等。液相循环指水循环,是水在太阳能的驱动下,由一种形式转变为另一种形式,并在气流和海流的推动下在生物圈内循环。固相循环又称沉积型循环,参与循环的物质中有一部分通过沉积作用进入地壳而暂时或长期离开循环。这是一种不完全循环,属于这种循环方式的有磷、钙、钾和硫等。

(四)主要的生物地球化学循环

1. 水循环

水循环属于液相循环,是太阳能驱动的全球水循环。地球表面的三分之二以上被水所占据,海洋、湖泊、河川中的水不断蒸发,变成水蒸汽,进入大气。气流实际上就是地球上空巨大的“河流”,大气中的水蒸汽遇冷凝结成雨、雪、雹等降落到地面。降水中有一部分流入江河,最后汇入海洋;另一部分渗入地下,其中一部分成为地下水,一部分被植物吸收。被植物吸收的水,除了少量结合在植物组织外,大部分通过植物叶面的蒸腾作用,重

返大气 。为了维持生命,动物也从外界摄取一定量的水(直接摄入或通过吃植物),并通过身体蒸发把水释放到外界环境,但总量比通过植物的水要少得多。

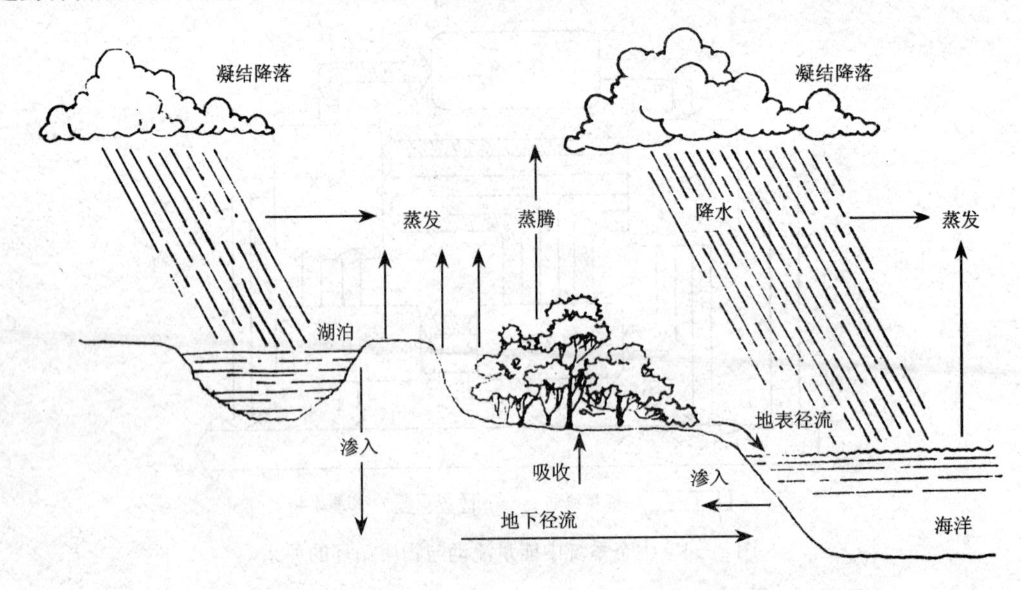

图 2-5　生物圈中水的循环过程

生物圈中水循环过程见图 2-5。从许多方面看,全球水循环是最基本的生物地球化学循环,它强烈地影响着其他所有各类物质的循环。水循环对于一切生物的生命维持系统,以及对于人类从事生产和生活都是必不可少的,此外,它还起到调节气候、清洁大气和净化环境等作用。

地球上各种水体的周转期是不同的(表 2-4)。除生物水外,以大气中和河川水的周转周期最短,这部分水可以得到不断的更替,并可以在较长的时间内保持淡水动态平衡。

表 2-4　地球上各种水体的周转期

水体类型	周转期(年)	水体类型	周转期
永久带底冰	10 000	河川水	16 年
极地冰川	9 700	大气水	8 年
海洋	2 500	沼泽	5 年
永久积雪、高山积雪	1 600	土壤水	一年
深层地下水	1 400	生物水	几小时
湖泊	17		

2. 碳循环

碳循环是生物圈中一个很重要的循环。碳是构成有机物的必需元素,含碳化合物可以说是有机化合物的同义词。生物体干重的 40% ~ 50% 为碳元素。碳还以二氧化碳的形式存在大于气中。绿色植物从空气中取得二氧化碳,通过光合作用,把二氧化碳和水转变为葡萄糖及多糖类,同时放出氧气。这一过程可视为自然界碳循环的第一步。植物本身的新陈代谢或作为食物进入动物体内时,植物性碳一部分转化为动物体内的脂肪等,一部分在动植物呼吸时，又以二氧化碳形式排入大气，则是碳循环的第二步。最后，枯枝败叶、动物尸体等有机物，又被微生物所分解，生成二氧化碳排入大气，从而完成了一次完整的碳循环（见图 2-6）。

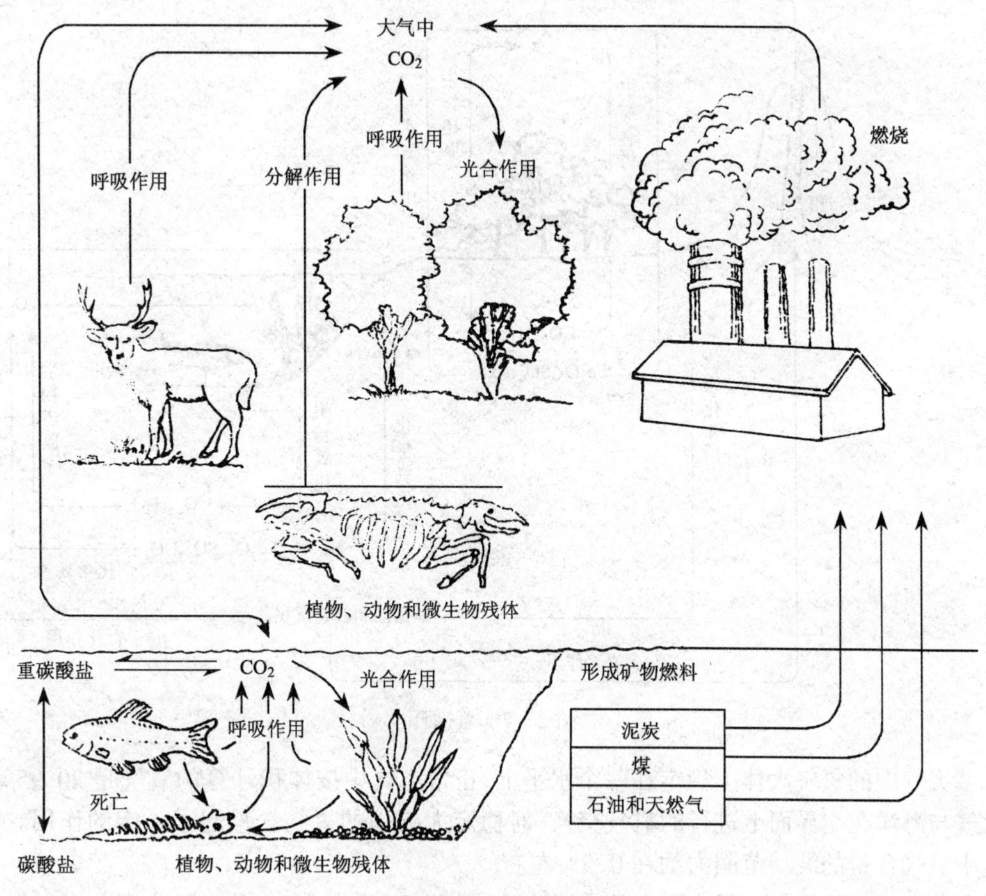

图 2-6　碳的循环

另外还有一些碳的支循环，例如碳酸盐岩石从大气中吸取二氧化碳，溶于水中，在水中形成的碳酸氢钙在一定条件下转变为碳酸钙沉积于海底。而水中的碳酸钙又被鱼类、甲壳类动物摄取并构成它们的贝壳、骨骼等组织，转移到陆地上来，这是碳循环的又一条途径。还有一条途径是在地质年代，动植物尸体长期埋藏在地层中，形成各种化石燃料，人类在燃烧这些化石燃料时，燃料中的碳氧化成二氧化碳，重新回到大气中，完成碳的循环。

陆地和大气之间的碳循环原来基本上是平衡的，但人类的生产活动却不断地破坏着这种平衡。目前碳循环出现的主要问题是两个方面，一方面是人为活动向大气中输送的二氧化碳大大增加，另一方面是人们的砍伐破坏使森林面积不断缩小，大气中被植物吸收利用的二氧化碳量越来越少，结果是大气中二氧化碳的浓度有了显著增加。即在碳循环过程中，二氧化碳在大气中停滞和聚集，其“温室效应”的加强，将导致全球气候变暖，这已成为全世界所忧虑的环境问题之一。

3. 氧循环

与碳的情况近似，氧存在于大气圈、水圈、岩石圈与生物体中。现在大气中的氧气，是在生物圈漫长的岁月中植物光合作用所积累形成的，是人类与动物呼吸所需氧气的来源（图2-7）。

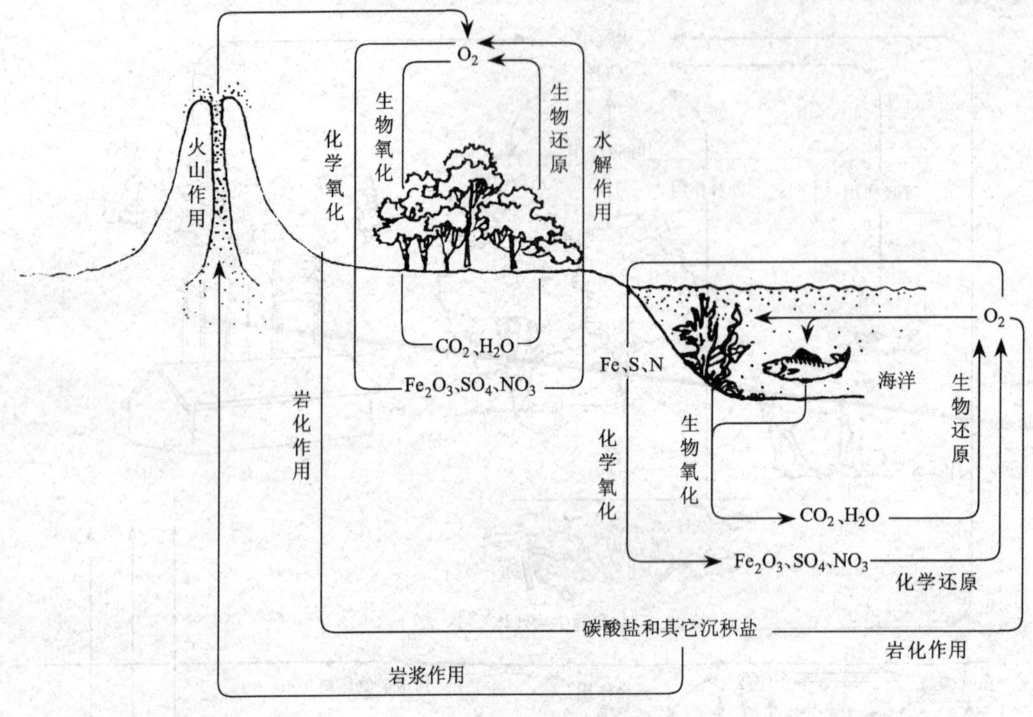

图2-7　氧循环

大气中的氧气大体上稳定在一个水平上，正常空气中按体积计算的氧气是20.95%。大气与海洋在交界面上进行的氧气交换，对稳定大气中的氧气含量起了一定的作用。大气中氧气含量的波动范圈大约在0.5%左右。

一个正常的成年人每小时大约需吸入25升氧气，呼出22.6升二氧化碳。当空气中含氧量降到12%时，可发生代偿性呼吸困难；降到10%时，可发生恶心、呕吐、智力活动减退等现象；当空气中氧气含量在7%～8%以下，而又不能及时供氧时，可危及生命，使呼吸、心脏活动停止。因此在密闭环境中工作，攀登高山，或航空作业时，应备有供氧装置。

4. 氮循环

氮是生物细胞的基本元素之一，无论是原生质或是蛋白质和氨基酸，都是含氮物质。大气中78%都是氮气，但绝大多数生物无法直接利用，氮只有从游离态变成含氮化合物时，才能成为生物的营养物质。

氮循环主要是在大气、生物、土壤和海洋之间进行。大气中的氮进入生物有机体主要有四种途径。一是生物固氮，某些植物（豆科植物）的根瘤菌和一些蓝绿藻能把空气中的惰性氮转变为硝酸盐，供植物利用。二是工业固氮，是人类通过工业手段，将大气中的氮合成为氨或铵盐，即农业上使用的氮肥。三是岩浆固氮，火山爆发时喷出的岩浆可以固定一部分氮。四是大气固氮，雷雨天气发生的闪电现象而产生的电离作用，可以使大气中的氮与氧化合生成硝酸盐，经雨水淋洗进入土壤。植物从土壤中吸收硝酸盐、铵盐等含氮分子，在植物体内与复杂的含碳分子结合成各种氨基酸，氨基酸联结在一起形成蛋白质。动物直接或间接从植物中摄取植物性蛋白,作为自己蛋白质组成的来源,并在新陈代谢过程中将一部分蛋白质分解成氨、尿素和尿酸等排出体外,进入土壤。动植物死后,体内的蛋白质被微生物分解成硝酸盐或铵盐回到土壤中,重新被植物吸收利用。土壤中的一部分硝酸盐,在反硝化细菌作用下,变成氮回到大气中。所有这些过程总合起来构成氮的循环(图2-8)。

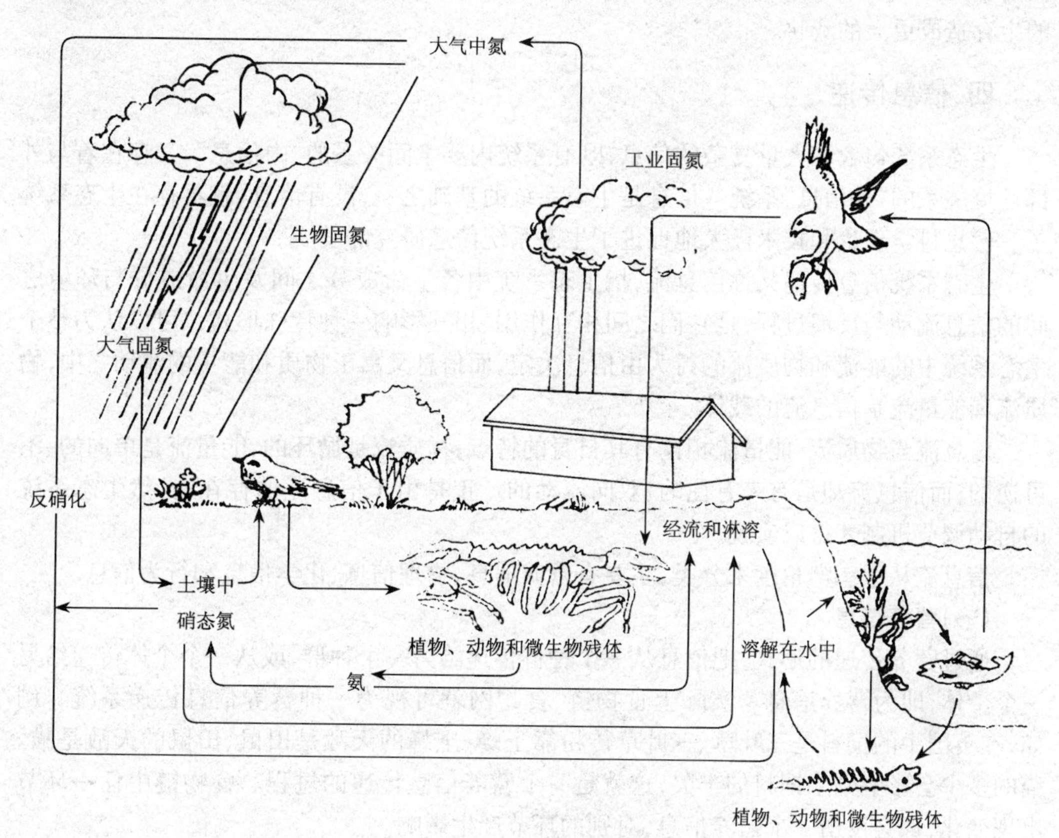

图2-8　氮的循环

人类的活动使氮循环出现了问题。现在在氮循环中,工业固氮量已占很大比例。据统计,在20世纪70年代时,全世界工业固氮总量已与全部陆生生态系统的固氮量基本相等。由于这种人为干扰,使氮循环的平衡被破坏,每年被固定的氮超过了返回大气的氮。大量的氮进入江河、湖泊和海洋,使水体出现富营养化,使蓝藻和其他浮游生物极度增殖,鱼类等难以生存。这种现象在江河湖泊中称为水华,在海洋中称为赤潮,是由于水域富营养化所造成的环境问题。另外,大气中被固定的氮,不能以相应数量的分子氮返回大气,却形成一部分氮氧化物进入大气,是造成现在大气污染的主要原因之一。

5. 硫循环

硫是构成氨基酸和蛋白质的基本成分,它以硫键的形式把蛋白质连接起来,对蛋白质的构型起着重要作用。硫循环兼有气相循环和固相循环的双重特征。SO_2 和 H_2S 是硫循环中的重要组成部分,属气相循环;硫酸盐被长期束缚在有机或无机沉积物中,释放十分缓慢,属于固相循环。

大气中的 SO_2 和 H_2S 主要来自化石燃料的燃烧以及动植物废物及残体的燃烧,它们经雨水的淋洗,进入土壤,形成硫酸盐。土壤中的硫酸盐一部分供植物直接吸收利用,另一部分则沉积海底,形成岩石。

人类对硫循环的干扰,主要是化石燃料的燃烧,向大气排放了大量的 SO_2,这不仅对生物和人体健康带来直接危害,而且还会形成酸雨,使地表水和土壤酸化,对生物和人类的生存造成更大的威胁。

四、信息传递

生态系统包含着大量复杂的信息,既有系统内要素间关系的"内信息",又存在着与外部环境关系的"外信息"系统。信息是生态系统的基础之一,没有信息,就不存在生态系统了。信息科学理论和技术极大地促进了生态系统信息研究的发展。

生态系统信息传递又称信息流,指生态系统中各生命成分之间及生命成分与环境之间的信息流动与反馈过程,是它们之间相互作用、相互影响一种特殊形式。可以认为整个生态系统中的能流和物质流的行为由信息决定,而信息又寓于物质和能量的流动之中,物质流和能量流是信息流的载体。

信息流与物质流、能量流相比有其自身的特点:物质流是循环的,能量流是单向的、不可逆的;而信息流却是有来有往的、双向流动的。正是由于信息流的存在,自然生态系统的自动调节机制才得以实现。

信息流从生态学角度来分类,主要有营养信息、物理信息、化学信息和行为信息。

(一)营养信息

通过营养传递的形式,把信息从一个种群传递给另一个种群,或从一个个体传递给另一个个体,即为营养信息。实际上食物链、食物网就可视为一种营养信息传递系统。例如,在英国牛的饲料是三叶草、三叶草传粉靠土蜂、土蜂的天敌是田鼠、田鼠的天敌是猫。猫的多少会影响到牛饲料的丰欠,这就是一个营养信息传递的过程。食物链中任一环节出现变化,都会发出一个营养信息,对别的环节产生影响。

(二)物理信息

通过声音、光、色彩等物理现象传递的信息,都是生态系统的物理信息。这些信息对于生物而言,有的表示吸引、有的表示排斥、有的表示友好、有的表示恐吓。

与植物有关的物理信息主要是光和色彩。植物与光的信息联系是非常紧密的,植物和动物之间信息常是非常鲜艳的色彩。例如,很多被子植物依赖动物为其授粉,而很多动物依靠花粉而取得食物,被子植物产生鲜艳的花色,就是给传粉的动物一个醒目的标志,是以色彩形式传递的物理信息。

动物间的物理信息十分活跃、复杂,它们更多是使用声音信息。昆虫是用声信号进行种内通讯的第一批陆生动物。用摩擦发出声信号,是昆虫中最常见的声信号通讯方式。鸟类的鸣、兽类的吼叫可以表达惊恐、安全、恫吓、警告、嫌恶、有无食物和要求配偶等各种信息。这些实际上就是动物自己的语言。

鸟类以用声音信息通讯而称著。动物世界中还没有一类动物像鸟类那样善于使用声音通讯。已知 9 000 种左右的鸟类中,几乎都能发出声音信号。这是鸟类进化的标志。它们丰富而复杂的声音信号更增加了生态系统中信息的多样性,使整个自然界充满生气和活力。

鸟类声音信号可分为三类，即机械声、叫声、和歌声。机械声如啄木鸟的敲击声，在繁殖期以此信号招引异性。叫声，常称叙鸣，指鸟类的日常叫唤声，一般表示：高兴、烦恼、取食、惊恐、进攻和保卫领域等。歌声，常称鸣啭，常与求配偶有关。鸟类的声音信号中变化最多的是歌声，鸟儿唱歌的本领实在令人惊讶。斑鸠、四声杜鹃(布谷鸟)都是自然界著名的歌手。有一种叫苍头燕雀的鸟会唱3~4种歌，唱的时候一首接一首，有一定的先后次序。鹪鹩会唱几百首歌，而据报道，一只长尾褐色鸣禽，在一年中唱了2 400多种不同的歌声，居领先地位。

动物间使用光信号的有萤光昆虫和鱼类的闪光等。

(三)化学信息

化学信息是生物在某些特定的条件下，或某个生长发育阶段，分泌出某些特殊的化学物质，这些分泌物不是提供营养，而是在生物的个体或种群之间传递某种信息，这就是化学信息，这些分泌物即称为化学信息素，也称为生态激素。生物代谢产生的一些物质，尤其是各类激素都属于传递信息的化学信息素。

随着化学生态学的迅速发展，发现了多种化学信息素。这些物质制约着生态系统内各种生物的相互关系使它们之间相互吸引、促进，或相互排斥、克制，在种间和种内发生作用。例如有的植物体可以分泌某些有毒化学物质，抑制或灭杀其他个体的生长。有的生物个体可以分泌某种激素，用以识别、吸引、报警、防卫，或者引起性欲或兴奋等。这些生态激素在生物体内含量极少，但是一旦进入生态系统，就会作为信息传递物质而使物种内和物种间关系发生显著变化。

(四)行为信息

许多动物的不同个体相遇时，常会表现出有趣的行为，即所谓行为信息。这些信息有的表示识别，有的表示威胁、挑战，有的向对方炫耀自己的优势，有的则表示从属。例如大部分鸟类的在进攻时头向前伸、身体下伏、振动翅膀、嘴巴向上，即所谓“张牙舞爪”；表示屈服时，头向后缩、颈羽膨起，一副“俯首贴耳”、“夹着尾巴”的样子。燕子在求偶时，雄燕会围绕雌燕在空中做出特殊的飞行形式。社会性昆虫如蜜蜂、白蚁等生活中基本的特点是信息的频繁传递。没有信息的传递，就难以想象数万，甚至上百万的个体能有分工、有协作、行动中有条不紊成为一个整体。蜜蜂除具有光、声、化学信号通讯外，舞蹈行为是它们信息传递的又一重要方面。

对于生态系统的信息传递，人类还知之甚少。生态系统的信息比任何其他系统都要复杂，所以在生态系统中才形成了自我调节、自我建造、自我选择的特殊功能。生态系统信息传递是生态学研究中的一个薄弱环节，同时也是一个颇具吸引力的研究领域。另外，通过对生物信息传递的研究，还可获得其他生态信息。

第六节　生 态 平 衡

一、生态平衡的概念

广义的生态平衡是指生命各个层次上，主体与环境的综合协调。在个体层次上，人缺铁造成贫血,铁多又会引起铁中毒,这就是铁离子失衡;在种群层次上,由于各种原因造成的种群不稳定,都属生态失衡。而狭义的生态平衡指生态系统的平衡,简称生态平衡。本节所讨论的是后者。

生态平衡是生态系统在一定时间内结构与功能的相对稳定状态,其物质和能量的输入、输出接近相等,在外来干扰下,能通过自我调节恢复到原初稳定状态,则这种状态可称为生态平衡。也就是说,生态平衡应包括三个方面的平衡,即结构上的平衡、功能上的平衡以及输入和输出物质数量上的平衡。

生态平衡是相对地平衡。任何生态系统都不是孤立的,都会与外界发生联系,会经常受到外界的干扰和冲击。生态系统的某一部分或某一环节,经常在一定的限度内有所变化,只是由于生物对环境的适应性,以及整个生态系统的自我调节机制,才使系统保持相对稳定状态。所以,生态系统的平衡是相对的,不平衡是绝对的。而当外来干扰超过生态系统自我调节能力,而不能恢复到原初状态时谓之生态失调,或生态平衡的破坏。

生态平衡是动态平衡,不是静态的。生态系统各组成部分不断地按照一定的规律运动或变化,能量在不断地流动,物质在不断地循环,整个系统都处于动态变化之中。维护生态平衡不是为保持其原初状态。生态系统在人为有益的影响下,可以建立新的平衡,达到更合理的结构、更高效的功能和更好的生态效益。

二、保持生态平衡的因素

生态系统有很强的自我调节能力,例如,在森林生态系统中,若由于某种原因发生大规模虫害,在一般情况下,不会发生生态平衡的毁灭性破坏。因为害虫大规模发生时,以这种害虫为食的鸟类获得更多的食物,促进了鸟类的繁殖,从而会抑制害虫发展。这就是生态系统的自我调节。但是任何一个生态系统的调节能力都是有限的,外部干扰或内部变化超过了这个限度,生态系统就会遭到破坏,这个限度称为生态阈值。

生态系统的自我调节能力,与下列因素有关:

(一)结构的多样性

生态系统的结构越复杂,自我调节能力就越强;结构越简单,自我调节能力越弱。例如,一个草原生态系统,若只有草、野兔和狼构成简单的食物链,那么,一旦某一个环节出了问题,如野兔消灭,这个生态系统就会崩溃。如果这个系统食草动物不限于野兔,还有山羊和鹿等,那么,在野兔不足时,狼会去捕食山羊或鹿,野兔又可以得到恢复,生态系统仍会处于平衡状态。同样是森林,热带雨林的结构要比温带的人工林复杂得多,所以,热带雨林就不会发生人工林那样毁灭性的害虫“爆发”。生态系统自我调节能力与其结构的复杂程度有着密切的关系。

(二)功能的完整性

功能的完整性是指生态系统的能量流动和物质循环在生物生理机能的控制下能得到合理地运转。运转的越合理,自我调节能力就越强。例如,北方的河流就没有南方的河流对污染的承受能力强,河流对污染的自我净化能力与稀释水量、温度、生物降解所需要的微生物等因素有关,而南方河流水量大,水温高,可以进行生物降解的微生物数量和种类,以及微生物生长的条件都比北方河流优越,所以,南方河流抗污染,进行自我调节的能力就比北方河流强。

三、生态失衡的原因

生态平衡的破坏,有自然因素和人为因素。

(一)自然因素

自然因素主要是指自然界发生的异常变化或自然界本来就存在的对人类和生物的有害因素。例如火山瀑发、海啸、水旱灾害、地震、台风、流行病等自然灾害,都会使生态平衡遭到破坏。自然因素对生态系统的破坏是严重的,甚至可能是毁灭性的,并具有突发性的特点。但这类自然因素一般是局部的,出现的频率不高。由自然因素引起的生态平衡的破坏,称为第一环境问题。

(二)人为因素

主要指由于人类对自然资源的不合理利用,以及人类生产和社会活动产生的有害因素。人为因素是引起生态平衡失调的主要原因。由人为因素引起的生态平衡破坏,又称为第二环境问题。主要表现在以下三个方面。

1. 物种改变引起生态失衡

人类有意或无意地使生态系统中某一生物消失或往其中引进某一种生物,都可能对整个生态系统造成影响。

在一个稳定的生态系统中,如果人们引进某个生物物种,这个物种在原来的生态系统中由于环境阻力,其种群密度被控制在一个生物学常数的水平上,但在一个新迁入的生态系统中,开始阶段这个物种也有一个适应新环境的过程,到一定阶段,因为没有天敌,可能会急剧增加,引起“生态爆炸”,打破生态平衡。如1859年一个名叫托马斯·奥斯京的澳大利亚人,从英国带回24只兔子,放养在自己的庄园里,供自己打猎用。引进后,在几乎没有天敌限制的情况下,欧洲兔子大量繁殖,在短短的时间内,繁殖的数量极为惊人。兔子在澳大利亚遍布数千万亩田野,在草原上以每年推进113km的速度向外蔓延,侵占了澳大利利亚的大片肥沃草地,与牛羊争牧场,兔满为患。该地区原来的青草和灌木,全被吃光,田野一片光秃,造成水土流失,生态系统受到严重破坏。澳大利亚政府曾鼓励大量捕杀,但不见效果。直到1950年引进野兔的天敌,一种粘液瘤病,才控制住了野兔的蔓延。据1993年报载,目前澳大利亚野兔仍达4亿多只。非洲“杀人蜂”也是一个典型的例子。1956年非洲蜜蜂被引进巴西,与当地的蜜蜂交配,产生的杂种具有极强的毒性且主动向人攻击。这些“杀人蜂”在南美洲森林中,因没有天敌而迅速繁殖,每年以200km~300km的速度扩散,后来甚至到达美国南方几个州,对人和家畜的生命构成极大威胁。我国20世纪50年代曾全民齐动员消灭麻雀,致使许多地方出现严重的虫害,麻雀减少造成的影响一直到今天。2001年我国把麻雀列为国家保护鸟类,这是我国在生态环境意识上的重大进步。

从这个意义上讲,用基因工程技术研制的新种类,也是没有天敌的,应慎之又慎。目前,国际上对基因食品就采取比较谨慎的态度。

2. 环境因素改变引起生态失衡

人类社会活动的迅猛发展,大大地改变了生态系统的环境因素,甚至破坏生态平衡。由于人类而造成的环境因素改变,主要有以下几类:

(1)对生态系统的直接破坏。例如,森林被称为地球之肺,森林生态系统是陆地上最稳定、最复杂、最大的生态系统,是人类赖以生存的基础,具有一系列的生态效应。而人类已将地球上森林一半以上砍伐殆尽,现在还在以森林生长速度10～20倍的速度砍伐森林。这样势必会破坏整个地球生物圈生态系统的平衡。

(2)大规模建设引起的环境因素改变。例如,埃及的阿斯旺水坝,由于修建之前论证不充分,没有把尼罗河的入海口、地下水、生物群落等当作一个统一的整体,来充分考虑生态系统的多方面的影响,只为发电和灌溉之利。结果带来了农田盐渍化、红海海岸浸蚀、捕鱼量锐减、寄生血吸虫的蜗牛和传播疟疾的蚊子增加等不良后果,这是由于大规模建设引起生态失衡的突出例子。

(3)人类的生活和生产使大量的污染物质进入环境,也大大地改变了生态系统的环境因素,破坏生态系统的平衡。

3. 信息系统的破坏引起的生态失衡

各种生物种群必须依靠彼此信息传递,才能保持其集群性,才能正常的繁殖。而由于人类对环境的破坏和污染,破坏了某些信息,就可能使生态平衡遭到破坏。例如,噪声会影响鸟类、鱼类的信息传递,造成它们迷失方向或繁殖受阻。有些雌性昆虫在繁殖期,将一种体外激素排放到大气中,有引诱雄性昆虫的作用。如果人们向大气中排放的污染物与这种激素发生化学反应,性激素失去作用,昆虫的繁殖就会受到影响,种群数量会减少,甚至消失。

四、生态系统平衡的调节机制

生态系统平衡的调节主要是通过系统的反馈机制、抵抗力和恢复力实现的。

(一)反馈机制

自然生态系统可以看作是一个反馈控制系统,其方框图如图2-9所示。

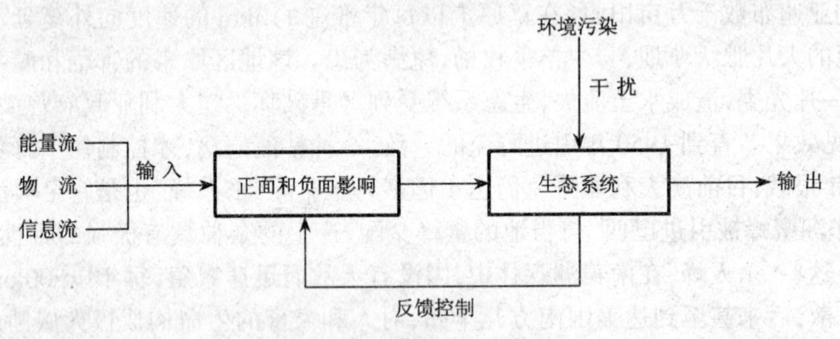

图2-9 反馈控制方框图

系统中,正常的输入有能流(如太阳能)、物流、信息流,而环境污染则是使系统产生偏离的干扰,反馈控制系统的输出端的结果对系统的干扰输入再产生影响,有正的影响(如污染),有负的影响(如绿色植物的生态效应)两种情况。如果反馈是倾向于反抗系统偏离目标的运动,最终使系统趋于稳定状态,实现动态平衡,这就是负反馈。一般而言,正常的自然生态系统具有负反馈调节能力。当然,物质系统没有绝对的稳定,负反馈系统也是相对的。

(二)抵抗力

抵抗力是自然生态系统具有抵抗外来干扰并维持系统结构和功能原状的能力,是维持生态平衡的重要途径之一。这种抵抗力和自我调节能力与系统发育阶段及状况有关，那些生物种类复杂、由生物网组成的、物流及能流复杂的、多样性的生态系统，比那些简单、单纯的生态系统，其抵抗干扰和自我调节能力也要强得多，因而要稳定的多。环境容量、自净作用等都是系统抵抗力的表现形式。

生态系统抵抗干扰和自我调节能力是有限度的，当干扰超过某一临界值时，系统的平衡就遭破坏，甚至会产生不可逆转的解体或崩溃。这一临界值在生态学中称生态阈值，在环境科学上称作环境容量。其值大小与生态系统的类型有关，还与外来干扰因素的性质、作用方式及作用持续时间等因素密切相关。

(三)恢复力

恢复力是指生态系统遭受外干扰破坏后，系统恢复到原状的能力。一般来说，恢复力强的生态系统，生物的生活世代短，结构比较简单。如杂草生态系统遭受破坏后恢复速度要比森林生态系统快得多。生物成分生活世代长、结构复杂的生态系统，一旦遭到破坏则长期难以恢复。

抵抗力和恢复力是生态系统稳定性的两个方面，两者正好相反，抵抗力强的生态系统其恢复力一般较弱，反之亦然。森林生态系统对干扰的抵抗力很强，然而，一旦遭到破坏，恢复起来则十分困难。

在自然生态系统中，生物的潜能与环境的阻力处于动态的平衡，能量与物质的输入与输出基本上保持平衡，生产者、消费者、还原者在种类和数量上保持相对稳定，组成完善的食物链与能量流动的金字塔营养结构。自然生态系统在演变发展过程中，逐渐形成一种相对稳定的自律系统。

生态系统平衡的条件，至少应包括：生态系统结构的平衡、功能的平衡、物质与能量在输入与输出上的平衡、信息的通畅，以及外干扰小于临界值。

第三章　城市环境生态学基本原理

城市对于人类来说，意味着聚集和发展，是人类活动的主要舞台，但同时城市也意味着对自然的远离和破坏。古代许多城市的消亡，其主要原因在于对城市周围自然环境的破坏，昔日巴比伦都市以它那壮丽的宫殿而闻名于世，曾一度荣华鼎盛，后来却很快消失在历史的彼岸，仅在沙漠中留下自己的废墟。现在人们开始用生态的、可持续发展的角度重新审视城市。

第一节　城市环境生态学的概念

一、环境生态学

从学科体系上看，环境生态学是环境科学的组成部分，但按照现代生态学的学科划分，它又是应用生态学的一个分支，是与环境科学渗透而形成的新兴的边缘学科。

(一)环境生态学的定义

环境生态学的发展历史还很短，对这一学科的研究内容和任务，甚至对学科的定义还存在着不同的看法和争议，毕竟环境生态学正处于迅速的发展之中。在环境生态学发展的初期，人们关注的主要是环境污染问题，所以那时一些学者认为，环境生态学"主要研究污染物在以人类为中心的各个生态系统中的扩散、分配和富集过程等消长规律，以便对环境质量作出科学评价"。但是，后来的发展变化说明，人为干扰下出现的环境问题不只是污染问题，从某种意义上讲，生态破坏对环境质量的影响更复杂、更深刻、危害更大。所以，环境生态学就是研究人为干扰下，生态系统内在的变化机理、规律和对人类的反效应，寻求受损生态系统恢复、重建和保护对策的科学。即运用生态学理论，阐明人与环境间的相互作用及解决环境问题的生态途径。所以，环境生态学不同于以研究生物与其生存环境之间相互关系为主的经典生态学；也不同于只研究污染物在生态系统的行为规律和危害的污染生态学或以研究社会生态系统结构、功能、演化机制以及人的个体和组织与周围自然、社会环境相互作用的社会生态学。

(二)环境生态学的研究内容

根据其定义，环境生态学会涉及环境科学和生态学的基本理论，除此外，学科的内容主要包括以下几个方面：

1. 在人为干扰下生态系统内在变化机理和规律

研究自然生态系统在受到人为干扰后，所产生的一系列反应和变化。在这一过程中的内在规律；出现的生态效应以及对生物和人类的影响；各种污染物在各类生态系统中的行为变化规律和危害方式。

2. 生态系统受损程度的判断

对生态系统受损程度进行科学地判断，不仅是研究生态系统变化机理和规律的一个基本手段，而且为治理、保护提供必要的依据。环境质量的评价和预测不仅采用物理、化学的方法，还包括生态学的方法，生态学判断所需的大量信息就是来自生态监测。

3. 生态系统的功能及保护

各生态系统都有各自不同的功能，人为干扰后产生的生态效应也不同。环境生态学要研究各类生态系统受损后的危害效应和方式，以及相应的保护对策。

4. 解决环境问题的生态对策

根据环境问题的特点采取适当的生态学对策，并辅之以其他方法来改善和恢复恶化的环境质量，包括各种废物的处理和资源化的技术等，是环境生态学的研究内容之一。事实证明，采用生态学方法治理环境污染和解决生态破坏问题是一条非常有效的途径，前景令人鼓舞。

维护生态系统的正常功能、改善人类生存环境并使之协调发展，这是环境生态学的根本目的。运用生态学理论，保护和合理利用自然资源，防止和治理环境污染与生态破坏，恢复和重建生态系统，以满足人类生存发展的需要，是环境生态学的主要任务。

(三)环境生态学与其他学科的关系

由于环境生态学的发展史还很短，它与其他学科尤其是研究范畴相近的学科的关系还很难十分清楚地确定下来。作为一门新兴学科，相对明确其地位以及与其他学科的关系有利于其完善和发展。

环境生态学是环境科学和生态学这两个正在迅速发展的庞大学科体系的交叉学科，与之相关的学科更是数目众多，涉及自然科学、社会科学、经济学等诸领域。在环境科学体系中，环境生态学与人类生态学、资源生态学、污染生态学、环境监测与评价、环境工程学等的关系尤为密切。

人类生态学、资源生态学和污染生态学的研究范畴在很大程度上都与环境生态学有相同之处，它们之间存在着相辅相成和相互促进的关系。在人类已改变了大部分自然生态系统的今天，人类生态学所研究的主体和对象，即人类生态系统包括人类自身的发展，对于自然生态系统有着重要的影响，而这正是环境生态学研究的出发点和立足点。资源生态学和污染生态学的研究与发展，可为环境生态学提供丰富的素材和佐证，环境生态学的效应机制研究可丰富前两者的理论基础。环境质量的物理、化学监测和生态监测是环境生态学中关于人为干扰效应及机制分析与判断的基础和科学依据。生态监测丰富了环境监测的内容，克服物理和化学监测上的某些不足。环境生态学又可为环境工程学和环境规划与管理提供必要的理论依据，提高治理效果，有利于决策的准确性。

二、城市环境生态学

城市通常的定义是人口集中、工商业发达、居民以非农业人口为主的地区，一般是周围地区的政治、经济和文化中心。从生态学角度也可以把城市定义为：城市是经过人类创造性劳动而产生的，拥有更高“价值”的人类物质、精神环境和财富，是更符合人类自身需要的社会活动的载体场所和人类进步的合理的生活方式之一，是一类以人类占优势的新型生态系统。

城市环境生态学是以生态学的理论和方法研究城市人类活动与周围环境之间关系的一门学科，它是环境生态学的分支学科，又是城市科学的一个分支。城市环境生态学以整体的观点，把城市视作一个以人为中心的生态系统，在理论上着重研究其发生和发展的原因、组合和分布的规律、结构和功能的关系、调节和控制的机理；其应用目的在于运用生态学原理规划、建设和管理城市，提高资源利用效率，改善系统关系，增强城市活力，使城市生态系统沿着有利于人类利益和可持续的方向发展。

三、城市环境生态学的研究内容

环境科学与生态学的基本理论是城市环境生态学的理论基础，研究对象是城市生态系统。城市环境生态学的研究内容主要包括：

1. 城市人口的结构、密度、变化速率和空间分布，以及与城市环境的相互关系。
2. 城市物流与能流的特征和速率。
3. 城市生态系统的功能、保护与调控。
4. 城市生态系统与环境质量的关系。
5. 城市环境质量与居民健康的关系、社会环境对居民的影响。
6. 城市生态系统对城市发展的制约条件。
7. 城市的景观与美学环境。
8. 城市生态规划、环境规划，研究城市各环境质量指标与标准。
9. 解决城市环境问题的生态对策。

城市环境生态学的研究实际上就是从环境生态学的角度去探索城市人类生存发展的最佳环境。

第二节　城市环境生态学的基本原理

一、城市生态位

生态位(niche)是指物种在群落中，在时间、空间和营养关系方面所占的地位。生态位的宽度与该物种的适应性有关，适应性较大的物种占据较宽的生态位。

城市生态位是一个城市给人们生存和活动所提供的生态位。具体讲，就是城市中的生态因子(如水、食物、能源、土地、气候、交通、建筑等)和生产关系(如生产力、生活质量、环境质量、与外系统的关系等)的集合。它反映了一个城市的现状对于人类各种经济活动和生活活动的适宜程度，反映了一个城市的性质、功能、地位、作用及其人口、资源、环境的优劣势，从而决定了它对不同类型的经济以及不同职业、年龄人群的吸引力。

城市生态位大致可分为生产生态位和生活生态位。生产生态位就是资源、生产条件生态位，包括了城市的经济水平(物质和信息生产及流通水平)、资源丰盛度(如水、能源、原材料、资金、劳力、智力、土地、基础设施等)。生活生态位就是环境质量、生活水平生态位，包括社会环境(如物质生活和精神生活水平及社会服务水平等)及自然环境(物理环境质量、生物多样性、景观适宜度等)。

总之，城市生态位是城市满足人类生存发展所提供的各种条件的完备程度。一个城市既有整体意义上的生态位，如一个城市相对于外部地域的吸引力与辐射力；也有城市空间各组成部分因质量层次不同所体现的生态位的差异。对城市居民个体而言，不断寻找良好的生态位是人们生理和心理的本能。人们向往生态位高的城市和地区的行为，从某种意义上说，是城市发展的动力与客观规律之一。

二、多样性导致稳定性原理

自然界的大量事实证明,生态系统的结构愈多样、复杂,则其抗干扰的能力愈强,系统也就愈稳定。也就是说,生态系统的稳定性是与其结构的多样性、复杂性呈正相关。这是因为在结构复杂的生态系统中,当食物链(网)上的某一环节发生异常变化,造成能量、物质流动的障碍时,可以由不同生物种群间的代偿作用加以克服。多样、复杂的生态系统即便受到较严重的干扰,也会自发的通过群落演替,恢复原来的稳定状态,只是所需时间要比受轻干扰要长。例如在热带雨林中,由于物种十分丰富,某些物种的缺失,会由于其他物种的代偿作用,而不会对整个生态系统造成大的影响。与此相对比,在仅有地衣、苔藓的北极苔原地区,这种简单的植被一旦受到破坏,就会使以地衣、苔藓为食的驯鹿和靠捕食驯鹿为生的食肉兽类无法生存,结构极为简单的苔原生态系统是难有代偿作用的。

多样性导致稳定性的原理在城市生态系统中同样有效。例如,多种不同类型的人力资源保证了城市发展对人力的需求;城市用地的多样属性(自然的或人工整地形成的)保证了城市各类活动的展开;多种交通方式的有效结合使城市交通效率高且稳定;城市产业结构的多样性和复杂性导致了城市经济的稳定性和高效率,这些都是多样性导致稳定性原理在城市生态系统的应用和体现。

三、食物链原理

在生态学里,食物链指以能量和营养物质形成的各种生物之间的联系,食物网则指许多食物链彼此相互交错连接而形成的复杂营养关系。

广义的食物链原理应用于城市生态系统中,指以产品、下脚料、废料为物流,以利润为动力将城市生态系统中的企业联系在一起。各企业之间的产品和生产原料是相互提供的,一个企业的产品是另一些企业的原料,某些企业的下脚料或废料也可能是另一些企业的原料。人们可以根据增加利润和保护环境等目的,对城市食物网进行"加链"和"减链"。除掉那些效益低、污染大的链环,增加新的生产链环,例如增加能充分利用物资资源、效益高、无污染的产品和企业。这样可使城市生态系统的物流和能流更加合理、更加完善。

城市生态学的食物链原理还表明:人类居于食物链的顶端,人类需要依靠其他生产者及各营养级的"供养"而生存;人类对生存环境污染的后果最终会通过食物链的这种富集作用而归结于人类自身。另外,人是城市各种产品的最终消费者,城市的生产、建设都应体现"以人为本"的原则。

四、最小因子原理

前文已讲到生态学的"最小因子原理"和系统论中的"水桶效应",这些原理同样适用于城市生态系统。在城市生态系统中,影响其结构、功能行为的因素很多,但往往有某一个处于临界量(最小量)的生态因子对城市生态系统功能的发挥具有最大的影响力,只要改善其量值,就会大大增加系统功能。在城市发展的各个阶段,总存在着影响、制约城市发展的特定因素,当克服了该因素时,城市将进入一个全新的发展阶段。

五、系统整体功能最优化原理

生态系统中各子系统和系统整体是相互影响的,各子系统功能的状态取决于系统整体功能的状态，而各子系统功能的发挥也会影响系统整体功能的发挥。城市各子系统都具有自身的发展目标和趋势，各子系统之间和与系统整体之间的关系不一定总是一致的，有时会出现相互牵制、相互制约的关系状态，对此应该以提高系统整体功能和综合效益为目标，局部功能与效益应当服从整体功能与效益。

六、环境承载力原理

环境承载力是指某一环境在不发生对人类生存发展有害变化的前提下，在规模、强度和速度上，所能承受的人类社会作用的能力。

环境承载力包括：资源承载力、技术承载力和污染承载力等。资源承载力，包括如淡水、土地、矿藏、生物等自然资源条件和劳力、交通工具、道路系统、市场因子、经济实力等社会资源条件。资源承载力又可分为现实的和潜在的两种类型。技术承载力，主要指劳动力素质、文化程度与技术水平等，也分为现实的和潜在的两种类型。污染承载力是反映环境容量与自净能力的指标。

环境承载力会因城市的外部环境条件的变化而变化。环境承载力的变化会引起城市生态系统结构和功能的变化。城市生态系统向结构复杂、能量最优利用、生产力最高的方向演化，称之为正向演替，反之称为逆向演替。城市生态系统的演化方向是与城市生态系统中人类活动强度是否与城市环境承载力相协调而密切相关的。当城市活动强度小于环境承载力时，城市生态系统就有条件有可能向结构复杂、能量最优利用、生产力最高的方向演化。

第三节　城市及城市生态系统

一、城　市

（一）城市的含义

城市是人类聚集的中心，是人类社会经济、政治、科学文化发展到一定阶段的产物。城市是以空间与环境利用为基础，以聚集经济效益为特点，以人类社会进步为目的的一个集约人口、集约经济、集约科学文化的空间地域系统，它是一个经济实体、政治社会实体、科学文化实体和自然实体的有机统一，是社会政治、经济、文化中心。比较具体地讲，城市是指人口集中（例如10万人以上），住宅、工商业、行政、文化等建筑物占50%以上的面积，具有较为发达的交通线网和车辆来往频繁的人类集居区域。城市的主要特征为：是非农业人口集中区域；是一定区域的政治、经济或文化中心；是由多种建筑物组成的物质设施综合体。

从生态学角度，可把城市定义为：城市是经过人类创造性劳动加工而拥有更高“价值”的人类物质、精神环境和财富，是更符合人类自身需要的社会活动的载体场所，是一类以人类占绝对优势的新型生态系统。

（二）城市的发展及其特征

真正意义上的城市——近代城市出现在18世纪产业革命之后，城市开始出现社会化、专业化的机器；大工业所需的协作条件以及科学技术、信息情报、金融贸易机构和其他各种配套服务。工业的发展与集中，伴随着商贸与人口的集聚，也带来了城市经济、交通、文化、科技以及城市基础设施的完善与发展。城市的高效服务和完备设施，又促进了工业的发展和生产效率的发挥。当今世界各国的经济发展与城市化过程都是同步进行的。

作为经济、政治、文化中心的现代城市,大都具有以下明显特征:生产高度集中;商业贸易飞速发展;城市基础设施完备;城市功能多样化。随着城市规模的扩大和各种设施的发展与完善,城市具有越来越多的功能,功能简单的城市很少。

同时,随着城市的发展,城市环境遭到破坏,并出现综合性的“城市病”,如住房紧张、交通阻塞、环境污染严重、居民生活质量和健康水平大大下降。这些城市生态环境问题,不仅影响着居民的生存,也严重地限制着工业的发展。当“集中”的危害(负效应)大于其利益(正效应)时,城区的工业会反向向郊区或附近区域转移,形成新的工业区、商业区和居民区。于是,城市呈放射状、带状或环状向郊外扩张,形成一个“城市区域”或“城市带”。

每个城市都是一定区域的中心,都以相应的经济区域作依托,城市是周围广大地区生产、交换、分配、消费等各种经济活动的集中场所。一定规模的城市有一定的吸引力作用,如市场的引力,就业机会的引力和城市各种现代化生活设施的引力等。一些大城市购物、上学、看病、参加各种文化娱乐活动都很方便,就业机会也较多,因此,人们一般都不愿离开大城市。城市的吸引力与城市的规模成正比和与城市间的距离成反比。

二、城市生态系统

(一)城市生态系统的概念

城市生态系统是一个以人为核心的系统,它不仅包含自然生态系统的组成要素,也包括人类及其社会经济等要素,因此,城市生态系统是一个自然、经济与社会复合的人工生态系统。从传统生态学的观点看,城市本身并不是一个完整的、自我稳定的生态系统。但按照现代生态学观点,城市也具有自然生态系统的某些特征,具有某种相对稳定的生态功能和生态过程,生态学的普遍规律在城市中同样适用,所以我们把城市系统归结为城市生态系统。

城市生态系统是人类生态系统的主要组成部分之一。它既是自然生态系统发展到一定阶段的结果,也是人类生态系统发展到一定阶段的结果。

(二)城市生态系统的产生及发展

城市生态系统是人类生态系统经过漫长的发展时期,在一定的阶段产生的。在人类生态系统的发展过程中,经过了自然生态系统到农业生态系统的演变,最后才产生城市生态系统,从此,人类生态系统可划分为农村生态系统和城市生态系统两大类型。

工业革命后,人类生态系统的发展进入了新的发展阶段,农村人口开始向城市逐渐转移。现在,全世界多数工业发达地区,城市人口的增长超过了农村人口的增长,有些国家的城市人口的数量逐渐超过了农村人口数量。城市生态系统的发展历史在整个人类生态系统的发展史中只占很小一部分,但城市生态系统的发展却对整个人类生态系统的发展起着举足轻重的作用。当今,城市生态系统已经成为人类生态系统的主体。

第四节　城市生态系统的组成与结构

一、城市生态系统的组成

城市生态系统是一个以人为中心的自然、经济与社会复合的人工生态系统,所以城市生态系统的组成首先是人,另外包括自然系统、经济系统与社会系统。

自然系统包括城市居民赖以生存的基本物质环境,如太阳、空气、淡水、森林、气候、岩石、土壤、动物、植物、微生物、矿藏、自然景观等。经济系统涉及生产、流通与消费的各个环节,包括工业、农业、交通、运输、贸易、金融、建筑、通讯、科技等。社会系统涉及到城市居民的物质生活与精神生活诸方面,如居住、饮食、服务、医疗、旅游等,还涉及到文化、艺术、宗教、法律等上层建筑范畴。

目前没有统一的城市生态系统构成划分,不同的研究出发点与方向会有不同的划分方法。从环境科学角度,根据子系统的空间因素及相互作用,可以对城市生态系统的组成作以下划分(图 3-1)。社会学家提出的城市生态系统构成见图 3-2。

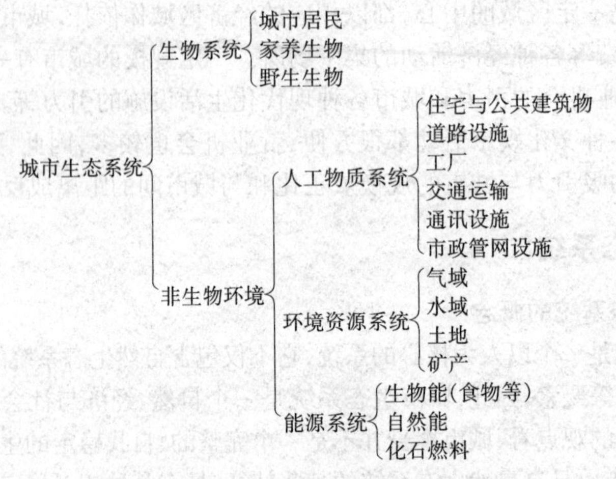

图 3-1　环境学角度的城市生态系统构成

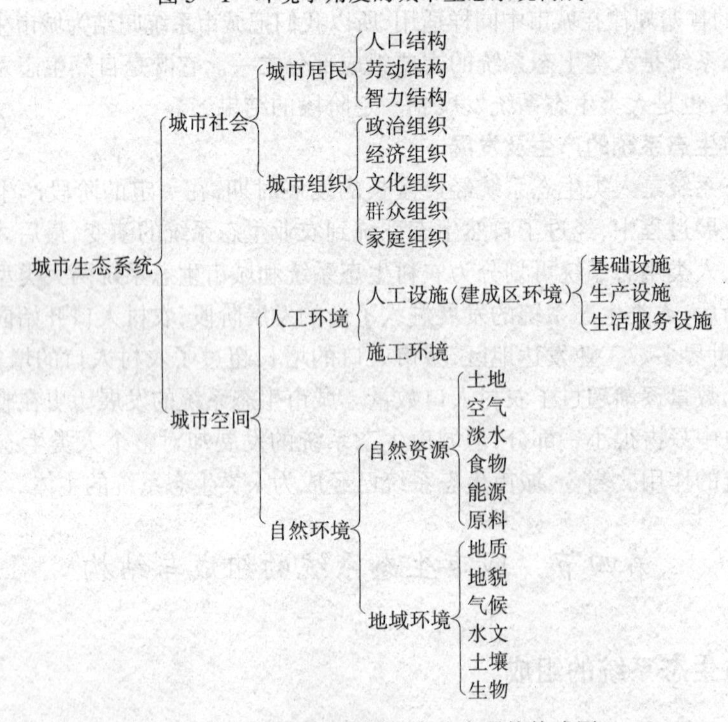

图 3-2　社会学角度的城市生态系统构成图

二、城市生态系统的结构形式

城市生态系统的结构是系统组成要素相互连接、相互影响的方式和秩序。

(一)链结构

1. 食物链结构

在城市生态系统生物的营养结构中,有两种不同的食物类型,一种是自然食物链,也就是传统意义的食物链,即绿色植物为初级生产者,食草动物和食肉动物分别为一级、二级消费者兼次级生产者,人类是杂食的最高级消费者。不同之处是,在城市中所要消费的动植物大部分靠周围环境系统提供,人类食用的动植物也须经过简单的加工。另一种是完全人工食物链,经过复杂人工加工的食品、饮用品、药品供人类直接食用,该食物链只有一级消费者。在城市生态系统中,人类是最主要、最高级的消费者,位于食物链的顶端。

2. 资源链结构

为满足人类除食物以外的其他消费(穿、住、行、用、文化、娱乐等)的需求,在城市生态系统中就有了资源利用链结构,这是其他自然生态系统所没有的。资源利用链结构由一条主链和一条副链构成。在主链中,各类资源经初加工,生产出一系列中间产品,再经深加工后生产出可供直接消费的最终产品。最终产品的一部分留在市区环境,一部分输出到外界。主链从资源到最终产品的转变过程中都会产生一定量的废弃物,这些废弃物如果加以重复、综合利用,即为资源链的副链,副链中部分有价值的废弃物返还主链,其余的被排泄入市区环境或广域环境。

(二)生命与环境相互作用结构

城市生态系统中的生命与环境之间,环境要素之间都存在一定的相互作用的关系。其中城市人群与环境之间的关系是此种结构的主要内容。在城市中,自然生物的生长、发育和分布在很大程度上是由人安排的。在人的干预下,城市生物种群单一,优势种突出,群落结构简单,空间分布也受到人为的限制。尽管如此,自然生物反过来仍在美化、调节环境和维护生态平衡方面发挥重要作用。

在次生自然环境中,人的活动改变了局部气候、地质基础、土壤结构、微地形和水系,人的部分生产生活废弃物排入大气、水体或地下。城市生态系统的演变在于适应人的生存需要,并发挥一定的自然净化功能,但这是有限度的,人的无理性活动也会导致气候恶化、地面沉降、环境污染等结果。

(三)空间组合结构

城市生态系统组成要素的空间组合结构有两种基本形式

1. 圈层式结构

圈层式结构以市区生命系统与环境系统为内圈,郊区环境为中心圈,区域环境为外围圈。这种自然形成的自内向外呈同心圈状的空间结构形式体现了生命系统与各环境要素的内在联系,是人类生存的中心聚集倾向和广域关联倾向的必然结果。

2. 镶嵌式结构

镶嵌式结构有大镶嵌小镶嵌之分。所谓大镶嵌,是指各圈层内部的各要素按土地利用所形成的团块状功能分区的空间结构形式。如在市区或郊区,都有以单一要素为主的居住区、工业区、商业区、文化区等,各区按各自的功能特点与要求,分布在不同的位置上,形成有规律的块状和条状镶嵌结构。所谓小镶嵌,是指各功能分区内部组成要素按土地利用所形成的微观空间组合形式。如在居住区内,可由道路、居住单元、小片绿地和其他设施组成。镶嵌式结构水平的高低是衡量城市规划质量与系统功能效率的一个重要标准。

第五节 城市生态系统的特征

城市生态系统与自然生态系统有一定的相似性,因此,它也具有自然生态系统的一般特点。然而,城市生态系统作为以人为中心的、结构复杂、功能多样、巨大开放的人工系统,在许多方面具有鲜明的特征。

一、人是城市生态系统的主体

同自然生态系统和农村生态系统相比,城市生态系统中生命系统的主体是人类,而不是各种植物、动物和微生物。城市生态系统最突出的特点是人口的发展代替或限制了其他生物的发展。

(一)生物量的比较

人口集中且密度高、增长速度快是城市的最大特征,城市的人为活动十分强烈。在城市中,其他生物的种类和数量受到人类的控制。所以,在城市生态系统中,相对于其他生物,人占绝对优势。从城市单位面积上人口生存量看,人类远远超过了其他生物。表3-1是三个城市人口生物量与植物生物量的比较。

表3-1 三城市人口生物量与植物生物量的比较

城市	人类生物量a(吨/平方公里)	植物生物量b(吨/平方公里)	a:b
东京(23个区)	610	60	10:1
北京(城区)	976	130	8:1
伦敦	410	280	10:7

从城市人口占各国总人口比重看,城市生态系统以人为主体的特征也十分明显(表3-2)。

表3-2 一些国家城市人口比例(%)

国家	时间								
	1920	1950	1960	1965	1970	1975	1980	1996	2002
英国	73.3	77.9	78.6	80.2	81.6	84.4	88.3	89	90
法国	46.7	55.4	62.3	66.2	70.4	73.7	78.3	—	74
德国	63.4	70.9	76.4	78.4	80.0	83.8	86.4	86	86
美国	51.4	64.0	69.8	72.1	74.6	77.6	82.7	76	75
日本	18.0	35.8	43.9	48.0	53.5	57.6	63.3	77	78
俄罗斯	—	39.5	49.5	53.4	57.1	59.5	65.4	—	73

(二)人的作用

在城市生态系统中,城市居民既是自然人,又是社会人。人类是生态系统中的消费者,处于营养级的顶端,人类的生命活动是生态系统中能流、物流、信息流的一部分。人类同时又是经济生态系统中的生产者,是生产力诸要素中最积极、最活跃的部分,参与生产经营,创造物质财富,参与这些物质财富的交换、分配与消费。人类为了延续,也为了保证社会源源不断需要的劳动力,须要进行自身的再生产。在上述自然的、经济的、社会的再生产中,人类都是核心,是主体。

二、城市生态系统是高度人工化的生态系统

(一)城市是人类改造大自然的产物

城市生态系统的环境,包括物理环境、社会环境、经济环境,都受到人为的强烈干扰,有许多环境因素本身就是人类创造的。一个城市从规划、建设到管理都是人类自己主宰的。城市的物流、能流、信息流以及人类本身的流动是按人类自己确定的途径流动的。人工控制与人工作用对城市的存在和发展起着决定性的作用。

大量的人工设施叠加于自然环境之上,形成了显著的人工化特点,如人工化地形、人工化地面(混凝土、沥青)、人工化水系(给排水系统)、人工化气候(空调房间、恒温室,甚至城市热岛、城市风也是人工干扰的结果)。城市生态系统不仅使原有的自然生态系统的结构和组成发生了“人工化”的变化(如绿地锐减、动植物的种类和数量发生变化、大气和水环境的物化特征发生明显的变化),而且,城市生态系统中大量出现的人工技术物质(建筑物、道路公用设施)完全改变了原有自然生态系统的形态和结构。

(二)人工化的营养结构

由于人工控制与人工作用的结果,城市生态系统不但改变了自然生态系统营养级的比例关系,而且改变了营养关系。另外,在食物(营养)输入、生产、加工、传送过程中,人为因素也起主要作用。

(三)人工化的生态系统对人类自身的影响

人类与环境的关系是长期历史发展过程中形成的,实质上是人类在生物的进化过程中逐渐适应了环境选择的结果,这也就是人类自身的训化过程。在这个漫长的过程中,人类自身发生了某些生态变异,如前额变小、脑容量变大等。但是人类对环境的适应能力是有限的,如果环境发生剧烈的变化,超过人类的调节范围,就会引起人体某些功能发生异常,甚至生病死亡。人类从祖先生活的的自然生态环境,到城市生态系统这种高度人工化的生态系统,在心理和生理上都发生了变化。城市生态系统在运转中所造成的环境变化,就可能造成环境与人体之间生态平衡的破坏,引起诸如抵抗力减弱、身体肥胖而不结实、神经衰弱、心血管病和癌症等所谓“城市病”。世界各国流行病学调查都表明城市肺癌死亡率高于农村。我国的统计也表明肺癌的死亡率有明显的城乡差别。

城市环境对人体健康最明显的影响是环境污染,有毒物质通过大气、水体、食物等影响人体。城市居民长期生活在低剂量的污染环境中,引起慢性中毒,危害健康和寿命,甚至影响子孙后代。

三、城市生态系统的不完整性

(一)城市生态系统缺乏“生产者”(绿色植物)

从表 3－1 我们可以看到,在城市中,生产者(绿色植物)与消费者(人)的比例严重失调。城市中的植物不仅数量少,而且功能也发生了改变,其主要任务已不是象自然生态系统那样向消费者提供食物,而是改变为美化环境、消除污染和净化空气等。这样城市生态系统就需要从外部输入大量的食物来满足消费者的需要。像香港、澳门这样的城市人们所需的食物几乎全部需要从外部输入。

(二)城市生态系统缺乏分解者

在城市中,自然生态系统为人工生态系统所代替,使生物群落不仅数量少,而且结构变得十分简单,以人体为主的生物量高度集中。在城市中大面积地面已人工化,分解者赖以生存的土壤结构发生了巨大变化,使得城市生态系统缺少分解者,因而分解功能微乎其微,所以系统内的废弃物不可能由分解者就地分解。例如,在自然生态系统中,秋天树叶落在地面上,树下的土壤里有足够的分解者,这里形成了一个完整的物质循环环。而在城市中,大部分树下(如行道树和庭院树等)地面已经硬化,每年落下的树叶需要收集起来运往异地分解。另外,城市生态系统中,生产和生活都会产生大量的废弃物和废水,需要花费大量的人力物力,收集、运输和处理。这都是由于城市废弃物的产生量和城市内分解者数量严重背离的缘故。

所以,城市生态系统是一个不完全、不独立的生态系统。

四、城市生态系统是高度开放性系统

城市生态系统是一个开放性的大系统,在外界干扰不超过其生态阈值时,总处于非平衡的稳定状态。自然生态系统是一个自律系统,只要输入太阳能,通过绿色植物的光合作用,依靠系统内的能量和物质的传递就可以维持系统的平衡状态。而城市生态系统则不同,消费者的数量远远大于生产者,要维持非平衡的稳定状态,就要不断地从系统外输入能量和物质,另外在人力、资金、技术、信息等方面对外界也有不同程度的依赖性,这也就是城市流动人口多的原因。

城市生态系统从系统外输入的能量和物质所生产的产品只有一部分供城市中人们消费使用,另外一部分还需要向外界输出,这种向外输出的产品也包括能被外系统消费使用的新型能源和物质。其次,城市也向外部系统输出人力、资金、技术、信息等。

城市生态系统的开放性还表现在:系统内缺乏分解者,也没有足够的空间,所在城市产生的大量废物不可能在本系统内分解和容纳,还要输送出系统外。

以香港为例,从每天主要物质和能源的输入输出,可以看到城市物质和能源流动量之大(见表 3－3)。

城市生态系统具有大量、高速的输入输出量,能量、物质和信息在系统中高度浓集,高速转化,其能量转化功率为每平方米每年$(42\sim126)\times10^{7}$焦耳,是所有生态系统最高的。如果从开放性和高度输入的性质来看,城市生态系统又是发展程度最高、反自然程度最强的人类生态系统。

表 3-3　香港城市居民物资输入、输出与排废　（单位:吨/日）

品名	输入	输出	废物	品名	输入	输出	废物
食物	5 985	602		纸	1 015	97	691
饲料	335			其他			728
海水	360 000			污泥			6 301
淡水	1 068 000			污水			819 000
液体燃料	11 030	612		CO			155
固体燃料	193	140		SO_2			308
玻璃	270	65	152	NO_2			110
塑料	680	324	184	C_XH_X			0.29
水泥	3 572	11		铅			0.34
木材	1 889	140	637	颗粒物质			42
钢材	1 878	140	65				

五、城市生态系统的脆弱性

(一)城市生态系统不是一个自律系统

自然生态系统中能量和物质能够满足系统内生物生存的需要,有自动建造、自我修补、自我调节,以维持其本身动态平衡的功能。而在城市生态系统中能量和物质要依靠其他生态系统(农业和海洋生态系统等)人工地输入,城市生态系统不可能“自给自足”。同时城市的大量废弃物,远远超过自身的自然净化能力,也要依靠人工输送系统输送到其他生态系统。它必须要有一个人工管理完善的物质和能源的输送系统,以维持其正常机能。城市生态系统的结构和功能决定了它必须是一个开放的系统,它不可能自我封闭地独立存在,城市生态系统必须依赖其他生态系统才能存在和发展,从这个意义上讲,城市生态系统是一个十分脆弱的系统。

(二)城市生态系统的自我调节机能脆弱

由于城市生态系统的高度人工化,不仅产生了环境污染,同时城市物理环境也发生了极大的改变,如城市热岛与逆温层的产生、地形变迁、不透水地面等破坏了原有的自然调节机能。

在城市生态系统中,以人为主体的食物链常常只有二级或三级,而且作为生产者的植物,绝大多数都来自其他系统,系统内初级生产者绿色植物的地位和作用已完全不同于自然生态系统。与自然生态系统相比较,城市生态系统由于物种多样性降低,能量流动和物质循环的方式、途径都发生改变,使系统本身的自我调节能力降低,其稳定性在很大程度上取决于社会经济系统的调控能力和水平,以及人类对这一切的认识,即环境意识、环境伦理和道德责任。

(三)城市生态系统营养关系出现倒置

一个稳定的生态系统的最基本的要求是:其营养关系中营养级越低数量应越大。在自然生态系统中，由绿色植物、食草动物、食肉动物及大型肉食动物组成了金字塔形营养结构(图 3－3a)，这是一个典型的稳定系统。在农村生态系统中，营养结构要比自然生态系统简单的多，绿色植物主要是人工种植的农作物，动物主要是人工饲养的家畜和家禽。但能量在各营养级中流动基本上还是遵循“生态金字塔”规律的，见(图 3－3b)。而城市生态系统则完全不同，表现出相反的规律，绿色植物的生物现存量远远小于人口的生物现存量，动物也相当少，以人占绝对优势的城市，呈倒金字塔的营养结构(图 3－3c)。这样的营养结构表明城市生态系统是一个不稳定的系统，人所需要的食物在系统内根本无法满足，需要从系统外输入。生产和生活活动所必须的其他资源和能源，同样也需要从系统外输入。城市生态系统的营养关系决定了，要维持系统的稳定和有序，必须有外部生态系统的物质和能量的输入。

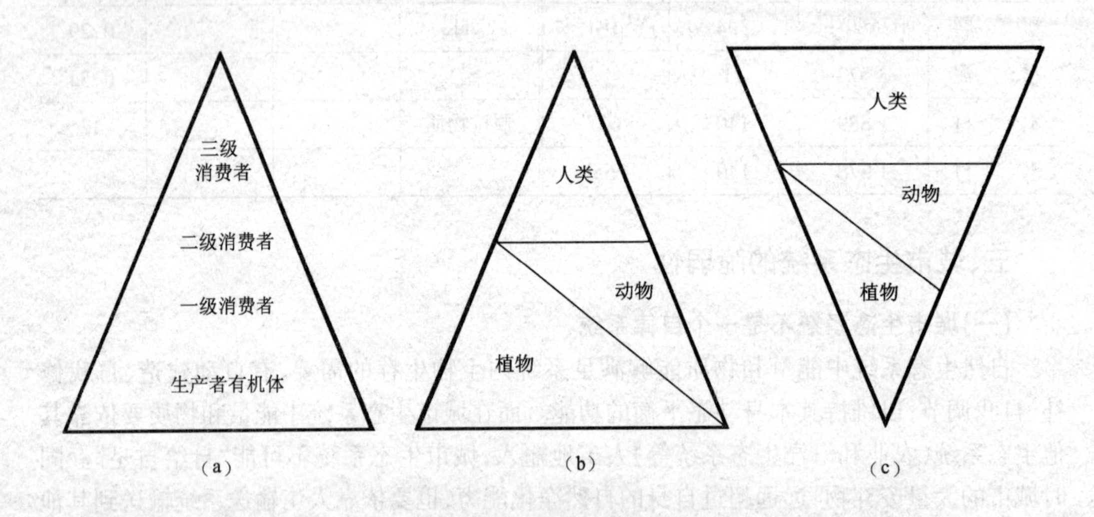

图 3－3　不同类型生态系统营养结构示意图
(a)自然生态系统；(b)农村生态系统；(c)城市生态系统

六、城市生态系统是多层次的复杂系统

城市生态系统是一个典型的复杂系统，它是一个多层次、多要素组成的复杂大系统，据估计城市生态系统包含的要素数量数以亿计。仅以人为中心，即可将生态系统划分为以下几个层次的子系统：

(一)生物(人)——自然环境系统。只考虑人的生物性活动，人与其生存环境的气候、地形、食物、淡水、生活废弃物等构成一个子系统。

(二)人——经济系统。只考虑人的经济(生产、消费)活动，由人与能源、原料、工业生产过程、交通运输、商品贸易、工业废弃物等构成一个子系统。

(三)人——社会文化系统。只考虑人的社会活动和文化活动，由人的社会组织、政治活动、文化、教育、康乐、服务等构成一个子系统。

以上各层次的子系统内部，都有自己的能量流、物质流和信息流。而各层次之间又相互联系，构成不可分割的整体。一个优化的城市生态系统不仅要求系统功能多样性以提高其稳定性，还要求各子系统相互协调，以求内耗最小。

另外，城市生态系统的发展变化过程要比自然生态系统复杂得多。在自然规律之下，一个新物种的出现不知要经过多少万年，自然生态系统的发展变化，主要表现在生物数量的增减上。而在城市生态系统中，人们对能源和物质的处理能力上，不仅有量的扩大，而且可以不时地发生质的变化。与自然生态系统相比，城市生态系统的发展和变化不知要迅速多少倍。

第六节　城市生态系统基本功能

城市生态系统的功能在于满足城市居民生产、生活的需求，体现在生产功能、能量流动功能、物质循环功能、人口流动功能和信息传递功能等。

一、生产功能

（一）生物生产

城市生态系统的生物生产功能是指系统所具有的，包括人类在内的各类生物交换、生长、发育和繁殖过程。其中，也包括生物初级生产和生物次级生产。

1. 生物初级生产

城市生态系统的绿色植被包括森林、草地、果园、苗圃和少量的农田等人工或自然植被。在人工的调控下，它们可能会生产少量的粮食、蔬菜、水果和其他绿色植物产品。和自然生态系统相比，城市生态系统的生物初级生产不占主导地位，甚至是微不足道的。但城市植被的景观作用功能和环境保护功能对城市生态系统来说是十分重要的。也就是说，城市生态系统的生物初级生产功能，已由为消费者提供食物转变为景观作用功能和环境保护功能。因此，尽量大面积地保留和保护城市的农田系统、森林、草地系统是非常必要的。

2. 生物次级生产

城市生态系统的生物初级生产量远远不能满足系统内的生物（主要是人）的次级生产的需要，因此，城市生态系统所需要的生物次级生产物质，如肉、蛋、奶类有相当部分从系统外输入，表现出明显的依赖性。

另一方面，由于城市的生物次级生产主要是人，故城市生态系统的生物次级生产除了受自然因素的影响外，主要受人的行为的影响，具有明显的人为可调性。城市生物次级生产表现出强烈的社会性，它是在一定的社会规范和法律制约下进行的。为了维持一定的生存质量，城市生态系统的生物次级生产在规模、速度、强度和分布上应与城市生态系统的生物初级生产和物质、能量的输入、分配等过程保持协调一致。

（二）非生物生产

城市生态系统的非生物生产是人类生态系统特有的生产功能，为满足城市人类的物质消费与精神需求。城市生态系统的非生物生产，有物质的与非物质的两大类。

1. 物质生产：是指满足人们物质生活所需的各类有形产品及服务。包括各类工业产品；基础设施产品，指各类为城市正常运行所需的城市基础设施，如道路、交通、给水排水等，各类基础设施为人类生活活动和经济活动提供了必需的支撑体系；服务性设施产品，指服务、金融、医疗、教育、贸易、娱乐等各项活动得以进行所需要的各项设施。

城市生态系统的物质生产产品不仅为本城市地区的人们服务,可能更大量的是为城市地区以外的人们服务。因此,城市生态系统的物质生产量是巨大的,所消耗的资源和能量也是惊人的,对城市区域及外部区域自然环境的压力也是不容忽视的。

2. 非物质生产:是指满足人们的精神生活所需的各种文化艺术产品及相关的服务。城市中具有众多的精神产品生产者,如作家、诗人、剧作家、画家、雕塑家、歌唱家、演奏家等,有难以计数的精神文化产品出现,如小说、绘画、音乐、戏剧、雕塑等等,用以满足人们精神文化生活的需求。

城市生态系统的非物质生产实际上是城市文化功能的体现。城市从它出现时就与人类文化紧密联系在一起。城市的建设与发展反映了人类文明和人类文化进步的历程,城市是人类文明的结晶,是人类文明的集中体现。城市始终是人类文化知识的"生产基地",是文化知识发挥作用的"市场",同时又是文化知识产品的消费空间。

二、能量流动功能

城市生态系统的能量流动是指能源(能产生能量物质,亦指能量来源)在系统内外的传递、流通和耗散过程。

能量是物质作功的能力,是地球上生命的一个基本因素。能量分动能和势能两种。动能是运动的能,势能则是潜在的能,如被大坝集聚的水、煤、石油等所内含的能量。利用势能通常要把它转变为动能,燃料里的势能是化学能,它能够通过燃烧而释放出来。城市生态系统中的能量流动是以各类能源的消耗与转化为其主要特征的。

(一)能源分类及特点

能源是指产生机械能、热能、光能、化学能、生物能等各种能量的自然资源或物质。能源的类型可以有不同的分法。

1. 按照能源的来源可分四大类:

第一类是来自太阳的能量,除了直接的太阳辐射能外,煤、石油、天然气等矿物燃料和生物能、水能、风能、海洋能等都是间接来自太阳能。

第二类是以热的形式蕴藏于地球内部的地热能。

第三类是地球上的各种核燃料,即原子核能。

第四类是太阳和月亮等天体对地球的相互吸引力所引起的能量,如潮汐能。

2. 按对环境的影响程度可分为两类:

清洁型能源,如水能、风能等。

污染型能源,如煤炭等。

3. 按形式可分为一次能源和二次能源:

一次能源又称原生能源,指太阳能、生物能(生物转化了的太阳能)、核能(聚、裂变能)、矿物燃料、风能、水力、海洋能(潮流能、波浪能、温差能、浓差能)、地热能、潮汐能等。煤炭、石油、天然气等均属此类,这些能源除少数(天然气)可直接利用外,大多数需要加工转化后才能利用。

二次能源又称次生能源,是指原生能源经加工转化后的能的形式,如电力、柴油、液化气等。二次能源一般形式单一,便于输送、贮存、管理和使用。

4. 按能否再生可分为：可再生能源和不可再生能源。

可再生能源又称可更新能源，是指太阳能、水能、氢能、生物能、风能、海洋能、地热能、潮汐能等可以再生而不会枯竭的能源。不可再生能源又称不可更新能源，是指煤、石油、天然气等化石能源和以铀、锂、铌、钒等为原料的核能能源。

5. 按技术发展水平可分为常规能源和新能源。

常规能源指与科技水平及生产水平相适应的能源利用类型，新能源则是指相对高于社会经济发展水平的能源利用形式和种类。

6. 按利用情况还有有用能源和最终能源。

有用能源指使用者为了达到使用目的，将次生能源转化为特殊的使用形式，如电动机的机械能、炉子的热能、灯的光能等。

最终能源则是能量使用的最终目的，它是存在于产品中或投入到所创造的环境中的能量形式。如抽水机把机械能转变为水的势能；日光灯把光能投入到所创造的明亮环境中，最终转变为热量耗散掉等。

(二)能源结构

能源结构是指能源总生产量和总消费量的构成及比例关系。一个国家的能源结构在一定程度上可以反映该国生产技术和经济发展水平。从总生产量分析能源结构，称能源的生产结构；从总消费量来分析能源结构，称能源的消费结构，即能源的使用途径。城市是消耗能源的主要区域，城市的能源结构与全国的能源生产结构、消费结构、城市的经济结构特征等密切相关。表 3-4 为中国与世界部分国家能源消费结构。表 3-5 为世界部分国家一次能源消费构成。

表 3-4　中国与世界部分国家能源消费结构(1990 年)(单位：$\times 10^4$t 标准煤)

国家	能源消费量	分类				人均能源消费量(kg)
		固体	液体	气体	水电、核电	
世界总计	1 028 544	332 756	397 908	246 272	51 608	1 932
中国	98 703	75 212	16 385	2 073	5 034	863
美国	248 169	69 361	104 898	63 009	10 901	9 958
日本	51 211	11 477	29 209	6 842	3 683	4 148
德国	45 730	18 962	15 925	8 588	2 256	12 687
英国	28 653	8 465	11 688	7 459	1 041	4 988
法国	22 274	2 748	10 949	4 572	4 004	3 966
意大利	20 985	1 929	12 894	5 266	896	3 676
加拿大	27 198	3 367	11 042	8 254	4 534	10 255
澳大利亚	12 705	5 407	4 816	2 301	182	753
前苏联	193 130	52 306	54 205	81 595	5 025	6 692

表 3-5　世界部分国家一次能源消费构成　%

国家	1993年					1994年				
	煤炭	石油	天然气	核能	水电	煤炭	石油	天然气	核能	水电
美国	24.3	39.6	26.3	8.3	1.2	24.3	39.8	26.3	8.6	1.1
俄罗斯	19.1	25.6	49.0	4.2	2.1	19.0	24.5	50.4	3.8	2.3
法国	6.0	38.7	12.3	40.0	2.5	6.1	39.0	11.9	40.0	3.0
德国	29.2	40.7	17.8	11.8	0.4	28.9	40.6	18.3	11.7	0.5
英国	24.4	38.4	26.4	10.5	0.2	23.1	38.2	28.0	10.5	0.3
日本	17.4	55.4	11.1	14.2	1.9	17.1	56.1	11.3	14.1	1.3
中国	76.3	19.8	2.1	0.1	1.7	76.4	19.2	2.0	0.4	1.0
世界总计	27.3	39.7	23.3	7.2	2.6	27.2	40.0	23.0	7.3	2.6

(引自《中国能源'95白皮书》)

城市的环境污染与城市的能源消费结构关系密切,这是因为,燃料的有效利用系数一般只有1/3,其余的2/3作为废料排放到环境中去。据统计80%的环境污染来自燃料的燃烧的过程(表3-6)。

表 3-6　几种主要污染物的来源比例　%

污染物来源	主要污染物				
	粉尘	硫氧化物	氮氧化物	一氧化碳	碳氢化物
燃料燃烧	42	73.4	43.2	2.0	2.4
交通运输	5.5	1.3	49.1	68.4	60
工业过程	34.8	23	1.3	11.3	12
固体物处理	4.5	0.3	5.1	8.1	5.2
其他	13.2	2.0	3.2	10.2	20.5

我国主要城市燃气气源目前主要是以石油液化气为主,这表明我国城市的能源消费结构尚处于一个较低的水平。发达国家城市的燃气气源基本上都是天然气(天然气热值高,污染少、成本低,是城市燃气现代化的主导方向)。电力消费在能源消费中的比重和一次能源用于发电的比例也是反映城市能源供应现代化水平的两个指标,发达国家这两个指标一般在24%、35%左右,而我国则低得多,上海也仅为11.1%和23.4%。

面临着环境问题的严峻挑战,世界能源使用趋势正在发生变化。从1990年～1998年的能源使用趋势可以看出,向太阳能和氢能的过渡已经开始(见表3-7),在这个期间燃煤量没有增长,与此同时,风力发电和光电池这两种对环境无污染的能源每年分别增长22%和16%。

表 3-7　1990年～1998年全球不同种类能源使用量变化趋势

能源种类	风力	太阳能电池	地热能	水力发电	石油	天然气	核能发电	煤
年增长率(%)	22	16	4	2	2	2	1	0

(三)城市生态系统能量流动过程

城市生态系统能量流动基本过程如图3-4。

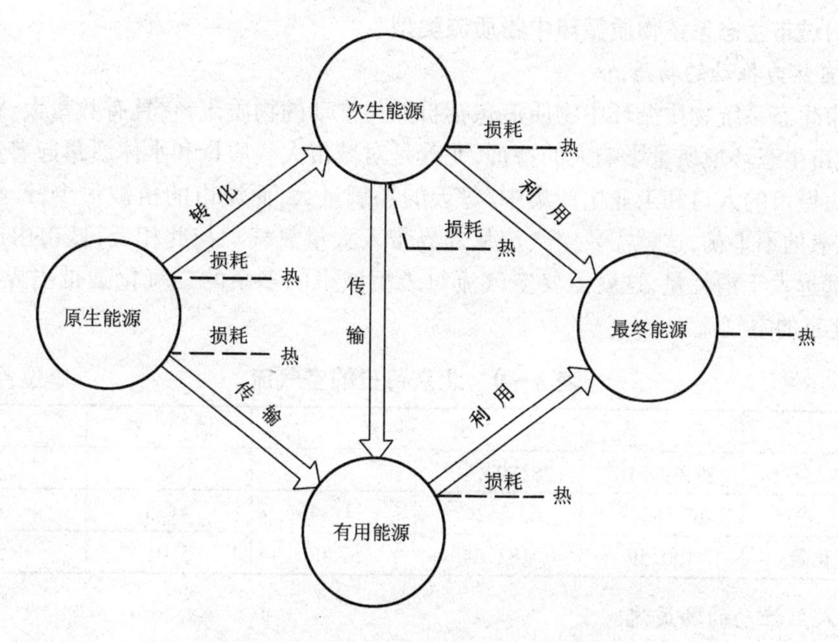

图 3－4 城市生态系统能量流动基本过程

原生能源中只有少数可以直接利用如煤、天然气等，大多数都要经过加工转化为次生能源才能使用。

在能源的转化、传输、利用过程中都有能量的损耗。原生能源转化为次生能源的过程（如煤、石油转化为电力、柴油），是最容易产生污染的环节，从这个意义上讲，我们应该尽量选用清洁的原生能源如天然气、核能等。此外，利用新技术新工艺提高原生能源转化为次生能源的转化效率；提高次生能源向有用能源、最终能源传输和利用效率，也是提高能源利用率、减少城市环境污染的途径。世界各国的能源利用率有很大的差异，我国与发达国家也有较大的差距（表 3－8）。

城市能源的消耗主要是工业生产、居民生活和交通运输三大部分。

表 3－8 我国与部分国家能源利用率 %

国　家	发　电	工　业	铁路交通	民　用
日　本	30.0	76.0	22.4	75.4
美　国	30.0	75.1	25.1	75.1
中　国	23.9	35.0	15.2	25.5
差　距	6.1～6.9	40.1～41.0	7.2～9.9	49.6～49.9
潜　力	20	53	66	66

三、物质循环功能

城市生态系统中物质循环是指各项资源、产品、货物、人口、资金等在城市各个区域、各个系统、各个部分之间以及城市与外部之间的反复作用过程。它的功能是维持城市生存和运行、生产功能，维持城市生态系统的生产、消费、分解还原过程。

(一)城市生态系统物质循环中物质流类型

1. 自然力推动的物质流

城市生态系统物质循环中物质流包括自然力推动的物质流,它具有数量大、状态不稳定、对城市生态环境质量影响大的特征,尤其是对城市大气质量和水体质量起着重要的影响作用。城市的人口和工业生产集中,每天的耗氧量大,而城市的植被很少,产氧量则很小,造成氧的不平衡,这就需要空气流从外界带入大量氧气。与此相反,城市中产生的二氧化碳远远大于消耗量,这就需要空气流每天把城市的多余的二氧化碳带出界外。表3-9为北京的空气流。

表3-9　北京每日的空气流　　单位:万吨

	输　入	输　出	产　生	消　费	差　值
空　气	28.39×10^4	28.39×10^4			
氧　气	65 580.9	65 542.7	3.34	41.5	-38.16
二氧化碳	130.59	182.64	57.06	5.01	+52.05

2. 人工推动的物质流

一般所讲物质在城市生态系统中循环的过程,实际上主要就是人工推动的物质流。显然它在物质流中是最为复杂的,它不是简单的输入和输出,还要经过生产(有形态和功能的改变)、交换、分配、消费、积累以及排放废弃物等环节和过程。

3. 人口流

城市的人口流是一种特殊的物质流,包括时间上和空间上的变化。城市人口的自然增长和机械增长反映了城市人口在时间上的变化;城市内部人口流动的交通人流和城市与外部之间的人口流动反映城市人口的空间变化。人口流可分为常住人口流和流动人口流两大类。

常住人口的变化与出生、死亡、迁入、迁出有关。人口的出生率与国家人口控制的政策、人口的年龄结构、婚姻状态、风俗文化有关;人口的死亡率与社会经济发展水平、生活水平、医疗条件、遗传因素有关;人口的迁入迁出与城市的性质、规模、城市生态位有关,也与人口政策与户籍管理有关。

常住人口在市内的走动是人口流动的一个重要方面。其中为工作和学习的往返走动是有规律的走动,使城市交通在上下班、上学放学时间形成高峰。而常住人口为购物、游乐、看病、访友的走动是无规则的人口流动,但多在节、假日和下班、放学之后,形成节、假日城市交通、公园、游乐场所、商店市场的拥挤。

城市规模不同,城市常住人口最大出行时间与交通出行方式也有不同,见表3-10。

表3-10　城市人口规模与居民最大出行时间的关系

城市人口(万人)	>100	100~50	50~20	20~5	<5
最大出行时间	60	60~45	40~30	30	<30
交通出行方式	地铁、公交、自行车	公共汽车、自行车	公共汽车、自行车	公共汽车、自行车、步行	自行车、步行

(摘自同济大学《城市道路与交通》)

从表中可以看到自行车是我国城市客运交通结构的重要组成部分。近年来,由于汽车和摩托车的发展,一些城市在城市交通道路规划和交通规则等方面忽视和排挤自行车,有的城市甚至实施取消自行车的政策,这显然是错误的。无论是从我国经济发展现状和城市交通发展的未来,还是城市环境保护和节约能源等方面看,自行车都有其存在的价值和美好的前景。自行车的缺点和不足需要从自行车自身的提高和城市交通规划的完善来改善。从可持续发展角度来看,小汽车在城市交通中的发展前景倒是令人怀疑的。

在城市人口流中,外来的流动人口是不可忽视的。他们是出差、旅游、探亲、过境等人口。流动人口在城市生态系统中,与常住人口一起参与物流、能流与信息流,其消耗的物质与能量一般都超过常住人口的水平。

此外,人口流还包括劳力流和智力流。劳力流为一种特殊的人口流。它反映了劳力在时间上变化(即由于就业、失业、退休等导致劳力数量的变化)和劳力在空间上的变化(即劳力在各职业部门的分布)等情况,在一定程度上反映了社会经济发展的现状与趋势。智力流则是一种特殊的劳力流。它表明了智力和知识资源在时间上的变化(即智力的演进、开发以及智力结构的改变过程)和空间上的变化(即人才在不同部门和地区的分布)。

4. 其他物质流

除了上述物质流类型外,人们还从经济观点角度,提出了城市的价值流、资金流,包括投资、产值、商品流通和货币流通等,以反映城市社会经济的活跃程度,其实质与物质流是相同的。

(二)城市生态系统物质循环的特点

1. 系统内外物流量大

绝大多数城市都缺乏维持城市生存发展的各种物质,需要从城市外部输入。城市生态系统在输入大量物质满足城市生产和生活的需求的同时,也输出大量的物质(产品及废物),其物流量是巨大的。其中生产性物质远远大于生活性物质,这是因为城市的最基本的特点是经济集聚(生产集聚),城市首先是一个生产集聚区。

2. 城市生态系统的物质流缺乏生态循环

因为城市生态系统是高度人工化的生态系统,系统内的分解者数量很少,作用微乎其微,再加上物质循环中产生的废物数量巨大,故城市生态系统中废物难以分解、还原。物质被反复利用、周而复始循环的比例是相当小的。

3. 物质流受到强烈人为因素的影响

城市生态系统的高度人工化,决定了物质流的全过程都受到人为因素的影响。

4. 物质循环过程中产生大量废物

由于管理、技术的限制,城市生态系统物质利用的不彻底导致了物质循环的不彻底,物质循环的不彻底又导致了物质循环过程中产生大量废弃物。

四、信息传递功能

(一)信息的概念

信息一词原意是消息、知道,信息科学诞生后,信息被解释为用符号传递的、接受者预先不知道的情况,以后又广义表述为:客观世界带有某种特性的讯号。按照信息论的观点，任何实践活动都可以简化为三股流：即人流、物流、信息流，其中信息流起着支配作用，它调节着人流和物流的数量、方向、速度、目标，驾驭人和物，做有目的、有规则的活动。

（二）信息的作用

1. 传递知识，通过消息、情报、指令、数据、图象、信号等形式，传播知识。当今世界每年发表的科学论文数以千万篇计，每小时都有几十项发明创造，被人称作知识爆炸时代，而这些知识的传播就要靠信息的传递。现在可以说，任何科学领域都离不开信息技术。

2. 信息是科学技术与生产力之间的桥梁和纽带。信息在人类社会经济发展进程中起着前所未有的、越来越重要的作用。

据世界银行统计，从1965年～1990年，全世界国民生产总值的平均增长速度从4%下降到3.2%，能源消费的平均增长速度从4.1%下降到2.5%，其他物耗指标的增长速度也都呈下降趋势。但是电信业务量和电信装备却一直呈加速增长态势，到1990年世界电信营业额达3700亿美元，大约是世界铁路营业额的4.3倍。2004年我国信息产业总值已占国民生产总值的7.5%，信息产业已成为国民经济的支柱产业。

3. 信息可以提高效率

信息可以节约时间，可以提高效率。例如，交通部门采用调度通讯，可使运输能力提高50%以上，基建部门利用电信指挥，可以提高劳动效率15%以上。

在信息通讯尚不发达的时候，人们不得不借助传统的交通交往方式来传递、交换信息，这就增加了交通量和费用。70年代，英国交通部的调查表明，41%的城市之间的交通交往活动可用通讯方式代替，如果通讯方式和手段进一步完善，这一比例还可增加20%。1987年～1989年，我国交通和通讯的经济研究部门联合调查了铁路、公路、航空、轮船客运量的信息载体的比率，按照各交通客运在客运总量中所占的比重进行加权计算，其结果是：我国现有客运量中的信息载体率约为60%，其中35.1%可被现有的通讯方式（电话、电报）代替。如果进一步普及传真、计算机终端和图象通讯服务，替代率还可再提高10%。

充分利用信息通讯，还可节约大量能源。据测算，市内电话耗能是乘共公汽车交往耗能的1/29；是乘出租小汽车交往的1/504。长途电话耗能是乘火车交往耗能的1/90；是乘长途汽车交往耗能的1/140。

4. 信息在世界经济中的作用

信息与物质、能源并列为现代社会的三大基础资源。而从经济学意义上讲，最有希望的民族已不是最能利用物质和能源的民族，而是最能利用信息资源的民族。

当今世界上，信息资源和利用是很不平衡的。占世界人口15%的发达国家拥有世界信息资源总量的80%。越是发达国家，在信息资源上越具有更高的投入强度，它既是经济发达的结果，也是经济发展的一个重要原因。我国信息产业也正在以远高于传统工业的速度迅猛发展。

（三）城市的信息传递

1. 城市的信息系统

城市是现代政治、经济、文化的中心，也是信息的中心，对周围地区具有辐射力和凝聚力。城市有现代化的信息技术，如包括激光排版在内的现代印刷技术、包括卫星接收与发射的无线电通讯技术、电报、电话、电子计算机、激光全息技术以及电子信息网络等，还有使用这些技术的人才。

城市有完善的新闻传播网络系统,如报社、电台、电视台、出版社、杂志社、通讯社、以及党派、行政、军事决策机关等,因此城市有大容量的信息流。

邮电通讯是现代城市的基础设施之一,为社会政治、经济、文化、科学技术提供必不可少的信息传递设施,把城市的生产、交换、分配、消费四个环节有机地联系起来。邮电通讯的发达程度,在一定的程度上反映了一个国家或一个城市的经济发展水平。

一个城市的信息资源的利用程度可用两个指标来表示。一是信息装备,主要包括电话普及率、电视普及率和计算机设备的普及率。二是信息流通量,主要包括人均年使用通讯费用和订购报刊图书的费用,现在使用互联网人数也是一个重要指标。

2. 信息在城市生态系统中的作用

在城市生态系统中的信息流最基本的功能是维持城市的生存与发展。在城市生态系统中,正是有了信息流的串联,系统内的各种成分和因素,才能被组成纵横交错、立体交叉的多维网络体,不断地演变、升级、进化、飞跃。

城市对周围地区具有辐射力和凝聚力,其体现之一是信息。城市的重要功能之一,就是输入分散的、无序的信息。由于城市的中心作用,周围的信息会被其吸引从而导致信息在城市中高度集中。同时城市又是信息处理中心。城市有集中的信息处理设施和机构,如新闻传播网络系统(报社、电台、电视台、出版社、杂志社、通讯社等);邮电通讯系统(邮电局、邮电枢纽等);科研教育系统(各类学校、科研机构等),以及相应的、高水平的信息处理人才。对于输入的分散、无序的信息,经处理后,输出时却是经过加工的、集中的、有序的信息。城市对其周围地区具有强大的辐射力,信息的辐射就是形式之一。

城市自身发展的各项活动的正常运行一刻也离不开信息,各种信息在城市中得到了最充分的利用。城市也只有不断地提高从外部环境接受信息、处理信息、利用信息的能力,才能不断地自我调整,以利于自身的发展。城市信息流的流量反映了城市的发展水平和现代化程度。城市信息流的质量则反映了信息的有用程度。

第四章 城市生态系统的平衡与调控

第一节 城市生态系统的平衡

城市生态系统是一个多变量、多功能、大容量、高效率的开放大系统。城市生态系统的平衡是人类的愿望,也是人类的职责。

一、两种不同的平衡

(一)静态平衡

经典热力学认为,在封闭的孤立系统中,一切物质都要从不平衡向平衡状态过渡,在这个自发的过程中,都伴随着熵值的增加,无序的增大,当熵值达到最大值,即无序度最大时,系统呈现了平衡状态,即宏观静止的混乱无序状态。这种平静的到来,也就是死亡的来临。

熵表示任何一种能量在空间中分布的均匀程度,分布的愈均匀,熵值就愈大。任何一种能使能量分布均匀的过程,同时也是使无序程度增加的过程,因此熵值就是衡量系统有序或无序程度的指标。

(二)动态平衡

动态平衡的平衡是暂时的、相对的、有条件的、偶然的。生态系统及城市生态系统的平衡都是动态平衡。在城市生态系统中,人类与环境的关系、各子系统之间的关系错纵复杂,经常处于非平衡状态,如何使这个复杂的大系统在非平衡状态下保持稳定有序的状态,是我们需要回答和探索的重要课题。

二、城市在非平衡状态下保持稳定有序的结构

城市生态系统的本质目标是越来越有序,在低耗、高效、和谐的基础上为人类创造优良的经济环境、社会环境与生态环境,以满足人们高标准生活质量的要求。下面来分析城市生态系统达到非平衡稳定有序的条件。

(一)城市生态系统应是一个开放系统

城市生态系统是一个开放系统,并且在时空上和状态上存在和发生着不可逆变化。非平衡系统理论认为,一个物质系统要在非平衡状态形成稳定有序的结构,这个系统必须是开放的,通过开放交流,引入负熵流,导致系统形成稳定有序的结构。其熵值有下列关系:

$$d_s = d_{is} + d_{es} \qquad (4-1)$$

式中 d_s 为系统的总熵变;d_{is}为城市生态系统内部不可逆过程产生的熵增加;d_{es}为物流、能流、信息流中所产生的负熵值。

若使: $d_s \leqslant 0$

则: $d_{is} + d_{es} \leqslant 0$

或：　　$-d_{es} \geqslant d_{is}$

即负熵流要大于或等于熵增，也就是说，要维持系统稳定有序的状态，要求外部环境向系统内输入更大的负熵流。

城市生态系统的开放性表现在三个方面：即城市生态系统与系统外的交流、城市的社会经济系统与自然环境系统之间的交流、城市内部各子系统之间的交流。

开放是城市生存、发展的关键所在。城市只有在开放的过程中，与系统外不断进行物质、能量、资金、人才、人口、信息的交流，同时输出产品、技术和排放废物，维持城市的新陈代谢，即输入负熵流，才能使城市保持稳定有序。

（二）城市生态系统处于远离平衡态区域

城市生态系统从其营养结构和不完整性，都可以说明它明显地处于远离平衡态区域。在平衡态、近平衡态区域系统呈一定的规律性变化，是确定性或线形关系。与平衡态、近平衡态有本质不同的远离平衡态，呈非线形关系。

（三）城市生态系统各要素间存在着非线形关系

城市生态系统是自然、社会、经济复合的人工生态系统。现代城市是多层次、多要素组成的复杂大系统，有人估计城市生态系统包含的要素数量可达到上亿个。在城市复杂的大系统中，各子系统之间有着广泛的、错纵复杂的联系。它们相互之间的关系是互相联系、互相制约、互相推动的非线性关系，而不是简单的因果关系、依赖关系。在城市生态系统中，人类的主观控制、自觉性、能动性与目的性起着明显的主导作用。强有力的城市工作系统、决策关系、执行系统、监督系统与信息反馈系统卓有成效的工作，可以保证城市生态系统实现正常、稳定、协调的运转。

正是由于这种强烈的开放性、非线性的相互关系，使城市生态系统可以在远离平衡的状态下，使系统出现稳定有序的结构，这就是所谓的耗散结构。耗散结构理论是比利时物理学家 I. Prigogine 于 1967 年提出的，在 1977 年荣获了诺贝尔奖。该理论指出："一个远离平衡态的复杂系统，各要素的作用具有非线形的特点，正是这种非线形的相关机制，导致了大量离子的协同作用，突变而产生有序结构"。这种远离平衡的非线形区形成的新的稳定的有序结构，称之为耗散结构。

三、城市生态系统的问题

城市生态系统问题的实质是城市生态系统产生了不平衡。这种不平衡的最明显特征是城市人类生存环境质量的下降以及这种环境质量下降引起的城市人类生存危机。城市生态系统问题在全世界具有某些共性，诸如城市化进程对自然环境的破坏、气候变化、大气污染和水污染等等。我国的城市生态系统问题又有自身的特点，如水资源短缺、人口高度密集、绿地缺乏、乡镇企业污染等。

（一）自然生态环境遭到破坏

城市化的发展不可避免地影响了自然生态环境，由此而引起了一系列的变化，如城市热岛效应、环境污染、生活方式的改变等，这些对人们的影响是长期的、潜在的。另外人类在享受现代文明的同时，却抑制了绿色植物、动物和其他生物的生存，改变了它们之间长期形成的相互关系。人类将自己圈在自己创造的人工化的城市环境中长期隔离，加之城市规模过大、人口过分集中，其结果是，许多"文明病"、"公害病"相继产生，如肥胖病、心血管病、高血压病、癌症等。

(二)土地的变化

1. 城市占用土地的扩大

城市占用的土地在迅速扩大。在发展中国家,城市化的进程方兴未艾,城市在迅速扩大,新城市在不断出现。城市交通过多的依赖小汽车,其后果之一是加速城市向外蔓延,造成土地、能源、空间等资源的浪费和城市中心的衰落。在发达国家,城市群的形成和城市人口由市区向郊区的扩展,也加快了占用农业用地的速度。人们一旦从市区中高层建筑住房中解脱出来,都希望住进郊区低层的带有园地的住宅,这样会占去大量土地。例如在美国据测算,城市郊区每增加一个居民就要损失 0.15 公顷土地。

2. 地下水位下降和地面沉降

城市建筑物密度增大和城市地面硬化,在很大程度上阻止了雨水向土壤的渗透,使得城市地下水位下降。那些主要靠地下水为水源的城市,地下水位的下降尤为严重。

大量抽取地下水,会使地面发生沉降。另外大量开采矿物,包括石油的开采,也会造成地面沉降。而不论何种原因形成的地面沉降,复原都是十分困难的。城市地面沉降会造成房屋破坏、地下管线扭曲破裂等事故,还会对城市造成其他影响。例如上海市区地面已普遍低于黄浦江高潮时水位 2m,对防汛造成极大压力。地面沉降也使上海地下水水管排水不畅,暴雨后路面积水严重。

到 1995 年,我国已有 50 多座城市出现地面沉降,其中以京、津、沪、抗、太原、西安等城市较为严重。其中西安已经出现了 12 条地裂缝,许多建筑物被破坏。

3. 土壤被污染

对土壤更大的破坏是城市废弃物对土壤的污染。现在城市中的废弃物的数量和成分都和农村废弃物不同,不能正常地返回土壤中去,成为城市和社会的一大问题。城市废弃物对土壤的破坏,主要表现在对土壤的化学污染和垃圾占用大量土地。我国城市垃圾的无害化处理率仅为 2.3%,97%以上的城市的生活垃圾只能运往郊区长年露天堆放。我国已有 200 多座城市陷入垃圾的包围之中。被污染的土壤会对地面水和地下水造成污染。

(三)气候和大气的变化

1. 气候变化

大气和土壤表面的能量平衡是气候变化的决定因素。而城市的土壤表面已被人工大大地改变了,所以造成城市气候的变化,如城市热岛效应、温室效应、城市风等。城市气候情况的变化,对城市生态环境以及城市居民的生活有很大影响。

2. 大气污染

大气污染是城市的一个主要问题,最容易为城市居民所直接感受而受到伤害。大气中的污染物主要有:粉尘微粒、一氧化碳、硫氧化物、氮氧化物和光化学氧化剂等。近年来,随着工业的发展,一些有毒重金属如铅、镉、汞等也进入大气。

据美国的统计资料,在美国 239 个大城市中,每年因为空气污染造成的心肺疾病而死亡的人数已超过了死于交通事故与谋杀的人数之和。几年前,联合国组织了一次全球空气污染的网点监测,在对污染情况的排序中,我国所有入选监测网的五个城市,全部进入前十名。它们是沈阳、西安、北京、上海和广州。据监测,到 1995 年,我国城市大气中总悬浮微粒日均值浓度,北方地区超过世界卫生组织规定标准的 4~5 倍,南方地区也达 3 倍多,全国几乎没有一座城市的空气达标。

(四)淡水短缺和水污染

1. 淡水短缺

城市供水短缺在世界范围已成为一个特别尖锐突出的制约性问题。人们对水资源缺乏的严重性认识还远远不够。当今世界,水资源缺乏不仅制约经济的发展,还将对社会稳定和国际关系产生严重影响。

目前城市的缺水情况是,有的城市所在地区缺乏地面与地下水资源,有的城市所在地区并不缺乏资源,但由于水资源受到污染,使得可供利用的清洁水源严重不足。淡水匮乏,这不是淡水资源问题的全部,更令人忧虑的是人们缺乏必要的觉悟,还在那里肆意地破坏、浪费极其宝贵而数量有限的淡水资源。

2. 城市水污染

城市中的工业废水和生活污水未经处理或处理不够,都通过下水系统流入江河湖海,造成水污染。水污染会破坏珍贵的淡水资源,祸及农业和渔业,还会对人们的健康造成危害。水质污染对人类健康的影响分两类。一是通过水中致病生物而引起的传染病蔓延。二是水中含有的有毒物质引起的中毒,世界著名的污染事件许多是水污染,如日本的水俣病水污染事件。

中国科学院1996年发布的一份国情研究报告表明,全国532条主要河流中,有436条受到不同程度的污染。一半以上的城市地下水受到污染。

(五)人口密集

人口密集是城市尤其是大城市、特大城市的普遍现象。据有关资料,国外42个大城市人口平均密度为每平方公里7 918人。而我国城市的人口密度一般都高于国外,例如,据有关资料统计,上海市区的人口密度高达每平方公里11 312人,如果仅计算10个市区,则可达到每平方公里22 615人。城市人口密度大是我国大城市的一大特点。

(六)绿地缺乏

联合国提出的城市人均绿地面积标准是$50m^2$～$60m^2$,从表4-1看,达到这一标准的城市为数不多。

表4-1　部分国外城市人均公共绿地面积　(m^2/人)

城　市	华　沙	维也纳	柏　林	平　壤	莫斯科	巴　黎	伦　敦	纽　约	东　京
人均公共绿地	90	70	50	47	44	24.7	22.8	19.2	3.4

我国规定人均绿地标准是$7m^2$～$11m^2$。1993年我国重要城市的人均绿地面积平均值为$4.2m^2$(表4-2)。这表明我国城市人均绿地到了十分“贫困”的程度,不仅与联合国标准相差甚远,也远达不到我国的标准。应该指出的这种状况还在继续恶化,从1993年以来,大规模的城市建设在全国各大中城市展开,原来少得可怜的绿地进一步被侵占,一些公园,动物园,苗圃被住宅或商业用房占据,许多大专院校和机关的绿地也被改作它用。加之城市人口的增加,城市人均绿地面积仍在减少。

表4-2　我国部分城市人均绿地面积　(m^2/人)

城　市	北　京	天　津	沈　阳	长　春	哈尔滨	上　海	南　京
人均绿地面积	6.4	2.6	4.7	7.3	3.3	1.1	5.8
城　市	杭　州	福　州	济　南	武　汉	广　州	西　安	平　均
人均绿地面积	4.2	4.5	5.0	2.4	5.0	2.4	4.2

(引自建设部1993年建设年报)

第二节　城市生态系统评价

一、城市生态系统评价内容

开展城市生态系统评价是协调城市发展与环境保护关系的需要，是进行城市环境综合整治，促进城市生态系统良性循环的需要，同时也是灼定城市国民经济社会发展计划和城市生态环境规划的基础。通过城市生态系统的评价可为促进城市建设的发展，维护城市生态平衡和区域人口合理分布等提供依据。

城市生态环系统评价主要有如下两方面的内容。

（一）城市生态环境现状评价

应全面对城市自然本底、功能本底和包括大气、水质、土壤、植被、地质、地貌等环境本底状况进行调查，掌握城市生态特征（包括工业布局和经济结构、城市规模、人口密度、城市建设投资比例及绿地状况等）以及不同功能区环境质量现状和污染物分布情况，并做出相应的定量、定性评价，搞清城市环境污染问题。与此同时，分析产生污染的原因，寻找影响城市环境质量的主要污染物以及主要污染源，掌握城市环境污染的内在规律及变化特点，反映城市环境质量对人类各种经济活动和社会活动的影响程度及潜在影响，达到直观地反映一个城市性质、地位、功能和作用及其人口资源环境的优劣势的目的。

（二）城市发展对生态环境的综合影响评价

根据城市经济社会发展短期和长期计划，以城市生态环境质量为目标，讨论其将对生态环境各要素的影响，通过分析、比较、推论和综合，对城市生态环境质量做出预测评价。这部分的重点是应对城市经济开发过程中可能产生的各种环境影响作出科学预测。根据城市环境质量要求，分析城市环境质量发展趋势，提出城市生态环境的主要问题及原因，以便对症下药，落实控制城市生态环境污染的措施及对策，为城市、人口、产业等发展规模与环境质量的平衡和协调提供充分的依据。

二、评价指标确定原则

城市生态系统是一个多目标、多功能、结构复杂的综合系统，因此，必须建立一套多目标综合评价的指标体系，并且这个体系在系统中应具有评价和控制的双重功能。国内有些学者提出，城市生态系统评价指标必须具备以下三个必要条件：

1. 可查性。任何指标都应该是相对稳定的。可以通过一定的途径，一定的方法进行调查。任何迅速变化、振荡、发散、无法把握的指标都不能列入评价指标体系。

2. 可比性。每一条指标都应该是确定的、可以比较的。比较的含义是，同一指标可在不同的范围内比较，应该尽量利用现有的常用的统计数据，化为有确切意义的无量纲的指标，以便于比较研究。

3. 定量性。评价指标体系的每一条指标都应定量。这是适应建立模式、进行数学处理的需要。

三、评价方法

为了描述城市生态系统的现状和预测其发展变化趋势，理想的城市生态系统评价指标应具有完全性、独立性、可感知性、贴切性和合理性。在确定城市生态系统评价指标体系时一般考虑如下问题：

1. 根据研究或规划设计工作的目的去选择指标；

2. 将复杂庞大的城市生态系统划分为若干层次与若干小系统；

3. 综合研究城市生态系统的结构、功能、运行状态、过程及效应；并按这一思路选择评价指标；

4. 将各层次、各子系统单一指标组合成全系统的综合指标。

四、评价指标体系

(一)“经济-社会-生态”指标体系。

王发曾于1991年提出了评价城市生态系统的“经济-社会-生态”指标体系，从经济发展水平、社会生活水平、生态环境质量三个方面进行城市生态系统评价。

1. 经济发展水平指标

(1)人均社会总产值；

(2)人均国民收入；

(3)地方财政收入总额；

(4)社会商品零售总额；

(5)全民企业全员劳动生产率；

(6)全民所有制单位科技人员总数；

(7)百元固定资产实现产值；

(8)百元产值实现利税；

(9)投资收益率；

(10)单位能耗创产值；

(11)能源综合利用率。

2. 社会生活水平指标

(1)人均月收入；

(2)人均年消费水平；

(3)人均每天从食物中摄取热量；

(4)人均居住面积；

(5)人均生活用水量；

(6)生活用能气化率；

(7)蔬菜、乳、蛋自给率；

(8)婴儿成活率；

(9)中等教育普及率；

(10)每千人拥有医院床位数；

(11)每千人拥有公交车辆数；

(12)每万人拥有电话机数；

(13)每平方公里商业服务网点数；

(14)文体设施服务人员数。

3. 生态环境质量指标

(1)城市绿化覆盖率；

(2)人均绿地面积；

(3)绿地分布均衡度；

(4)单位面积绿地活植物重量；

(5)大气中 SO_2 浓度达标率；

(6)大气中颗粒物浓度达标率；

(7)有害气体处理率；

(8)饮用水源水质达标率；

(9)废水处理率；

(10)工业固体废物综合利用率；

(11)生活垃圾处理率。

(二)"人口-能源、交通-自然环境-社会"指标体系。这一指标体系由五个方面组成，包括 12 个小类共 62 个指标。

1. 人口

(1)人口密度(人/km^2)

(2)老龄化比(65 岁以上人口/总人口×100%)

(3)人口自然增长率(‰)

(4)人均期望寿命(男女分别计算，岁)

2. 能源、交通

(1)能源

①人均每月生活煤气量、液化气量(m^3/人·月)

②人均年消耗能源量(吨标准煤/人·年)

③人均年消耗燃料油量(吨/人·年)

④人均年电力消费量(度/人·年)

⑤能源消费增长系数(能源消费增长与国民生产总值增长率平均比值)

(2)交通

①人均道路长度(m/人)

②人均道路面积(m^2/人)

③平均每辆车日客运量(人/辆)

3. 自然环境

(1)土地利用

①人均城市用地(m^2/人)

②城市工业用地比重(%)

③城市农业用地比重(%)

④城市住宅用地比重(%)

⑤人均绿地面积(m^2/人)
⑥绿地覆盖率(%)
(2)环境污染
①万元产值等标污染负荷(吨/万元·年)
② SO_2 年平均浓度(mg/m^3)
③降尘浓度(t/km^2·月)
④万元产值 BOD 或 COD 等标污染负荷(吨/万元·年)
⑤万元产值综合废渣量(吨/万元·年)
⑥城市环境噪声(分贝)
⑦万元产值废水排放总量(万吨/万元·日)
⑧万元产值排毒系数(人/万元·日)
⑨土壤中有毒物质含量(ppm)
⑩癌症发病率和病死率(人/万人)
⑪城市水源 DO 值(mg/L)
4. 社会福利
(1)物质生活
①人均月生活收入(元/人·月)
②人均月生活支出(元/人·月)
③全民或集体所有制劳动力平均月工资(元/人·月)
④人均居住面积(m^2/人)
⑤第三产业就业人数占职工人数比(%)
⑥第三产业人均产值指数(元/人·年)
(2)生活供应
①人均每日用水量(L/人·日)
②人均蔬菜、鲜蛋、肉类需求量(kg/人·日)
③职工耐用消费品平均每百户年末拥有量(件/百户·年)
④万人拥有饮食、服务、商业人员数(人/万人)
(3)教育服务
①大中专学生占全市人口比例(%)
②大中专学生与教师比例(%)
③平均每万人拥有科技人员数(人/万人)
④每一图书馆服务人数(万人/馆)
(4)医疗服务
①每万人拥有医生数(人/万人)
②每万人拥有卫生技术人员数(人/万人)
③每万人拥有医院床位数(床位/万人)
(5)娱乐
①平均每 X 万人拥有一个艺术表演团体(个/万人)
②平均每 X 万人拥有一个电影放映单位(单位/万人)

③平均每 X 万人拥有一个博物馆(馆/万人)
④平均每 X 万人拥有一个文化馆(馆/万人)
5. 国民经济
(1)国民经济
①人均工农业总产值(元/人·年)
②人均工业总产值(元/人·年)
③人均农业总产值(元/人·年)
④人均社会总产值(元/人·年)
⑤人均国民收入(元/人·年)
⑥人均国民生产总值(元/人·年)
⑦工业发展速度(%)
(2)产业结构
①工业总产值占工农业总产值比重(%)
②农业总产值占工农业总产值比重(%)
③第一产业比重(%)
④第二产业比重(%)
⑤第三产业比重(%)

第三节　城市生态规划

一、城市生态规划概述

城市生态规划可以认为是遵循生态学原理和城市规划原理,对城市生态系统的各项开发与建设作出科学合理的决策,从而调控城市居民与城市环境的关系。也就是运用系统分析手段、生态经济学知识和各种社会、自然的信息与规律,来规划、调节城市各种复杂的系统关系,在现有条件下寻找扩大效益、减少风险的可行性对策而所进行的规划。

联合国人与生物圈(MBA1984)计划报告中指出:"生态规划就是要从自然生态和社会心理两方面去创造一种能充分融合技术和自然的人类活动的最优环境,诱发人的创造精神和生产力,提供高的物质和文化生活水平"。城市生态规划不同于传统的城市环境规划只考虑城市环境各组成要素及其关系,也不仅仅局限于将生态学原理应用于城市环规划中,而是涉及城市规划的方方面面。致力于将生态学思想和原理渗透于城市规划的各方面,使城市规划"生态化"。城市生态规划不仅关注城市的自然生态,而且也关注城市的社会生态。城市生态规划不仅重视城市现今的生态关系和生态质量,还关注城市未来的生态关系和生态质量,关注城市生态系统的持续发展。

一般认为玛希(1864)、鲍威尔(1897)和格迪斯(1915)关于生态评价、生态勘察和综合规划的理论与实践奠定了 20 世纪生态规划的基础。而霍华德(1902)的"田园城"、沙里宁的"有机疏散理论"和芝加哥人类生态学派关于城市景观、功能、绿地系统方面的生态规划则被认为是生态规划的第一次高潮,他们把主要工作集中在城乡最优单元、相互作用及自然保护上。

二、城市生态规划的目标

(一)城市人类与环境的协调

主要内容有"人口的数量与结构,要与社会经济和自然环境相适应,抑制过猛的人口再生长,以减轻环境负荷;土地利用类型与强度要与区域环境条件相适应,并符合生态法则;城市人工化环境结构内部比例要协调。

(二)城市与区域发展的协调

城市生态系统与区域生态系统是息息相关、密不可分的。这是因为:城市生态环境问题的发生和发展都离不开一定的区域;对城市生态系统的调节、增加城市生态系统的稳定性,也离不开一定的区域;人工化环境与自然环境和谐结构的建立也需要一定的区域回旋空间。

(三)城市经济、社会、生态的可持续发展

城市生态规划的目的是使城市的经济、社会系统在环境承载力允许的范围内,在一定的可接受的人类生存质量的前提下得到不断的发展,并通过城市经济、社会系统的发展为城市的生态系统质量的提高和进步提供经济和社会推力,最终促进城市整体意义上的可持续发展。

三、城市生态规划的内容

城市生态系统不同于其他生态系统,它有"集聚化"、"人工化"、还原功能差、需要人工调节等特点。由于具有这些特点,城市生态规划十分强调规划的协调性,即强调经济、人口、资源、环境的协调发展,这是规划的核心所在;强调区域性,生态问题的发生、发展都离不开一定的区域,城市生态规划是以特定的区域为依托,规划人工化环境在区域内的布局和利用;强调层次性,城市生态系统是个庞大的网络、多级多层次的大系统,因此,一个合理的规划应具有明显的层次性。

城市生态规划在内容上大致可以分为以下几个子规划:即人口适宜容量规划、土地利用适宜度规划、环境污染防治规划、生物保护与绿化规划、资源利用与保护规划等。

城市土地是城市生态环境的基本要素,又是人类活动的载体,它的利用方式成为城市生态结构的关键环节,同时决定了城市生态的状态和功能,因此城市土地成为联结城市人口、经济、生态环境、资源诸要素的核心。通过对城市土地利用进行生态适宜度的分析,并根据选定方案调整产业布局,以调整系统内物质流、能量流和信息流的生态效能与经济功能,达到维持城市生态平衡和经济高效的目的,因而成为城市生态规划的首要内容。

城市土地生态规划在一定程度上可以理解为城市土地利用规划的专项规划,它主要研究;城市土地区位背景与社会经济发展态式对城市土地生态系统可能产生的影响;城市范围内各土地组成要素之间及土地结构单元之间的相互关系和其物流、能流与价值流的传输与量化;土地生态类型与土地利用现状之间的协调程度与发展趋势;城市土地生态区的划分原则、类型、结构及其功能;城市土地生态设计的原理及方法。

城市土地生态规划包括三个层次:城市土地生态总体规划,它是对城市体系范围内全部土地的开发与利用,是战略性用地配制,主要解决跨部门、跨行业的土地生态问题。城市土地生态专项规划,它是为解决某个特定的土地生态问题而编制的规划,如土地污染防治规划、公园及绿化用地规划、居住区用地规划、开发区用地规划等。城市土地生态设计,

它是微观的土地生态规划,是总体规划和专项规划的深入,也可认为是土地生态详细规划,例如对住宅用地、工业用地、绿化用地等的界线范围的规划,提出人口密度、土地绿化覆盖率等控制指标。

四、城市生态规划原则

城市生态系统是一个社会-经济-自然复合的生态系统,所在城市生态规划既要遵守三个生态要素的原则,又要遵守复合系统原则。

(一)自然生态原则

城市的自然生态、物理组合是其赖以生存的基础,又往往是城市发展的限制因素。所以在进行城市生态规划时,首先要搞清自然本底状况,要研究城市人类活动对城市气候、生物的影响以及自然生态要素的自净能力等,提出维护自然环境基本要素再生能力和结构多样性、功能持续性的方案,依据城市发展总目标及阶段目标,制定不同阶段的生态规划方案。

(二)经济生态原则

城市的经济活动是城市生存的命脉,也是城市生态规划的物质基础。因此城市生态规划应促进经济发展,而不是抑制生产;生态规划一方面要体现经济发展的目标要求,一方面要受环境生态目标的制约。从这一原则出发进行生态规划,可从城市能流研究入手,分析各部门间能量流动规律、对外界依赖性、时空变化趋势等,由此提出提高能量利用效率的途径。

(三)社会生态原则

城市是人类集聚的结果,人的社会行为、价值观和文化观念直接影响城市演替与进化的方向和进程。所以在进行城市生态规划时,应以人类对生态的需求值、价值观为出发点,应树立以人为本的观念,城市生态规划应符合公众的利益和需求,应被公众所接受和支持。

(四)复合生态原则

城市生态系统是自然生态系统中的一个特殊组分,城市是区域环境中的特殊部分。因此进行城市生态规划,必须把城市生态系统和区域生态系统视为一个有机体,把城市内各小系统视为城市生态系统内有机联系的单元。

五、城市生态规划的方法与步骤

目前,国内外城市生态规划还没有统一的编制方法步骤和规范,但一些专家学者对此已作了不同程度的研究。如美国宾夕法尼亚大学学者提出的地区生态规划步骤为:

1. 制定规划研究的目标。
2. 区域生态的详细资料与生态分析。
3. 区域的适宜度的分析与确定。
4. 在适宜度分析的基础上选择方案。
5. 方案的实施。
6. 执行规划。
7. 评价规划执行的结果,做出必要的调整。

我国学者陈涛1991年提出的生态规划基本步骤为:

1. 规划的基础,经济、社会、生态环境综合调查与分析评价。

2. 规划的目标，确定经济、社会、生态规划的目的。
3. 进行生态规划。
4. 进行相应的和必要的生态工程设计。
5. 建立健全的相应的管理措施。
6. 规划实施。

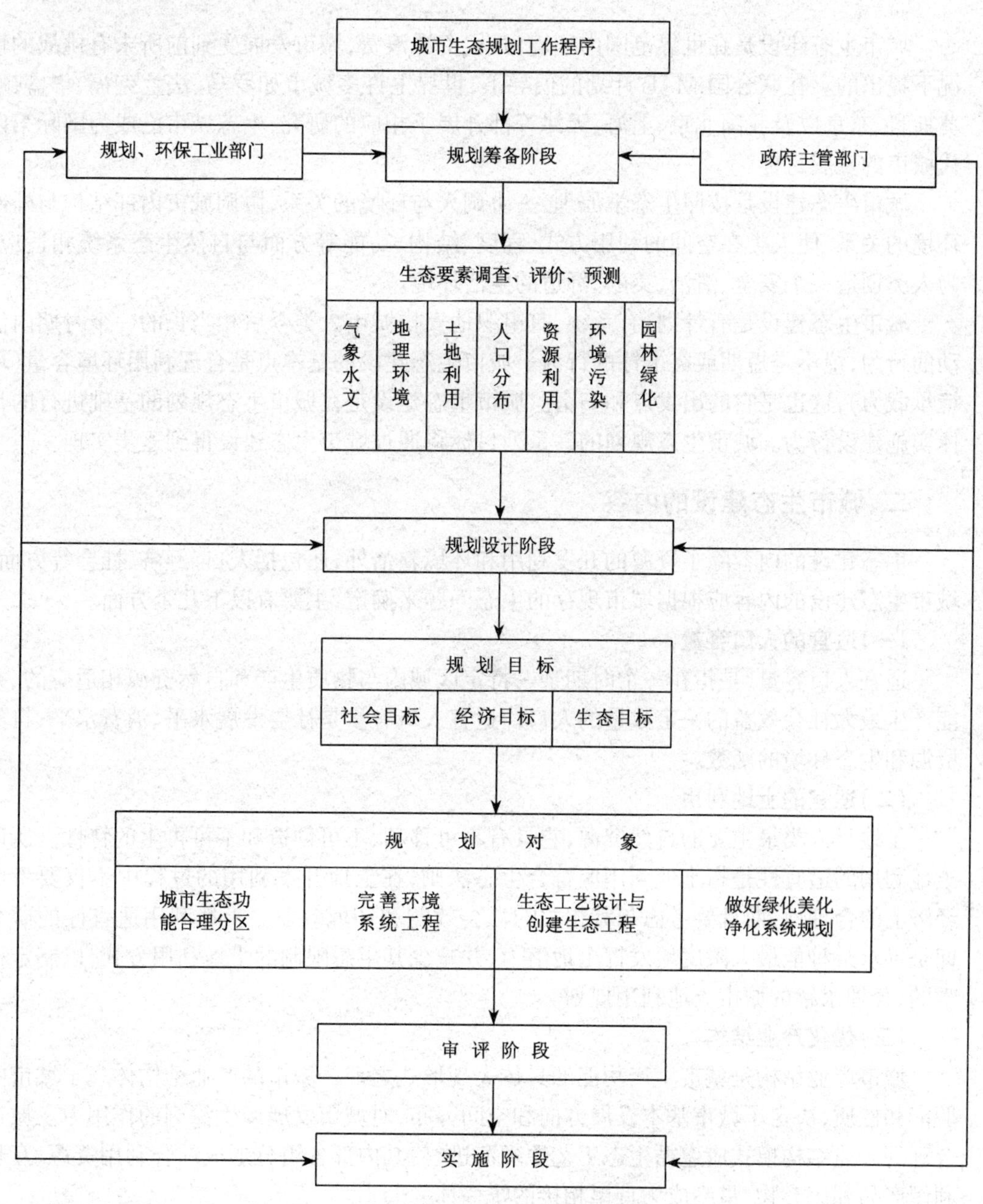

图 4－1　城市生态规划程序(引自王祥荣，1995)

我国学者王祥荣(1995)认为城市生态规划的目的是在生态学原理的指导下，将自然与人工生态要素按照人的意志进行有序的组合，保证各项建设的合理布局，能动地调控人与自然、人与环境的关系。为达到这个目的,城市生态规划应采取特定的工作程序(图4-1)。

第四节 城市生态建设

一、城市生态建设的概念

城市生态建设是在世界范围内环境污染、资源浪费,城市发展受到前所未有挑战的情况下提出的。在联合国MAB计划的倡导下,世界上许多城市如罗马、法兰克福、华盛顿、莫斯科、东京以及我国北京、上海、天津等都开展了相应的研究,生态城市已成为国际第四代城市的发展目标。

城市生态建设是按照生态学原理,去协调人与环境的关系,协调城市内部结构与外部环境的关系,使人类在空间的利用方式、程度、结构、功能等方面与自然生态系统相适应,为人类创造一个安全、清洁、美丽、舒适的生活环境。

城市生态建设是有计划、有系统、有组织地安排城市人类今后相当长的一个时期内活动的行为,绝不是短期或突击性的行为。城市生态建设的基本点是合理利用环境容量(环境承载力),这也是它的出发点和归宿。城市生态建设是在城市生态规划的基础进行的具体实施建设行为。城市生态规划的一系列目标将通过城市生态建设得到逐步实现。

二、城市生态建设的内容

生态建设的内容除了资源的开发利用和环境整治外,还包括人口、经济、社会等方面。城市生态建设的内容应根据城市现存的生态问题来确定,主要有以下几个方面。

(一)适宜的人口容量

适宜人口容量,是指在一个时期某一特定区域内与物质生产和自然资源相适应的、并能产生最大社会效益的一定数量的人口。适宜人口容量是社会发展水平、消费水平、自然资源和生态环境的函数。

(二)适宜的土地利用

土地是人类最主要的自然资源,它具有不可移动、不可创造和不可再生的特性。所谓土地利用的适宜性是指土地利用应符合生态法则,在土地开发利用的过程中不仅要考虑经济上的合理性,而且要考虑与其相关的社会效益和环境效益。土地利用适宜性的研究即是寻求某种能最大限度地发挥土地潜力,并减少其生态限制的土地利用方式,以制定科学的、合理永续的城市土地利用规划。

(三)优化产业结构

城市产业结构是城市生产功能的具体表现形式之一。城市的产业结构体现了城市的职能和性质,决定了城市基本发展方向和空间分布,对城市发展产生深刻的作用力。城市合理的产业结构模式应遵循生态工艺原理演进,使其内部各组分形成综合利用资源、互相利用产品和废弃物,最终成为首尾相接的统一体。

(四)建立市区和郊区复合生态系统

为了增强城市生态系统的自律和协调机制,必须对市区和郊区作统一规划、统一调控,建立一个完整的复合生态系统。生态农业是郊区农业较理想的生产方式,它不但能提高农业的生产效率,还能净化和重复利用市区工业和生活废弃物,为城市提供更多的生物产品。

(五)防治城市环境污染

城市环境污染的防治的是城市生态建设的重要内容。其重点是城市大气、水、噪声、固体污染物污染的防治和治理,在做好环境污染预测的基础上,研究选用适宜的处理方法和程序,使污染控制能力与经济增长速度相协调。形成并维持高质量的城市生态系统,使城市得以可持续发展。

(六)城市生物保护

城市的出现和发展使得除人类以外的生物大量地、迅速地从城市环境中减少、退缩以至消亡,这是城市生态环境恶化的重要原因之一。生物尤其是绿色植物在城市生态环境中担负着重要的功能,城市绿化程度以及人均绿地面积是表征城市生态建设水平的重要指标。城市生物保护应制定科学合理的规划,包括城市绿地系统规划、森林公园、自然保护区规划、珍稀及濒临灭绝动植物保护规划等。

(七)提高资源利用效率

提高资源利用效率是改善城市乃至区域环境质量的重要措施,应贯穿于资源开发、生产等各个环节,主要体现在水资源、能源、再生资源的利用和保护等方面,它是城市生态系统建设的一个重要组成部分。城市是资源高强度集中消耗区域,其利用效率既反映了城市科学技术水平及经济发展水平,同时也影响和反映了城市环境质量水平。

三、生态城市

(一)生态城市概念

生态城市是一个全新概念。生态城市是一个经济发达、社会繁荣、生态保护三者保持高度和谐,技术与自然达到充分融合,城乡环境清洁、优美、舒适,从而能最大限度地发挥人的创造力与生产力,并有利于提高城市文明程度的稳定、协调、有利于持续发展的人工复合系统。

生态城市是人类发展到一定阶段的产物,是现代文明与人类理性及道德在发达城市中的体现。

(二)生态城市衡量标志

1. 高效率的物质转换系统

在从自然物质→经济物质→废弃物质的转换过程中,必须是自然物质投入少,经济物质产出多,废弃物质排泄少。为达这一目标,不仅需要系统中各产业有较高的效率,而且要以合理的产业结构为基础。从三个产业的总体结构来看,必须是第三产业＞第二产业＞第一产业的倒金字塔结构,并形成合理的比例关系。一些学者认为第三产业的比重最好在70%以上,第三产业除了发展贸易、金融保险业外,还应大力发展信息产业。第二产业要通过发展高新技术来推动物质的有效转换与再生、能量的多层次充分利用和无污染工艺,在第二产业中,高新技术产业的比重应超过30%。第一产业则应以绿色产品和绿色产业为开发重点,并逐步使第一产业向工厂化、观光化发展。

2. 高效率的流通系统

这里的流通系统包括物流、能流、信息流、价值流和人口流的流动。高效率的流通系统，包括构筑于三维空间联结系统内外的交通运输系统，其主动脉是地铁、高速公路、空中航线和远洋航线以及贯穿城市的高架道路等；配套齐全、保障有效的物资和能源（食品、原材料、水、电、燃料等）的供给系统；建立在数字化、智能化基础上的信息传递系统；布局合理、服务良好的商业、金融服务系统；先进有效的污水、废气、废物处理排放系统。

3. 高质量的环境状况

即对城市由于生产和生活造成的大气污染、水污染、噪声污染和各种废弃物，都能予以有效防治和及时处理，使各项环境质量指标均能达到国际城市的最高标准。

4. 完善的城市绿化系统

根据联合国有关组织的规定，生态城市的绿地覆盖率应达到50％，居民人均绿地面积$90m^2$，居住区内人均绿地面积$28m^2$。城市绿化系统应是一个多功能、立体化的绿化系统。它由大地绿化、道路绿化、庭院绿化和建筑绿化等构成，点线面相结合、高低错落，在更大程度上发挥绿地调节城市气候、净化空气、美化城市景观和提供娱乐、休闲场所的功效。

5. 良好的人文环境

生态城市应具有发达的、完善的教育体系和较高的人口素质，作为基础条件之一，成年人受教育的程度都必须在高中以上，其中受过高等教育的人数应占40％～50％以上。生态城市应具有良好的社会风气、安定和谐的社会秩序、丰富多彩的精神生活和良好的医疗服务，有较完善的社会福利保障系统。人们具有较高的公共道德标准和生态环境意识，并以此来规范自己的行为。

6. 高效率的管理

生态城市通过其结构体系，对资源利用、人口控制、社会服务、城市建设、环境保护、治安防灾等实施高效率的管理。

第五章　城市人口

人类是我们所定义和研究的环境的主体。在人类影响环境的诸因素中,人口是最主要、最根本的因素。人口问题是一个复杂的社会问题,也是人类生态学的一个基本问题。人口问题、环境问题、资源问题和发展问题一样,是当前世界各国共同关注的热点问题。城市是人口最集中的集聚地,人是城市生态环境的主体。

第一节　人口的发展与城市化

一、世界人口的发展

(一)世界人口增长概况

人类对自己早期的了解并不十分多,早期各个阶段人口的估算是很难精确的,直到一万年前,发生农业革命前后,人类才有比较可靠的地方居住,以狩猎和采集为生,那时侯,全世界的总人口大约只有500万左右。在人类漫长的历史进程中,人口数量一直呈增长趋势。但在农业革命以前,人类尚未处于地球生物的主宰地位,人口数量基本持平。农业革命使粮食生产趋于稳定,保证了食物的供给,使人口增长速度加快。但真正的高人口增长率是工业革命以后,人类的生存条件大为改善,人类的疾病得到有效控制。而生产的发展,客观上又需要大量劳动力,使人口增长进一步加快。图5-1表示了世界人口的增长

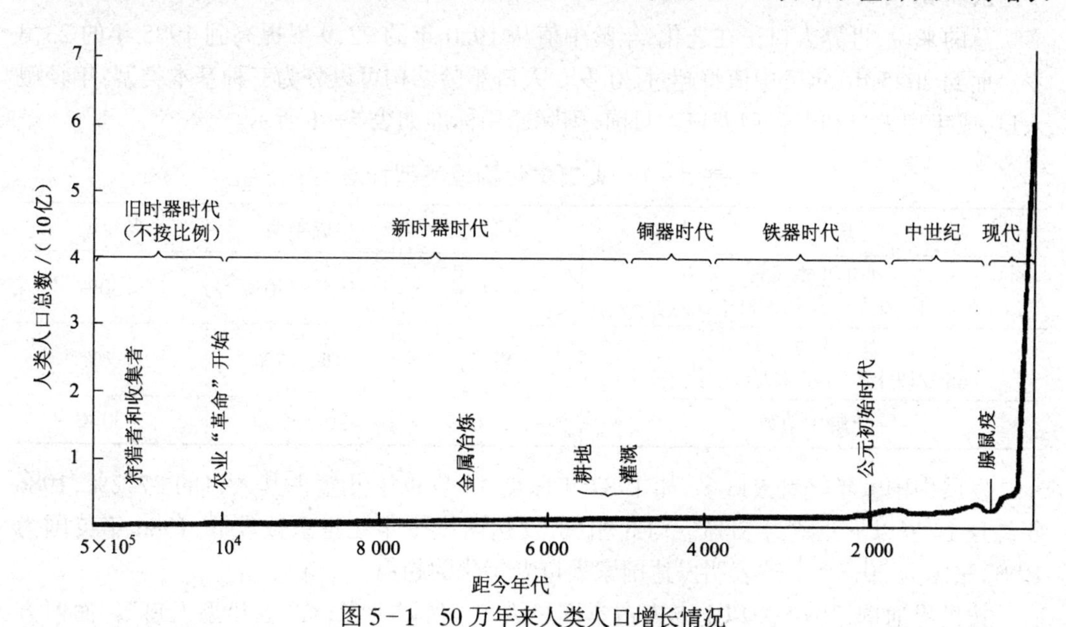

图5-1　50万年来人类人口增长情况

情况，从图中可见，世界人口一直呈加速增长势头。但急剧的增加只是过去30年所出现的突发性现象。400万年以前就出现在非洲大陆上的人类，到19世纪初才达到10亿人。据联合国人口活动基金会发表的《世界人口白皮书》，世界人口在1918年～1927年期间达到20亿。后来，一直到1960年世界人口才超过30亿，14年后的1974年达到40亿，又过了13年，突破了50亿大关，12年后，1999年突破了60亿。

世界人口的增长，在不同地区是很不平衡的。发展中国家人口增长率比发达国家高得多，大致为发达国家的2倍以上。世界人口相对集中于发展中国家。从人口增长率来看，1900年～2000年发达国家平均每年为0.83%；而发展中国家则高达1.52%。预计21世纪的年增长率，发展中国家更是比发达国家高出5倍以上。尤其是那些最不发达国家，人口增长率更高。按这样一种增长格局，环境本来就比较脆弱，经济发展原来就比较落后的地区，人口增长却越来越快，对环境的压力也越来越大；而这些国家和地区的经济基础比较薄弱，没有能力进行环境的改善。所以，对发展中国家的生态环境构成威胁的主要因素是过快的人口增长。

（二）当今世界人口发展的特点

从长期的历史角度看，工业化国家人口增长同其发展过程中物质繁荣的增长有关，但当今的世界，情况发生了很大的变化，最贫穷的国家人口增长最快。目前世界人口增长呈现以下新的特点。

1．发达国家人口出生率下降

近几十年来世界人口猛增，主要发生在发展中国家，而发达国家早在60年代就已经出现人口增长率下降的趋势。目前，这些发达国家中人口发展已出现低出生率、低死亡率、低增长率的现象，其中还有些国家出现了人口负增长的现象。与此相反，发展中国家人口年平均增长率接近3%。

2．年龄两极分化

总的来说，世界人口正在老化，年龄中值从1950年的22.9岁提高到1985年的23.3岁。而到2025年，年龄中值将超过30岁。人口年龄结构可以分为三种基本类型：年轻型人口、成年型人口和老年型人口。目前，国际通用标准如表5－1所示。

表5－1　人口年龄构成类型标准

类　型	年轻型	成年型	老年型
少年儿童系数（0～14岁人口在总人口中比重）	＞40%	30%～40%	＜30%
老年人口系数（65岁以上人口在总人口中比重）	＜4%	4%～7%	＞7%
年龄中值数	＜20岁	20～30岁	＞30岁

发展中国家年轻型人口多，如1987年印度14岁以下儿童占其人口的37.2%，1986年约旦14岁以下儿童为51%。与此相反，发达国家少年儿童系数较低，1986年英国为19%，法国为20.8%。这表明发达国家人口老年化的趋势。

按世界通例，凡65岁以上老人占本国总人口7%以上者，称“老年型人口”。而西方国家又把这一标准提高到14%。1986年英国65岁以上人口为15.3%，瑞典为16%。

3. 城市人口膨胀

20世纪初，当时的世界人口只有16亿，城市人口不到20%，而到1977年就超过了40%。目前城市人口已经超过农村人口。城市人口的增长，在近20年内达到惊人的程度，如墨西哥城，在20世纪初只有30万人，1985年则达到1 800万人，约占全国人口的四分之一。

（三）我国的人口增长概况

中国自上古时期至现代5000多年的历史进程中，人口变化经历了一个长期缓慢增长到突然上扬的过程。公元前，中国人口大约在1 000万水平；公元初至17世纪中期，中国人口在5 000万～6 000万左右，占当时世界人口的10%左右；1684年中国人口突破了1亿；1760年为2亿；1900年为4亿；1949年为5.4亿。

中华人民共和国成立后，人口进入高速增长期。根据我国历次人口普查情况，1953年为5.74亿；1964年为6.95亿；1982年为10.32亿；1990年为11.6亿，2000年为12.95亿。1957年时，当时人口大约在6亿左右，马寅初教授就大声疾呼："中国人口如继续这样无限制发展下去，就一定要成为生产力发展的障碍"。孙本文先生也明确指出，应使中国总人口控制在八亿的适度规模人口目标内。但由于当时决策者不了解中国人口增长的历史特点，不认识人口增长的惯性规律，采取了奖励生育的政策，片面强调"人多力量大"，忽视了人口过渡增长的危害。尽管在70年代开始实行计划生育政策，但中国人口倍增特大台阶的态势已经形成。目前，控制人口已被列为我国的基本国策。

二、城 市 化

（一）城市化的概念

对于城市化可以从不同的角度加以研究和表述，因此，不同的学科对城市化的定义也不尽相同。

地理学对城市化的定义是：由于社会生产力的发展而引起的农业人口向城市人口、农村居民点形式向城镇居民点形式转化的全过程。包括城镇人口比重和城镇数量的增加，城镇用地的扩展，以及城镇居民生活状况的实质性改变等。

人口学对城市化的定义是：农业人口向非农业人口转化并在城市集中的过程。表现在城市人口的自然增加，农村人口大量进入城市，农业工业化，农村日益接受城市的生活方式。

社会学对城市化的定义是：农村社区向城市社区转化的过程。包括城市人口在总人口中比重的增加；城市数量的增加、规模的扩大；公用设施、生活方式、组织体制、价值观念等方面城市特征的形成和发展。一般以城市人口占总人口中的比重衡量城市化水平。

城市规划学科对城市化的定义是：城市化是由第一产业为主的农业人口向第二产业、第三产业为主的城市人口转化，由分散的乡村居住地向城市集中，以及随之而来的居民生活方式不断变化的客观过程。

综合来说，现代城市化的概念有以下含义和过程：①工业化导致城市人口的增加；②单个城市地域的扩大及城市关系圈的形成和变化；③拥有现代市政服务设施系统；④城市生活方式、组织结构、文化氛围等上层建筑的形成；⑤集聚程度达到称为"城镇"的居民点数目日益增加。

(二)城市化水平

城市化水平一般用城市人口占总人口数的比重来表示。目前,发达国家的城市化水平为75%,发展中国家平均为37%。而发展中国家的城市化发展很不平衡,最高的中南美洲为65%,东亚为33%,非洲为32%。表5-2为世界部分主要国家的城市化水平比较。

表5-2 世界部分主要国家的城市化水平

国家或地区	总人口(万人)	城市化水平(%)	国家或地区	总人口(万人)	城市化水平(%)
世界平均	—	47	日　本	12 467	77
发达国家	—	75	美　国	25 814	76
发展中国家	—	37	波　兰	3 846	64
英　国	5 819	89	菲律宾	6 565	52
德　国	8 119	86	巴基斯坦	12 276	34
澳大利亚	1 766	85	中　国	121 121	29
加拿大	2 894	77	印　度	88 391	26

注:1. 中国为1995年资料;

2. 其他国家资料来源于国家统计局《中国人口统计年鉴》,1996。

但是,发达国家与发展中国家的城市化水平标准有一定的差别,对城市人口的定义也有一定的差异,在研究时要引起注意。国内外学者对中国城市化的水平有多种估计,如果以城市和城镇实际居住的统计人口为标准,则1995年中国城市人口占总人口的比重仅为29.04%,这表明中国城市化还处于较低的水平(表5-3)。

表5-3 中国城乡人口结构分析(%)

年　份	市镇非农业人口占总人口	非农业劳动者占总劳动者	实际城镇人口占总人口
1970	12.9	19.3	17.38
1980	14.0	31.3	19.39
1985	17.2	37.6	23.71
1990	19.2	40.0	26.41
1992	20.0	41.5	27.63
1995	21.1	47.1	29.04

(引自赵民等,1998)

三、城市人口的概念

城市人口又称城镇人口或城镇居民。从城市规划、管理和建设的角度来看,城市人口应包括居住在城市规划区域建成区内的一切人口,包括一切从事城市的经济、社会、文化等活动及享受着城市公共设施的人口。城市的一切设施、物质供应及活动场所必须考虑容纳这些人口,并为他们提供各种各样的服务。因此,有些学者直接用城市人群来表示城市人口。

但是,在中国由于几十年来一直执行城市和农村分离的户籍管理制度,城市人口还特定为居住在城市范围内并持有城市户口的人口。所以,城市人口在中国同时含有三个含义:①居住在城市规划区范围内的人口;②居住在市辖区域范围内的人口;③持有城市户口的人口。

第二节 城市人口的基本特征

城市人口的基本特征主要表现在城市人口结构和空间分布。城市人口结构又称城市人口构成。将城市人口按其各种属性表现出的差别,可分为两类:①城市人口自然结构,如人口数量、性别结构、年龄结构等;②城市人口社会结构,如阶级结构、民族结构、家庭结构、文化结构、宗教结构、语言结构、职业结构、经济收入结构等。城市人口的数量、年龄、性比、密度、分布和行业特征等等都是城市人口要素。这些要素从不同角度反映了城市人口结构的状况。

一、城市人口自然结构

(一)城市人口数量

城市人口数量是指城市区域内人口的总个体数,含固定人口总数和流动人口总数。

城市人口的数量是不断地变化的,造成变化的因素是多方面的。但从个体数量上的变动来看,则主要由四个基本参数所决定,这就是人口的出生率、死亡率、迁(流)入率和迁(流)出率。这样,种群在某个特定时间内的数量变化可以用下式表示:

$$N_{t+1} = N_t + B - D + I - E \tag{5-1}$$

式中 N_t——时间 t 时的人口数量;

N_{t+1}——一个时期后的人口数量;

B——在 t 和 $t+1$ 期间出生的个体数;

D——在 t 和 $t+1$ 期间死亡的个体数;

I——在 t 和 $t+1$ 期间迁(流)入的个体数;

E——在 t 和 $t+1$ 期间迁(流)出的个体数;

城市人口基数(t 时间的城市人口数)和人口的出生率、死亡率、迁(流)入率和迁(流)出率一起影响着城市人口的发展规模。如果不考虑迁(流)入和迁(流)出的人口个体数的变化情况,城市人口数量亦可以简化为:

$$N_{t+1} = N_t + B - D \tag{5-2}$$

这样在单位时间内,出生数和死亡数之差就等于人口的增长量。所以,城市人口数量的变化取决于出生率和死亡率的对比关系。出生率高于死亡率时,表现为正增长,出生率低于死亡率时,表现为负增长,出生率等于死亡率时,人口数量相对稳定。

城市人口的寿命、出生率、死亡率和迁移率等都受城市的自然环境和社会环境因素的影响,反之,城市人口数量也会对城市环境造成影响。

(二)城市人口的年龄结构

1. 年龄结构及划分

在生态学中,种群的年龄结构反映的是种群中不同年龄的个体数量的分布情况。在城市生态系统,城市人口的年龄结构亦称为城市人口构成,指在城市人口中,不同年龄的个体数量的分布情况,也即各年龄级人口分别占城市总人口数的比例。各年龄级的划分,因分析的目的不同而有不同的划分方法。一般情况下,是把城市人口划分为:托幼年龄、中小学年龄、劳动年龄和老龄,也可以划分为:幼龄、生育龄和老龄等。

一般来说,城市人口是异龄群体,含有不同年龄的个体,他们分别构成城市人口的不同龄级。不同龄级的个体数与人口总数的比率,则构成城市人口年龄比率,由幼龄到老龄各个龄级的年龄比率构成人口的年龄结构。

2. 年龄结构模式

通常把城市人口年龄结构模式归为三种类型:增长型、稳定型和衰退型。其中增长型是指在人口年龄结构中,老龄级的个体所占比例最小,而幼龄级个体所占比例最大。在发展过程中,年幼个体除了补充已死去的中龄和老龄的个体外,总是有剩余,这样种群的数量会继续增长。稳定型是指在人口年龄结构中,每一个龄级的个体的死亡数量接近进入该龄级的新个体,人口总数会处于相对稳定状态。衰退型是指在人口年龄结构中,幼龄级的个体数量很少,而老龄级的个体数量却相对较大,同时大多数个体已过了生育年龄,这样种群的数量有逐渐减少的趋势。图 5－2 所示意的是城市人口年龄结构,其中 a 为增长型、b 为稳定型、c 为衰退型。

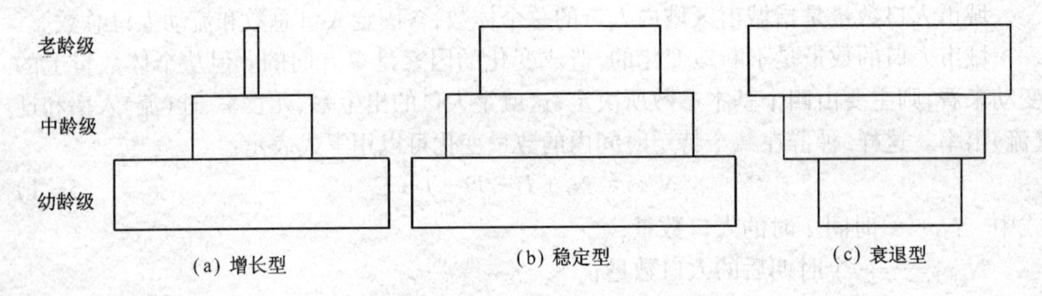

图 5－2　城市人口结构示意图

目前,发展中国家的大多数城市人口年龄结构为增长型,少数大城市的人口群中,老年人逐渐增加,例如中国的上海等大城市,逐渐由增长型向稳定型过度。而发达国家的城市多为稳定型。

3. 城市人口年龄结构对城市生态系统的影响

城市人口年龄结构对城市生态系统,对城市的社会、经济和文化等活动有很大的影响。例如,若年轻人口组的比例过大,则城市面临着人口教育、未来就业等社会问题;老龄人口比例过大,则有托养、保健、和劳动力短缺等问题。因此,城市人口年龄结构的分析研究,对于预测城市人口自然增长速度、劳动力资源的数量、利用程度及其潜力、教育设施计划、老年保健、医疗卫生等有重要意义。

(三)城市人口性比

城市人口性比是指城市中人口总数或某个龄级的个体中男人对女人的比例,即性比

=男人个体数/女人个体数,或者相反,指城市中人口总数或某个龄级的个体中女人对男人的比例,即性比=女人个体数/男人个体数。

城市人口性别构成是城市人口自然结构的基本要素之一。这一要素不仅与恋爱、婚姻、家庭和人口再生产有直接关系,而且与城市经济结构的调整、城市建设和规划有密切关系。城市中男女比例,甚至各年龄段男女比例应大体保持平衡,同时也要求城市的结构调整应适合男女劳动力的比例大体相同。如果某个城市人口中男女比例失调或某年龄组男女比例相差较大,都将造成恋爱、婚姻、家庭等严重社会问题,例如某些城市重工业比重过大,男职工过多,女职工很少;某些城市轻纺工业比重过大,女职工过多,男职工过少;甚至在城市的某些区域,因工业布局形成重工业区男职工多,轻工业区女职工多的现象。这些比例失调,不仅会造成恋爱、婚姻、家庭等严重社会问题的出现,还会造成家庭组合、上下班交通拥挤等城市社会和环境问题。

(四)城市人口密度

1. 城市人口密度的概念

城市人口密度一般指城市用地范围内(城市区域内)单位面积上居住的人口数,常用人/平方公里或人/公顷来表示。这个概念有两种含义:①指城市行政区内单位面积上的人口数;②指城市规划区域建设区范围内单位面积上的人口数。常用的城市人口密度通常指的是后者。

城市人口密度是人口结构的一个重要的基本要素,它反映一个城市乃至城市内某一区域居住人口的疏密程度。其指标常作为城市规划、建设、管理和人口迁移等计划的重要参考依据。

长期以来,人们普遍认为城市规模过大是造成城市交通拥挤、住宅缺乏、环境恶化、用地紧张等现代城市问题的主要原因,但是,经国内外大量调查研究表明,城市大小与城市问题并不完全相关,城市问题并非大城市所独有,在一些中小城市这一问题表现的更突出。人们发现城市人口密度过大才是现代城市问题产生的重要原因。

2. 城市人口过密化

城市人口过密化即城市人口密度过大,是指城市人口密度超过合理密度的状态,是人口在城市过度集中的表现。这种人口在城市内的过度集中,产生了一系列制约城市社会经济持续发展的城市问题。通常城市问题表现突出的城市都存在人口过密化,例如东京、大阪、纽约等都是公认的人口过密化城市。

3. 中国城市人口过密化的现状

中国城市人口过密化问题表现的十分突出,而且造成城市人口过密化的原因较为复杂。中国从1950年起,就以发达国家大城市存在的各种城市问题以及当时已经出现的人口和产业向大城市外围地区扩散的现象为依据,制定了"控制大城市,发展小城镇"的城市发展方针,并于1989年在城市规划法中明确提出了"严格控制大城市规模、合理发展中等城市和小城市"的城市政策。对此,学术界一直存在很大的争论,赞成和反对的两种观点针锋相对。

学者们普遍认为,从反映在城市规模、职能和地域形态上的城市化阶段性特点来看,中国的城市化刚处于初级阶段,与发达国家相比,我国城市的发展水平较低,这一点在城市规模和地域形态上的表现尤为突出。在中国坚持控制大城市发展方针的几十年中,大城市用地规模受到相当程度的限制,而由于人口增长惯性,大城市人口规模却越来越大。长期以来,大城市人口增长超过了用地发展速度,导致了中国大城市人口过密化,在一定程度上加剧了大城市的城市问题。例如上海城市人口接近东京大城市中心地区的城市人口,但是,城市化地域面积仅相当于东京大城市中心地区面积的41%左右。发达国家大城市地域的城市人口主要分布在半径约50公里的实际城市化地域范围内,而中国特大城市的城市人口则主要分布在半径约10公里的实际城市化地域范围内。这种在城市化初期,城市发展水平低下所引起的城市人口增长与城市化地域扩大的脱节,是造成中国城市人口过密化的重要原因之一。

如果以城市非农业人口和建成区面积计算,中国城市的平均人口密度达到11 160人/平方公里。中国200万人口以上城市的平均人口密度为17 935人/平方公里,20万～50万人口城市的平均人口密度为10 346人/平方公里,20万人口以下城市的平均人口密度为8 300人/平方公里。近几年来,中国城市人口密度随着城市规模的提高而上升的趋势比较明显,中国的一些特大城市都超过了20 000人/平方公里。

日本的东京和大阪是世界上公认的人口过密城市。1992年东京和大阪城市地域中心地区的人口密度分别为12 906人/平方公里和11 339人/平方公里。而在中国除兰州外,各主要城市的人口密度均超过了人口过密城市东京。与欧美国家城市相比,中国城市人口过密化的倾向就更为显著。

(五)城市人口分布

城市人口分布是指人口在城市空间的分布状况。城市人口的分布状况受到城市自然环境、经济、社会和政治等多种因素的相互制约,这些因素通过对城市人口迁移、人口城市化、人口城市规划和增殖等城市人口要素的影响,形成城市人口的不同分布类型和不同的分布区。城市人口要素对城市人口分布的影响如下。

1.人口迁移

人口在地理空间中改变居住地的移动称为人口迁移。

①人口迁移的分类

从空间上分,可以分为国际间迁移、国内城市间的迁移、城乡间的迁移和城市内不同功能区间的迁移;从时间上分,可以分为临时性迁移(如上学、求医等)、季节性迁移(如放牧)、周期性迁移(如民工进城打工)和永久性迁移。

②人口迁移的原因与目的

人口迁移内在的、主动的因素主要是经济和社会的发展,人们迁移的目的主要是寻求好的工作、高的收入、优越的社会环境和居住条件,过舒适的生活。另外,战争、自然灾害和政治或政策原因也会使人口发生被动迁移。

③我国的人口迁移

由于我国长期以来执行严格的户籍管理制度,所以在我国人口迁移受到很大的限制。随着进一步的改革开发和城市化进程的加快,中国城乡间人口迁移,或者直接说人口城市化是现代人口迁移的重要表现。另外随着经济、交通和科学技术的发展,人口的迁移活动将更加频繁。

2.人口城市化

人口城市化是在城乡人口迁移过程中,农村人口不断向城市转化和集中,城镇人口占总人口的比重逐步提高的单向动态过程。人口城市化的过程主要有两种途径:农村人口大量涌入城市;农村人口通过社会经济发展就地转化为具有城市生活方式的人口等。人口城市化的过程、特征、方式不同,使得其社会后果必然呈现较大的差异。不同的国家、地区的城市人口迁移、人口城市化都有其特征,有不同的背景和原因,受不同的政策影响。

3. 人口城市规划

人口城市规划是以人口为主体对城市发展进行统筹安排、合理布局的一种决策方法,目的是使城市有一个合理的人口分布。人口城市规划要以城市发展状况和特点为基础,以人口发展的现状和可能的趋势为依据,充分考虑到城市的自然和社会环境条件,作出科学合理的安排和布局。

人口城市规划的主要任务是:根据人口情况和城市人口容量确定城市发展规模、性质、职能;根据自然环境条件确定城市的功能分区;研究与确定城市的建筑层次格局及居民密度;对城市的主体风格、交通网络、公用设施、绿化等众多问题予以统筹安排和实施。城市人口分布合理有利于城市整体布局合理、功能协调,成为重要的区域社会经济发展的中枢。

4. 城市人口的分布格局

城市人口的分布格局是关于人口在城市的水平空间上的数量状况和分布状况。城市人口的分布格局与人口特征、社会特征和城市综合环境条件密切相关,是人口对城市环境和社会发展状况的长期选择的结果。人口迁移、人口城市化的进程和人口城市规划都会影响城市人口的分布格局。

在自然生态系统中,种群的分布格局一般可分为四种类型,即随机分布、集群分布、均匀分布和散式分布(如图 5-3)。

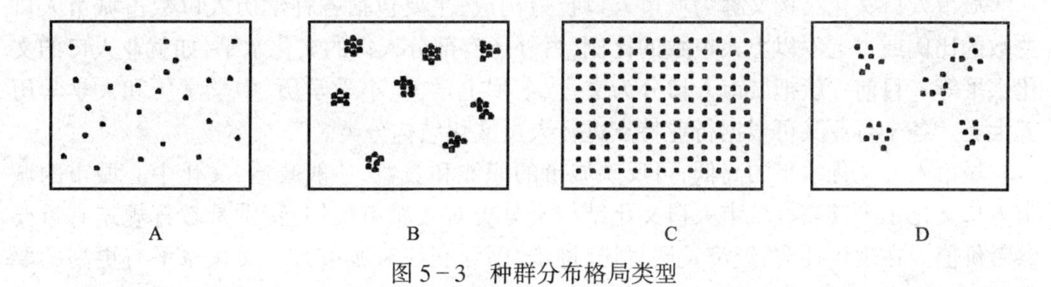

图 5-3　种群分布格局类型

图 5-3 中 A. 随机分布是指种群个体的分布是完全随机的;B. 集群分布也称核心分布或集聚分布,其特征是种群个体的分布是很不均匀,常成群或成块地密集分布,各群的大小、群间距离都不相等,各群大多数是随机分布的,集群分布是最广泛存在的一种分布格局,在大多数自然情况下,种群个体常是集群分布;C. 均匀分布是种群个体等距离分布;D. 散式分布的特征是种群高度地集结成许多集群,而这些集群间又是有规律地均匀分布的。

在城市生态系统中,人口的分布不像自然生态系统中的种群分布。由于受到人口城市规划、城市不同区域对人口的吸引力和其他社会因素的影响,城市人口的分布虽然也是集群的,但群体间的分布不是随机的,距离也不是均匀和等距的。因此可以说,城市人口的分布格局主要是在人口城市规划等因素的作用下的超集群分布格局。

二、城市人口社会结构

(一)城市人口的服务结构

从城市人口的服务关系结构可以把城市人口分为基本人口、服务人口与被托养人口三大类：

基本人口指对外服务的工矿交通企业界、行政机关、事业单位以及高等院校的在册人员，他们对城市的规模起决定性作用。

服务人口指为城市内服务的企事业单位、文教、医疗、商业单位的在册人员。

被托养人口指未成年的、未参加工作的和丧失劳动力的人员。

(二)城市人口职业结构

城市人口职业结构指的是城市的劳动人口在各个社会部门所占的比例，即各部门的职工或劳动人员人数占城市在职人员总数的比例。由于各国的发展和社会管理有很大的差异，所以，各国城市人口职业结构的分类有很大的不同。在我国，按国民经济部门统计的分类，可将城市人口分为以下几类：

1. 生产性劳动人口，含工业职工、农林职工、基本建设职工、交通运输职工等。

2. 非生产性劳动人口，含商业及服务业人员、城市公用事业职工、金融部门职工、科教文化卫生人员、国家机关与人民团体人员等。

3. 非劳动人口，除上述两类以外的不从事社会劳动的人口。

城市人口职业结构反映城市性质和职能特点，如果是工业中心，则工业职工比重大，文化中心则文教职工比重大，政治中心则政府机关工作人员的比重大等。

(三)城市人口文化结构

城市人口文化结构又称为城市人口智力构成，主要包括各种学历人口数占城市人口总数的比例或占七岁以上人口数的比例，另外还有部分人口的文化水平，如就业人口的文化水平等。目前一般把城市人口分为文盲、七岁上学前、小学学历、中学学历和大学学历五大类。各个行业又可根据行业特点进行人员文化结构分类。

城市人口文化水平的高低，可反映城市的职能和效益，一般政治、文化中心城市的城市人口文化水平较高。城市人口文化结构及分类对于城市规划，特别是教育规划有重要参考价值。在现代社会，经济发展、科技进步、国际交往对城市人口文化水平有更高的要求，城市教育规划的目的，应该是努力提高城市人口文化水平，建立合理的人口智力结构。

(四)城市人口民族结构

城市人口民族结构指城市人口中各民族人口数占城市总人口数的比例。不同的国家或不同地区的城市人口民族的分类体系都不尽相同，但城市人口民族特征反映一个城市形成过程中各民族迁移与聚居的情况，还会影响到城市文化传统和建筑风貌的特征，对城市规划、建筑以及城市经济发展都有重要影响。在少数民族人口比重大的城市，甚至是在少数民族人口比重大的某些城区，应在生活服务设施、宗教等方面照顾少数民族风俗习惯，如设立少数民族学校和注意少数民族特殊需要的商品供应等。要严格、正确地执行国家的少数民族政策。

第三节　城市人口的规模与发展

一、城市人口规模

城市人口规模即聚集在城市区域内的人口数量。城市合理的人口规模是每个城市的经济、社会、人口健康发展的基础。合理的人口数量在城市区域集中,会产生聚集效益,产生经济和科学文化的聚集效益。城市的用地规模、各种建筑、市政设施、生产规模和消费力规模等均与城市人口规模有着密切的联系。

目前,进行城市人口发展规模的研究方法主要有两大类型:一类是根据城市发展中对经济活动人口的增长要求和城市经济活动人口占总人口的合理比例,来确定规划期末的城市总人口规模;另一类是根据人口增长速度、人口构成的特点及人口政策等社会因素,确定合理的人口自然增长率,计算城市人口自然增长数,再根据城市发展的可能条件、城市人口的承载力等因素确定合理的机械增长率,计算机械增长人口数和预测城市人口的发展规模。

二、城市人口自然增长率(数)

城市人口自然增长率是反映城市人口出生和死亡相互作用下的人口自然增减状况的一项指标。较长时间的城市人口自然增长率资料,可以表示一定社会条件下城市人口的再生产规律,是编制城市社会经济发展战略、城市规划的重要依据。

城市人口自然增长率为城市中年净增人口数与城市总人口数之比,通常用千分数(‰)来表示。计算公式为:

$$人口自然增长率=\frac{年内出生人口-年内死亡人口}{年人口}\times 1000‰ \quad (5-3)$$

或者:

$$人口自然增长率=人口出生率(‰)-人口死亡率年人口(‰) \quad (5-4)$$

根据城市人口自然增长率可以计算出城市人口自然增长数。

三、城市人口机械增长率

城市人口机械增长率是指一定时期内城市人口迁入和迁出的差数。计算公式为:

$$某一时间城市人口机械增长率=\frac{某一时间迁入人口数-某一时间迁出人口数}{某一时间平均人口数}\times 1000‰ \quad (5-5)$$

城市人口机械变化,主要与城市发展,特别是经济发展有直接关系,与城市规模、职能变化、劳动力状况变化以及政府机关的决策也有密切的关系。新兴城市、发展中城市一般人口机械增长较快。

四、城市人口承载力

城市人口承载力也称城市人口环境容量,指在一定的条件下,城市生态系统所能维持的最高人口数。影响城市生态系统人口承载力的因素复杂多样,诸如城市用地、城市设施、人的消费水平以及与城市发生物质和能量交换的外界系统等等。另外城市人口承载力随地理条件的变化而变化,有很强的地域性。

五、人口环境容量观

对于城市人口环境容量人们有着不同的看法,有的乐观,有的悲观,正确的态度是可持续发展的城市人口环境容量观。

对于人口环境容量,一部分人则认为,地球上还有大量的资源尚未开发,科学技术和生产力在不断的发展,所以人口环境容量还有很大的潜力。另一部分人认为,人口规模超过环境容量的基本表现是整个环境内生态系统的退化,如污染、森林减少、草原减退、沙漠化、食物和其他自然资源的短缺、气候变异、灾害频繁等;即使现有的人口规模不再增加,但人均消费水平还会继续以相当快的速度上升,资源的耗用仍会不断增加;人类只是地球上生物群中的一种,人类不能也不可能只是保证自身的生存和发展。

目前世界多数科学家普遍认为,人口环境容量不像生物环境容量那样主要决定于自然环境因素,而是一个非常复杂和不断变化的人口 - 自然环境 - 社会、经济与文化的综合体系。现阶段,人口必须控制,否则将加重环境污染和生态失衡,甚至给人类造成不可逆转的损失。人口环境容量随着人类科学技术水平和经济发展水平的发展而发展,任何超越现实状况的观点都是违背人类历史发展规律的。

总之,制约人口容量及其变化的生态环境、社会、经济因素是多样的和复杂的。科学技术的进步、社会经济的发展会有利于提高人口容量,但是,人类物资文化生活水平的提高又会使人口容量受到限制。有限的资源、能源是制约人口容量及其弹性的基本因素,随着人类社会文明与发达程度的不断提高,影响和制约人口容量的因素还将日益增多。这也说明了,要准确地定量计算某一生态系统的人口环境容量是不可能的。

第四节　城市人口的迁移

城市人口的迁移主要表现在城市流动人口的流动和人口迁居,是城市人口研究的基本内容之一。

一、城市流动人口

(一)城市流动人口的概念

城市流动人口的概念对于不同国家有很大的区别,尤其是我国和国外相比。在中国一般认为城市流动人口是指城市中未持有城市户口的非常住户人口。可以分为:①在城市从事短期、季节性工作的外地人口;②到城市旅游、出差、探亲、借读就学人口。其中前者是主要对城市化进程起到推动作用的人口。

城市流动人口可能会造成一系列城市社会问题和环境问题,但也可能会促进城市的繁荣与发展。大量的流动人口造成城市住房紧张、交通拥挤,加剧环境恶化和城市能源、水资源、食品及其他商品供应紧张,甚至导致犯罪增加、传染病流行等城市社会环境问题。但是,流动人口对增加城市劳动力,对增加税收、城市的繁荣与发展都有积极作用,关键是如何正确的引导。城市流动人口与城市的持续稳定发展密切相关。因此城市流动人口的数量、性质和来源对城市健康地发展和城市生态系统功能的正常发挥都具有重要的参考价值。城市流动人口的数量与城市的性质、规模,位置等有关,一般大城市、政治经济文化中心、交通枢纽和旅游城市等流动人口数量较大,并且大城市中流动人口居住时间较长。

(二)流动人口与城市化

在城市化的初期,城市人口的迁移主要是人口从非城市化地区(农村)进入城市地区,即迁移流动过程和城市化过程是同步进行的。特别是发展中国家,城市化进程速度较快的时期,城市流动人口增长迅猛,例如在我国,1982 年城市流动人口近 3 000 万,1991 年约 7 000 万,1995 年达 8 000 万,这种增长势头至今仍很强。

从农村到城市的流动人口,大多数在城市从事建筑施工、企事业单位雇员、商贩、保姆、修理工等经济活动,填补了一些城市人口不愿问津的脏、苦、累、差的就业岗位,构成了城市运行、城市发展不可缺少的一部分。但反过来流动人口又需要城市提供必要的衣食住行条件,城市生态规划与建设必须考虑他们的需求。例如上海市各级医院 1995 年共有病床 6.69 万张,其中有 1/6 的床位被流动人口占用。由于大量的流动人口存在,上海市的公共交通、日常生活用品的需求量也明显增多。因此,在城市规划与建设时,如果不考虑这部分人口的需求,必然会给城市运行带来额外的压力。流动人口从微观上看,具有流动性和不稳定性,但从城市宏观上看,又具有相对的稳定性。

二、城市人口迁居

城市人口迁居指的是城市中以住宅位置改变为标志的人口移动,也称城市内的迁移。

城市的发展一直伴随着人口移动。在城市发展初期,城市人口的变迁主要是人口从非城市化地区进入城市地区。然而当城市发展到一定阶段时,必然会引起城市内部人口的变动,这一变动过程也称为城市人口迁居过程。城市人口迁居会使城市空间结构发生改变,使城市出现人口空间、社会空间、功能空间的地域性分化。城市内住宅位置的变化在改变城市系统和城市空间结构中起重要作用。关于城市人口迁居的理论研究不少,主要有以下几种。

(一)伯吉斯模式(1925)

在伯吉斯提出城市结构同心圆理论时,其中就有人口迁居的模式。他认为,外来移民最初进城时为找工作方便,便居住在中心商业区,随着人口压力增大,住房紧张,促使城市中心区的人口向外城区迁移。低收入新住户开始向较高级的住宅区入侵,而较高级住宅区的住户卖掉房子向外迁移,入侵更高级的住宅区。由此,迁居就像波浪一样向外层传开,最高级住宅区位于城市边缘。伯吉斯称这种向外运动的模式为入侵和演替。

(二)霍伊特模式(1939)

霍伊特在提出城市结构扇形理论时提出了人口迁居的过滤模式。他认为,现有住房过时或衰落时,上层阶级为了维持他们地位,就会购买新建的高级住宅,土地利用由此而展开。高收入住户向外迁居的过程中,留下的空房子向低收入的住户过滤,而人向高级住宅区迁移。

(三)阿久努胡德和费利模式(1960)

这种模式把住宅位置与住户在家庭生命周期中所处的阶段联系起来,如新婚夫妇首先租借城市中的公寓,有了孩子以后租借郊区的单一平房,最后是在城市边缘买自己的住宅。这种向外运动的模式,形式上与入侵、过滤模式相同,但运动的原因不同。

(四)20 世纪 60 年代中期以后的研究

20 世纪 60 年代中期以后,在城市研究上出现了以贝里和阿朗索为首的空间分析学派。在城市人口迁居研究方面,重点放在空间规律和数量模式上,主要有:①迁居的距离和方向;②迁居的统计模式;③空间相互作用模型。但是空间分析学派在解释社会问题和人类行为时过分简单化,后来,以研究人地关系中人的主观能动性和行为为主的学派逐渐兴起。他们认为:决定迁居是内外压力作用的结果,内部压力来源于住户对空间和设施的要求变化所产生的有形需求。当内外压力达到一定程度时,就会发生迁居。

总之,城市人口迁居的研究前期是把人当作人类生态环境的一分子,由人的社会地位、家庭状况、经济收入决定他在城市中的居住位置。概括起来是,如果有大量低收入流动人口移入城市,他们可能向城市中心区聚集,迫使其他人向外移动,开始入侵和演替过程;同时高级住户不满意现有住宅而移向新住宅,并引起低级住户的移动;还有一些人的迁居是因为结婚、生孩子、年老等对住宅空间产生特定需求所致。所有这些移动都要受个人经济状况等因素的制约。20 世纪 60 年代后期人口迁居研究的出发点转移到空间特征和数量模式上,后来又重视人的行为,强调人的个性,研究人对客观环境的感知,20 世纪 70 年代末开始把迁居研究的出发点放在社会经济结构分析上,从而丰富了城市人口迁居研究的内容和方法,促进了城市人口迁居研究的进展。

三、中国城市人口迁居基本原因

现在,我国的一些大城市有了中心区人口减少,外围区人口增多的变化趋势,其市内的人口迁居是重要原因之一。中国城市人口迁居的基本原因可以归纳为两大类:主动的和被动的。被动迁居表明迁居者受外界控制很大,自己虽然也有改善居住状况的愿望,但由于客观条件的限制,很少有选择迁居(包括住宅区位、面积、样式等)的权利;主动迁居表明迁居者在迁居过程中对住宅有相当充分的选择权利。目前在中国有约 70% 的迁居是被动的,其中以单位分房为主,30% 的迁居是主动的,其中以买房为主。主动迁居和被动迁居的划分也不是绝对的。主动迁居和被动迁居的多少不仅反映了居民迁居的自由度,更重要的是反映了居民的经济状况。

目前我国正处于转型期和高速发展期,城市人口迁居逐渐活跃。中国城市人口迁居动力机制是住户的住宅及周边自然生态环境的需求所产生的内部压力和城市社会环境条件的发展所产生的拉力共同作用的结果。迁居过程与迁居者本身的需求、社会文化心理、社区的综合环境影响、城市规划与建设、人口政策、土地使用和住房政策都有密切的关系。对现阶段影响中国城市人口迁居的因素分析如下。

(一)迁居者内在因素

迁居者内在因素在住户经济实力有限时,这种因素被抑制,而经济发达,生活水平提高之后,这种内在因素就会充分表现出来。

1. 迁居者的生活需求

迁居者的生活需求主要指对住宅本身需求和对住宅区位需求两方面。

对住宅本身的需求有:人口增加导致人均住房面积的缩小和孩子长大家庭生活不方

便,所产生的增大住宅面积的需求;因结婚等原因,新户形成所产生的对住宅的需求;社会地位升高所产生的住宅需求;经济能力的提高所产生的住宅需求。

对住宅区位的需求主要产生于:因工作地点太远而产生的住宅区位的要求;因环境关系而产生的对住宅区位的要求。

2. 迁居者文化心理的需求

迁居者文化心理对迁居过程有很大的影响,如在我国城市市民眼中,城市和农村、老城市和新城市在各方面仍存在较大的差异。人们受到传统观念的影响和城区生活环境的吸引,除非迫不得已,往往不会迁往城市的外围。

(二)外界的影响

1. 社区环境的影响

我国城市的居民,如果长期生活在某一社区,对周围的物质环境十分熟悉,并且建立了以家庭联系和私人交情为基础的社会网络,一般情况下,他们是不太愿意搬迁它处。据对上海市旧城区居民的调查,尽管大多数人对居住环境很不满意,但是有80%以上的居民愿意留居原住地,15.6%的居民愿意搬迁到附近的地段,只有3.8%的人不愿意定居原地。广州市的一个对旧城改造的调查也表明,74%的居民不愿意离开原住地。这些例子都说明了牢固的社区关系对人们的迁居有一种限制作用。

2. 城市规划与建设的影响

过去,我国城市发展的指导思想是"先生产、后生活"、"变消费城市为生产城市"等,其结果是我国城市规划只强调工业的发展,生活服务设施严重缺乏和滞后,新增人口主要集中在市区,郊区对定居人口的吸引力不大。改革开放之后,人们对城市的认识发生了转变,由强调"生产型",改变为强调城市的"中心型",开始重视生活区的服务配套设施建设,边缘区吸引了大量新增人口及部分旧城区人口在此定居。

3. 经济发展与住宅建设的影响

城市规划对人口迁居起着宏观控制作用,住宅建设则为人口迁居提供了物质条件,而经济发展就为住宅建设提供了经济基础。经济的快速发展为住宅建设提供了可靠和稳定的资金来源。另外居民收入的大幅度增长,使他们在衣食得到满足后,对住宅的要求就会提高。

住宅建设对迁居的影响表现在:住宅数量的大幅度增加为人口迁居提供了物质基础;住宅的空间分布决定了人口迁居的方向。过去,中国城市住宅多是"见缝插针"在城市中心兴建。现在在城市边缘兴建了大量大型居住区,并且生活设施配套齐全,住宅的边缘分布使中心区的人口总体上表现为向外迁居。

4. 土地制度的影响

1978年前,土地的无偿使用制度限制着人口迁居。在无偿土地使用制度下,制约各种用地的主要因素是交通费用,靠近市中心交通费用低,各种服务设施齐全,这样住宅和其他行业一样都具有靠中心分布的趋势(见图5-4a)。另外,在无偿土地使用制度下,经济规律不起作用,土地利用性质难以转变和优化,居住人口分布具有相对的稳定性。

土地有偿使用制度的改革明显激活了城市人口迁居过程。其原因是:第一,土地有偿使用使得地价成为制约各种用地分布的重要因素。各种功能的用地,根据其付租能力,重新调整在城市里的位置,住宅自然被从中心区挤到外围(见图5-4b);第二,土地有偿使用为城市基础设施资金的良性循环提供了条件,而城市基础设施(尤其是郊区)的改善十分有利于人口从中心区向郊区迁移;第三,土地有偿使用制度,为房地产业的兴起提供了条件。

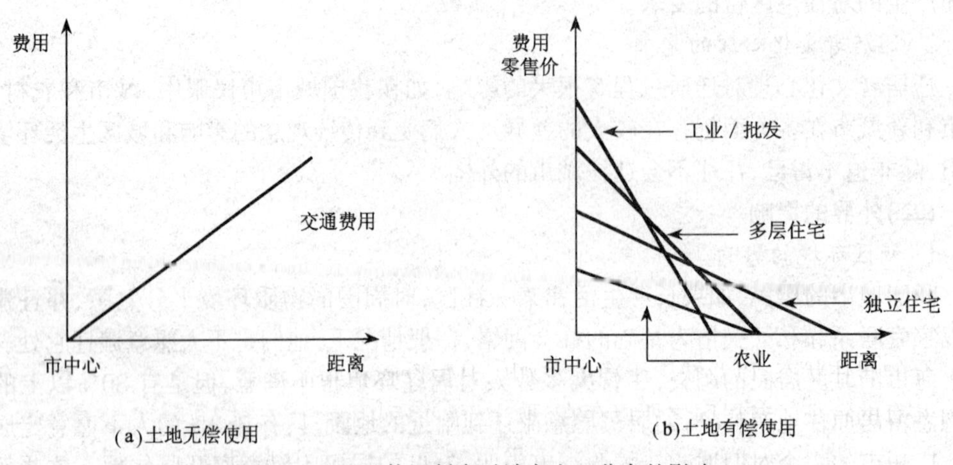

图5-4　土地使用制度对城市人口分布的影响

(引自周春山,1996)

5. 住房政策的影响

过去,我国实行城市住宅低租金制的福利分配政策。这种政策完全否定住宅的商品属性,其结果是,一方面建房资金难以收回、建房能力难以提高,甚至难以为继;另一方面又会导致分配不均,一部分人住房需求无限制膨胀,更加剧住房的紧张状况。而且无偿分配的对象只是城市中的一部分人。在住房全面紧张的情况下,人口迁居难以进行。1986年以提租补贴、优惠价格出售公房、新房新制度为主要内容的住房制度改革全面推开。这项改革使建房资金逐渐实现了良性循环,并使住房得以合理利用,为城市人口迁居提供了物质条件。

四、中国城市人口迁居的特征

(一)中国城市人口迁居的特征

1. 目前中国大城市人口主要是以公共交通和自行车为交通工具,故人口迁居呈短距离、蔓延式向外扩散,不同于美国以汽车为交通工具,向郊区远距离扩散的郊区化。

2. 由于中国经济发展水平较低,绝大多数居民无经济实力在住房市场中自由选择住房,因此,中国城市的人口迁居以被动迁居为主,其中以单位分房和原住房屋被拆迁占重要地位。

3. 单位分房中,以户主的工作年限、职务、职称为主要依据,因而住户社会地位的变化引起的迁居较为普遍。中国不存在国外一些城市因外来移民和种族原因引起的迁居。

4. 从中国目前的情况看,家庭成员的成长、新家庭的形成和户主职位的变动是引起迁居的内在原因;新区建设、旧城改造是引起迁居的直接外在原因。

5. 近年来,影响城市人口迁居的因素发生了很大的变化。改革开放前,计划经济下的土地制度、住房制度、就业政策严重制约着人口迁居,居住人口在城市的分布具静止性。

改革开放后,限制人口迁移的因素有的在消失、有的在减弱,人口迁居的可能性大大增加。

五、中国人口城市化的特征

在世界人口城市化的进程中,各国情况有很大不同。发达国家城市人口的增长一般与城市的经济发展和城市基础设施建设是基本适应的。而多数发展中国家由于不具备城市人口急剧扩张所需具备的经济条件,城市基础设施同日益涌进的过量人口明显地不相适应,造成市内和市郊出现大批贫民区。在世界各国城市化进程中,城市贫民区是一个普遍发生和发展的规律性现象,所有国家和城市的政府对这种现象都有一个认识过程,从忽视到重视、从排斥到接受,所以是一个整体上的进步过程。

城市化背景下的贫民区问题受到各国的重视,联合国人类居住规划署将贫民区(slum)定义为:以低标准和贫穷的基本特征的高密度人口聚居区。一般贫民区泛指非正式的居住地,尽管有不同的名称、不同的土地占有权安排、不同的建筑结构,但过度拥挤、不安全的居住状态,以及缺乏干净的水、电、卫生设施和其他基本生活服务是大多数贫民区所共有的特征。贫民区之所以存在,取决于一系列因素,而农村人口大规模进入城市是最主要的一个因素。当城市规划和城市管理体系无法适应这些新情况时,就会加速了贫民区的形成甚至扩大。纵观世界城市发展史,城市贫困和贫民区是城市化进程中的一种普遍现象。无论是发达国家,还是发展中国家,都曾经或者正在面临贫民区问题的困扰。发展中国家当前面临的贫民窟问题,很大程度上也曾在发达国家发生。正因如此,全球应对城市贫民区挑战的政策具有了一定的延续性,并大致经历几个演变阶段。各国在对待城市贫困和贫民区问题上采取了不同的做法。一些国家采取重新安置,或者清理后重新开发的政策。这样做的教训是应该汲取的,一方面,重新安置涉及把城市贫民迁移到城市边缘新开发的地方。这样的做法成本高昂,而且打乱了原来社区内部形成的社交网络。在增加居民交通费用的同时,也堵塞了那些贫民的谋生门路。另一方面,清理后在原地重新开发往往是建造高层楼房,这同样会导到"社区网络"的丢失。

我们过去对这样的贫民区一概持否定的态度,这些区域居住条件较差,被认为有碍城市观瞻。但从城市化进程中,这些地方却是农民进城的第一站,使得农民在城市容易立身,是城市化进程中不可或缺的一个阶段。对于城市贫民区,包括城中村,我们有必要从不同的角度进行研究,不能一概否定。

但是,从长期和宏观的观点看,中国长期实施的严格限制农村人口向城市迁移的政策,把中国的经济、社会人为的划分为城市和农村两大截然不同的板块,把国民划分为城市居民和乡村农民两种截然不同的身份,对人口城市化乃至整个经济、社会的发展产生了一系列不利的影响:

1. 延缓了人口城市化的进程,造成了人口城市化滞后于工业化,滞后于政治经济改革的进程。美国经济学家钱纳里(Chenery)在整理分析了 101 个国家在 1950 年~1970 年间经济、社会发展的统计数据后,归纳出人口城市化水平与国民生产总值之间的比例关系。与此相比较,我国城市人口所占比重未能达到应达到的城市化水平。

2. 割断了人口从农业向非农产业转移与人口从农村向城市迁移的必然联系,影响了城市集聚效益的充分发挥。按一般的规律而言,工业化过程和城市化过程是同步的,二者相互联系、相互促进。工业化过程需要源源不断的劳动力,所以其过程伴随着人口由农业向非农产业的转移。由于城市具有集中的优势，在提供工业生产所必须的交通、通讯、信息、人才、技术条件方面具有农村无法替代的作用，因而可以产生巨大的聚集效益。因此，农业向非农产业的转移，必然要求人口由农村向城镇迁移。

但中国长期实施限制人口迁移政策和严格的户籍管理制度，阻断了这一转移过程，从而基本上阻断了城市化的进程。改革开发后，在人口由农业向非农产业转移的时候，不能完全实现人口从农村向城镇的迁移，农民只能"离土不离乡"、"进厂不进城"，只能在农村就地实现人口（劳动力）从农业向非农产业的转移。这种做法虽然可以在一定时期和一定程度上减轻了城市人口的压力，但却违背了经济发展的一般规律，割断了人口从农业向非农产业转移与人口从农村向城市迁移的必然联系，影响了工业规模经济及城市集聚效益的充分发挥。

3. 妨碍了城乡统一的、优化的劳动力市场的建立和发展。长期以来，由于严格的户籍管理制度，使得农村由于生产的发展造成的大量剩余劳动力没有出路；而在城市，由于实行对城市劳动力统包工、统分配或优先分配的就业制度的影响，致使城镇劳动力的择业期望值过高，造成城镇的就业难和脏、苦、累、险的岗位招工难并存，劳动力流动性很差，影响了城市经济、社会的发展。按照经济发展规律，培育和完善城乡统一的、优化的劳动力市场，是实现城乡之间、城市之间劳动力合理流动的有效途径。

随着我国政治经济改革开放进一步深入，近来一些有利于农村剩余劳动力向城镇转移的政策陆续出台，有的省市已经开始对严格执行了几十年的户籍管理制度进行初步的改革。随着我国政治经济各方面的不断发展，随着中国人口城市化进程的加快，中国人口自由流动的各种束缚必将被解除。

第六章　城市环境概要

第一节　城市环境的组成及特点

一、城市环境基本概念

城市环境是指影响城市人类活动的各种自然的和人工的外部条件。狭义的城市环境主要指物理环境及生物环境,包括大气、土壤、地质、地形、水文、气候、生物等自然环境及建筑、管线、废弃物、噪声等人工环境。广义的城市环境除了物质环境外还包括社会环境、经济环境和美学环境。

二、城市环境的组成

根据城市环境的定义,城市环境组成可以归纳为:

(一)城市物理环境

1. 城市自然环境:包括太阳辐射、大气、土地、地质、地形、水文、气候、植物、动物、微生物等。城市自然环境是构成城市环境的基础,它提供了一定的空间区域,是城市环境赖以生存的地域条件。

2. 城市人工环境:包括房屋、道路、管线、基础设施、废弃物、噪声等。城市人工环境是实现城市各种功能所必需的物质基础设施。

(二)城市社会环境

城市社会环境体现了城市这一区域在满足人类的城市中各类活动方面所提供的条件,包括人口分布与结构、社会服务、文化娱乐、社会组织等。

(三)城市经济环境

城市经济环境是城市生产功能的集中表现,反映了城市经济发展的条件和潜势,包括物质资源、经济基础、科技水平、市场、就业、收入水平、金融及投资环境等。

(四)城市美学环境(景观环境)

城市美学环境是城市形象、城市气质和韵味的外在表现和反映,包括自然景观,人文景观、建筑特色、文物古迹等。

三、城市环境的特点

(一)城市环境有相对明确的界限

城市有明确的行政管理界限及法定范围。通常,城市和外界都有行政管理界限。城市内部还可分远郊区、近郊区和城区,城区还可分为不同的行政管理区,它们之间都有行政管理界限。行政管理界限和自然环境中江河,森林、草原、山川分布界线是有区别的。

(二)城市环境受人工化的强烈影响

城市是人类对自然环境施加影响最强烈的地方。城市人口集中、经济活动频繁,对自然环境的改造力强、影响力大。这种影响又会受到自然规律的制约,导致一系列城市环境问题。例如:城市热岛效应,城市雨量较郊区为多,城市大气和水体污染等。

(三)城市环境结构复杂、功能多样

与一般自然环境不同,城市环境的构成不仅有自然环境因素,还有人工环境因素,同时还有社会环境因素、经济环境因素和美学环境因素。城市环境的自然环境因素和人工环境因素是人类对自然环境加以人工改造后才得以形成的。城市环境包括人类社会环境与经济环境因素,表明城市是人类社会高度集聚的聚落形式。人类在城市中经济活动高度集聚,并由于经济的高度集聚性导致了社会生活的高集聚。另外,美学因素也是城市环境的一个独特的组成部分。城市在提供给人类一个经济、社会生活的人工性空间区域的同时,已将特定的美学特征赋予城市环境本身。这一美学因素将对城市人类产生长期的、潜移默化的影响及效应。

城市环境的组成决定了城市环境结构的复杂性,它具有自然和人工环境的多种特性。同时,城市环境所具有的空间性、经济性、社会性及美学特征,又使得其结构呈现多重性及复式特征。而正是由于城市环境所具有的多元素构成、多因素复合式结构,才能保证其能够发挥多种功能,使得城市在一个国家社会经济发展过程中起到的巨大作用,远远超过了其本身地域界限的范围。

(四)城市环境制约因素多

1. 受外部环境的制约。从生态学讲,城市生态系统不是、也不可能是封闭系统,只能是开放性的。如果城市系统内外的物流、能流、信息流出现中断或梗阻,后果是不可想象的。可见城市环境系统对外界有很大的依赖性,只有这种系统间的流动维持畅通和平衡,城市环境系统才会正常运行和保持良性循环。

2. 城市环境还受包括城市社会环境,城市经济环境在内的诸多因素的制约。

3. 国际、国内政治形势及国家宏观发展战略的取向与调整也对城市环境产生种种直接或间接的影响。

(五)城市环境系统的脆弱性

城市越是现代化、功能越复杂,系统内外和系统内部各因素之间的相关性和依赖越强,一旦有一个环节发生问题,将会使整个环境系统失去平衡。例如,当城市供电发生故障,会造成工厂停产,给排水停顿、城市交通混乱、商业和其他行业出现问题。而城市供水的停顿、交通混乱、商业和其他行业的问题又会连锁引起一系列严重问题。可以说,在现代社会,城市中的任何主要环节出了问题而不能及时解决,都可能导致城市的困扰和运转失常,甚至会瘫痪。可见城市环境系统具有相当的脆弱性。城市环境越是远离自然状态,其自律性越差,越显脆弱性。

第二节　城市环境容量

一、环境容量

环境容量是指某一环境在自然生态结构和正常功能不受损害,人类生存环境质量不

下降的前提下，能容纳的污染物的最大负荷量。其大小与环境空间大小、各环境要素的特征和净化能力、污染物的理化性质等有关。环境容量有总容量（绝对容量）与年容量之分。前者与时间无关，是某一环境能容纳的污染物的最大负荷量，由环境标准规定值和环境背景值决定；后者是在考虑输入量，输出量、自净量等条件下，每年某一环境中所能容纳污染物的最大负荷量。

环境容量主要应用于实行总量控制，把各污染源排入某一环境的污染物总量限制在一定数值以内，为区域环境综合治理和区域环境规划提供科学依据。

二、城市环境容量

（一）概念

城市环境容量是指环境对于城市规模及人的活动提出的限度。具体地说，即：城市所在地域的环境，在一定的时间、空间范围内，在一定的经济水平和安全卫生要求下，在满足城市生产、生活等各种活动正常进行的前提下，通过城市的自然条件、经济条件、社会文化历史条件等共同作用，对城市建设发展规模以及人们在城市中各项活动的强度提出的容许限度。

（二）城市环境容量的影响因素

1. 城市自然环境因素

自然环境因素是城市环境容量中最基本的因素。它包括地质、地形、气候、矿藏、动植物等因素的状况及特征。由于现代科学技术的高度发展，人们改造自然的能力越来越强，人们常常轻视自然因素在城市环境容量中的地位和作用，这是造成环境问题的主因。自然环境因素是城市环境容量中最重要的，也是最容易被忽视的因素。

2. 城市物质因素

城市的各项物质因素的现有构成状况对城市建设与发展以及人们的活动都有一定的容许限度。这里的城市物质因素主要指工业、仓库、居住建筑、公共建筑、城市基础设施、物资供应等。

3. 经济技术因素

城市现有的经济技术实力对城市发展规模也提出了容许限度。一个城市的经济技术条件越雄厚，则它所具有的改造城市环境的能力也越大，城市环境容量也越有可能提高。

三、城市环境容量类型

城市环境容量包括城市人口容量、自然环境容量、城市用地容量、城市工业容量、城市交通容量、城市建筑容量等。

（一）城市人口容量

1. 城市人口容量概念

城市人口容量是指在特定的时期内，在城市这一特定的空间区域能相对持续容纳的具有一定生态环境质量和社会环境质量水平及具有一定活动强度的城市人口数量。

城市人口容量概念包含以下三方面的内涵。其一是在特定的空间范畴内；其二，这一人口规模必须是具有一定生态环境质量和社会生活水平条件下的人口数量；其三，这种生态环境质量和社会环境质量不仅应满足一定人口规模的动态需求，同时还应具有相对的时间延续性。

城市人口容量在城市环境容量中起决定性作用。实际上,在人均城市用地标准明确后,城市人口一经确定,城市用地规模等也基本上随之确定了。此外,城市人口始终是个变量,人口的变化对城市中的一切变化皆起着"先导"作用。相比之下,城市用地等变化则具有从属性和滞后性特征。因此,强调人口因素在城市规模中的主导地位是有其合理性的。

2. 城市人口容量特点

(1)有限性

生活在城市中的人类有其生物属性,人口容量与其他生物一样要受其生存空间的制约。随着城市人口绝对数量与相对数量(人口密度)的不断上升,城市人均生存空间在变小。另外,人类的活动强烈地改变了城市原有的自然条件,而城市是一个不完善的生态系统,无法通过正常的生态循环来净化自身环境。同时现代城市的功能越来越复杂,也使得城市环境系统在某种意义上变得越来越脆弱。这些都限制了城市人口容量的增长。在这种情况下,除非使城市人口容量控制在一定的限度之内,否则就必将以牺牲城市中人们的生活质量作为代价。

(2)可变性

人类除了具有生物特性之外,还具有更加明显特征的是其社会属性。人类在生存过程中,决不是象其他生物一样,消极地无所作为地适应其生存空间提供的各种条件,而是能够主动地用各种手段来改造其生存空间的质量。人类生存空间及其容量是一个以生产力发展水平及科技发展水平为背景的概念,它反映了人类利用和改造自然、驾驭自然的能力和程度。其基本特征是动态的、不断扩大的,而不是静态的、固定的。

城市人口容量的可变性还表现在:在城市的不同发展阶段,人类的活动强度不同,城市人口容量也不同。另外城市规划、城市管理、城市开发等各项主观决策行为也会在一定程度上影响城市人口容量。

(3)稳定性

在一定的生产力与科学技术水平下,一定时期内,城市人口容量具有相对稳定性。这是因为城市人口容量是一个由众多因素共同作用而产生的结果。单项、个别因素的变化不大可能对城市人口容量起十分大的作用。一定的时期内,可以将一定生态环境质量和社会生活质量下的城市人口容量看成是一个在有限范围内波动的量。

3. 城市人口容量的影响因素

(1)自然因素的影响

从自然因素角度而言,土地、水源和能源是城市人口容量的主要限制因素。如福建省龙岩市地处盆地,周围群山环抱。城市规划区范围内满足城市建设的可用地面积为 $75km^2$,现城市建设用地 $20km^2$,则其城市土地发展限度为 $55km^2$。在确定该市的人口容量时,就应考虑其未来可以发展的土地面积对人口增长带来的影响与限制。又如我国北方不少城市缺水严重,确定这类城市的人口容量,就不能不考虑水这一因素。无疑,在其他条件不变的情况下,如水源问题得到根本性的改变,那么城市人口容量必然会出现一定幅度的提高。

(2)生产力和科技发展水平的影响

生产力和科技发展水平对城市人口容量有着很大的作用。这是由于随着社会生产力和科技水平的提高，自然资源不断被人类利用，自然环境对人口的承载力不断提高，使得区域内在不降低生存质量的前提下，单位城市用地所能容纳的人口数量呈现不断提高的趋势。从地球上人口增长的历史来看，每一历史时期生产力、科技水平的突破都使得人口规模得到极大地增长，人口容量也极大地得到提高。

(3)生存空间质量的影响

生产力和科技水平的发展是无止境的，但是人类生存空间的容量不会无限制增长。人类不仅有不断扩展自身生存空间范围的欲望，更有不断提高其生存空间质量的要求，从某种意义上而言，随着人类不断地进化，后者越来越占主导地位。生存空间的扩大在不少情况下与生存空间质量的提高是相矛盾的，制约着生存空间在数量上的增长。由此推论，人类生存空间范围在数量上不仅不能够无限制地增长，相反可能会随着人类对生存空间质量期望值的提高，将处于相对下降的状况之中。因此，城市生存空间质量是一个对城市人口容量具有重要作用的社会因素，忽视这一因素，只追求规模的城市开发将是一个误区。

4. 城市人口容量的计算

城市人口容量的确定取决于城市人口的平均密度以及城市用地规模所可能达到的限度。城市人口平均密度的确定，既要考虑国家有关规范、标准，又要考虑到城市所在地域的自然环境条件特点，同时又要满足城市居民安全卫生生活的要求。城市用地规模的确定则既要受城市自然环境条件限制，又要受城市行政辖区范围限制，同时又与城市在地域中的地位与作用以及当前科学技术水平和经济建设能力有关。

如兰州市1983年总面积约为211km^2，市区面积146km^2，是一个四面环山，黄河中贯的带状谷盆地城市。市区中心海拔1 520m，相对高差为500m～600m。黄河由西向东流过市区，南北两山坡度均很陡。可供城市建设使用的土地面积约为194km^2。因此，在相当长的一个时期，兰州市的城市用地发展规模只能在194km^2范围内考虑，其人口容量亦应在这一范围内确定。

城市人口容量计算可近似用下式表示：

$$P = b \cdot s \tag{6-1}$$

式中 P——城市人口规模(万人)；

b——城市用地规模(km^2)；

s——城市平均人口密度(万人/km^2)。

(二)城市大气环境容量

大气环境容量指在满足大气环境目标值的条件下，某区域大气环境所能承纳污染物的最大能力，或所能排放的污染物的总量。大气环境目标值指能维持生态平衡及不超过人体健康阈值，常被称作自净介质对污染物的同化容量。而大气环境所能承纳污染物的最大能力或能排放的污染物总量也被称为大气环境目标值与本底值之间的差值容量，大小取决于该区域内大气环境的自净能力以及自净介质的总量。超过了容量的阈值，大气环境就不能发挥其正常的功能，生态的良性循环、人群健康及物质财产将受到损害。研究大气环境容量可以为制定区域大气环境标准、控制和治理大气污染提供重要依据。

(三)水环境容量

1. 水环境容量概念

水环境容量指在满足城市居民安全卫生使用城市水资源的前提下，城市区域水环境所能承纳的最大的污染物质负荷量。水环境容量与水体的自净能力和水质标准有密切关系，当然也与城市水资源的量有关，水体量越小，水环境容量就越小。

2. 水环境容量的计算

一般来说，水环境容量取决于三个因素，即水环境的量及状态；该污染物的地球化学特性；人及生物机体对该污染物的忍受能力。

环境容量计算通常用下列公式表示：

$$W_i = C_{oi} \cdot Q \cdot K \tag{6-2}$$

式中 W_i——i 污染物的环境容量；

C_{oi}——i 污染物的环境标准；

Q——环境单元的体积；

K——i 污染物在环境单元中的自净系数。

(四)土壤环境容量

1. 土壤环境容量的概念

土壤环境容量指土壤对污染物质的承受能力或负荷量。当进入土壤中的污染物质低于土壤容量时，土壤的净化过程成为主导方面，土壤质量能够得到保证；当进入土壤的污染物超过土壤容量时，污染过程将成为主导方面，土壤受到污染。土壤环境容量取决于污染物的性质和土壤净化能力的大小。

2. 土壤环境容量的计算

土壤环境容量一般分绝对容量(W_Q)和年容量(W_A)。绝对容量由环境标准的规定值(W_S)和环境背景值(B)来决定。以浓度单位(ppm)表示的计算公式为：

$$W_Q = W_S - B \tag{6-3}$$

以质量单位表示的计算公式为：

$$W_Q = M(W_S - B) \tag{6-4}$$

式中，M 为土壤质量，单位为 t；W_Q 的单位为 g。

年容量(W_A)为土壤每年所能容纳的污染物最大负荷量。年容量的大小除了与土壤标准规定值和土壤背景值有关外，还同土壤对污染物的净化能力有关。若某污染物的输入量为 A(单位负荷量)，一年后被净化的量为 A'，那么：

$$K = \frac{A'}{A} \times 100\% \tag{6-5}$$

式中 K 称为某污染物在土壤中的年净化率。以浓度单位(ppm)表示的年容量计算公式为：

$$W_A = K(W_S - B) \tag{6-6}$$

以质量单位表示的年容量计算公式为：

$$W_A = KM(W_S - B) \tag{6-7}$$

年容量与绝对容量的关系为：

$$W_A = KW_Q \tag{6-8}$$

(五)城市工业容量

城市工业容量指城市自然环境条件、城市资源能源条件、城市交通区位条件、城市经济科技发展水平等对城市工业发展规模的限度，在许多情况下以城市工业用地的发展规模来表现。影响城市工业容量的因素很多，如前述的人口容量、大气环境容量和水环境容量等。也有研究者根据工业用地占城市建设用地的比例，以及工业用地与居住用地比例之间的关系，并参照国家规范加以比较分析，从而得出城市工业容量的结论。

例如，某城市现状工业用地为 464 公顷，占城市建设用地比例为 31%（国家规定为 15%～25%），人均工业用地为 $45.5m^2$/人（国家规定为 $10m^2$～$25m^2$/人），人均工业用地与人均居住用地之比为 0.73:1，明显偏高。该市工业容量（主要是工业用地）的确定首先考虑规划期末一定的经济规模所需的城市工业用地，并将工业用地占城市建设用地比重下调至 25%，工业用地与居住用地之比下调至 0.49:1，以此得出该市工业容量。

（六）城市交通容量

1. 城市交通容量的概念

城市交通容量指现有或规划道路面积所能容纳的车辆数。城市交通容量首先要受城市道路网形式及面积的影响，此外，还要受机动车与非机动车占路网面积比重、出车率、出行时间及有关折减系数的影响。

2. 城市交通容量的计算

城市交通容量的估算可用以下计算式。

$$T=\frac{MEd}{BR}\cdot t\cdot r \tag{6-9}$$

式中 T——交通容量（车辆数）；

M——建成区道路网面积；

E——车行道占道路网面积比例；

d——机动车占车行道面积比例；

B——每辆车占车行道面积比例；

R——出车率；

t——每辆车每次出行时间；

r——交通管制的折减系数。

例如龙岩市交通情况如下：

$M=25.836hm^2$；

$E=3:4$；

$d=3:5$（非机动车为 2:5）；

$B=100m^2$（非机动车为 $2.5m^2$）；

$R=1/3$ 次（非机动车为 2 次）；

$t=1h$，全天以 15h 计；

$r=0.5$。

$$T(\text{机})=\frac{25.836\times\frac{3}{4}\times\frac{3}{5}\times15\times0.5}{100\times\frac{1}{3}}=2.61\text{ 万辆}$$

$$T(\text{非机动车})=\frac{25.836\times\frac{3}{4}\times\frac{2}{5}\times15\times0.5}{100\times\frac{2.5}{2}}=11.63\text{ 万辆}$$

龙岩市的实际情况是，机动车 0.5 万辆，小于计算出的可达 2.61 万辆的容量。而非机动车已有 12 万辆和计算容量相差不大。这就为该市制定交通政策及道路系统规划和建设得供了一定的依据。

第三节 城市环境问题

城市是工业化和经济社会发展的产物，人类社会进步的标志。然而城市又是环境问题最突出最集中的地方。当今世界上的城市，普遍地出现了包括环境污染在内的"城市综合症"。我国的环境问题也首先在城市突出地表现出来。城市环境污染问题正在成为制约城市发展的一个重要障碍，许多城市的环境污染已相当严重，如沈阳、西安和北京等城市已列入全球大气污染严重的城市名单。为此，如何更有效地控制我国城市环境污染，改善城市环境质量，使城市社会经济得以持续、稳定和协调发展，已成为一个迫在眉捷的问题。

一、城市环境问题概述

当今，世界上千万人口的城市已不鲜见，名列前茅的特大城市，人口已近 2 500 万。东京、纽约的人口在 2 000 万以上，圣保罗、汉城、洛杉机、莫斯科、上海、北京，人口都在 1 000 万～2 000万。城市化的进程，标志着人类社会的进步和现代文明。

然而，在城市化进程中，特别是城市向现代化迈进的历程中，都普遍地遇到了"城市环境综合症"的问题，诸如人口膨胀、交通拥挤、住房紧张、能源短缺、供水不足，环境恶化、污染严重等等。这不仅给城市建设带来巨大压力，成为严重的社会问题，反过来，也成为城市经济发展的制约因素。从环境科学讲，城市是人类同自然环境相互作用最为强烈的地方，城市环境是人类利用、改造自然环境的产物。城市环境受自然因素与社会因素的双重作用，有着自身的发展规律。或者说，城市是一个复杂的、受多种因素制约、具有多功能的有机综合载体，只有实现城市经济、社会、环境的协调发展，才能发挥其政治、经济、文化等的中心作用，并得以健康和持续发展。否则，必然会因其发展失衡而产生这样那样的问题，这就是所谓城市环境问题。

二、我国城市环境问题发展阶段

我国城市环境问题从总体上来说是在建国(1949 年)以后出现的，大体上可分为以三个阶段：

1. 1949 年～1965 年

这是我国工业化初步基础奠定的时期。在该时期的前半期(1949 年～1957 年)内，虽然没有明确的环境保护目标，由于受到国外较正规的发展规划思想的影响，社会国民经济发展比较协调，注重国民经济发展的综合平衡，工业布局较为合理。重视城市基础设施建设以及兴修水利和植树造林，环境基本上得到了保护。在后半期内，由于"大跃进"路线的指导，盲目追求高速度，不顾工业的合理布局，在城市内上了很多高能耗、高污染和高消耗的工业项目。工业企业从 1957 年的 17 万个猛增到 1959 年的 31 万个，城市环境受到了污染，形成了一次污染高峰。大炼钢铁和其他工业项目砍伐了大量的森林植被。那时候，人们没有环境意识，反而歌颂烟囱林立，把浓烟滚滚当作是工业发展和社会进步的标志，环境问题不断积累和恶化。“大跃进”失败后，进行了5年国民经济的调整，使得经济得到恢复和发展。在城市盲目建立起来的工厂大部分被关掉，城市环境污染状况随之得到改善。

2．1966年～1976年

这是“文化大革命”时期，这期间不仅国民经济到了崩溃的边缘，环境污染和生态破坏也达到了严重的程度。我国目前面临的城市环境污染问题许多是来自这个时期。在这期间，城市建设没有城市总体规划作为依据，所建设的13万多个工厂，绝大多数建在大中城市，并且没有任何防治污染的措施，致使城市环境质量急剧恶化，特别是大气污染和水质污染达到了十分严重的程度。虽然在后半期采取了一些整治措施补救，但问题太多，难度太大，已积重难返。

3．1977年以后

80年代初，国民经济初步恢复元气。在此时期，政府宣布保护环境是一项基本国策，从规划到建设和生产都加强了环境管理措施，尤其是1984年以来，城市环境保护工作有了起色。另一方面，从80年代开始，我国城镇数量迅猛增加。这一时期，城市基础设施建设得到很大发展，但远远适应不了城市经济发展和人民生活的需要，长期落后的局面还未改变，有些方面的甚至趋于恶化。同时，城市对水、能源、原材料的消耗迅速增加，有效利用率并未有明显提高，这些都给城市环境带来很大压力。

三、我国城市的环境污染

环境污染是城市环境问题中最严重、最迫切的问题。

（一）城市大气环境

我国城市大气污染是以总悬浮颗粒物和二氧化硫为主要污染物的煤烟型污染。少数特大城市属煤烟与汽车尾气污染并重类型。全国城市大气污染有以下特点：

1．北方城市的污染程度重于南方城市，尤以冬季最为明显。

2．大城市大气污染发展趋势有所减缓，中小城市污染恶化趋势甚于大城市。

3．在大气污染物中，总悬浮颗粒物是中国城市空气中的主要污染物，60.0%的城市浓度年平均值超过国家二级标准；二氧化硫浓度年平均值超过国家二级标准的城市占统计城市的28.4%，南北城市差异不大；氮氧化物在南北城市都呈上升趋势，尤其是广州、上海、北京等城市，氮氧化物在冬季已成首位污染物，表明我国一些特大城市大气污染开始转型。

颗粒物污染最严重的城市有呼和浩特、太原、济南、石家庄等。二氧化硫污染最严重的城市有石家庄、太原、重庆和贵阳。降尘污染量严重的有太原、石家庄、沈阳、哈尔滨等。

（二）城市水环境

我国城市水环境质量从城市主要江河水系的监测结果看，一级支流污染普遍，二、三级支流污染较为严重。主要污染问题仍表现在江河沿岸大、中城市排污口附近，岸边污染带和城市附近的地表水普遍受到污染的问题没有得到缓解。城市地下水污染逐年加重。全国大城市湖库富营养化依然严重。

我国城市水环境污染有以下特点：

1．城市地表水污染变化总趋势是污染加剧程度得到抑制，但仍有日趋严重的可能。

主要表现在化学耗氧量、生化需氧量、挥发酚、氰化物、氨氮、总汞等主要污染指标总体上呈严重趋势。城市河流的污染程度是北方重于南方。

2. 城市饮用水水源地监测结果表明,一半以上的水源地受到不同的程度的污染,主要污染物是细菌、化学耗氧量、氨氮等。主要污染城市有上海、杭州、合肥、成都、重庆、昆明、温州、南通等市。

3. 城市地下水污染中,三氮和硬度指标呈加重趋势。多数城市地下水受到污染,水井水质超过饮用水水质标准的逐渐增加。

4. 各主要水系干流水质虽基本良好,但各自都有一些严重污染的江段。各水系的环境条件不同,污染程度差异较大。

(三)城市固体废弃物

我国虽对固体废弃物控制作出了一定的努力,但由于欠帐多,历年积累量很大,且年复一年又增加新的废弃物,而目前处理量和综合利用率都很低,致使固体废弃物对环境的冲击越来越大。主要问题是:

1. 废渣产生量大。据有关部门统计,工业废渣量约为城市固体废弃物排放量的3/4,另有数量可观的生活垃圾,现在许多城市生活垃圾的增长速度大于工业废渣的增长。

2. 废渣综合利用率低。工业废渣综合利用率虽逐年有所增长,但增长速度缓慢,出现旧帐未还又欠新帐的局面。同时,城市垃圾无害化处理甚少,仅少数城市有无害化处理设施,无害化处理量仅占排放量的百分之几,矛质日益突出。

3. 城市固体废弃物目前基本上都是露天堆放,占用大量土地。全国有数十个城市废渣堆存量在1 000万吨以上。各种废弃物露天长期堆放,日晒雨淋,可溶成分溶解分解,有害成分进入大气、水体、土壤中,造成二次环境污染。

(四)城市声环境

2006年,112个环保重点城市区域环境噪声等效声级范围在47.0～62.7dB(A)之间,等效声级面积加权平均值为54.5dB(A)。城市区域声环境质量处于较好水平的城市78个(占69.6%)、处于轻度污染水平的城市32个(占28.6%)、处于中度污染水平的城市2个(占1.8%)。共监测道路长度约13 068公里,平均等效声级范围在61.1～74.7dB(A)之间,道路交通噪声长度加权平均等效声级为68.1dB(A)。其中2959.2公里路段等效声级超70.0dB(A),占监测路段总长度的22.6%。全国开展功能区噪声监测的168城市中,各类功能区监测达标率占昼间监测点次的82.2%;夜间达标率占夜间监测点次的65.1%。各类功能区昼间达标率高于夜间。其中0类区夜间达标率只有41.7%,1类区为63.3%,2类区为68.2%,3类区为78.6%,4类区为57.2%。

第四节　城市环境与经济益损

一、环境问题与经济发展水平

影响城市环境问题的因素很多,除了诸如:城市规模、地理与气候条件、行政管理能力和居民环境素质等因素外,一个重要的社会因素是经济发展水平。

在贫困城市,特别是城市的贫困居民区,最具威胁性的环境问题通常是那些和家庭紧密相关的问题,妇女和儿童受到的危害最大。例如,家庭供水不足对居民来说比河流的污染更为急迫。居民特别是妇女在烟雾弥漫的厨房比在户外更容易受到空气污染的危害。居民区垃圾堆积比收集起来的城市垃圾造成的问题更大、更直接。人类粪便经常是最重要的污染物,家庭内和居民区不卫生的条件,对健康的危害比工业污染一般来说更具威胁性。在发展中国家的城市中,这些问题普遍存在,尤其是那些处于发展初期阶段的城市。

随着经济的发展,收入的提高,人们会采取各种方法保护自已不受有害物质的直接影响,所以和家庭密切相关的问题首先得到解决。这一方面是因为这些问题最直接、最具危害性,而且只需要在一个较小的范围内进行操作,易于实现。但是,这些努力一般只是减少了个人直接遭受污染的影响,实质上只不过将这些问题转移到其他地方。例如,下水道等家庭卫生系统的建立,降低了个人和家庭受污染的影响,可是,生活污水不加处理就排放出去,将使城市河水和地下水受到污染,不仅影响城市供水,而且直接影响河流生态系统的稳定性。电对个人和家庭都是洁净燃料,电的普及使用,在一定程度上减少了家庭环境污染,然而发电厂却成为周围区域大气污染的一个重要污染源。另外,随着经济的发展,城市家庭和整个城市会消耗更多的资源,如能源、水、建筑材料和其他生产生活所需物质,并且产生出更多种类、更大数量的生活垃圾与工业废弃物。所以,经济的发展可能使家庭和居民区的环境问题有所缓解,而日益增多的人口、城市和周围地区的大气污染、水污染和有害废弃物产生的问题可能会增加。这些问题在发展中国家迅速工业化的城市里,在东欧等经济转轨的国家里一般比较严重。由于经济实力较低,缺乏城市基础设施方面的投资,以及环境保护法律不健全和执法不力都使这些问题变得更加严重。

经济转轨国家城市中一个很大问题是清除几十年来不加控制的工业生产所带来的污染。从第二次世界大战以来,这些国家一直在大力发展重工业,而重工业的特点是资源密集、高污染,加之生产效率低、浪费大,又缺乏相应的环境法规和保护资源的措施,已极大地加剧了环境的破坏。这些国家近年来工业污染减少了,但是,由于更多人拥有了小汽车,铅和氮氧化物的排放量则随之增高,从而出现了对大气质量新的威胁。在经济转轨国家城市中,大气的含铅量很高,儿童血液中的含铅量平均每 0.1 升要比正常值高出 15 毫克,甚至超过 40 毫克。而发达国家城市大多规定只能使用无铅汽油。在许多经济转轨国家城市中,人口平均寿命比农村要低。由于基础设施的缺乏和破旧,卫生服务设施的不足,城市居民面临着越来越多的风险,一些"贫困疾病"又重新抬头,诸如白喉、结核病和肝炎等。

二、环境问题对经济的影响

环境问题除了对人体健康和自然资源的影响外,还会造成经济损失。这些损失有的是直接的,有些是间接的,这些问题可以极大地破坏城市化创造的生产力。但是,环境问题造成的经济损失,除了少数的费用比较容易计算外,例如治疗和污染有关的疾病的医疗费用,而大部分是很难计算出来的。

例如环境问题对人体健康的影响常常以工人生产力的减少多少来计算,但是,计算经济损失,还应包括工厂生产力和产量的损失。由于污染而引起的的健康问题是一种经济损失,它不仅包括医疗费和当前的误工损失,还应该包括身体不好造成的长期影响的损失。而现在以经济眼光评价健康状况和死亡的标准还很不清楚,因为这要根据对人类生命价值的看法来定。自然风景的破坏、由于交通堵塞而失去的娱乐时间和工作时间都是经济损失。

近年来,许多国家都在开展对城市环境质量下降造成的经济损失的研究。例如,研究报告指出,在墨西哥城由于大气污染对人体健康的危害,造成的经济损失估计每年15亿美元。据估计每年因颗粒物引起的呼吸道疾病造成的额外死亡人数12 500人,而且每年还损失1 120万个工作日。用金钱来计算城市对周围环境的影响所造成的经济损失则更为困难。

人体健康因污染而受损、环境及自然资源被破坏,这些影响综合起来就破坏了城市经济的生产力。除了医疗费用增高之外,健康问题还由于造成工作日减少、失去受教育的机会,以及劳动寿命的缩短而降低了生产力。当周边地区的自然资源消耗殆尽或受到破坏的时候,就要到更远的地方去获取资源,费用自然会大大提高。良好的城市基础设施对生产力的发展是基本保证,稳定的物质能源供应、畅通有效的通讯及交通网络可以提高产量和降低成本,相反,则会造成严重的经济损失。

交通堵塞是基础设施失灵的一个明显例子。城市街道交通堵塞减缓了商业和服务业运转的速度,不仅造成无效益的等候时间,还造成燃料的无效利用,使大气污染更加严重。交通堵塞还有更多的间接影响,如使人们精神紧张和情绪恶化而降低了生产力。交通堵塞的代价是高昂的,在美国,估计城市由于交通堵塞而造成的损失(交通延误和浪费燃料)在350亿到480亿美元之间。其他一些资料估计,因交通堵塞,美国大约损失国民生产总值的2%;英国则损失5%。

三、生态环境保护经济效益的特点

环境与经济的关系是非常复杂的,是环境经济学研究的内容。这里只是讲生态环境保护经济效益的一些特点。

(一)区域性

一般物资资料生产的成果可直接表现在所取得的经济利益上,而生态环境保护的成果不仅表现在本身的利益上,还表现在其他一系列部门所获得的利益上,城市生态环境保护与治理取得的成果使得一定区域内的各个部门和所有居民都获得经济效益。

(二)难计量性

按现在经济计算的法则,物资资料生产的经济效益一般是可以通过计算准确地用量表示的。而生态环境保护经济效益则不然,有时它可以用价值法则,直接计算出经济效益,有时则不能用价值法则准确计算出生态环境保护的经济效益。例如,对某一地区的水环境进行综合治理和实施生态保护措施后,所产生的环境经济效益就很难准确地用价值来表示。其对人体健康、经济发展、资源保护、景观增值等多方面的影响,是难以准确定量计算的。特别是对于那些不能用价值计算的社会效益和环境效益,就更难用货币定量评价。

(三)宏观与微观的不一致性

在物质资料生产中,其微观经济效益和宏观经济效益是一致的。在进行经济效益分析时,可以直接将各个企业的所获得费用和所付出费用相比,就可以取得宏观经济效益。而生态环境保护的经济效益是不能用简单数学相加的关系来计量的。例如,在具有多个污染源的城市,对每个污染源进行治理与控制,由污染物削减量所产生的生态环境经济效益,是不能用所获得的各个微观效益进行简单的数学相加而作出生态环境的总体综合评价的。因为,多种污染物在环境中发生的协同作用是难以计量的。一般来说,宏观经济效益是按生态环境损害程度直接计算的,而不是由微观经济效益相加计算。

(四)综合性

物质资料生产的经济效益,一般表现在物质财富的增加。而生态环境经济效益不仅包括物质财富的经济效益,还要包括社会效益和环境效益。例如,由于对生态环境的保护,使得人类生存条件得到大大地改善,较好地保持了生态平衡,增强了居民的健康,延长了人的寿命,提高了人们的环境保护意识,促进了可持续发展战略的实施,致使社会经济与生态环境得到协调地发展。所以,在对生态环境经济效益进行评价时,一定要对其取得的环境效益、经济效益和社会效益进行综合的全面分析。

第七章　城市大气污染与控制

大气是人类生存的最重要的环境要素,人需要吸入空气中的氧气以维持生命。据估计,一个成年人每天呼吸大约 2 万次,吸入大约 15kg 空气,这远比人每天所需 1.5kg 食物和 2.5kg 水为多。离开空气,人几分钟就会死去。其他动物也一刻不能离开空气,植物离开空气就无法进行光合作用。要是空气中混进有毒害的物质,则毒物会随空气不断地被吸入肺部,通过血液而遍及全身,对人的健康直接产生危害。大气污染一般对人们的影响时间长、范围广、危害大。

第一节　大气污染及危害

一、大气与大气污染

在环境科学中,对大气和空气两个名词的使用是有所区别的。一般,对于室内和特指地方与空间(如车间、厂区等)供动植物生存的气体,习惯上称为空气,对这类场所的气体污染就用空气污染一词。在大气物理、大气气象和自然地理的研究中,是以大区域或全球性的气流为研究对象,因此常用大气一词,对这种范围的空气污染就称为大气污染。上述两类污染,也可以统称大气污染。

大气的总质量约为 6 000 万亿吨,相当于地球质量的百万分之一。大气的厚度约 1 000千米,其中我们赖以生存的空气主要是地面上 10 千米～12 千米范围的那一部分。

(一)大气的组成

大气是由多种成分组成的混合气体,其组成可以分为不变组分、可变组分和不定组分三部分。不变组分是干洁空气,可变组分主要指的是空气中的水蒸汽和二氧化碳,不定组分指的是分别由原生环境问题和次生环境问题引起的大气污染物。

1. 干洁空气

干洁空气即干燥清洁空气,它的主要组成见表 7－1。

表 7－1　干洁空气的组成

气体类别	含量(容积百分数)	气体类别	含量(容积百分数)
氮(N_2)	78.09	氪(Kr)	1.0×10^{-4}
氧(O_2)	20.95	氢(H_2)	0.5×10^{-4}
氩(Ar)	0.93	氙(Xe)	0.08×10^{-4}
二氧化碳(CO_2)	0.03	臭氧(O_3)	0.01×10^{-4}
氖(Ne)	18×10^{-4}		
氦(He)	5.24×10^{-4}	干洁空气	100

干洁空气中各组分的比例，在地球表面各个地方几乎是不变的，因此可看作为大气中不变组分。

2．水蒸汽与二氧化碳

大气中水蒸汽含量不大，在4%以下，但其含量随时间、地域、气象条件的不同而变化很大，对天气变化起着重要作用，因而也是大气中重要组分。

在通常情况下，大气中二氧化碳的含量为0.02%～0.04%，但是由于人类大规模的生产生活活动，已经引起了大气中二氧化碳含量明显增加。

3．自然因素的污染物

自然因素的污染物指由于自然因素而生成的颗粒物（如岩石风化、火山爆发、宇宙落物等）、硫化氢、硫氧化物、氮氧化物等。

以上为大气的自然组成，或称为大气的本底。若大气中某个组分的含量远远超过上述标准含量，或自然大气中本来没有的物质在大气中出现时，即可判定它们即是大气的外来污染物，但水分含量的变化不视为外来污染物。

（二）大气污染

大气污染通常是指由于人类活动和自然过程引起某种物质进入大气中，呈现出足够的浓度，达到了足够的时间并因此而危害了人体的舒适、健康和福利或危害了环境的现象。按污染的范围，大气污染可分为四类：

局部地区大气污染，如某个工厂烟囱排气所造成的直接影响。

区域性大气污染，如工矿区或附近地区的污染。

广域性大气污染，是指更广泛地区、更广大地域的大气污染，如在大城市及大工业带出现的大气污染。

全球性大气污染，是指跨国界乃至涉及整个地球大气层的污染，以及如酸雨、温室效应、臭氧层破坏等。

二、城市大气环境中的主要污染物

排入大气的污染物种类很多，依照不同的原则，可将其进行分类。

依照污染物的形态，可分为颗粒污染物与气态污染物。

依照与污染源的关系，可将其分为一次污染与二次污染。若大气污染物是从污染源直接排出的原始物质，进入大气后其性态没有发生变化，则称其为一次污染物；若由污染源排出的一次污染物与大气中原有成分，或几种一次污染物之间，发生了一系列的化学变化或光化学反应，形成了与原污染物性质不同的新污染物，则所形成的新污染物称为二次污染物。

（一）颗粒污染物

进入大气的固体粒子与液体粒子均属颗粒污染物。

1．尘粒

一般是指粒径大于75μm的颗粒物。这类颗粒物由于粒径较大，在气体分散介质中具有一定的沉降速度，因而易于沉降到地面。

2．粉尘

如在固体物料的输送、粉碎、分级、研磨、装卸等机械过程中产生的颗粒物，或由于岩石、土壤的风化等自然过程中产生的颗粒物，分为降尘和飘尘。降尘颗粒较大，粒径在10μm以上，靠重力可以在短时间内沉降到地面。飘尘粒径小于 10μm,不易沉降,能长期在大气中飘浮。

3. 烟尘

在燃料的燃烧、高温熔融和化学反应等过程中所形成的颗粒物,飘浮于大气中称为烟尘。烟尘粒子粒径很小,一般均小于 1μm。

4. 雾尘

小液体粒子悬浮于大气中的悬浮体的总称。粒子粒径小于 100μm,水雾、酸雾、碱雾、油雾都属于雾尘。

(二)气态污染物

以气体形态进入大气的污染物称为气态污染物。气态污染物种类很多,按其对我国城市大气环境的危害大小,有以下主要污染物。

1. 碳氧化合物

污染大气的碳氧化合物主要是 CO 和 CO_2,CO 是城市大气中含量最多的污染物(约占大气污染物总量的三分之一),其天然本底只有百万分之一左右。CO 是无色、无味的气体,对植物无害而对人类有害。实验证明,CO 与血红素的结合能力较 O_2 大 200~300 倍,因此,CO 中毒会使血液携带氧的能力降低而引缺氧。城市中的 CO 绝大部分是汽车尾气排放的,高浓度的 CO 常出现在上下班时间、交通繁忙的道路和交叉路口。

2. 含硫化合物

主要指 SO_2、SO_3、和 H_2S 等,其中以 SO_2 的数量最大、危害也最大,是影响城市大气质量的主要气态污染物。

3. 含氮化合物

主要是 NO 和 NO_2,一般空气中 NO 对人体无害,但当它转变为 NO_2 时,就变为有害。

4. 碳氢化合物

这里主要指有机废气。有机废气中的许多组分构成了对大气的污染,如烃、醇、酮、酯、胺等。

5. 卤素化合物

主要指含氯化合物 HCl 及含氟化合物 HF、SiF_4 等。

(三)二次污染物

气态污染物从污染源排入大气,可以直接对大气造成污染,同时还可以经过反应形成二次污染物。主要气态污染物和由其所生成的二次污染物种类见表 7-2。

表 7-2 气体状态大气污染物的种类

污染物	一次污染物	二次污染物
含硫化合物	SO_2、H_2S	SO_3、H_2SO_4、MSO_4
碳的氧化物	CO、CO_2	无
含氮化合物	NO、NH_3	NO_2、HNO_3、MNO_3
碳氢化合物	C_mH_n	醛、酮、过氧乙酰基硝酸酯
卤素化合物	HF、HCl	无

注:M代表金属离子

二次污染物一般危害更大。二次污染物中危害最大，也最受到人们普遍重视的是光化学烟雾。化学烟雾主要有如下类型：

1. 伦敦型烟雾，常指大气中未燃烧的煤尘、SO_2 与空气中的水蒸汽混合并发生化学反应所形成的烟雾，也称为硫酸烟雾。

2. 洛杉矶型烟雾，一般指汽车、工厂等排入大气中的氮氧化物或碳氢化合物，经光化学作用所形成的烟雾，也称为光化学烟雾。

3. 工业型光化学烟雾，例如在我国兰州西固地区，氮肥厂排放的 NO_2、炼油厂排放的碳氢化合物，经光化学作用所形成的就是一种工业型光化学烟雾。

(四)其他有害的空气污染物

空气中石棉微粒主要来源于石棉的开采和加工、各种石棉制品的生产和处理、建筑材料和刹车材料的应用等。石棉能引起许多疾病，还能引起职业性肺癌。

在用四乙基铅作汽油防爆剂时，汽车尾气中的铅有 97% 成为直径小于 0.5μm 的微粒，漂浮在空中，危害很大。

汞的空气污染主要来源于汞加工厂、有色金属冶炼厂、化工及仪表工厂等，现在在城市则主要来自如电池、荧光灯管等含汞的废弃物。

三、城市大气污染的危害

(一)大气污染对健康的影响

大气污染对人体健康的影响，取决于大气中有害物质的种类、性质、浓度和持续时间。空气污染引起的急性伤害是易于觉察的，但低水平污染对健康的连续慢性影响则很难得到精确的结论。对于这种情况一般采用两种方法进行分析研究，即毒理学和流行病学的方法。

1. 从毒理学看污染物对健康的影响

颗粒污染物对人体的危害程度与其粒径大小和物化性质有关。例如飘尘对人体的危害性就取决于飘尘的粒径、硬度、溶解度和化学成分以及吸附在尘粒表面的各种有害气体和微生物等。从粒径方面看，大于 10μm 的降尘一般不能进入呼吸道造成危害；510μm～10μm 间的粒子，能进入呼吸道，但于惯性力作用会被鼻毛与呼吸道粘液吸附然后排出体外；小于 0.5μm 的粒子由于气体扩散作用也会被粘附在上呼吸道表面而随痰排出；只有0.5μm～5μm 的粒子可以直接到达肺细胞而沉积。成年人肺泡总表面积约为 $55m^2$～$70m^2$，上面布满毛细管。因此，毒物能很快被肺泡吸收并由血液送至全身，没有经过肝脏，所以毒物由呼吸道进入肌体危害最大。由此而知，粒径为 0.5μm～5μm 的飘尘对人的危害最大。

有害气体在化学性质、毒性和水溶性等方面的差异，也会造成危害程度的差异。有刺激作用的有害物(如烟尘、二氧化硫、硫酸雾、氯气、臭氧等)会刺激上呼吸道粘膜表层的迷走神经末梢，引起支气管反射性收缩和痉挛、咳嗽等。在低浓度毒物的慢性作用下，呼吸道的抵抗力逐渐减弱，诱发慢性支气管炎，严重的还可引起肺气肿和肺心性疾病。大气中无刺激作用的有害气体如(一氧化碳等)由于不能为人体感官所觉察，危害性比刺激性气体还要大。

在生态系统中，常常表现出整体性大于各个因子之和的特性。在大气污染中，当多种污染物共存时，对人们的危害往往比它们各自作用之和要大得多。当二氧化硫、二氧化氮与颗粒污染物同时被吸入体内，其危害性会增加许多倍。它们与飘尘气溶胶粒子结合最容易侵入肺部，沉积率很高，可导致呼吸道及肺部病变，引起肺气肿及肺癌等。

汞是近年来引起重视的空气污染物，因为无机汞能自然（通过微生物）转变为剧毒的有机汞（如甲基汞）而浓集于生物中。汞蒸汽对中枢神经系统毒性极大。

铅进入人体后，大部分沉积于骨骼中，但是含铅汽油中的四乙基铅进入人体后，多蓄积于肝脏和肾脏，中毒的症状是脑神经麻木和慢性肾病，严重时死亡。

镉及镉化合物进入人体，可蓄积在肝脏、肾脏和肠粘膜上。镉污染的积累性中毒可引起疼痛病。

2. 从流行病学看大气污染对健康的影响

流行病学是用统计分析的方法来研究污染对人们的影响。例如，1993 年，我国人口总死亡率为 664 人/10 万人，与上年持平，恶性肿瘤是城市居民首位死亡之原因，死亡率为 126.52 人/10 万人，比 1988 年上升 6.2%，其中肺癌死亡率比 1988 年上升 18.5%。肺癌死亡率存在着明显的城乡差别（见表 7-3）。表 7-4 是北京市交通民警与园林工人呼吸道疾病的比较情况。从表中可以看出，无论是肺结核，还是慢性鼻炎或咽炎，交通民警的发病率都显著高于园林工人。

表 7-3　我国肺癌死亡率（1/10 万）的城乡差别

环　境	男性肺癌死亡率	女性肺癌死亡率
大 城 市	16.83	8.99
中等城市	12.75	5.66
小 城 市	9.98	4.53
农　村	6.01	2.84

表 7-4　北京市与园林工人呼吸道疾病比较

项　目	交 通 民 警	园 林 工 人
肺 结 核（%）	16.7±7.8	无
慢性鼻炎（%）	40.2±10.8	29.3±14.4
咽　炎（%）	23.2±9.3	12.2±10.3

近几十年来，医学界发现传染病的发病率和死亡率在不断下降，而癌症的发病率和死亡率却都在不断上升，表 7-5 为日本的统计报告。

表 7-5　日本人死亡病因的位次变化

年　代	死 亡 病 因 位 次				
	1	2	3	4	5
1906-1947	肺炎与支气炎	结　核	脑血管病	衰　老	肠胃炎
1950	结　核	脑血管病	肺炎与支气管炎	胃肠病	恶性肿瘤
1965	脑血管病	恶性肿瘤	心脏病	衰　老	意外事故
1970	脑血管病	恶性肿瘤	心脏病	意外事故	衰　老
1981	恶性肿瘤	脑血管病	心脏病	肺炎与支气管炎	衰　老

国际癌症研究中心(IARC)1971年以来组织了21个国家134名专家对368种化学物质进行鉴定,由流行病学调查确定对人类有致癌作用的化学物质有26种,由毒理学方法经实验室研究确定致癌化学物质有221种。其中大气中的致癌物质大部分是有机物,如多环芳烃及其衍生物;小部分是有毒的无机物,如砷、镍、铍、铬等,这些化学致癌物对人体健康具有潜在的威胁。城市居民长期生活在低剂量的污染环境中,引起慢性中毒,影响健康和寿命,甚至影响子孙后代。例如,大量资料表明,城市大气中的苯并(a)芘浓度和煤烟量与肺癌死亡率有明显的相关性,上海有关科研人员作过这方面的研究,并将上海市区与崇明县进行了对比(见表7-6)。

表7-6　上海市大气中苯并(a)芘含量与呼吸道癌相关性

地　区	大气中苯并(a)芘(微克/1 000米^3)	降　尘　量(克/米^2·天)	降尘中苯并(a)芘(微克/米^2·天)	呼吸道癌死亡率(人/10万)
上海市区	11.89	0.99	5.35	32.20
崇明岛	0.85	0.15	0.036	14.91
上海:崇明	14.0:1	6.6:1	162:1	2.16:1

(二)大气污染对城市生态环境的影响

大气污染对城市生态环境的影响是多方位的。就大范围的影响来说,有以下几方面。

1. 酸雨

酸雨又称酸沉降,它是指pH值小于5.6的天然降水(湿沉降)和酸性气体及颗粒物的沉降(干沉降)。酸雨中含有的酸,主要是硫酸和硝酸,是大气中SO_2和NO_2转化而来的,其化学反应过程大致表示如下:

$$2NO + O_2 \rightarrow 2NO_2 \qquad (7-1)$$

$$2NO_2 + H_2O \rightarrow HNO_3 + HNO_2 \qquad (7-2)$$

SO_2的气相反应

$$2SO_2 + O_2 \rightarrow 2SO_3 \qquad (7-3)$$

$$SO_3 + H_2O \rightarrow H_2SO_4 \qquad (7-4)$$

SO_2的液相反应

$$SO_2 + H_2O \rightarrow H_2SO_3 \qquad (7-5)$$

$$2H_2SO_3 + O_2 \rightarrow 2H_2SO_4 \qquad (7-6)$$

酸雨在城市中,除了危害植物外,还会损害建筑、设备、和露天放置的各种金属。

2. 阳伞效应

大气污染物中,粉尘、烟尘和气体彼此结合并与水蒸汽结合,使空气变浑,加强了云层覆盖,它们减弱了到地面的太阳辐射强度,其作用如同一把阳伞,叫做大气污染的"阳伞效应",城区的阳伞效应明显强于郊区。而且它的作用还是双重的,在寒冷的天气,使城区更阴冷。而在炎热的天气,它又阻挡地面热量向外空散发,使城区更热。

3. CO_2的温室效应

CO_2是一种温室气体。它能使太阳的短波辐射透过,加热地面,而地面增温后所放出的长波热辐射却被温室气体吸收,使大气增温,这种现象称为温室效应。地球大气本来就存在着温室效应,正是这种温室效应才使地球保持了一个适于人类生存的正常温度环境。但是,由于大气污染、CO_2增多,使得原有的平衡被打破,使温室效应增强,从而引发了一系列环境问题。温室效应增强除了对全球气温的影响外，在城市区域还提高了热岛效应的强度，恶化了城市气候环境。

第二节　城市主要大气污染源

一、大气污染源分类

我们所说的“污染源”是“污染物发生源”。为了满足污染调查、环境评价、污染物治理等不同方面的需要，对污染源可以进行不同的分类。

1. 按污染源存在形式

固定污染源——排放污染物的装置、处所位置固定，如火力发电厂、烟囱、炉灶等。

移动污染源——排放污染物的装置、处所位置是移动的，如汽车、火车、轮船等。

2. 按污染物的排放形式

点源——集中在一点的小范围内排放污染物，如烟囱。

线源——沿着一条线排放污染物，如移动污染源在街道上造成污染。

面源——在一个大范围内排放污染物，如工业区许多烟囱构成一个区域性的污染源。

3. 按污染物排放空间

高架源——在距地面一定高度上排放污染物，如烟囱。

地面源——在地面上排放污染物。

4. 按污染物排放的时间

连续源——连续排放污染物，如火力发电厂的排烟。

间断源——间歇排放污染物，如某些间歇生产过程的排气。

瞬时源——无规律的短时间排放污染物，如事故排放。

5. 按污染物发生类型

工业污染源——主要包括工业用燃料燃烧排放的废气及工业生产过程中的排气和各类粉尘等。

交通污染源——交通运输工具燃烧燃料排放污染物。

生活污染源——民用炉灶及取暖锅炉燃烧排放污染物，焚烧城市垃圾的废气、城市垃圾在堆放过程中由于厌氧分解排出二次污染物。

二、城市主要大气污染源

(一)工业污染源

城市大气污染，在相当高的程度上来自工业污染源。首先来自燃料的燃烧，产生了大量污染物，表 7-7 表示以石油或煤为燃料、原料产生的废气量。

根据表 7-7 中的每烧一吨燃料或每用一吨原料排放到大气中的污染物的重量，和一个城市或地区燃料与原料总用量，就可大致推算出该城市或地区每年排入大气中的污染物的总重量。

另外由于工业部门的不同，在工业生产的过程中，随着生产的原料和使用方式的不同，还会产生大量不同的有害物质和气体进入大气中，表 7-8 表示各工业部门向大气排放的主要污染物。

表7-7　以石油、煤为燃料、原料产生的废气量

污染源	污染物	一吨燃料或原料产生废气(kg)
锅炉	粉尘、二氧化碳、一氧化碳、酸类和有机物	5~15(燃料)
汽车	二氧化氮、一氧化碳、酸类和有机物	40~70(燃料)
炼油	二氧化硫、硫化氢、氨、一氧化碳、碳化氢	20~150(原料)
化工	二氧化硫、氨、一氧化碳、酸、硫化物、有机物	50~200(原料)
冶金	二氧化硫、一氧化碳、氟化物、有机物	50~200(原料)
矿石加工	二氧化硫、一氧化碳、氟化物、有机物	100~300(原料)

表7-8　各工业部门向大气排放的主要污染物

工业部门	工厂种类	向大气排放的污染物
电力	火力发电	烟尘、二氧化硫、氮氧化物、一氧化碳
冶金	钢铁	烟尘、二氧化碳、一氧化碳、氧化铁、粉尘、锰尘
	炼焦	烟尘、二氧化碳、一氧化碳、硫化氢、酚、苯、萘、烃类
	有色金属	烟尘(含铅、锌、铜等金属)、二氧化硫、汞蒸汽、氟化物
化工	石油化工	二氧化碳、硫化氢、氰化物、氮氧化物、氯化物、烃类
	氮肥	烟尘、氮氧化物、一氧化碳、氮、硫酸气溶胶
	磷肥	烟尘、氟化物、硫酸气溶胶
	硫酸	二氧化硫、氮氧化物、砷、硫酸气溶胶
	氯碱	氯气、氯化氢
	化学纤维	烟尘、硫化氢、二硫化碳、氨、甲醇、丙酮、二氯甲烷
	农药	甲烷、砷、氯、汞、农药
	合成橡胶	丁二烯、苯乙烯、二氯乙烷、二氯乙醚、乙硫烷、氯代甲烷
	冰晶石	氟化氢
机械	机械加工	烟尘
	仪表	汞、氰化物、铬酸气溶胶
轻工	造纸	烟尘、硫化氢、臭气
	玻璃	烟尘
建材	水泥	烟尘、水泥尘

下面是对城市大气污染影响较大的工业类别。

1. 钢铁工业

钢铁工业生产是一个化学、物理的变化的过程，在大规模生产条件下，对环境的污染比较严重。国外一向把钢铁工业列入污染危害最大的三大部门(冶金、化工和轻工)、六大企业(钢铁、炼油、火力发电、石油化工、有色冶炼和造纸厂)的首位。

钢铁工业生产过程有三个方面能引起大气污染:燃料燃烧或不完全燃烧产生的粉尘、二氧化硫和烟道气等;加工原材料时,机械破碎例如煤、焦炭、铁矿、石灰等所产生的粉尘;生产过程的化学反应,如炼钢吹氧时产生的红、黄色氧化铁烟雾。但整个污染过程是复杂的,污染源也是多方面的。钢铁工业大气污染以二氧化硫、硫化氢、粉尘为主,对厂内外环境产生严重污染,其面积可达几平方公里,下风区5公里以外二氧化硫的日平均浓度也超过国家标准。

2. 有色金属工艺

工业中除了铁、锰、铬外的金属称为有色金属。有色金属工业对大气的污染也是较突出的(见表7-9)。有色金属工业气态污染物以SO_2为主。据估计,全世SO_2污染量占大气中总污染量的1.8%,而有色金属冶炼厂排出的SO_2量占大气中SO_2总污染量的12%,其总污染量超过钢铁联合企业的SO_2对大气的污染量。

表7-9　有色金属生产排放的有害物

产品名称	每吨产品排出的有害物数量及成分
电解铝	氟尘6kg~8kg、氟化物(HF、CF_4等)17kg~23kg、CO 300kg、CO_2 100kg
铜	粉尘57.5kg(除尘后)、$SO_2$3500m^3(折合总硫量1120kg,大部分回收)
锌	粉尘77.3kg(除尘后)、SO_2折合总硫量610kg
铅	粉尘64.5kg(除尘后)、SO_2折合总硫量556kg

3. 化学工业

化工生产的大气污染有以下特点:易燃、易爆气体较多,如低沸点的酮、醛、易聚合的不饱和烃等。在石油化工生产中,特别是发生事故时,会向大气排出大量易燃易爆气体,如不采取适当措施进行处理,容易引起火灾和爆炸事故,危害很大。为了防止事故,通常把这些气体排到专设的火炬系统去烧掉。另外排放物大都有刺激性或腐蚀性。

化工生产大气污染有害物质主要有碳的化合物、硫的氧化物、氮氧化物、碳的氧化物、氯和氯化物、氟化物、恶臭物质和浮游粒子等。表7-10为化工生产大气污染来源情况。

表7-10　化学工业中大气污染的来源

污染物质	化学式	发生源及相关行业
二氧化硫	SO_2	含硫物燃烧,硫酸、冶金、造纸、石油化工等工业
氮氧化物	NO、NO_2	燃料及其他物质高温燃烧,硝酸、染料、纸浆、炸药、合成纤维
氯、氯化氢	Cl、HCl	化工生产,盐酸、氯碱、石油化工、农药等工业
氟化物	HF、SiF_4	燃烧及工业生产,磷肥、窑业、炼铝、炼钢、玻璃、氟塑料、火箭燃料等工业
氰化氢	HCN	化工生产及使用,氰氢酸、有机玻璃、丙烯腈、电镀业等
硫化氢	H_2S	工业生产,石油炼制、煤气、合成氨、纸浆工业等
氯化磷	PCl_3、PCl_5	化工生产及使用,二氯化磷、三氯化磷、氧氯化磷、医药的生产
苯　酚	C_6H_5OH	化工生产及使用,炼焦、涂料、树脂、制药工业等
苯	C_6H_6	有机化工生产及使用,石油炼制、有机溶剂、涂料工业等

续表

污染物质	化学式	发生源及相关行业
甲醛	HCHO	有机化工生产及使用,石油化工、制革、合成树脂等工业
光气	$COCl_2$	光气及聚亚氨基甲酸酯生产,有机合成、印染工业等
吡啶	C_5H_5SN	制药、化学工业等

4. 动力工业

动力工业主要指工业生产中供热和供电的生产部门。动力工业排放污染物的数量和危害的程度,随着使用燃料和设备的不同而异。以煤为燃料时,主要污染物为二氧化硫和粉尘;以油为燃料时,主要污染物为二氧化硫;例如一座 100 万千瓦的电厂,如果燃用烟煤,则每年排出的灰渣量约 90 万吨,若按除尘效率 90%算,每小时将有 12 吨飞灰和近 13 吨的二氧化硫排入大气,这是一个很可观的数字。此外还有氧化氮、二氧化碳等有害气体以及 3,4-苯并芘等一些微量有害物质及微量元素的排出。

为什么火电站对大气污染特别严重呢?一方面是电站用煤和用油量大;而另一方面,电站用煤不经过洗涤除去其中灰分和硫分,而是用原煤或劣质煤,它们大部分含灰量在 30%~35%,含硫量在 1%左右。在燃烧过程中,灰分等不能燃烧的物质,大部分残存下来,另一部分就随烟气飞散污染大气。一个大型热电站每月随烟排灰量 3.5 万吨,在同一时间内在热电站周围一公里范围内收集到灰尘 3800 吨,占排出量总数的 11%;在二公里范围内收集到沉降灰尘 9 000 吨,占总排出量的 28%;其他 60%的灰尘落到更远的地方或悬浮于大气中。煤的含硫量决定着污染程度,煤中含硫量在 1%~5%之间者,其中可燃硫占 90%,燃烧时生成二氧化硫,1 公斤可燃性硫能烧成 2 公斤二氧化硫随煤烟排入大气。

(二)交通污染源

交通污染源一般都是移动污染源,主要是各种机动车辆、飞机、轮船等排放有害物进入大气。由于交通工具以燃油为主,因此主要污染物是碳氢化合物、一氧化碳、氮氧化物、含铅污染物、苯并(a)芘等。随着我国汽车工业的迅猛发展,城市汽车、摩托车拥有量正以较高的速率增加。因此,在城市大气污染中,交通污染的比例明显增加。

汽车不仅在行驶时从尾部排出尾气,并且还从曲轴排出废气以及从油箱和气化器挥发汽油等。汽车污染物排出如图 7-1 和表 7-11。

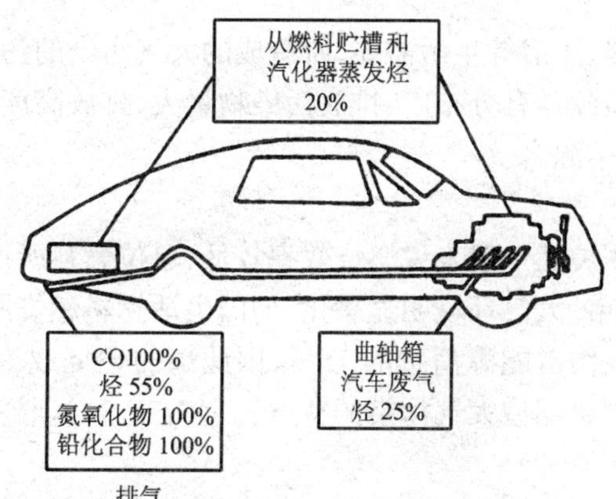

图 7-1 汽车污染物质排出图(引自茹至刚 1988)

汽车对大气的污染主要为汽车尾气。汽车尾气指的是在内燃机的排气行程中排出的燃烧残余的混合气体。污染物的组成和排出量与汽车行驶状况有关。例如经常重复发动、加速减速以及跑跑停停的市内行驶状态和在高速公路上快速行驶的定速行驶状态,其污染物种类和数量都是极不相同的,前者的污染远远大于后者。

表 7-11　汽车废物排放表

污 染 物	以汽油为燃料(g/L)	以柴油为燃料(g/L)
	小汽车	载重汽车
铅化合物	2.1	1.56
二氧化硫	0.295	3.24
一氧化碳	169	27.0
氮氧化物	21.1	44.4
碳氢化合物	33.3	4.44

在内燃机的压缩行程和爆炸行程中,一部分气体通过活塞吹进曲轴箱。以前的汽车,把这些废气排入大气。另外,由汽油箱的换气孔、气化器及其他燃料供给系统也向大气排出汽油蒸气。

应该特别警惕的是汽车废气中的铅污染。为了防爆而在汽油中加入四乙基铅,这样大量的铅便随尾气而排入大气中。医学界认为,铅的危害主要是影响人体中酶和细胞的新陈代谢。长期接触铅污染,会使大脑皮层兴奋和抑制过程发生紊乱,头昏头痛、记忆力减退、智力下降甚至痴呆。也往往有恶心、腹痛、食欲减退、乏力等症状。铅对儿童健康的影响尤其明显,调查发现,小学生人群中,血铅浓度高的儿童,其智力相对较差。在城市中,汽车废气中的铅污染大部分沉积于近地面的空气中,极易被儿童吸入体内。有报道说,有的城市儿童的血铅含量比正常值超出 57%,城市儿童较郊区儿童头发中的含铅量高 2.3 倍。

尽管目前环保已成为全球性热门话题,但在未来 7 年内全球汽车保有量仍将继续增长近 20%。到 2015 年,全球汽车保有量将从 2007 年的近 9.2 亿辆增至 11.2 亿辆左右。其中中国和印度的市场增长潜力巨大。自 20 世纪 80 年代中国开始出现私人汽车,据专家估算,目前中国汽车保有量约为 3 800 多万辆,私人汽车约为 2 200 万辆。私车已经占全国汽车保有量的 60%左右,这标志着中国汽车消费进入以私人消费为主的发展阶段。

(三)生活污染源

人们由于做饭、取暖、沐浴等生活需要,所造成的大气污染的污染源称为生活污染源。在我国城市中,这类污染源具有分布广、排放污染物量大、排放高度低等特点,是造成城市大气污染不可忽视的污染源。

1. 生活燃料的污染

家庭炊事、取暖所用炉灶一般来说燃烧效率较低,单位燃料所产生污染物比工业生产还要高。冬季的北方城市,大气环境明显恶化,即因生活燃料燃烧所致。我国的燃料构成是以燃煤为主,煤炭消耗约占能源消费的 75%,因此煤的燃烧成为我国大气污染的主要来源,同时也形成了我国煤烟型大气污染的特点。

2. 居住环境的污染

近年来,由于建筑和家庭装修业的发展,建筑材料和家具释放的甲醛、苯、氯仿等有机化合物,石棉以及氡等,成了重要的污染物。尤其在半封闭的通风系统和空调系统中,危害更为严重,引起所谓的空调病和办公室综合症。

3. 其他生活污染

家庭厨房在炒菜时产生的污染物也很多,据北京、沈阳、西安等地抽样监测,厨房中苯并(a)芘浓度大大高于室外大气中的最高浓度值。吸烟的污染也不容忽视。这些污染总量不大,但由于城市人口密集度高,排出的污染物汇集起来,数量相当可观,加之污染源就在人居环境内,所以危害不小。

另外城市垃圾堆放场挥发的有害气体也属于生活污染源。

第三节　城市大气环境的影响因素

一、气象因素

污染物进入大气,会受到大气的输送、混合和稀释作用。这就是说,大气污染的形成与危害,不仅取决于污染物的排放量和离排放源的距离,而且还取决于周围大气对污染物的扩散能力。由此可见,气象条件是影响大气污染的主要因素之一。

(一)气象动力因子

气象动力因子主要指风和湍流。大气运动包括有规则的水平运动和不规则、紊乱的湍流运动,实际上的大气运动就是这两种运动的迭加。

1. 风

空气的水平运动称为风。描述风的两个要素为风向和风速。

风对污染物的扩散有两个作用。第一个作用是整体的输送作用,风向决定了污染物迁移运动的方向。污染物总是由上风方被输送到下风方,污染区总是出现在污染源的下风方向。因此,要考查一个地区的大气污染时,一定要了解当地的风向。在城市规划布局中,一个地区的主导风向有着重要的参考意义。主导风向可以从风向频率图(又名风向玫瑰图)上得到。

风向频率是将一个测试点按16个方位进行统计,某一方向的风向频率就是指该方向的全年有风次数占全年各方位总和的百分率,这样可以得出各方位的风向频率,其计算公式为:

$$g_n = f_n / \left(\sum_{n=1}^{16} f_n + C \right) \tag{7-7}$$

式中　g_n——n 方向的风频率;

f_n——所取资料年代内有 n 方位风的次数;

C——在所取资料年代内观测到的静风总次数;

n——表示方位。共有16个方位,两相邻方位夹角为22.5°。

如果从一个原点出发,划出许多(一般是16)根辐射线,每一条辐射线的方向就是某个地区的一种风向,而线段的长短则表示该方向的风向频率,将这些线段的末端逐一连接起来,就得到该地区的风向频率玫瑰图。

风对污染物扩散的第二作用是对污染物的冲淡和稀释作用。对污染物的稀释作用程度主要取决于风速。风速越大,单位时间内与污染物混合的清洁空气量就越大,冲淡稀释作用就越好。一般来说,大气中污染物的浓度与污染物的总排放量成正比,而与风速成反比。

污染系数表示风向、风速联合作用对空气污染的扩散作用。其值可由下式计算:

$$\text{污染系数}=\frac{\text{风向频率}}{\text{该风向的平均风速}} \tag{7-8}$$

显然,不同方向的污染系数不同,其大小正好表示该方向空气污染的轻重不同。如果也象绘制风向玫瑰图那样,在从某原点出发的辐射线上,截取一定长短的线段,表示该方向上污染系数的大小,并把各线段的末端逐一连接起来,就得到污染系数玫瑰图。风向玫瑰图和污染系数玫瑰图,都能直观地反映一个地区的风向或风向与风速联合作用对空气污染的扩散影响。

2. 大气湍流

大气除了整体水平运动以外,还存在着不同于主流方向的各种不同尺度的次生运动或旋涡运动,我们把这种极不规则的大气运动称作湍流。大气湍流与大气的热力因子如大气的垂直稳定度有关,又与近地面的风速和下垫面等机械因素有关。前者所形成的湍流称为热力湍流,后者所形成的湍流称为机械湍流,大气湍流就是这两种湍流综合作用的结果。大气湍流以近地层大气表现最为突出。近地层大气中,风速的时强时弱,风向的不停摆动,就是存在大气湍流的具体表现。

大气的湍流运动造成湍流场中各部分之间强烈混合,当污染物由污染源排入大气中时,高浓度部分污染物由于湍流混合,不断被清洁空气渗入,同时又无规则地分散到其他方向去,使污染物不断地被稀释、冲淡。

从烟囱的排烟状况可以了解湍流的作用。假设大气中不存在湍流运动,那么由烟囱中冒出的烟被吹向下风向时,应是一根直径几乎不变的烟柱。但实际从烟囱排出的烟,在向下风向飘动时,烟团直径是明显地逐渐加大的。这就说明,烟团在飘动时,除有扩散作用微弱的分子扩散外,大气湍流在起着主要的作用。

湍流的尺度大小不同,不同尺度的湍流,对污染物扩散能力也不相同。用图 7-2 的烟囱排烟来说明。

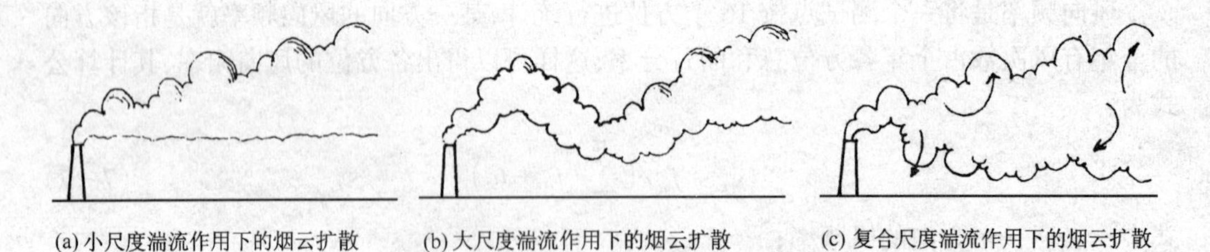

(a) 小尺度湍流作用下的烟云扩散　(b) 大尺度湍流作用下的烟云扩散　(c) 复合尺度湍流作用下的烟云扩散

图 7-2　大气湍流作用下的烟云扩散

图 7-2(a)表示是均匀小尺度湍流作用下的烟云扩散情况。湍流尺度小于烟团截面尺寸,烟团在向下风向移动时,湍流作用使其周缘不断与周围空气混合,烟团截面尺寸不断扩大,烟团中污染物浓度不断降低。

图 7-2(b)表示烟团在大尺度湍流带动下的扩散情况。湍流尺度大于烟团截面尺寸,带动烟团大幅度波动,但烟团本身截面尺寸变化不大。

图 7-2(c)表示不同尺度湍流同时存在下的烟云扩散状况。此时烟团截面尺寸迅速扩大,污染物迅速进行扩散。

以上情况说明,尺度小于污染烟团的小湍流,不能改变烟团的整体位置;尺度大于污染烟团的大湍流,可以改变烟团整体位置,但扩散作用不强烈;尺度大小与污染烟团相当的湍流或复合尺度湍流最有利于污染烟团的扩散,可以将其拉开,撕裂,使之变形,加速了污染物的扩散。

风和湍流是决定污染物在大气中扩散状况的最直接的因子,也是最本质的因子,是决定污染物扩散快慢的决定性因素。风速愈大,湍流愈强,污染物扩散稀释的速率就愈快。因此凡是有利于增大风速、增强湍流的气象条件,都有利于污染物的稀释扩散,否则,将会使污染加重。

(二)气象热力因子

1. 大气的温度层结

大气的温度层结是指大气的气温在垂直方向的上分布,即指在地表上方不同高度大气的温度情况。大气的湍流状况在很大程度上取决于近地层大气的垂直温度分布,因而大气的温度层结直接影响着大气的稳定程度,稳定的大气将不利于污染物的扩散。然而对大气湍流的测量要比相应的垂直温度的测量困难得多,因此常用温度层结作为大气湍流状况的指标,从而判断污染物的扩散情况。

2. 气温的垂直分布

大气中的某些组分可以吸收太阳的辐射能量,使大气增温。地表也可以吸收太阳的辐射能量,使地表增温,增温后的地表又会向近地层大气释放出辐射能。由于近地层大气吸收地表长波辐射能的能力比直接吸收太阳短波辐射能的能力强,因此,地面成了近地层大气增温的主要热源。这样,在正常的气象条件下(即标准大气状况下),近地层的空气温度总要比其上层空气温度高。因此,在对流层内,气温垂直变化的总趋势,是随高度的增加而逐渐降低。

气温随高度的变化通常以气温垂直递减率(γ)表示,它是指在垂直于地球表面方向上,每升高 100m 气温的变化值。对于标准大气来说,在对流层下层的值为0.3℃~0.4℃/100m;中层为 0.5℃~0.6℃/100m;上层为 0.65℃~0.75℃/100m。整个对流层的气温垂直递减率平均值为 0.65℃/100m。由于近地层实际大气的情况非常复杂,各种气象条件都可影响到气温的垂直分布,因此实际大气的气温垂直分布与标准大气可以有很大的不同。总括起来有下述三种情况:

气温垂直递减率大于零,表示气温随高度的增加而降低,其温度垂直分布与标准大气相同,晴朗的白天,风不大时,一般出现这种分布。

气温垂直递减率等于零,表示气温基本不随高度变化,符合这样特点的空气层称为等温层。阴天、风较大时,容易形成等温层。

气温垂直递减率小于零,表示气温随高度的增加而增加,其温度垂直分布与标准大气相反,气象上称逆温,出现逆温的空气层称逆温层。逆温层的出现将阻止气团的上升运动,使逆温层以下的污染物不能穿过逆温层,只能在其下方扩散,因此可能造成高浓度污染。很多空气污染事件都是发生在有逆温及静风的条件下,故对逆温这一现象必须予以高度重视。

3. 逆温(仅指对流层内)

逆温分接地逆温及上层逆温。从地面开始出现逆温,称为接地逆温,这时把从地面到某一高度的气层,称为接地逆温层;若在空中某一高度区间出现逆温,称其为上层逆温,该气层称为上部逆温层。逆温层的下限距地面的高度称为逆温高度,逆温层上、下限的高度差称为逆温厚度,上、下限间的温差称为逆温强度。逆温层的不同类型见图 7-3。

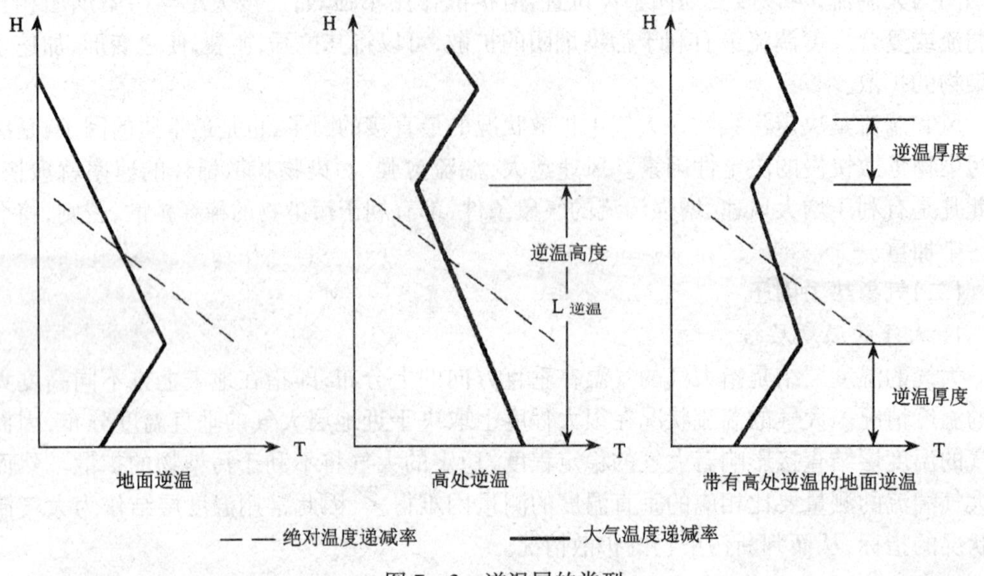

图 7-3　逆温层的类型

(1)辐射逆温:是在大陆区常年可见的一种逆温,一般出现在晴朗、少云、风小的夜间。这时地面由于强烈的辐射损失而迅速冷却,近地层大气也随之冷却,而上层大气冷却较慢,出现了从地面起上高下低的温度分布,形成接地逆温。这种逆温是由于地面的辐射形成的,因而称为辐射逆温。辐射逆温全年都可出现,它的厚度可从几米到二三百米。随日出后,地面受日光照射的增温,辐射逆温会逐渐消失。辐射逆温的生消情况见图 7-4 所示。

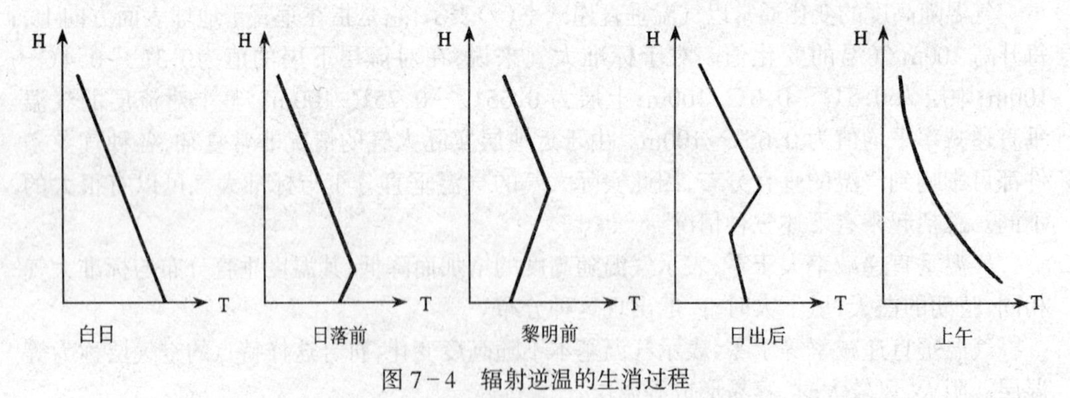

图 7-4　辐射逆温的生消过程

(2)下沉逆温:在高压控制区,当某一气层(团)发生大规模下沉时,气层顶部绝热温升高,下部温度低,形成逆温。这种由于气团下沉所形成的逆温称为下沉逆温。

下沉逆温多见于副热带反气旋区。它的特点是范围大,不是接近地面,而是出现在某一高度上,属于上部逆温。这种逆温持续时间长、范围宽、厚度大,特别是在冬季,若与辐射逆温结合在一起,会形成很厚的逆温层,对污染物的扩散造成很不利的影响。

(3)地形逆温:这种逆温是由于局部地区的地形而形成的,常发生在盆地、谷地中,日落后由于山坡散热快，近坡面上的大气温度变得比盆地、谷地同高度处的气温低。坡面上的冷空气沿坡滑向谷底，而谷底的暖气流被抬升，从而形成逆温。实际上，它是一种特殊的辐射逆温。

(4)锋面逆温：在对流层中，冷暖空气相遇时，暖空气密度小，会爬升到冷空气的上面去，形成倾斜的过渡区，称为锋面。锋面处冷暖空气温差较大，即可形成逆温，称为锋面逆温。

(5)平流逆温：当暖空气平流到冷空气上面时，会形成下低上高的温度分布而形成逆温，这种逆温称作平流逆温。

3．气温的干绝热递减率

在物理学中，若一个系统进行状态变化时，与周围物体没有热量交换，称为绝热变化，这个过程称为绝热过程。在绝热过程中，系统的状态变化及对外作功是靠系统的内能变化而达到的。系统某状态下的内能与绝对温度成正比，所以一定状态下的内能可由温度来度量。若取大气中一气团做垂直运动，气团会因升降而引起膨胀和压缩，膨胀和压缩所引起的温度变化，比和外界热量交换所引起的温度变化大得多。理论和实践都证明，对于一个干燥或未饱和的空气气团，在大气中绝热上升100m要降温0.98℃，气团在大气中下降100m，气团升温0.98℃，通常可近似取为1℃。而这个现象与周围温度无关，被称之为气温的干绝热递减率，用γ_d(1℃/100m)表示。如图7-5中虚线所示。

4．大气稳定度

大气稳定度是空气团在垂直方向稳定程度的一种度量，它主要决定于气温垂直递减率(γ)与干绝热递减率(γ_d)之对比。图7-5用气团理论来讨论大气稳定度问题，就是在大气中假想割取出与外界绝热密闭的气团，根据其受外力作用产生垂直方向运动时，气团内外温度的差异来判断大气的稳定度。

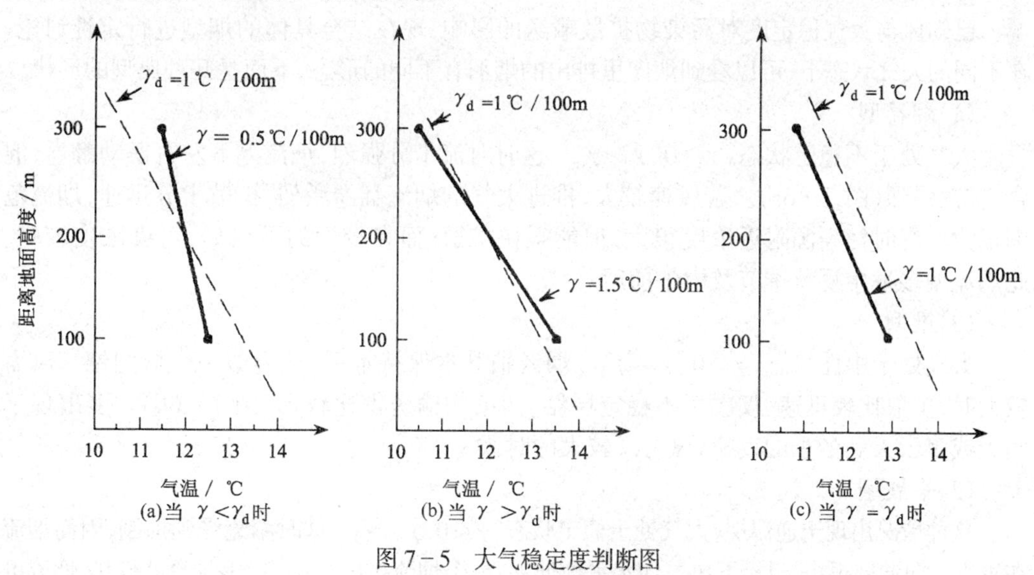

图7-5　大气稳定度判断图

当气层中的气团受到对流冲击力的作用，产生了向上或向下的运动，那么当外力消失后，该气团继续运动的趋势，将存在着三种可能的情况。

(1)当$\gamma<\gamma_d$时，如图7-5a所示。如果该气团受外力被迫向上作垂直运动，气团在上升过程中不断进行绝热膨胀，气团内的温度将以γ_d的速率下降，而气团外的空气受气

温垂直递减率的影响以速率下降,由于 $\gamma < \gamma_d$,气团内的空气温度下降地快,即逐渐地 $t_n < t_w$,气团内部气体密度大于外部,气团的重力大于外部的浮力,这样气团速度会逐渐减小,并有返回原来高度的趋势。相反,如果气团受外力被迫向下作垂直运动,气团在下降过程中不断进行绝热压缩,气团内的温度将以 γ_d 的速率上升,而气团外的空气受气温垂直递减率的影响也以速率上升,由于 $\gamma < \gamma_d$,气团内的空气温度上升地快,即逐渐地 $t_n > t_w$,气团内部气体密度小于外部,受到外部大气浮力的作用,气团速度会逐渐减小,并有返回原来高度的趋势。这种情况表明:当 $\gamma < \gamma_d$,不论由某种气象因素使大气作垂直向上还是向下运动,它都有力争恢复到原来状态的趋势,大气的这种状态,称为稳定状态。

(2)当 $\gamma > \gamma_d$ 时,如图 7-5b 所示。如气团受外力作用而上升,气团内的温降小于外部,即 $t_n > t_w$,气团受外部大气浮力作用,使它继续上升,并且速度不断增加;反之,气团受外力作用而下降,气团内的温升小于外部,即 $t_n < t_w$,气团的重力大于外部大气浮力作用,使它继续下降,并且速度不断增加。总之,当 $\gamma > \gamma_d$ 时,不论由某种气象因素使大气作向上还是向下运动,它的运动趋势总是逐渐远离原来的高度,大气的这种状态称为不稳定状态。

(3)当 $\gamma = \gamma_d$ 时,如图 7-5c 所示。气团受外力作用上升或下降,气团内的温度始终与外部大气温度保持相等,即 $t_n = t_w$,气团被推到哪里就停留在那里。这时的大气状态称为中性状态。

大气状态越不稳定,湍流便得以发展,大气对污染物的稀释扩散能力就越强。相反,大气状态越稳定,湍流受到抑制,大气对污染物的稀释扩散能力就越弱。污染物停滞积累在近地大气层中,从而加剧了大气污染,世界多次严重的大气污染事件,几乎都是在这种大气状态条件下产生的。

5. 烟流扩散

已知风与大气稳定度对污染物扩散输送的影响,现在结合具体的烟型进行定性讨论。在不同的大气状态下,可以看到烟囱里排出的烟羽有不同的形态,下面是几种典型的形状。

(1)翻卷型

大气处于不稳定状态,$\gamma > 0$、$\gamma > \gamma_d$。这时对流十分强烈,烟流上下左右摆动翻卷,混合、扩散强烈(图 7-6a)。若风速较大,推进大气的烟流翻卷激烈,扩散十分迅速,烟流范围很大。有时污染源附近浓度很大,但能很快扩散,而在较远的下风处,污染浓度较轻。此烟流型多发生夏秋季节及中午前后。

(2)锥型

大气处于中性状态,$\gamma > 0$、$\gamma = \gamma_d$。烟云轴基本保持水平,外形似一个椭圆锥。风力较大时,扩散比较迅速,仅次于不稳定层结,污染物输送得比较远(图 7-6b)。多出现于阴天或多云天和冬季的夜晚,风力又较大的时候。

(3)平展型

这种情况出现于逆温层,大气处于稳定状态,$\gamma < 0$、$\gamma < \gamma_d$。这时湍流受到抑制,因而烟流在垂直方向伸展很小,只沿下风方向水平地伸展,整个烟流扩散呈缓慢、弯曲的进行状,烟流可输送到很远的下风方向(图 7-6c)。多出现于冬春季微风的晴天,从午夜到清晨。

(4)熏蒸型

这是下部不稳定而上部稳定时的状况,即烟气排出口上方:$\gamma < 0$、$\gamma < \gamma_d$,大气处于稳定状态;而排出口下方:$\gamma > 0$、$\gamma > \gamma_d$,大气处于不稳定状态。烟囱排出的污染物在下方扩散很快,而向上则受阻,因而地面污染物浓度很高,这是最坏的一种情况(图 7-6d)。多出现于日出后一段时间,由于夜间地面以上气温出现逆温,但日出后,由于地面加热,逆温层从地面起向上逐渐破坏。当破坏到烟囱高度时,上部仍然处稳定状态,烟气不向上扩散,而下部不稳定,湍流发展,烟气向下扩散,导致地面烟尘滞留、集聚、浓度上升,常常造成污染危害。

(5)上升型

上升型与熏蒸型正相反,此时烟囱排出口上方:$\gamma>0$、$\gamma>\gamma_d$,大气处于不稳定状态;而排出口下方:$\gamma<0$、$\gamma<\gamma_d$,大气为逆温,处于稳定状态。其烟流特点是:烟气不向下扩散,而向上扩散良好(图 7-6e)。此烟流型一般出现在傍晚前后,这时地面由于长波辐射而降温,从而形成低层逆温,而高空尚保持气温的递减状态。

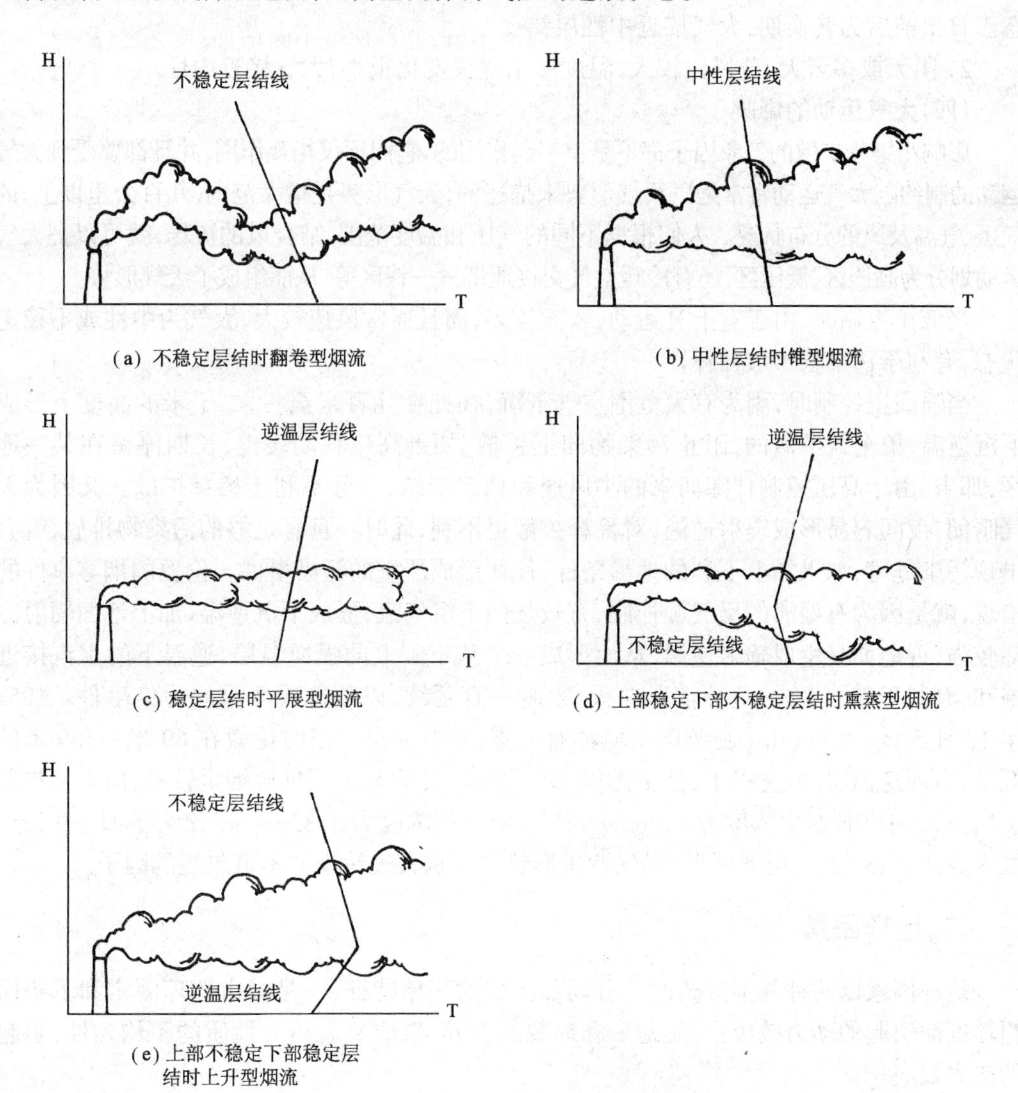

图 7-6　烟流扩散类型

(三)辐射与云

太阳辐射是地面和大气的主要能量来源。地面白天吸收来自太阳的辐射而增温,夜间又以长波辐射的形式向外辐射使自身降温。

云对太阳辐射起着反射和吸收的作用,减少了对地面的辐射。阴雨天由于云层的阻挡,地面接受太阳辐射就少。同样,在夜间,当地面以长波形式向外辐射时,如果有云层,也会减弱这样的辐射,地面就不易冷却。由此可见,云层存在时,其总的效果是减小气温随高度的变化,减弱的程度要视云量多少来定。

辐射与云的影响基本是这样:

1. 晴朗的白天风比较小,阳光照射下的地面急剧增温。随之,空气也从下而上逐渐增热,气温则由下而上递减,大气处于不稳定状态,直至中午为最强。夜间,太阳辐射等于零,地面因有效长波辐射而失热,空气自下而上逐渐降温,从而形成逆温,大气处于稳定状态。日出前后为转换期,大气接近中性层结。

2. 阴天或多云天,若风比较大,温度层结昼夜变化很小,大气接近中性。

(四)大气运动的影响

影响污染物扩散的气象因子都不是单一起作用的,它们不仅相互作用,并且都要受到大气运动的制约。大气运动常常是以天气形势来描述的,天气形势是指大范围(几百公里以上)的气压、气温及风的分布状况。人们根据不同的气压和温度范围,结合风的流场,就可以把大气运动划分为高压区、低压区,还有冷暖空气交接地带——锋区等,从而组成了天气形势。

当低压控制时,由于有上升运动,云天较多,而且通常风速较大,大气为中性或不稳定状态,有利于污染物扩散稀释。

当强高压控制时,因为有大范围空气下沉,往往在几百米至一、二千米的高度上形成下沉逆温,象个盖子似的、阻止污染物向上扩散,如果高压移动缓慢,长期停留在某一地区,那末,由于高压控制伴随而来的小风速和稳定层结,十分不利于稀释扩散。又因为天气晴朗,夜间容易形成辐射逆温,对稀释扩散更不利,此时一旦有足够的污染物排放,就会出现污染危害,如果加上不利的地形条件,往往形成严重的污染事件。伦敦的烟雾事件的出现,就是因为有停滞的反气旋控制,有较强的下沉气流,形成下沉逆温,加上地面辐射冷却较强,近地面又生成辐射逆温,从而形成一个从下到上的强逆温层,逆温下的水汽接近饱和,有利于雾的生成,这种情况白天、夜晚一直延续,以致造成严重的污染事件。1952年12月5日~9日,几乎在英国全境都有大雾,并有逆温。当时伦敦在60米~150米的低空,出现逆温层,风速很小,甚至无风,天气又冷,住户与工厂排放烟尘较多,向上又扩散不出去,2月7日飘尘浓度为4.46mg/m^3,二氧化硫浓度为3.82mg/m^3,2月5日~9日死亡人数达2 484人。由此可见,天气背景形势是影响大气污染的不可忽视的因子。

二、地理因素

地理因素以两种基本方式改变着局部区域的气象特征,一是城市地理因素和下垫面粗糙度而引起的动力效应;一是地形和地貌的差异,造成地表热力性质的不均匀性,引起的热力效应。

(一)动力效应

空气流动总是受下垫面的影响,即与地形、地貌、海陆位置、城镇分布等地理因素有密切关系,在小范围引起空气温度、气压、风向、风速、湍流的变化,从而对大气污染物的扩散产生间接的影响。

在一定的地域内，山脉、河流、沟谷的走向，对主导风向具有较大的影响。另外，地形、山脉的阻滞作用，对风速也有很大影响，尤其是封团的山谷盆地，因四周群山的屏障影响，往往使静风、小风频率占很大比重。我国是一个多山之国，许多城市位于山间河谷盆地上，静风频率高达30%以上。例如重庆为33%，西宁为35%，昆明为36%，成都为40%，遵义为52%，承德为54%，天水为58%，兰州为62%，万县为66%，等等。这些城市因静风、小风时间多，不利于大气污染物的扩散。

高层建筑，体形大的建筑物和构筑物，都能造成气流在小范围内产生涡流，阻碍污染物质迅速排走扩散，而停滞在某地段内，加深污染。图7-7是气流通过一幢建筑物的情况。图7-8是风向与街道直交时产生的流场。它们表明城市单幢建筑物及建筑群，对风向风速都有一定的影响，一般情况下是建筑物背风区风速下降，在局部地区产生涡流，在该区域不利于气体扩散。

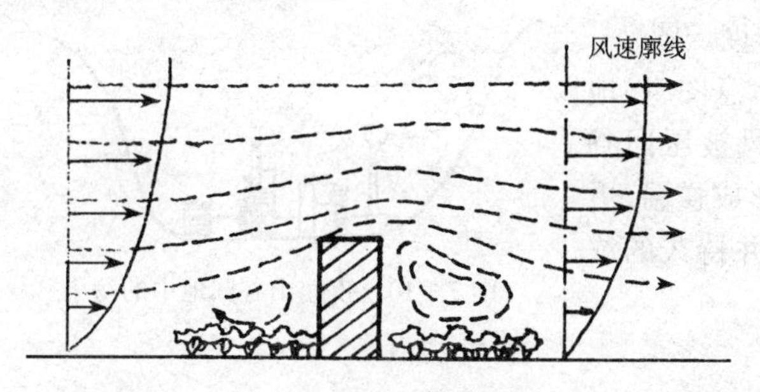

图7-7　建筑物对气流的影响

图7-8　风向与街道直交时产生的流场

下垫面本身的机械作用也会影响到气流的运动，如下垫面粗糙，湍流就可能较强，下垫面光滑平坦，湍流就可能较弱。因此下垫面通过本身的机械作用，也影响着污染物的扩散。

(二)热力效应

地形和地貌的差异，造成地表热力性质的不均匀性，往往形成局部气流，其水平范围一般在几公里至几十公里，局部气流对当地的大气污染起显著的作用。最常见的局地气流有海陆风、山谷风、热岛效应等等。

1．海陆风

白天由于太阳辐射，地面温度上升快而高于海面，陆地附近空气受热上升，海面空气即来填补，故白天空气自海面吹向大陆，一般可达数公里至几十公里，这就是海风。在夜间，情况则相反，陆地表面降温快，使得地面附近的空气吹向海洋，形成陆风。在海陆风出现时，近海海面和陆地上空，空气形成一环流，而白日和夜晚风向相反。在海陆风影响区域建厂，处理不当，容易形成近海地区的污染，见图7-9。

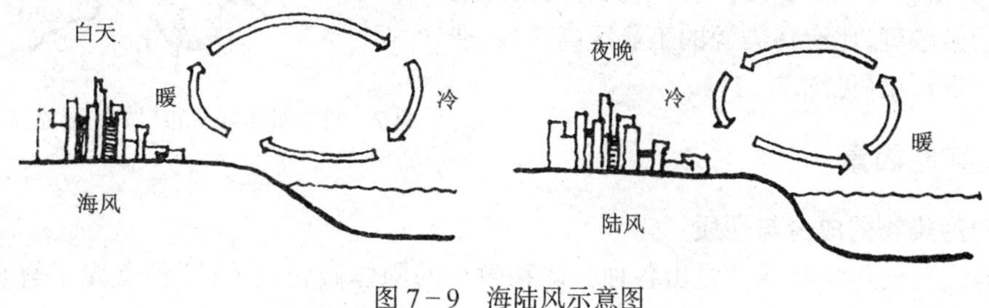

图7-9　海陆风示意图

2. 山谷风

山谷风的产生,主要是由于山坡和山谷底受热不均而产生。在系统性大气演变不剧烈时,遇天气晴朗的夜间,山坡冷却而使坡地上的空气密度大于谷底上同高度的空气密度,冷而重的空气即顺坡向下流动,就形成了坡风。沿河谷各处下泄的气流汇合起来,将构成一股速度较大、层次较厚的气流,顺河谷流向下游平原,这是山风。白天的情况相反,坡地上暖而轻的空气顺坡上升,而沿河谷有一股来自平原的气流来补充,这时形成的风叫谷风。

在不受大的天气形势影响的情况下,山风和谷风在一定的时间进行转换。清晨以后,山风逐渐转为谷风,接近黄昏时,又由谷风转为山风。

山谷风的产生是局部性加热冷却的差异所引起,有时会在山谷构成闭合的环流。在稳定的山谷风环流区,由于局地气流的影响,污染物往返积累,常常会达到很高的浓度。图7-10为夜间山谷中大气污染物积聚示意图,谷地的烟囱排出的烟(污染物)遇到山风被压回谷底,加上由于山风冷空气沉入谷地形成逆温,更加重了污染,有时会出现十分危险并持久的浓度。

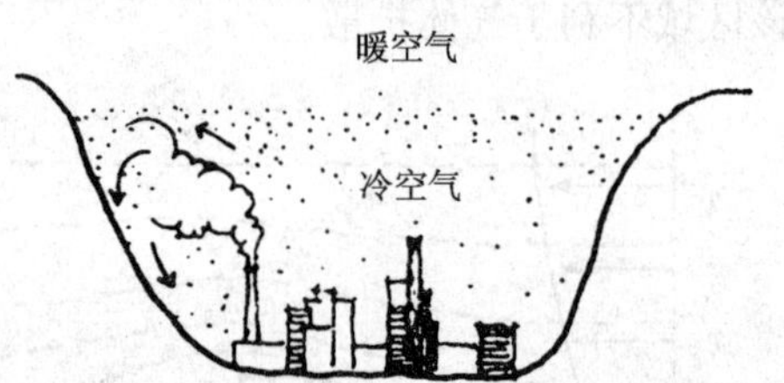

图7-10　夜间山谷凹地中的污染

3. 城市热岛效应

我们通常把城市近地面温度比郊区高的现象称为“城市热岛效应”。在本书第十一章,对此将进行了较详细的讨论。这里要讲的是城市热岛效应对大气污染物扩散的影响。

由于城区气温,特别是低层空气温度比四周郊区高,于是城市地区热空气上升,并在高空向四周辐射扩散,而在城市中心形成一个低压区,四周郊区较冷的空气会流入市区补充,这样就形成了城市特有的热力环流——热岛环流。这种现象在夜间、在晴朗平稳的天气下,表现得最为明显。热岛环流的示意图,见图11-8。

由于热岛环流的存在,城市郊区工厂所排放的污染物,可由低层吹向市区,使市区污染物浓度升高。因此,在城市四周布置工业区时,要考虑热岛环流存在这一因素。

日本的北海道旭日市,市郊是山地丘陵,市区为平地,有二十万人口,在市郊周围山地布置了工厂,由于城市热岛效应,结果周围市郊工厂的烟尘涌入市区,市中心烟雾弥漫,反而使没有污染源的市区的污染浓度,比有污染源的工业区高3倍,造成市区严重污染(见图7-11)。

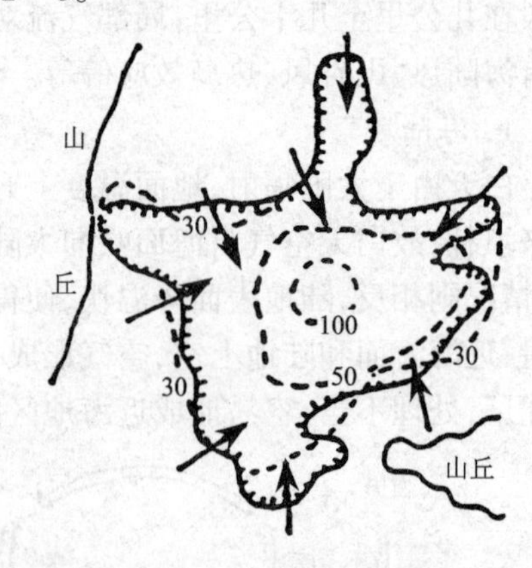

图7-11　日本旭日市“城市风”造成污染

三、其他因素

(一)污染物的成分与性质

排入大气的污染物通常是由各种气体和微小的固体微粒组成,应该首先了解它们的化学成分,因为不同的化学成分造成不同的污染危害。不同的化学成分在大气中的化学反应和清除过程也不同。对于固体颗粒,还应了解它们的粒径分布,因为不同的颗粒大小,它们在大气中重力沉降速度和清除过程是不同的,因而对浓度分布的影响也不同。

(二)污染源情况的影响

1. 源强的影响

源强是指污染物的排放速率。污染物的浓度与源强是成正比的,所以,要研究空气的污染问题,就必须首先摸清源强的规律。为了摸清这一规律,就必须对工厂的生产量、工艺过程、净化设备等有一定的了解。此外,除了烟囱排放外,各生产环节常有跑、冒、滴、漏等现象存在,对于这类无组织的排放,也要作相应的调查和考虑。

2. 源高的影响

污染源的排放高度对地面浓度分布有很大影响。一般地来说,离源越远则浓度越低,但对于高架源来说,情况比较复杂。它的最大浓度处不是在最近处,而是在相隔了一段距离处,然后浓度再逐渐减小。图 7-12 是烟囱高度分别为 40、60、80 米时在同一温度层结下对地面浓度的影响。在开阔平坦的地形和相同的气象条件下,高烟囱产生的地面浓度总比相同源强的低烟囱产生的地面浓度要低。地面最大浓度与烟囱高度的平方成反比。随距离的增加、烟囱高度的影响减少。

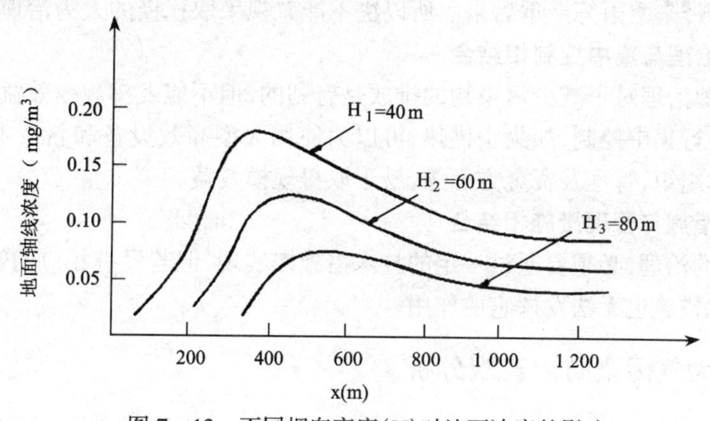

图 7-12 不同烟囱高度(H)对地面浓度的影响

另外烟气的温度也有影响。如果排放烟的温度高于周围的气温,则由于浮力和初始动能的作用,使烟气离开烟囱口以后上升到某一高度,这等于增加了烟囱的有效高度。

此外,温度层结对地面浓度的影响也与源高有关,对于高架源不能机械照搬前面所论述的理论。人们关心的是地面浓度而不是烟的中轴线高度的浓度。应该考虑由于源高而带来的变化。例如对于高架源,在大气稳定状态(如存在逆温)时,烟云常常可飘行几公里才接近地面,致使地面浓度最高值出现在离源较远的地方。相反,在层结不稳定时,由于空气垂直方向活动强烈,扩散较快,可使烟云在近距离便接近地面,地面最高浓度可能在离烟囱较近处出现。

第四节　城市大气污染防治

一、城市大气污染防治的原则

大气污染防治需要综合地运用各种防治方法控制区域大气污染。区域性污染和广域性污染是由多种污染源造成的，并受该地区的地形、气象、能源结构、工业结构、工业布局、建筑布局、交通状况、绿化面积、人口密度等多种自然因素和社会因素的综合影响。城市大气污染防治的原则是：

（一）减少污染物的排放与净化治理相结合

污染物的排放总量是决定一个区域环境质量的根本问题，对于大气污染来说，能源的消耗量、利用率和工业生产原料利用率的高低是决定排放总量的关键。而单纯对污染源净化处理，可以控制每个污染源排放的浓度，但控制不住污染物排放总量的增加，因而不能有效地改善区域的大气质量。必须两者结合，才能使大气中污染物总量逐步减少，大气质量得到根本改善。

（二）合理利用大气自净能力与人为措施相结合

利用大气的自净能力，可以使大气污染物在大气中稀释、扩散、迁移，减轻污染的危害，但这种利用必须是合理的。即使是采用高烟囱排放，若无节制，超过了大气所能承受的负荷，同样会带来酸雨等严重后果。所以决不能忽视采取积极的人为治理措施。

（三）分散治理与集中控制相结合

分散的点源治理对于减少污染物的排放是有利的，但不能发挥规模效益，也难以解决区域性问题，实行集中控制，如集中供热，可以为使用大型高效设备和新技术装备提供有利条件，在技术组织、管理及资金方面等，易于取得规模效益。

（四）技术措施与管理措施相结合

对污染源的治理，必须要通过一定的技术措施来实现，但若没有相应的管理措施作保证，再好的技术措施也无法发挥它的作用。

二、城市大气污染防治宏观分析

城市大气污染防治宏观分析就是在制定防治对策时，根据城市大气污染及大气环境特征，从城市生态系统角度，对影响大气质量的多种因素进行系统的综合分析。从宏观上确定大气污染防治的方向和重点，从而为具体制定防治措施提供依据。

（一）影响城市大气质量的因素分析

城市大气质量受到多种因素的影响。在进行系统分析时，可参考大气污染源调查及评价、大气污染预测等有关内容。综合因素分析如图 7－13。影响因素的分析尽可能做到定量。分析步骤如下：

1．先进行类比调查，查清本市的各有关因素指标与本省、全国平均水平的差距，或与有关指标原设计能力的差距。

2．计算各因素指标达到全省、全国平均水平或原设计能力时，所能相应增加的污染物削减量。

3．计算和分析各因素指标在平均控制水平下的污染物削减量比值，或计算在本市条件下所应达到的水平下的污染物削减量比值,从而确定主要影响因素。

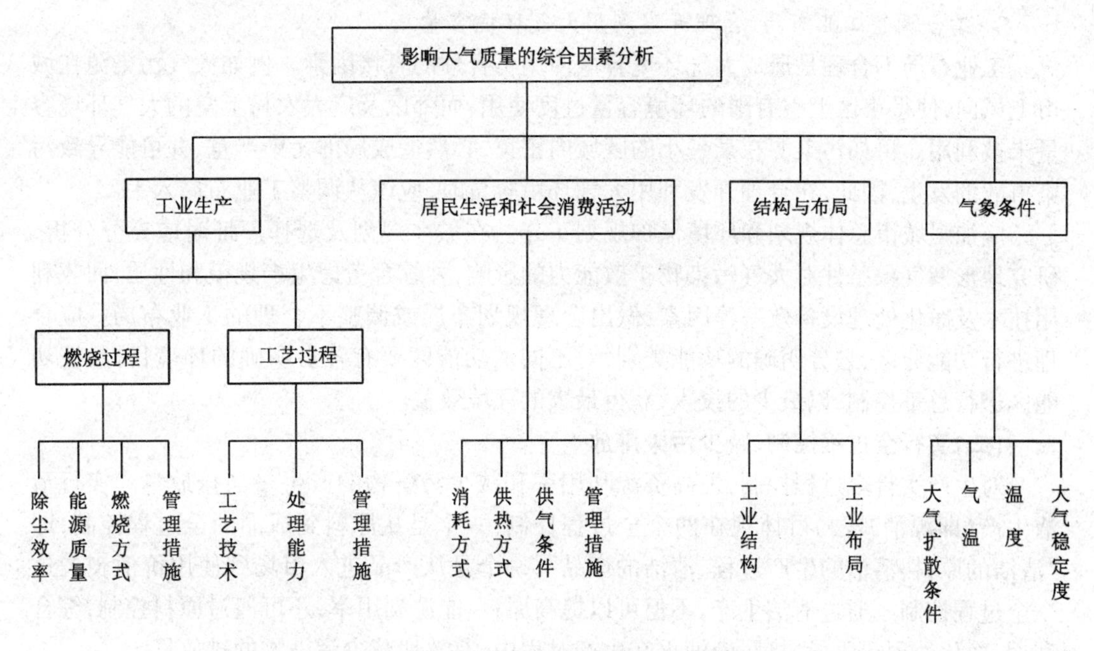

图7-13　影响大气质量的综合因素分析

(二)确定大气污染防治的方向和重点

通过对大气质量影响因素的综合分析,可以明确影响大气质量的主要因素和目前在控制大气污染方面的薄弱环节。在此基础上,就可以确定城市大气污染防治的方向和重点。这样可以避免在防治措施中面面俱到,没有重点或抓不住重点的弊病。

三、城市大气污染防治措施

由于各城市大气污染的特征以及防治的方向和重点不尽相同,所以,措施的确定具有很大的区域性,很难找到适合于一切情况的通用措施。这里简要介绍的是我国城市大气污染防治的一般措施。

(一)科学利用大气环境容量

1. 合理利用大气的自净能力

通过大气的稀释、扩散、氧化、还原等物理、化学作用,可使大气污染物减少和消除,这种现象称大气的自净能力。例如,排入大气的CO经稀释扩散后浓度降低,再经氧化变成CO_2,然后被绿色植物吸收,使空气成分恢复原来的状态。

烟囱越高,烟气上升力越强。又由于高空风速大,有利于污染物的扩散稀释,减少地面污染,同时还可改善燃料燃烧状态。

在保证大气中污染物浓度不超过要求值的前提下,可以也应该合理地利用大气环境容量。在制定防治措施时,应首先考虑这方面措施的可行性。

2. 绿化

充分利用植物的净化功能。植物本身除有调节气候、吸尘、降噪的功能外,还可吸收大气中的有害污染物,减少对人的危害,同时,绿化可以使大气的自净作用增强。因此,有计划地植树造林、开展绿化是大气污染综合防治具有长效性能和多功能的生态措施。

3. 结合调整工业布局,合理开发利用大气环境容量

工业布局不合理是造成大气环境容量使用不合理的直接因素。例如大气污染源在城市上风向,使得市区上空有限的环境容量过度使用,而郊区及广大农村上空的大气环境容量未被利用。再如污染源在某一小的区域内密集,必然造成局部污染严重,并可能导致污染事故的发生,因此,在合理开发利用大气环境容量时,应该从调整工业布局入手。

应加强城市总体规划和环境保护规划工作。在城乡规划及选择厂址时应充分分析、研究地形及气象条件对大气污染物扩散能力的影响,并综合考虑生产规模和性质,回收利用技术及净化处理设备效率等因素,做出合理规划布局或调整不合理的工业布局。应合理进行功能分区,划分明确的功能类别,对不同的功能区要有各自明确的环境目标,按功能区进行总量控制,以最少的投入,获得最大的环境效益。

(二)实行全过程控制、减少污染排放

对生产实行全过程控制,提高资源利用率和减少污染物的产生量与排放量。实行清洁生产(即源消减法)可体现在两个全过程控制:一个是从原料到成品的全过程控制,即“清洁的原料、清洁的生产过程、清洁的产品”,一个是从产品进入市场到使用价值丧失这个全过程控制。通过清洁生产,不但可以提高原料、能源利用率,还可通过原料控制,综合利用,净化处理等手段,将污染消灭在生产过程中,有效地减少污染物的排放量。

(三)节约能源

节能是解决大气污染防治的核心问题。通过减少能源的消耗,可有效地减少大气污染物的排放量。具体措施应包括改善燃料结构,使用清洁能源,选择含硫较少的煤炭作为民用燃料,发展与推广型煤等;应改造落后的燃烧方式与燃烧设备,提高燃烧的热效率;提高工业生产技术,使能源利用率逐渐提高。由于技术落后、设备陈旧,使得我国的生产产品的能耗,远远高于发达国家水平。据计算,如果我国国民产值能耗达到世界先进水平,每年就可节约3亿吨标煤当量。

(四)采用气体燃料

燃料气化是当前和今后解决煤炭燃烧污染大气的最有效措施。气态燃料净化方便,燃烧完全,是减轻大气污染较好的燃料形式。

发展气态燃料最主要的是解决气源问题。什么样的气体燃料适合于城市使用呢?一般只要有中等热值(低热值 $1.47\times10^{7}J/m^{3}$ 以上)和毒性小的气体燃料都可以,如天然气、矿井气、液化气、油制气、煤制气(包括炼焦煤气)和中等热值以上的工业余气等。其中天然气是一种非常优良的气体燃料,它的燃值高、污染小。天然气在我国许多城市正以较快的速度普及,这是由于我国大型的气田不断发现和开发。例如陕北大型天然气田目前已保证了北京、西安等城市的用气。作为西部大开发中一个重要项目——西气东输,将是一项非常庞大而有战略意义的工程,它将把新疆气田的天然气横穿中国输送到华东地区。这项工程完工后,除了经济效应外,其环境效应将是巨大的。天然气在我国城市中的普及,将大大改善城市大气环境质量。

(五)污染源治理

这是防止大气污染的必不可少的措施,实践证明,既使是采用了源削减及综合利用措施,也无法完全避免废气的排放。通过末端净化治理,使污染源的排放达到规定的排放标

准,对防治大气污染也是一个积极而有效的措施。

(六)加强管理

我国的环境问题,在很大程度上是由于管理不善造成的,为了保证大气污染综合防治的各项措施能有效实行,除必须有先进的科学技术手段和保证外,加强管理是关键问题之一。加强环境管理应在政府统一领导下完善环境立法,引入经济控制手段,加强统一监督管理职能。

四、城市大气污染防治技术

(一)烟尘污染的防治

大气中的烟尘主要由工业生产、交通运输工具以及人类生活中的燃料所产生,解决烟尘污染的基本措施是消烟除尘,而消烟的关键则在于改造燃烧设备和改进燃烧方法,使燃料在炉中充分燃烧,或改变燃料构成减少烟尘。灰尘主要是由高温烟气带出来的不可燃烧的灰分,因此,除了解决充分燃烧的问题外,安装除尘设备是消烟除尘的又一重要措施。此外,发展区域供热,采用集合式烟囱等,也是解决烟尘有效措施。

1. 改进燃烧

大气烟尘的有害物质从其生成上看,大致有三类:一是由于燃烧不完全时产生的一氧化碳、炭粉;二是燃烧后产生的,如二氧化硫和飞灰;三是高温燃烧时产生的,如氮氧化物和碳化氢。这三类污染物中,一、三类是不完全燃烧与高温燃烧的产物,可通过改进锅炉燃烧设备和燃烧方法,减少排放数量。第二类则要通过改变燃料构成(对燃料的选择和处理)来解决。

2. 改革燃料构成

对燃料进行选择和处理,是减少污染物产生的有效措施。各种燃料中灰分数量有很大差别,煤的灰分量为5%~20%,石油为0.2%,天然气中灰分量更少。所以要尽量选用灰分量少的燃料。

在有条件的城市,要逐步推广使用天燃气、煤气和石油气。这不仅可改进工业生产状况,而且对于改变城市居民千家万户的炉灶污染也是很有必要的。目前国内外更进而研究开发利用地热能、太阳能、潮汐能、氢燃料等新能源,以代替煤作燃料,减少污染。

3. 采用除尘装置

除尘装置可以减轻烟尘的排放,在技术上比较成熟。除尘器的整体性能主要是用三个技术指标(处理气体量、压力损失、除尘效率)和三个经济指标(一次投资、运转费用、占地面积及使用寿命)来衡量。

(二)气态污染物的防治

1. SO_2 废气的治理

目前消除和减少烟气中排出的二氧化硫量,主要有三种方法,即使用低硫的燃料、燃料脱硫和烟气脱硫。

(1)使用低硫燃料

一吨煤含5kg~50kg硫磺,一吨石油含5kg~35kg硫磺,天然气基本不含硫,因此,应根据需要尽量选用含硫量少的燃料。

(2)燃料脱硫

若选择燃料有困难时，可采取处理的方法，即燃料脱硫和烟气脱硫的方法。消除煤中的硫分，目前尚无很好办法，重油脱硫取得了一定进展。重油中的硫分大多为有机硫。使重油硫分降低，必须切断硫化物中的 C—S 键，使硫变成简单的固体或气体的化合物，从重油中分离出来，即采用加氢脱硫化法。由于工艺过程的差异，又分为间接脱硫和直接脱硫。间接脱硫法可将含硫 4% 的残油变为含硫 2.5% 左右的脱硫油。直接脱硫法从改进催化剂入手，直接对残油加氢脱硫。直接脱硫法效果较好，可使脱硫油含硫量下降到 1%。

(3)烟气脱硫

SO_2 是量大、影响面广的污染物。燃烧过程及一些工业生产排出的废气中 SO_2 的浓度较低，而对低浓度 SO_2 的治理，还缺少完善的方法，特别是对大气量的烟气脱硫更需进一步进行研究。目前常用的脱除 SO_2 的方法有抛弃法和回收法两种。抛弃法是将脱硫的生成物作为固体废物抛掉，方法简单、费用低廉，在美国、德国等一些国家多采用此法。回收法是将 SO_2 转变成有用的物质加以回收，成本高，所得副产品存在着应用及销路问题，但对保护环境有利。在我国，从国情和长远观点考虑，应以回收法为主。

①湿法

目前，在工业上已应用有脱除 SO_2 的方法主要为湿法，即用液体吸收剂洗涤烟气，吸收所含的 SO_2。其中氨法是用氨水为吸收剂，反应后生成的亚硫酸铵水溶液仍可作为吸收 SO_2 的吸收剂，主要反应如下：

$$NH_4HSO_3 + NH_3 \rightarrow (NH_4)_2SO_3 \tag{7-9}$$

$$(NH_4)_2SO_3 + SO_2 + H_2O \rightarrow 2NH_4HSO_3 \tag{7-10}$$

氨法工艺成熟，流程、设备简单，操作方便，副产的 SO_2 可生产液态 SO_2 或制硫酸。硫铵可作化肥，亚铵可用于制浆造纸代替烧碱，是一种较好的方法。该法适用于处理硫酸生产尾气，但由于氨易挥发，吸收剂消耗量大，因此缺乏氨源的地方不宜采用此法。

钠碱法是用氢氧化钠或碳酸钠的水溶液为开始吸收剂，与 SO_2 反应生成的 Na_2SO_3 继续收 SO_2，主要吸收反应为：

$$NaOH + SO_2 \rightarrow NaHSO_3 \tag{7-11}$$

$$2NaOH + SO_2 \rightarrow Na_2SO_3 + H_2O \tag{7-12}$$

$$Na_2SO_3 + SO_2 + H_2O \rightarrow NaHSO_3 \tag{7-13}$$

钠碱吸收剂吸收能力大，不易挥发，吸收系统不存在结垢、堵塞等问题。亚硫酸钠法工艺成熟、简单，吸收效率高，所得副产品纯度高，但耗碱量大，成本高，因此只适于中小气量烟气的治理。

钙碱法是用石灰石、生石灰或消石灰的乳浊液为吸收剂吸收烟气中 SO_2 的方法，对吸收液进行氧化可得副产品石膏，通过控制吸收液的 pH 值，可得副产品半水亚硫酸钙。该法所用吸收剂价廉易得，吸收效率高，回收的产物石膏可用作建筑材料，而半水亚硫酸钙是一种钙塑材料，用途广泛，因此成为目前吸收脱硫应用最多的方法。该法存在的最主要问题是吸收系统容易结垢、堵塞；另外，由于石灰乳循环量大，使设备体积增大，操作费用增高。

②干法

活性炭吸附法是在有氧气及水蒸汽存在的条件下，用活性炭吸附 SO_2。由于活性炭表面具有的催化作用,使吸附的 SO_2 被烟气中的 O_2 氧化为 SO_3,SO_3 再和水蒸气反应生成硫酸。生成的硫酸可用水洗涤下来;或用加热的方法使其分解,生成浓度高的 SO_2,此 SO_2 可用来制酸。活性炭吸附法,虽然不消耗酸、碱等原料,又无污水排出,但由于活性炭吸附容量有限,因此对吸附剂要不断再生,操作麻烦。另外为保证吸附效率,烟气通过吸附装置的速度不宜过大。当处理气量大时,吸附装置体积必须很大才能满足要求,因而不适于大气量烟气的处理。

催化氧化法在催化剂的作用下可将 SO_2 氧化为 SO_3 后进行净化。干式催化氧化法可用来处理硫酸尾气,技术比较成熟,已成为制酸工艺的一部分。

2. NO_x 废气的治理

对含 NO_x 的废气也可采用多种方法进行净化治理(主要是治理生产工艺尾气)。

(1)吸收法

目前常用的吸收剂有碱液、稀硝酸溶液和浓硫酸等。常用的碱液有氢氧化钠、碳酸钠、氨水等。碱液吸收设备简单,操作容易,投资少,但吸收率较低,特别是对 NO 吸收效果差,只能消除 NO_2 所形成的黄烟,达不到去除所有 NO_x 的目的。

用"漂白"的稀硝酸吸收硝酸尾气中的 NO_x,不仅可以净化排气,而且可以回收 NO_x 用于制硝酸,但此法只能应用于硝酸的生产过程中,应用范围有限。

(2)吸附法

用吸附法吸附 NO_x 已有工业规模的生产装置,可以采用的吸附剂为活性炭与氟石分子筛。活性炭对低浓度 NO_x 具有很高的吸附能力,并且经解吸后可回收浓度高的 NO_x,但由于温度高时,活性炭有燃烧的可能,给吸附和再生造成困难,限制了该法的使用。

分子筛吸附法适于净化硝酸尾气,可将浓度为 1 500ppm～3 000ppm 的 NO_x 降低到 50ppm 以下,而回收的 NO_x 可用于 HNO_3 的生产,因此是一个很有前途的方法,该法的主要缺点是吸附剂吸附容量较小,因而需要频繁再生,限制了它的应用。

(3)催化还原法

在催化剂的作用下,用还原剂将废气中的 NO_x 还原为无害的 N_2 和 H_2O 的方法称为催化还原法。催化还原法适用于硝酸尾气与燃烧烟气的治理,并可处理大气量的废气,技术成熟、净化效率高,是治理 NO_x 废气的较好方法。由于反应中使用了催化剂,对气体中杂质含量要求严格,因此对进气需作预处理;用该法进行废气治理时,不能回收有用物质,但可回收热量;应用效果好的催化剂一般均含有铂、钯等贵金属组分,因此催化剂价格比较昂贵。

3. 汽车废气治理

汽车发动机排放的废气中含有 CO、碳氢化合物、NO、醛、有机铅化合物、无机铅、苯并(a)芘等多种有害物。

对于汽车废气中含铅化合物的控制,在我国已有了进展,北京等几个城市已全面禁用含铅汽油,改用无铅汽油,全国各大城市也将推广。

控制汽车尾气中有害物排放浓度的方法有两种:一种方法是改进发动机的燃烧方式,使污染物的产生量减少,称为机内净化;另一种方法是利用装置在发动机外部的净化设备,对排出的废气进行净化治理,这种方法称为机外净化。从发展方向上说,机内净化是根本解决问题的途径,也是今后应重点研究的方向。机外净化采用的主要方法是催化净化法。

(1)一段净化法

一段净化法又称为催化燃烧法，即利用装在汽车排气管尾部的催化燃烧装置，将汽车发动机排出的CO和碳氢化合物，用空气中的氧气氧化成为CO_2和H_2O，净化后的气体直接排入大气。显然，这种方法只能去除CO和碳氢化合物，对NO_x没有去除作用，但这种方法技术成熟，是目前我国应用的主要方法。

(2)二段净化法

二段净化是利用二个催化反应器或在一个反应器中装入两段性能不同的催化剂，完成净化反应。由发动机排出的废气先通过第一段催化反应器(还原反应器)，利用废气中的CO和NO_x还原为N_2；从还原反应器排出的气体进入第二段反应器(氧化反应器)，在引入空气的作用下，将CO和碳氢化合物氧化为CO_2和H_2O。

按这种先进行还原反应，后进行氧化反应顺序的二段的反应法，在实践中已得到了应用，但该法的缺点是燃料消耗增加，并可能对发动机的操作性能产生影响，而在氧化反应器中，由于副反应的存在，将会导致NO_x含量的回升。

(3)三元催化法

三元催化法是利用能同时完成CO、碳氢化合物的氧化和NO_x还原反应的催化剂，将三种有害物一起净化的方法。采用这种方法可以节省燃料、减少催化反应器的数量，是比较理想的方法。但由于需对空燃比进行严格控制以及对催化剂性能的高要求，因此从技术上说还不十分成熟，因而应用较少。

第八章　城市水资源及水污染控制

水是地球上一切生命赖以生存、人类生活和生产不可缺少的基本物质。长时间以来，人们习惯于把水看作取之不尽、用之不竭的最廉价的自然资源。由于人口的膨胀和经济的发展，水资源短缺的现象正在世界许多地方相继出现，尤其是城市缺水状况，越来越加剧。当前，对水资源最大的威胁是来自水污染。水污染对水资源的破坏是迅猛的，并对人类的生命健康构成威胁。切实防治水污染，保护水资源是当今世界性的问题，更是我国城市普遍面临的当务之急。

第一节　对水的再认识

世界性水荒是自然界对人类的警告，人们对水的认识肯定是出了毛病，几千年来，人们对水熟视无睹，漠然置之，视其为取之不尽、用之不竭的普通物质，其实人类对水知之甚少。为了避免更大的、不可挽回的灾难，现在有必要对水进行再认识。

一、一种奇异的物质

水是地球上最奇妙、最不平凡的物理体和化学物质。几乎水的一切物理化学特性，都是自然界的罕见现象，可以说水本身就是一个奇迹。水作为一种物质，具有一系列特点，这些特点——异常现象——决定于水的分子结构和分子间存在的氢健。

（一）异常高的沸点和冰点

水的组分——氢和氧——沸点和冰点温度大约是在－200℃到－250℃。从分子结构上看，水分子由一个氧原子和两个氢原子组成，类似于其他那些也是由一个其他元素的原子和两个氢原子组成的物质。氢与和氧在同一族的碲、硒、硫的化合物分别 H_2Te、H_2Se、H_2S，它们的分子量依次是 129、80、34。这些物质的沸点相应是－4℃、－42℃和－61℃，而冰点依次是－51℃、－64℃和－82℃。如果按这个规律推论，因为水的分子量为 18，那末水的沸点应当在－70℃，冰点应当在－90℃，而不是 100℃和 0℃（在标准大气压下）。这就是说，如果水符合一般物质规律的话，那么，在地球上的气温条件下，水就只能以气态存在，世界将是另外一种样子。由于水的这些异常现象，才使得地球上的生命得以发生和生存。

（二）极高的热容和潜热

水是自然界热容最大的物质。占据地球上极大空间的水体，实际上是地球的贮热器。它把白天太阳的辐射热吸收贮存起来，晚上慢慢释放出来。因此，在地球上，无论是夏天还是冬天，白天还是夜晚温差都不是很大，给气候以缓和性。起到自动调温作用的不仅是海洋和地面水体，还有大气层中的水蒸汽。水蒸汽能阻留我们行星的长波热辐射，造成强大的“温室效应”。平常我们说到“温室效应”的时侯常提到 CO_2，而 CO_2 对于大气的温室效应所占份额为 18%，水蒸汽才是温室效应的主角，占 60%。如果大气中水蒸汽含量减少一半，则地面平均温度会下降5℃以上(由14.3℃降为9℃)。

除了水的巨大热容和水蒸汽的温室效应以外，对于缓和地球气候，包括使过渡季节——春秋气温变化较为平缓有显著影响的，还有冰在融化和水在蒸发时的巨大潜热值。

月球上因为没有海洋，没有大气中的水蒸汽，所以在它的表面上，温度变化十分悬殊，白天可达120℃，晚上则可降为-150℃。

(三)反常的密度

普通物质都遵循热胀冷缩的规律，其密度随温度的降低而变大，水在大部分温度范围也遵循这个规律，但在4℃~0℃间则表现反常。水温为4℃时，水的密度最大，低于4℃以后，因体积膨胀，其密度变小。这样造成固态的冰反而比液态的水密度小而浮在水面上。然而多亏这样的反常和犯规，冬天水面结冰时，冰浮在水面，成了很好的保温层，使得大多数的生物仍可在冰下的水中生活，使生命得以延续。

(四)极高的溶解力

水是一种很好的溶剂，事实上，没有一种物质是完全不溶于水的。因此，人和其他生物所需的养分都能溶解在水中，而细胞只能吸收溶解在水中的养料。水还有一个宝贵特性，它是一种惰性溶剂，即在溶解物质的过程中不发生化学变化。

以上特征就注定了水，只有水才是生命的摇篮。并且生物体本身重量平均约80%就是水。

水既然是一种极好的溶剂，那么造成的另一个结果是水成了各种污染物的天然载体，各种污染物很容易溶进水中，也就是说水是一种很容易遭受污染的物质。保护自然水体免遭污染，就是保护水资源。而目前自然水体的污染正破坏着宝贵的淡水资源，进而威胁着人类的生存。

二、水是唯一的

上述水所具有的奇异特性，在自然界是独一无二的，就是说世界上没有一种和水相类似的物质，这就是我们所要强调的水的唯一性。我们可以列举水的许多唯一性，如：

在我们这个星球，水是大量存在于地球表面的唯一天然液体。

水是三种聚合态——固态、液态、气态形式同时存在于自然界的唯一物质。

水是生命的唯一摇篮。

水是地球气候变化的总导演。

水对于世界，对于人类都是唯一的。现在许多人还没有充分认识到这一点。

三、水是无法替代的

人类对水资源的消耗是双重的，一方面用水量越来越大。据估算，公元前，一般人每天消耗12升水；中世纪为20升~40升；十八世纪为60升。而现在发达国家每人每天耗水量达500升~600升。现在世界上对水的消耗，人均耗水量和总消耗水量都呈增长趋势。另一方面人们又把污染物排入剩余的淡水中，使自然水体遭受污染而无法利用。实际上，对于水资源威胁更大的是后者。

人类如果不对水进行再认识，可能会犯无法挽回的错误。人们对水的认识存在着两个误区。一是认为水是取之不尽、用之不竭的，把可利用的水资源并没有盘点清楚。出现了水荒，也认为是暂时的、局部的、很快可以解决的。没有出现水荒的地方更认为水荒离自己还很遥远。人类对水认识的另一个误区是：把水看作是一种普通物质。人类从自己对自然的征服史上得出结论：由于世界和自然界的多样性，加之科学技术的不断发展，当人类发展受阻时，最后总能找到新的途径。

当人类的食物短缺，闹饥荒时，人们学会了迁徙，到新的地方求生存。人们还学会寻找新的食物，使自己的食谱不断扩大。当一种食物短缺时，便用另一种食物代替，这是人类的胜利，人是食谱最广的动物。在能源方面也是这样，人口增加后，树枝、木材不够烧时，人类幸运地找到了煤炭，煤炭没用完人们又开采石油，当石油危机出现时，人们很快从惊慌中摆脱出来，天然气成为后起之秀，核能也以迅猛的速度发展。太阳能、风能、地热都是人类的下一个目标。所以，近年来人们对能源危机已不再恐惧了。

在人类发展史上，当一种资源缺乏时，人们总能找到另外的资源来代替，得以继续发展。这种人定胜天的思维模式可以说没有失败过。但是，人类如果把水看作一般物质、一般资源，那么人类可能会犯一个无法挽回的错误，而这是一个不能犯的错误。

对水的再认识，就是要认识到水的奇特性、唯一性，结论是水的不可替代性。

人类不可能从自然界找到、也不可能人工制造出水的替代品，水是绝对唯一的，是绝对不可替代的。所以，人类要生存、要发展，只有唯一的一条路，就是要保护和珍爱现有的水资源。

第二节　城市水资源

一、天然水资源

地球表面的广大水体，在太阳辐射作用下，大量水分被蒸发，上升到空中，被气流带动输送到各地上空，遇冷凝结而以降水形式落到地面或水体，再从河道或地下流入海洋。水这样往复循环不断转移交替的现象称为水的自然循环。形成自然水循环的内因是水的物理特性，外因是太阳的辐射和地心引力。

水资源定义通常是指可供人们经常使用的水量，即大陆上由大气降水补给的各种地表、地下淡水体的储存量和动态水量。地表水包括河流、湖泊、冰川等，其动态水量为河流径流量，故地表水资源是由地表水体的储存量和河流径流量组成。地下水的动态水量为降水渗入和地表水渗入补给的水量，则地下水资源是由地下水的储水量和地下水的补给量组成的。淡水资源的可利用量不到地球上总水量的1%，仅是河流、湖泊等地表水和地下水的一部分。

我国的水资源基本上包括：地面水年径流量约26 100亿立方米，地下水储量约8 000亿立方米，冰山每年融水量约500亿立方米，扣除三者重叠部分，我国总的水资源约有28 000亿立方米，虽居世界第六位，但按人口平均计算（人口按13亿计），我国人均水资源仅有2 153立方米，只有世界人均占有量的1/4。另外，我国水资源空间分布很不均匀。长江流域以北的淮河、黄河、海滦河、辽河、黑龙江五个流域的人均水资源占有量只是略高于900立方米。其中海滦河流域则更少，仅有400立方米多。北京位于海滦河流域，人均水资源占有量仅仅是我国人均水资源占有量的1/6，为全世界人均水资源占有量的1/25，在世界120个国家的首都中居百位以下。

二、世界性水荒

水荒已成为最严峻的环境问题。近几十年来，世界各国由于经济的发展，城市化进程的加快，用水量剧增，缺水已是当今世界许多国家面临的重大问题。根据《1992年世界发展报告》的资料统计，全世界有22个国家严重缺水，其人均水资源占有量都在1 000立方米以下。另外还有18个国家的人均水资源占有量不足2 000立方米，如遇到降水少的年份，这些国家也会出现较严重的缺水局面。

当一个地区的需水量大于水资源的供水能力时，就会出现缺水现象，人们称之为“水荒”。1972年，在瑞典斯德哥尔摩举行的联合国人类环境会议上，许多国家的报告中都提到城市缺水问题。会议提要中指出：“遍及世界的许多地区，由于工业的膨胀和每人消费量的提高，需水量已增长到超过天然来源的境地。地下水被取竭，而且受到污染。为不断增长的人口和膨胀的工业提供清洁水，已是许多国家的一个技术、经济和政治上的复杂问题，而且是日益深化的问题。在各国的报告中，还没有其他环境问题受到如此重视。”由此可见，水荒已成为人类面临的最严峻的环境问题。如果说大气污染和其他环境问题现阶段已影响到人类的生存质量的话，那么水荒则直接威胁到人类的生存。

1982年5月，在内罗毕召开了纪念“联合国人类环境会议”10周年特别会议，并发表了“内罗毕宣言。从斯德哥尔摩到内罗毕的10年间，由于人口的增长和经济的大发展，水质恶化、水资源紧缺的矛盾更加尖锐，第二次环境问题的高潮开始出现。近年来世界总需水量平均每年约递增5%～6%，每过15年淡水消耗量就要增长1倍，有些国家平均每10年增长1倍，因此，世界性水荒日益严重。

三、城市水资源

城市水资源是指在当前技术条件下可供城市工业、郊区农业和城市居民生活需要的水资源。通常理解为可供城市用水的地表水体和地下水体中每年得到补给恢复的淡水量。但近年来将处理后的工业和城市生活污水回用于工业、农业和城市其他用水，也作为城市水资源的组成部分。城市水资源对城市经济发展和居民生活具有重要影响，已成为我国城市发展的主要制约因素。

根据《中国21世纪议程》、《现代中国经济大事典》、《2000年中国的环境》所提供的资料进行综合分析，水资源紧缺（水荒）将成为我国突出的重大环境问题。我国目前有400多个城市缺水，其中近50个百万以上人口的城市的缺水程度更为严重。这不仅影响居民的正常生活用水，而且制约着经济建设发展。

从全国水资源的开发利用情况来看，空间结构存在着很大的不平衡。南方多水地区利用程度较低，长江只有16%、珠江仅为15%、西南诸河则不到1%；而北方少水地区的利用程度却较高，各年平均，黄河为41%、淮河为32%、海河为61%、辽河为52%，在枯水年份还会更高。地下水的开采也是北方高于南方，目前海河平原浅层地下水的利用率已达93%。从水资源的供需关系来看，黄淮海平原、辽河中下游、山西能源基地、四川盆地等为重点缺水地区。我国各水资源一级区水资源量见表8-1，2004年各水资源一级区供用水量见表8-2。所以，开源节流、保护水资源，逐步实现水资源供需平衡，提高水资源综合利用水平,是一项重大的战略任务。保护水资源的一个重要的、不可忽视的方面就是防止水污染。

表 8－1　我国各水资源一级区水资源量　　单位:亿立方米

水资源一级区	降水量	地表水资源量	地表水资源量	地下与地表水资源不重复量	水资源总量
全　国	56 876.4	23 126.4	7 336.3	1 003.2	24 129.6
松花江	3 854.0	1 007.8	429.3	182.1	1 189.9
辽　河	1 638.4	335.7	183.2	83.3	419.0
海　河	1 686.6	137.9	237.7	161.6	299.6
黄　河	3 353.7	518.5	352.4	109.5	628.0
淮　河	2 573.6	511.6	391.9	240.7	752.2
长　江	18 546.8	8 633.6	2 259.5	100.9	8 734.6
其中:太湖	387.4	109.4	39.8	15.6	125.0
东南诸河	2 945.4	1313.3	388.3	10.4	1 323.8
珠　江	7 359.3	3 500.9	860.9	12.0	3 512.9
西南诸河	9 404.8	5 969.3	1 547.3	0.0	5 969.3
西北诸河	5 513.8	1 197.7	785.7	102.7	1 300.4

表 8－2　2004 年各水资源一级区供用水量　　单位:亿立方米

水资源一级区	供水量				用水量				
	地表水	地下水	其他	总供水量	生活	工业	农业	生态	总用水量
全　国	4 504.2	1 026.4	17.2	5 547.8	651.2	1 228.9	3 585.7	82.0	5 547.8
松花江	219.6	150.0	0.0	369.6	33.7	69.6	263.1	3.2	369.6
辽　河	78.6	109.7	0.7	189.0	28.8	23.4	135.4	1.3	189.0
海　河	120.1	247.2	2.8	370.0	52.5	56.6	256.6	4.3	370.0
黄　河	237.9	132.1	2.1	372.1	37.1	54.7	277.1	3.2	372.1
淮　河	394.4	161.0	1.0	556.4	72.7	97.9	381.7	4.1	556.4
长　江	1 731.6	78.3	5.5	1 815.4	223.2	613.6	948.6	30.0	1 815.4
其中太湖	351.6	2.7	0.1	354.5	37.5	182.0	113.7	21.2	354.5
东南诸河	302.3	12.1	1.9	316.3	43.6	96.2	169.0	7.5	316.3
珠　江	817.6	42.2	2.5	862.3	134.2	197.5	522.5	8.0	862.3
西南诸河	94.1	2.5	0.2	96.9	8.9	4.6	83.1	0.2	96.9
西北诸河	507.9	91.3	0.5	599.7	16.4	14.7	548.4	20.1	599.7

各城市对水资源的利用情况也各有不同,大略可以分为工业用水和生活用水两类。不同的工业企业用水情况差别较大,如发电、造纸、人造纤维等工业的需水量最大,而水泥、机械制造等工业用水量相对较小。人们的生活用水量,由于人们的生活习惯和生活水平及气候条件不同,生活需水量差异十分悬殊。随着生活水平的提高,特别是城市化进程的加快,城市居民用水量剧增。

我国北方许多城市,如天津、青岛、大连、西安等城市采取了跨流域引水的方式来解决水资源严重不足的问题。正在规划和实施中的南水北调工程更是前所未有的、巨大的跨流域调水工程,它的实施将会大大缓解北方地区的水资源短缺问题。

城市水环境系统的特点不仅表现在淡水资源的有限性，还表现在自净能力的有限。随着工业、农业和城市对淡水的需求量急剧增长，继而将产生越来越多的工业废水和生活污水，目前有相当多的废水不经合理处理便直接排入附近水体，造成对水资源的破坏。我国城市附近的水环境的污染都十分严重。

第三节　水体污染及危害

一、水体污染

（一）水体

水体系河流、湖泊、沼泽、水库、地下水、冰川和海洋等“贮水体”的总称。在环境科学领域中，水体不仅包括水，而且也包括水中的悬浮物、底泥及水中生物等。从自然地理的角度看，水体是指地表被水覆盖的自然综合体。

水体可以按“类型”区分，也可以按“区域”区分。按“类型”区分时，地表贮水体可分为海洋水体和陆地水体；陆地水体又可分成地表水体和地下水体。按区域划分的水体，是指某一具体的被水覆盖的地段，如太湖、洞庭湖、鄱阳湖，是三个不同的水体。但按陆地水体类型划分，它们同属于湖泊；又如长江、黄河、珠江，它们同为河流，而按区域划分，则分属于三个流域的三条水系。

在环境污染研究中，区分“水”和“水体”的概念十分重要。如重金属污染物易于从水中转移到底泥中（生成沉淀，或被吸附和螯合），水中重金属的含量一般都不高，仅从水着眼，似乎水未受到污染；但从整个水体来看，则很可跑受到较严重的污染。重金属污染由水转向底泥可称为水的自净作用，但从整个水体来看，沉积在底泥中的重金属将成为该水体的一个长期次生污染源，很难治理，它们将逐渐向下游移动，扩大污染面。

（二）水体污染

水体污染是指排入水体的污染物在数量上超过了该物质在水体中的本底含量和水体的环境容量，从而导致水体的物理特征、化学特征和生物特征发生不良变化，破坏了水中固有的生态系统，破坏了水体的功能及其在经济发展和人们生活中的作用。

造成水体污染的因素是多方面的，如向水体排放未经过妥善处理的城市污水和工业废水；施用的化肥、农药及城市地面的污染物，被雨水冲刷，随地面径流而进入水体；随大气扩散的有毒物质通过重力沉降或降水过程而进入水体等。其中第一项是水体污染的主要因素。

二、水污染指标

污水和受纳水体的物理、化学、生物等方面的特征是通过水污染指标来表示的。水污染指标又是控制和掌握污水处理设备的处理效果和运行状态的重要依据。

水污染指标的检测方法，国家已有明确的规定，检测时应按国家规定的方法或公认的通用方法进行。由于水污染指标数目繁多，在水污染控制工程的应用中，应根据具体情况选定。现就一些主要的水污染指标分别简述如下。

（一）生化需氧量(BOD)

生化需氧量(BOD)表示在有氧条件下，好氧微生物氧化分解单位体积水中有机物所消耗的游离氧的数量,常用单位为毫克/升。这是一种间接表示水被有机污染物污染程度的指标,首先是借助微生物来表示,但不是直接用微生物,而是通过微生物代谢作用所消耗的溶解氧量来表示。

一般有机物在微生物新陈代谢作用下,其降解过程可分为两个阶段,第一阶段是有机物转化为 CO_2、NH_3 和 H_2O 的过程。第二阶段则是 NH_3 进一步在亚硝化菌和硝化菌的作用下,转化为亚硝酸盐和硝酸盐,即所谓硝化过程。污水的生化需氧量,一般只指有机物在第一阶段生化反应所需要的氧量。

在 20℃和在 BOD 的测定条件(氧充足、不搅动)下,一般有机物 20 天才能够基本完成第一阶段的氧化分解过程(完成全过程的 99%)。这就是说,测定第一阶段的全部生化需氧量,需要 20 天,这在实验工作中是难以做到的。为此又规定一个标准时间,一般以五日作为测定 BOD 的标准时间,而称之为五日生化需氧量,以 BOD_5 表示之。BOD_5 约为 BOD_{20}的 70%左右。

(二)化学需氧量(COD)

用强氧化剂——重铬酸钾,在酸性条件下能够将有机物氧化为 CO_2 和 H_2O,此时所测出的耗氧量称为化学需氧量。

COD 能够比较精确地表示有机物含量,而且测定需时较短,不受水质限制,因此多作为工业废水的污染指标。重铬酸钾能够比较完全地氧化水中的有机物。它对低碳直链化合物的氧化率为 80%~90%,其缺点是不能像 BOD 那样表示出微生物氧化的有机物量,直接从卫生方面说明问题。此外,它还能氧化一部分还原性物质,因此 COD 值也含有一定的误差。

用另一种氧化剂——高锰酸钾,也能够将有机物加以氧化,测出的耗氧量较 COD 低,称之耗氧量,以 OC 表示。

成分比较稳定的污水,其 BOD_5 值与 COD 值之间能够保持一定的相关关系。而 $\frac{BOD_5}{COD}$ 比值可作为衡量污水是否适宜于采用生物处理法进行处理(即可生化性)的一项指标,其值越高,污水的可生化性越强。

一般来说对于同一水样,$COD > BOD_{20} > BOD_5 > OC$,而 COD 与 BOD_5 值之差可大致地表示不能为微生物降解的有机物量。

(三)总需氧量(TOD)

有机物主要是由碳(C)、氢(H)、氮(N)、硫(S)等元素所组成。当有机物完全被氧化时,C、H、N、S 分别被氧化为 CO_2、H_2O、NO 和 SO_2,此时的需氧量称为总需氧量(TOD)。其测定原理是:水中有机物在燃烧时,消耗了载气中的一部分氧,用电极测定剩余的氧量后,计算出的耗量即为总需氧量,单位为 mg/L。

(四)总有机碳(TOC)

总有机碳(TOC)表示的是污水中有机污染物的总含碳量。其测定结果以 C 含量表示,单位为 mg/L。总有机碳的测定原理是:水中有机碳在高温燃烧过程中,生成 CO_2,经红外气体分析仪测定后,再折算出其中的 C 含量。

水质比较稳定的同一污水,其 BOD_5 与 TOC 和 TOD 各值之间也可能存在着一定的相关关系。

（五）悬浮物

悬浮物是通过过滤法测定的，滤后滤膜或滤纸上截留下来的物质即为悬浮固体，它包括部分的胶体物质，单位为 mg/L。

（六）有毒物质

有毒物质是指其达到一定浓度时，对人体健康、水生生物的生长造成危害的物质。由于这类物质的危害较大，因此有毒物质含量是污水排放、水体监测和污水处理中的重要水质指标。有毒物质种类繁多，要检测哪些项目，应视具体情况而定。其中，非重金属的氰化物和砷化物及重金属中的汞、镉、铬、铅等，是国际上公认的六大毒物（砷有时与重金属放在一起进行研究）。

（七）pH 值

pH 值是反映水的酸碱性强弱的重要指标。它的测定和控制，对维护污水处理设施的正常运行，防止污水处理及输送设备的腐蚀，保护水生生物的生长和水体自净功能都有着重要的实际意义。

（八）大肠菌群数

大肠菌群数是指单位体积水中所含的大肠菌群的数目，单位为个/升，它是常用的细菌学指标。大肠菌群包括大肠菌等几种大量存在于大肠中的细菌，在一般情况下属非致病菌。如在水中检测出大肠菌群，表明水被粪便所污染。由于水中传染病的病菌和病毒检测困难，因此以大肠菌群作为间接指标。如地面水或饮用水中的大肠菌群数符合各自的规定，则可以认为是安全的。

三、水体中主要污染物及危害

水体中的污染物按某种类和性质一般可分为四大类，既无机无毒物、无机有毒物、有机无毒物和有机有毒物。除此以外，对水体造成污染的还有放射性物质、生物污染物质和热污染等。所谓有毒、无毒是根据对人体健康是否直接造成毒害作用而分的。严格来说，污水中的污染物质没有绝对无毒害作用的，所谓无毒害作用是相对而有条件的，如多数的污染物，在其低浓度时，对人体健康并没有毒害作用，而达到一定浓度后，即能够呈现出毒害作用。

（一）无机无毒物

污水中的无机无毒物质，大致可分为三种类型，一是颗粒状不溶物质；二是酸、碱无机盐类；三则是氮、磷等植物营养物质。

1. 颗粒状的污染物

砂粒、土粒及矿渣一类的颗粒状的污染物质，是无毒害作用的，一般它们和有机性颗粒状的污染物质混在一起统称悬浮物或悬浮固体，在污水中悬浮物可能处于三种状态，部分轻于水的悬浮物浮于水面，在水面形成浮渣，部分比重大于水的悬浮物沉于水底，这部分悬浮物又称为可沉固体。另一部分悬浮物，由于相对密度接近于水，乃在水中呈真正的悬浮状态。

悬浮物是水体的主要污染物之一。水体被悬浮物污染，可能造成以下主要危害：

①大大地降低了光的穿透能力，减少了水中植物的光合作用，并妨碍水体的自净作用。

②水中如存在有悬浮物,它们对鱼类产生危害,可能堵塞鱼鳃,导致鱼的死亡,制浆造纸废水中的纸浆此类危害最为明显。

③水中的悬浮物又可能是各种污染物的载体,它可能吸附一部分水中的其他污染物并随水流动迁移。

2. 酸、碱、无机盐类的污染物质

除了工业部门排放酸性或碱性工业废水外,有些矿区排出的酸性污染物实为酸性盐的水解物,例如硫铁矿排出物在水中的总反应式为:

$$FeS_2 + 3\frac{3}{4}O_2 + 3\frac{1}{2}H_2O \longrightarrow 2H_2SO_4 + Fe(OH)_3\downarrow \quad (8-1)$$

酸性废水与碱性废水相互中和产生各种盐类,它们与地表物质相应的反应,也可能生成无机盐类,因此酸和碱的污染必然伴随着无机盐类的污染。

酸碱污染水体,使水体的 pH 值发生变化,破坏自然缓冲作用,消灭或抑制微生物生长,妨碍水体自净,危害渔业生产。如长期遭受酸碱污染,水质逐渐恶化、还会引起周围土壤酸碱化。

酸、碱污染物不仅能改变水体的 pH 值,而且可大大增加水中的一般无机盐类和水的硬度,因酸碱中和可产生某些盐类,酸、碱与水体中的矿物相互作用也可产生某些盐类,水中无机盐的存在能增加水的渗透压,对淡水生物生长不利。世界卫生组织国际饮用水标准中,水中无机盐总量最大值为 500mg/L,极限值为 1 500mg/L。

酸、碱污染物造成水体的硬度增加对地下水的影响尤为显著。如我国北方的一些城市象北京、西安等地,因受城市和工业发展的影响,地下水的硬度在不断升高。如北京东南郊某些地区近 20 年来地下水硬度升高了 10 倍以上,平均每年升高 0.5 度～0.7 度。到目前为止还不能够确切地说明水质硬度的提高会对人类健康产生怎样的影响,但对工业用水的水处理费用的提高是显而易见的。如水的硬度增加,锅炉能源消耗增大。水垢传热系数是金属的 1/50,水垢厚度为 1mm～5mm,锅炉耗煤量将增加 2%～20%。据北京统计,用于降低硬度而软化水,每年要耗资两亿多元。

3. 氮、磷等植物营养物。

城市水体中过量的植物营养物质主要来自城市生活污水和某些工业废水。污水中的氮可分为有机氮和无机氮两类,前者是含氮有机化合物,如蛋白质、多肽、氨基酸和尿素等,后者则指氨氮、亚硝酸态氮、硝酸态氮等,它们中大部分直接来自污水,但也有一部分是有机氮经微生物分解转化而形成的。

(1)含氮化合物在水体中的转化

含氮化合物在水体中的转化分两步进行,第一步是含氮化合物的蛋白质、多肽、氨基酸和尿素等有机氮转化为无机氮中的氨氮,第二步则是氨氮的亚硝化和硝化,使无机氮进一步转化。这两步转化反应都是在微生物作用下进行的。

(2)含磷化合物在水体中的转化

水体中所有的无机磷几乎都是以磷酸盐形式存在的,包括:正磷酸盐 $(PO_4)^{3-}$、$(HPO_4)^{2-}$、$(H_2PO_4)^{-}$ 和聚合磷酸盐 $(P_2O_7)^{4-}$、$(P_3O_{10})^{5-}$。而有机磷则多以葡萄糖—6—磷酸、2—磷酸—甘油酸等形式存在。水体中的可溶性磷很容易与 Ca^{2+}、Fe^{3+}、Al^{3+} 等离子生成难溶性沉淀物而沉积于水体底泥中。沉积物中的磷,通过湍流扩散作用再度释放到上层水体中去。或者当沉积物中的可溶性磷大大超过水中磷的浓度时，则可能再次释放到水层中去。

(3)氮、磷污染危害及水体的富营养化

富营养化是湖泊分类和演化的一种概念，是湖泊水体老化的一种自然现象。在自然界物质的正常循环过程中，湖泊将由贫营养湖发展为富营养湖，进一步又发展为沼泽地和干地，但这一历程需要很长的时间，在自然条件下需几万年甚至几十万年，但富营养化将大大地促进这一进程。如果氮、磷等植物营养物质大量而连续地进入湖泊、水库及海湾等缓流水体，将促进各种水生生物的活性，刺激它们异常繁殖(主要是藻类)，这样就带来诸如赤潮等一系列的严重后果：

①藻类在水体中占据的空间越来越大，使鱼类活动的空间越来越少；衰死的藻类将沉积在水底。

②藻类种类逐渐减少，并由以硅藻和绿藻为主转为以蓝藻为主，而蓝藻有不少种有胶质膜，不适于作鱼饵料，而其中有一些种属是有毒的。

③藻类过度生长繁殖，将造成水体中溶解氧的急剧变化，藻类的呼吸作用和死亡的分解作用消耗大量的氧，有可能在一定时间内使水体处于严重缺氧状态，严重影响鱼类生存。

在这里应当着重指出的是硝酸盐对人类健康的危害，硝酸盐本身是无毒的，在水中检出硝酸盐即说明有机物已经分解。但是，现在发现硝酸盐在人胃中可能被还原为亚硝酸盐，亚硝酸盐与仲胺作用可生成亚硝胺，而亚硝胺则是致癌、致变异和致畸胎的所谓三致物质。此外，饮用水中硝酸氮过高还会在婴儿体内产生变性血色蛋白症，因此，国家规定饮用水中硝酸氮含量不得超过10mg /L。

(二)无机有毒物

1. 氰化物(CN)

水体中氰化物主要来自工业废水。有机氰化物称为腈，有少数腈类化合物在水中能离解出氰离子(CN^-)和氰氢酸(HCN)，因此，其毒性与无机氰化物同样强烈。

氰化物的污染危害：氰化物是剧毒物质，急性中毒抑制细胞呼吸，造成人体组织严重缺氧，人只要口服0.3mg～0.5mg就会致死。氰对许多生物有害，只要0.1mg/L就能杀死虫类；0.3mg/L能杀死水体赖以自净的微生物。

2. 砷(As)

砷是常见的污染物之一，对人体毒性作用也比较严重。工业生产排放含砷废水的有：化工、有色冶金、炼焦、火电、造纸、皮革等，其中以冶金、化工排放砷量较高。

三价砷的毒性大大高于五价砷。对人体来说，亚砷酸盐的毒性作用比砷酸盐大60倍，因为亚砷酸盐能够和蛋白质中的巯基反应，而三甲基砷的毒性比亚砷酸盐更大。

砷也是累积性中毒的毒物，当饮用水中砷含量大于0.05mg/L时，就会导致累积，近年来发现砷还是致癌元素(主要是皮肤癌)。

3. 重金属毒性物质

重金属是构成地壳的物质，在自然分布非常广泛。重金属在自然环境的各部分均存在着本底含量，在正常的天然水中重金属含量均很低，汞的含量介于10^{-3}mg/L～10^{-2}mg/L量级之间，铬含量小于10^{-3}mg/L量级，在河流和淡水湖中铜的含量平均为0.02mg/L，钴为0.004 3mg/L，镍为0.001mg/L。

重属与一般耗氧的有机物不同，在水体中不能为微生物所降解，只能在各种形态之间相互转化以及分散和富集，这个过程称之为重金属的迁移。重金属在水体中的迁移主要与沉淀、络合、螯合、吸附和氧化还原等作用有关。

重金属在水中可以化合物的形态存在，也可以离子形态存在。在地表水体中，重金属化合物的溶解度很小，往往沉积于水底。

重金属离子由于带正电，在水中易被带负电的胶体颗粒所吸附，吸附重金属离子的胶体，可以随水流向下游迁移，但大多数会很快地沉降来来。因此，重金属一般都富集在排放水中下游一定范围内的底泥中。沉积在底泥中的重金属是一个长期的次生污染源，很难治理，它们逐渐向下游推移，扩大污染面。

从毒性和对生物体的危害方面来看，重金属污染的特点有如下几点：

①在天然水体中只要有微量浓度即可产生毒性效应，一般重金属产生毒性的浓度范围大致在1mg/L～10mg/L之间，毒性较强的重金属如汞、镉等，产生毒性的浓度范围在0.01mg/L～0.001mg/L以下。

②微生物不能降解重金属，相反地某些重金属有可能在微生物作用下转化为金属有机化合物，产生更大的毒性。如汞在厌氧微生物作用下，转化为毒性更大的有机汞(甲基汞、二甲基汞)，甲基汞进入体内，15%的数量累积在脑内，侵入中枢神经系统，破坏神经系统功能。

③金属离子在水体中的转移与转化与水体的酸、碱条件有关，如六价铬在碱性条件下的转化能力强于酸性条件，六价铬可以还原为三价铬，三价铬也可能转化为六价铬，主要取决于水体的氧化还原条件；在酸性条件下二价镉离子易于随水迁移，并易为植物吸收，人通过食用含有镉的植物果实而得一种很特殊的病。镉是累积富集型毒物，进入人体后主要累积在肾脏和骨骼中，引起肾功能失调。骨质中钙被镉所取代，使骨骼软化，发生自然骨折，疼痛难忍，所以人们把这种病称为痛痛病。

④地表水中的重金属可以通过生物的食物链，成千上万倍地富集，而达到相当高的浓度。如淡水鱼可富集汞1 000倍、镉3 000倍、砷330倍、铬200倍等。藻类对重金属的富集程度更为强烈，如富集汞可达1 000倍、铬4 000倍。这样重金属就能够通过多种途径(食物、饮水、呼吸)进入人体，甚至遗传和母乳也是重金属侵入人体的途径。

⑤重金属进入人体后能够和生理高分子物质如蛋白质和酶等发生强烈的相互作用使它们失去活性，也可能累积在人体的某些器官中，造成慢性累积性中毒，最终造成危害，这种累积性危害有时需要一、二十年才显示出来。如痛痛病潜伏期就很长，短则10年，长则30年，但发病后很难治疗。

(三)有机无毒物(需氧有机物)

这一类物质多属于碳水化合物、蛋白质、脂肪等自然生成的有机物，它们易于生物降解，向稳定的无机物转化。在有氧条件下，由好氧微生物作用下进行转化，这一转化进程快，产物一般为CO_2、H_2O等稳定物质。在无氧条件下，则在厌氧微生物的作用下进行转化，这一进程较慢，而且分二阶段进行。首先在产酸菌的作用下，形成脂肪酸、醇等中间产物，继之在甲烷菌的作用下形成CO_2、H_2O、CH_4等稳定物质，同时放出硫化氢硫醇、粪臭等具有恶臭的气体。

在一般情况下，进行的都是好氧微生物起作用的好氧转化，由于好氧微生物的呼吸要消耗水中的溶解氧，因此这类物质在转化过程中都要消耗一定数量的氧，其污染特征是耗氧,故可称之耗氧物质或需氧污染物。

例如,在一般情况下,微分物分解 1mol 葡萄糖(162g)需要消耗 6mol(192g)氧,如下式所示:

$$C_5H_{10}O_5 + 6O_2 \longrightarrow 6CO_2 + 5H_2O \quad (8-2)$$

当水体中有机物浓度过高时,微生物消耗大量的氧,往往会使水体中溶解氧浓度急剧下降,甚至耗尽,导致鱼类及其他水生生物死亡。当水中溶解氧消失时,水中厌氧菌大量繁殖,在厌氧菌的作用下有机物可能分解放出甲烷和硫化氢等有毒气体,更不适于鱼类生存。

有机污染物的组成非常复杂,现有的分析技术是难以对其一一进行定量测定。此外,又因这种污染物的污染特征主要是消耗水中的溶解氧,所以在实际工作中一般都采用以氧当量表示水中耗氧有机物含量的指标,常用的有:生物化学需氧量(BOD);化学需氧量(COD);总需氧量(TOD);总有机碳(TOC)。

(四)有机有毒物

这一类物质多属于人工合成的有机物质,如农药(DDT、六六六等有机氯农药)、醛、酮、酚以及聚氯联苯、芳香族氨基化合物、高分子合成聚合物(塑料、合成橡胶、人造纤维)、染料等。这一类物质的主要污染特征如下:

①生化特性比较稳定,不易被微生物分解,所以又称难降解有机污染物。以有机氯农药为例,由于它们具有很强的化学稳定性,在自然环境中的半衰期为十几年到几十年。

②它们都有害于人类健康,只是危害程度和作用方式不同。如聚氯联苯、联苯氨是较强的致癌物质,酚醛以及有机氯农药等达到一定程度后,也都有害于人体健康及生物的生长繁殖。

③这一类物质在某些条件下,好氧微生物也能够对其进行分解,因此,也能够消耗水体中的溶解氧,但速度较慢。

对于这一类污染物,人们所关切的主要是前二项污染特征。有机有毒物质种类繁多,其中危害最大的有两类:有机氯化合物和多环有机化合物。

有机氯化合物被人们使用的有几千种,其中污染广泛,引起普遍注意的是多氯联苯(PCB)和有机氯农药。多氯联苯是一种无色或淡黄色的粘稠液体,流入水体后,由于它只微溶于水(每升水中最多只溶 1mg 左右),所以大部分以浑浊状态存在,或吸附于微粒物质上;它具有脂溶性,能大量溶解于水面的油膜中;它的相对密度大于 1,故除少量溶解于油膜中外,大部分会逐渐沉积于水底。由于它化学性质稳定,不易氧化、水解并难于生化分解,所以多氯联苯可长期保存在水中。多氯联苯可通过水体中生物食物链的富集作用,在鱼和其他生物体内浓度累积到几万甚至几十万倍,从而污染供人食用的水产品。多氯联苯是一氯联苯、二氯联苯、三氯联苯等的混合物,它的毒性与它的成分有关,含氯原子愈多的组分,愈易在体脂肪组织和器官中蓄积,愈不易排泄,毒性就愈大。其毒性主要表现为:影响皮肤、神经、肝脏,破坏钙的代谢,导致骨骼、牙齿的损害,并有亚急性、慢性致癌和致遗传变异等可能性。有机氯农药是疏水性亲油物质,能够为胶体颗粒和油粒所吸附并随其在水中扩散。水生生物对有机氯农药同样有很强的富集能力,在水生生物体内的有机氯农药含量可比水中的含量高几千到几百万倍,通过食物链进入人体,累积在脂肪含量高的组织中,达到一定浓度后,即显示出对人体的毒害作用。

有机氯农药的污染是世界性的,从水体中的浮游生物到鱼类,从家禽、家畜到野生动物体内，几乎都可以测出有机氯农药。

多环有机化合物（系指含有多个苯环的有机化合物）一般具有很强的毒性，例如，多环芳烃可能有致遗传变异性，其中3,4－苯并芘和1,2－苯并蒽等具有强致癌性。多环芳烃存在于石油和煤焦油中，能够通过废油、含油废水、煤气站废水、柏油路面排水以及淋洗了空气中煤烟的雨水而径流入水体中，造成污染。

酚排入水体后，会严重影响水质及水产品的产量及质量。低浓度的酚能使蛋白质变性，高浓度酚能使蛋白质沉淀，对各种细胞都有直接危害。人类长期饮用受酚污染的水，可能引起头昏、出疹、骚痒、贫血和各种神经系统症状。

（五）石油类污染物

近年来，石油及其油类制品对水体的污染比较突出，在石油开采、储运、炼制和使用过程中，排出的废油和含油废水使水体遭受污染。石油化工、机械制造行业排放的废水也含有各种油类。随着石油事业的迅速发展，油类物质对水体的污染愈来愈严重，在各类水体中以海洋受到油污染尤为严重。目前通过不同途径排入海洋的石油数量每年为几百万至一千万吨。

石油进入海洋后造成的危害是很明显的，不仅影响海洋生物的生长、降低海滨环境的使用价值、破坏海岸设施，还可能影响局部地区的水文气象条件和降低海洋的自净能力。

据实测，每滴石油在水面上能够形成$0.25m^2$的油膜，每吨石油可能覆盖$5\times10^5m^2$的水面。油膜使大气与水面隔绝，破坏正常的复氧条件，将减少进入海水的氧的数量，从而降低海洋的自净能力。

油膜覆盖海面阻碍海水的蒸发，影响大气和海洋的热交换，改变海面的反射率和减少进入海洋表层的日光辐射，对局部地区的水文气象条件可能产生一定的影响。

海洋石油污染的最大危害是对海洋生物的影响。水中含油0.1ml/L～0.01ml/L时对鱼类及水生生物就会产生有害影响。油膜和油块能粘住大量鱼卵和幼鱼。

（六）放射性污染物

水中所含有的放射性物质构成一种特殊的污染，它们总称放射性污染。核武器试验是全球放射性污染的主要来源，核试验后的沉降物质带有放射性颗粒，造成对大气、地面、水体及动植物和人体的污染。原子能工业特别是原子能电力工业的发展，如原子能反应堆、核电站和核动力舰等都可能排放或泄漏出含有多种放射性同位素的废物，致使水体的放射性物质含量日益增高。

污染水体最危险的放射物质有锶(90)、铯(132)等。这些物质半衰期长，化学性能与组成人体的主要元素钙和钾相似，经水和食物进入人体后，能在一定部位积累，严重时可引起遗传变异或癌症。

第四节　城市主要水污染源

一、工业污染源

工业生产几乎没有一种能够离开水，工业用水量占整个用水量的很大比重。大量工业用水，经过生产过程后，就会产生夹带各种有机或无机杂质的工业废水。工业废水的数量大、种类繁多、成分复杂，是城市水体污染的主要来源。表8－3列举了部分工矿废水的主要有害成分。

表8－3　部分工矿废水的主要有害成分

工厂名称	废水中主要有害物	工厂名称	废水中主要有害物
焦化厂	酚、苯类、氰化物、焦油、砷、吡啶	化纤厂	二硫化碳、胺类、酮类、丙烯腈
化肥厂	酚、苯、氰化物、砷、碱、氨、氟	仪表厂	汞、铜
电镀厂	氰化物、铬、铜、镉、镍	造船厂	醛、氰化物、铅
石油化工厂	油、氰化物、砷、吡啶、碱、芳烃	发电厂	醛、硫、锗、铜、铍
化工厂	汞、铅、氰化物、砷、萘、苯、硫化物、酸碱	玻璃厂	油、醛、苯、烷烃、镉、铜、硒
合成橡胶厂	苯类、氯丁二烯、醛	电池厂	汞、锌、醛、甲苯、氰化物、锰
造纸厂	碱、木质素、氰化物、硫化物、砷	油漆厂	醛、苯类、铅、锰、钴、铬
农药厂	农药、苯类、氯醛、砷、磷、氟、铅	有色冶金厂	氰化物、氟化物、铅、锰、镉、锗、铜
纺织厂	砷、硫化物、硝基物、纤维素	树脂厂	甲醛、汞、苯乙烯、氯乙烯、苯脂类
皮革厂	硫化物、砷、铬、洗涤剂、醛	磺药厂	硝基物、酸、炭黑
制药厂	汞、铬、硝基物、砷	煤矿	醛、硫化物
钢铁厂	醛、氰化物、锗、吡啶	铅锌厂	硫化物、镉、铅、锌、锗、放射性物质
磷矿	磷、氟、钍		

（一）钢铁工业的水污染

钢铁工业用水多，污染程度高，其中主要是焦化厂含有酚、氨、氰化物、氯化物和硫化物废水。此外按水的用途可分为：冷却水（冷却高炉炉体、热风炉热风阀、平炉炉体、电炉电极夹子、轧钢机架轴承等），这种水称为净废水，不经处理可以排出，也可以循环使用；洗涤水（清洗煤气、高炉水渣、冲轧钢铁屑等），含有悬浮固体物、氧化物、酚、氨和铁屑以及酸洗的酸性废水和乳化油类，这种污水必须处理才能排放。

（二）化学工业的水污染

化学工业种类很多，产品也很多，原料和生产方法也很多样化，废弃物种类极其繁多，而且有毒有害物质多，合理规划和布置化学工业，对保护和改善城市环境有很重要的意义。化工污染物大都是在生产过程中产生的，但其产生的原因和进入环境的途径是多种多样的，一般有下列几个方面：

化学反应不完全所产生的废料。在生产过程中，随反应条件和原料纯度不同，有一个转化率的问题，原料不可能全部转化为成品或半成品。一般的反应转化率只能达到70%～80%（最小的达3%～4%）。未反应的原料和杂质会妨碍反应正常进行。这种余下的低浓度或成分不纯的物料，常作为废弃物排入环境。

副反应所产生的废料。在生产过程中，在进行主反应的同时，经常还伴随着一些副反应。这些副产品，一般可以回收利用。但有时一些工厂因副产物数量不大，成分较复杂，回收利用经济上无利可图，就作为废料排弃。

冷却水。化工生产除需要大量热能外，还需要大量的冷却用水。一般生产1吨烧碱要用水100多吨,1吨石油化工产品,需水200吨～2 000吨。化工是用水较多的部门之一,同时也是废水排放量较多的一个部门。直接冷却时,冷却水直接与反应物料接触,排出的废水中就含有较多的化学污染物质。间接冷却,虽不直接接触,由于水中往往加入稳定剂、杀藻剂等,排出后也会造成污染。

设备和管道的泄漏。化工生产大都在气相或液相下进行,在生产和输送的各个环节中,由于设备和管道不严密、密封不良或操作不当等原因,往往造成物料漏损。

化工生产水污染的特点:有毒性和刺激性。化工废水中含有的污染物,许多是有毒或剧毒物质,如氰、酚、砷、汞、镉和铅等。这些物质在一定浓度下,大都对生物和微生物有毒性和剧毒性。有的物质不易分解,在生物内长期积累会造成中毒,如六六六、滴滴涕等有机氯化物。它们许多是致癌物质,此外,还有一些刺激、腐蚀性的物质,如无机酸、碱类等。化工废水中生化需氧量(BOD)和化学需氧量(COD)都较高,pH值一般不稳定,富营养物较多,化工反应常在高温下进行,排出的废水水温较高。

(三)石油化工水污染

石油化工是发展很快的新兴工业之一。它的发展已从根本上改变了化学工业的原料基础,它的发展也带来了大量的、严重的污染,当今已成为一个主要污染源,严重地污染城市环境。

石油化工厂废水的特点是水量大,水质变化多。一个生产装置比较完全的炼油厂,其用水量为加工原油的30～50倍,排污量为加工1吨原油约排出0.9吨污水。废水中悬浮物质少,水溶性和挥发性物质多,含有以硫化氢为主的还原性物质及不饱和化合物。废水浓度一般较高,BOD可大于几千,常含有对生物有毒的有机化合物。pH值均偏高或偏底,大多数为水溶性油分的废水,其水温也较高,即使在冬天废水温度也在20℃以上。

(四)造纸工业水污染

造纸工业是污染较严重的一个工业部门。在制浆造纸过程中,排出大量带色废水,生化需氧量高,还排放恶臭和刺激性气体,以及一定数量的固体废物,其中以废水的危害最大。

目前我国各地的小纸厂,多数是用烧碱或硫化碱蒸煮制浆的。碱法制浆造纸的生产过程是将原料经粉(切)碎后放入球形罐,加入烧碱经高温高压蒸煮,将木质素溶解,把纤维分离出来。在蒸煮、洗涤和漂白过程中,都会产生废水。蒸煮工序所排出的黄褐色废液(俗称"黑液"),含有大量的木质素、多糖类等有机物或游离残碱及无机盐。在漂白工序所产生的废液中,除有木质素外,尚有氯化物、硫化物、酚化合物等有害物质。

用碱法制浆的用碱量很大。每生产1吨纸浆,需200kg～400kg烧碱,除去蒸煮工序中消耗大部分外,还有部分游离碱存在于黑液中。同时还含有木材或草料中溶出的各种水溶性有机物,如果胶、多糖类、有机胶体物质、单宁等,大量排入水域,分解缓慢。如无木质纤维素,在水中要有一年以上时间才能分解;如有木质纤维素可能需要时间更长。它们在水中经微生物的分解,要大量消耗水中的溶解氧,造成水体缺氧现象,所有水生生物包括好氧微生物在内,都将难以生存。此时厌氧微生物将取而代之,使水腐化、发臭。

(五)制革工业水污染

制革的准备和鞣制的许多工序,都是在水或水溶液中进行的,其过程中有大量废液排出。制革废水的特点是碱性大,色度浓,耗氧量高,悬浮物多。pH值高达9～12,并含有100mg/L～1 000mg/L的硫化钠,15mg/L～40mg/L的三价铬,1 400mg/L～2 500mg/L

的氯化物,还含有一些其他有害物质。硫化物对水质影响极大,使之具有臭鸡蛋味。如用含有大量硫化物制革废水灌溉农田,则会污染土壤,使植物根部腐烂,造成农作物枯萎。制革厂广泛使用铬鞣液鞣革,三价铬盐会在土壤、植物、微生物以及水生物中积聚,通过食用含铬食物,进入人体,危害人们健康。废水中还含有大量的氯化物,如不处理用来灌溉,会使土壤碱化;如排入江河,又会使鱼类受危害,甚至使鱼类和水生物大量窒息而死亡。

(六)纺织印染业水污染

纺织印染工业是城市重要污染源之一。特别是印染加工,是排放工业废水的重要部门之一,几乎每道印染加工工序都是废水源,用水量和排水量都很大。一个日产万匹布(30万米)的印染厂,每日需要生产用水9 000吨,排出生产废水7 000多吨。在日本,每加工一吨纺织品,需要100吨~200吨工业用水。

印染废水可分为三类,即淀粉浆料废水(16%左右),废碱液(19%左右),其他染整加工废水(65%左右)。印染厂的废水中含有染料等有色污染物,色泽很深。一般认为,带色的印染废水会妨碍日光在水中的透射,不利于水生生物的光合作用,其结果是减少水生生物的食饵,降低了水中溶解氧,对水生动物生长不利。尤其是悬浮物量多的废水,更为严重。有人认为鱼类忌避有色水。印染厂废水中的硫酸或硫酸盐,在土壤还原状态下,可转化为硫化物,结果产生大量的硫化氢,引起植物根部腐烂。其次还会对土壤微生物生长造成不良影响。

二、生活污染源

生活污染源主要是城市化造成的。由于城市人口增多,城市规模扩大,人口越来越密集,排放出来的污染物和生活污水越来越多,病菌的扩散和传播也更容易,从而造成对城市居民安全的严重威胁。未经处理的污水排放入江河,致使一些直接饮用河水的地区常常大规模地流行疾病。

生活污水除含有碳水化合物、蛋白质和氨基酸动植物脂肪、尿素和氨、肥皂和合成洗涤剂等外,还含有细菌、病毒等使人致病的微生物。这种污水会消耗接受水体的溶解氧,也会产生泡沫妨碍空气中的氧气溶于水中,使水发臭变质。大量未经适当处理的污水排入河流、湖泊、水库,致使这些水体极度污浊。

城市生活污水中含有丰富的氮、磷,每人每天带到生活污水中有一定数量的氮,由于使用含磷洗涤剂,所以在生活污水中也含有大量的磷,生活污水中氮、磷的含量,与人们的生活习惯有关,且因地区和季节而不同。美国的生活污水平均含磷每人每年0.9kg,含氮3kg;日本的生活污水平均含磷量每人每年0.5kg,含氮4.5kg。粪便是生活污水中氮的主要来源。表8-4所列举的是我国一些城市污水中植物营养物质的含量。

表8-4 我国一些城市污水中氮、磷植物营养物含量(mg/L)

城　市	总　氮	氨　氮	磷	钾
上　海	93			19.5
北　京	26.7~55.4	22~48	11~39	5.2~11.7
天　津	50	29	3.2	10

续表

城市	总氮	氨氮	磷	钾
南京	33	—	11	15
武汉	28.7～47.3	25.2～40.3	11.5～34.5	29.1
西安	36	3.7～4.8	4～21	13.4
成都	43.4	—	—	微
哈尔滨	63～67	25～30	—	19.5

第五节　水体自净作用

一、水体自净

自然环境包括水环境对污染物质都具有一定的承受能力。水体能够在其环境容量的范围以内,经过水体的物理、化学和生物的作用,使排入的污染物质的浓度和毒性随着时间的推移在向下游流动的过程中自然降低,称之为水体的自净作用。也可简单地说,水体受到废水污染后,逐渐从不洁变清洁的过程称为水体自净。

(一)水体自净的过程

水体自净的过程很复杂,按其机理可分为:

1. 物理过程,其中包括稀释、混合、扩散、挥发、沉淀等过程。水体中的污染物质在这一系列的作用下,其浓度得以降低。稀释和混合作用是水环境中极普遍的现象,又是比较复杂的一个过程,它在水体自净中起着重要的作用。

2. 化学及物理化学过程,污染物质通过氧化、还原、吸附、凝聚、中和等反应使其浓度降低。

3. 生物化学过程,污染物质中的有机物,由于水体中微生物的代谢活动而被分解、氧化并转化为无害和稳定的无机物,从而使其浓度降低。

(二)自净作用的场所

以河流为例,形成自净作用的场所可分为以下几类:

1. 河水与大气间的自净作用,主要表现为河水的 CO_2、H_2S 等气体的释放。

2. 河水中的自净作用,系指污染物质在河水中的稀释、扩散、氧化、还原,或由于水中微生物作用而使污染物质发生生物化学分解,以及放射性污染物质的蜕变等等。

3. 河水与底质间的自净作用,这种作用表现为河水中悬浮物质的沉淀,污染物质被河底淤泥吸附等。

4. 河流底质中的自净作用,由于底质中微生物的作用使底质中的有机物质发生分解等。

由此看来,水体自净作用包含着十分广泛的内容,任何水体的自净作用又常是相互交织在一起的,物理过程、化学和物化过程及生物化学三个过程是同时、同地产生,相互影响的,其中常以生物自净过程为主,生物体在水体自净作用中是最活跃、最积极的因素。

二、物理自净过程——水体的稀释

水体自净的过程十分复杂,受很多因素的影响,其中物理自净过程包括稀释、挥发、沉淀等。挥发是污染物以气体挥发形式脱离水体,沉淀是水体中悬浮物沉积在底部,这些都能通过去除水中污染物而降低水中污染物浓度。而稀释是把的废水、污水排入天然水体作稀释,数十倍、数百倍的天然水稀释了污水,稀释作用的实质是污染物质在水体中因稀释和扩散而降低了浓度,但是,稀释并不能改变,也不能去除污染物质。

水体的稀释作用与污染物和水体的流量以及两者混合的程度有着密切关系。污染物进入水体后,会有两种运动形式,一是由于水流的推动而产生的沿水流方向的运动,称之为推流或平流;另一个是由于污染物在水中浓度的差异而形成的污染物从高浓度处向低浓度处的迁移,这一运动被称为扩散。

推流运动的强弱显然与水流速度有关,可以用式(8-3)表示:

$$Q_1 = v \cdot c \tag{8-3}$$

式中 Q_1——污染物质推流量,$mg/(m^2 \cdot s)$;

v——河流流速,m/s;

c——污染物质浓度,mg/m^3。

由式(8-3)可知,河流流速越大,污染物质推流量越大,也就是单位时间内通过单位横断面面积输送的污染物质数量越多。

扩散运动的表示式为:

$$Q_2 = -k\frac{dc}{dx} \tag{8-4}$$

式中 Q_2——污染物质扩散量,$mg/(m^2 \cdot s)$;

$\frac{dc}{dx}$——单位长度上的浓度变化值,$mg/(m^3 \cdot m)$,c 污染物浓度,x 为扩散路程长度。因为 x 值增大时 c 值相应减少,故$\frac{dc}{dx}$值为负值。

K——扩散系数,m^2/s。它与河流的弯曲程度、河床底部粗糙程度、流速、污染物排放情况有关。

由式(8-4)可知,污染物质的扩散量主要决定于水体中的污染物质的浓度差及水体的扩散系数。

推流和扩散是同时存在又相互影响的两种运动形式,其综合的结果是污染物浓度由排出口至水体下游逐渐降低,这就是稀释作用。当然,实际的稀释过程要复杂得多,污染物排入水体后并不能与全部河水完全混合。影响混合的因素很多,其中主要的有:

1. 河流流量与污水流量的比值。比值越大,达到完全混合所需的时间就越长。也就是说,需要通过较长的距离,才能使污水与整个河流断面上的河水达到完全均匀的混合。

2. 废水排放口的形式。如污水在岸边集中一点排入河道,则达到完全混合所需的时间较长。如污水是分散排放入水体,则达到完全混合的时间较短。

3. 河流的水文条件。河流的流速、流量等与其自净作用关系密切,特别是河水的紊流运动,使水中物质得到充分的混合,可使水断面上水流趋于均匀,水中溶解质分布较均匀,气体交换速度增大等。

显然，在没有达到完全混合的河道截面上，只有一部分水流参与了污水的稀释。参与混合的河水流量与河水总流量之比称为混合系数，即：

$$\alpha = \frac{Q_h}{Q} \qquad Q_h \leqslant Q \tag{8-5}$$

式中 α——混合系数；

Q_h——参与混合的河水流量，m^3/s；

Q——河水总流量，m^3/s。

在完全混合的河道截面上及其下游，混合系数 $\alpha = 1$，因为这时全部河水参与对污水的稀释。在从排放口到完全混合面的一段距离内，只有一部分河水与污水相混合，所以混合系数 $\alpha < 1$。

当河流较为平直，且没有局部急流险滩时，混合系数也可以近似地用下式表示：

$$\alpha = \frac{L_1}{L} \qquad (L_1 \leqslant L) \tag{8-6}$$

式中 α——混合系数；

L_1——污水排放口至计算断面的距离，m。

L——污水排放口至完全混合断面的距离，m。

污水被河水稀释的程度用稀释比 n 来表示，它是参与混合的河水流量 Q_h 与污水流量 q 的比值：

$$n = \frac{Q_h}{q} = \frac{\alpha Q}{q} \tag{8-7}$$

式中 q——污水流量，m^3/s；

α、Q_h、Q 同前。

在实际工作中，究竟采用河水的全部流量还是部分流量进行计算，需对具体情况作具体分析。在一般情况下宜考虑部分流量计算，即采用 $\alpha < 1$。根据经验，对于流速在 0.2m～0.3m/s 的河流，可取 $\alpha = 0.7$—0.8；河水流速较低时，α 可取为 0.3—0.6 左右；河水流速较高时，则可取为 α 为 0.9 左右；如果在排放口的设计中，采取分散式的排放口、将排放口伸入水体并设置多个排放口、或把污水送到水流湍急的地方时，都可以考虑采用河水全部流量（即 $\alpha = 1$）进行计算。

考虑了稀释作用后，计算断面上水中污染物质的浓度可用下式求出：

$$c = \frac{c_1 q + c_2 \alpha Q}{\alpha Q + q} \tag{8-8}$$

式中 c——计算断面上水中污染物质的浓度，mg/L；

c_1——污水中污染物质的浓度，mg/L；

c_2——污水排放前河水中该污染物质的浓度，mg/L；

α、q、Q 同前。

当污水排放前河水中该污染物质的浓度为零时，而污水流量 q 和污水总流量 Q 相比很小时，式(8-8)可以简化为：

$$c = \frac{c_1 q}{\alpha Q} = \frac{c_1}{n} \tag{8-9}$$

三、化学自净过程

化学自净是指氧化、还原、中和、分解、凝聚等作用使水体中污染物浓度降低的过程，其中尤以氧化还原反应为主。例如：

天然水体对排入的酸碱有较强的净化作用，因为酸、碱废水排入天然水体后能和水体中固相的各种矿物质相互作用。

酸排入水体后可与水体中的长石、粘土和石灰岩、白云石等作用，反应如下：

$$4H_2SO_4 + 2(Na\cdot K)AlSi_3O_3 \longrightarrow (Na\cdot K)_2SO_4 + Al_2(SO_4)_3 + 6SiO_2 + 4H_2O \quad (8-10)$$

或

$$H_2SO_4 + (CaMg) \longrightarrow (CaMg)SO_4 + H_2O + CO_2 \quad (8-11)$$

而碱则与硅石和游离碳酸反应，如：

$$2(Na、K)OH + SiO_2 \longrightarrow (Na、K)_2SiO_3 + H_2O \quad (8-12)$$

$$2(Na、K)OH + CO_2 \longrightarrow (Na、K)_2CO_3 + H_2O$$

水体中的这些反应对保护天然水体和缓冲天然水的 pH 值的变化有着重要意义。

氰化物在水中的自净作用。氰化物排入水体后有较强的自净作用，一般有以下两个途径：

1. 氰化物的挥发逸散。氰化物与水体中的 CO_2 作用生成氰化氢气体逸入大气：

$$CN^- + CO_2 + H_2O \longrightarrow HCN\uparrow + HCO_3^- \quad (8-13)$$

水体中的氰化物主要是通过这一途径而得到去除的，其比例可达 90% 以上。

2. 氰化物氧化分解。氰化物与水中的溶解氧作用生成铵离子和碳酸根：

$$CN^- + O_2 \xrightarrow{\text{细菌}} 2CNO^- \quad (8-14)$$

$$CNO^- + 2H_2O \xrightarrow{\text{细菌}} NH_4^+ + CO_3^{2-} \quad (8-15)$$

水体中氰化物的氧化作用是在微生物的促进作用下产生的，在一般天然水体条件下，由于微生物氧化作用所造成的氰自净量约占水体中氰总量的 10% 左右。在夏季温度较高，光照良好的最有利条件下，氰自净量可达 30% 左右，冬季由于阳光弱和气温低，这种净化作用显著减慢。

蛋白质是由多种氨基酸分子组成的复杂有机物，含有羧基和氨基，由肽键连接。蛋白质的降解首先是在细菌分泌的水解酶的催化作用下，进行水解，断开肽键，脱除羧基和氨基而形成 NH_3，这个过程称之为氨化。

NH_3 进一步在细菌（亚硝化菌）的作用下，被氧化为亚硝酸：

$$2NH_3 + 3O_2 \xrightarrow{\text{亚硝化菌}} 2HNO_2 + 2H_2O + 619.6\times10^3 J \quad (8-16)$$

继之亚硝酸在硝化菌的作用下，进一步氧化为硝酸：

$$2HNO_2 + 3O_2 \xrightarrow{\text{硝化菌}} 2HNO_3 + 200.97\times10^3 J \quad (8-17)$$

在缺氧的水体中，硝化反应不能进行，相反的却可能在反硝化菌的作用下，产生反硝化作用，生成氮气。

四、生物自净作用

在水体自净过程中，生物体是最活跃、最积极的因素。实际上，在化学自净作用中，一般的有机物反应都有生物体参与。生物自净作用，主要是在水体中有机污染物在生物作用下的降解。

有机物是不稳定的，随时都存在向稳定的无机物质转化的趋势。有机污染物进入水体，水中能量增加，如其他条件适宜，微生物必将得到增殖，有机物得到降解，从而消耗了水中的溶解氧。与此同时，水生植物在阳光的照射下进行光合作用放出氧气，并可以通过水面的复氧作用，水体从大气中得到氧的补充。如果排入水体的有机物在数量上没有超过水体的环境容量(即自净能力)，水体中的溶解氧会始终保持在允许的范围内，有机物在水体中进行好氧分解。如果排入水体的有机物过多，大量地夺取了水中的溶解氧，水体补充的氧量不敷需要，则说明排入的有机污染物在数量上已超过了水体的自净能力，水体将出现由于缺氧而产生的一些现象。若完全缺氧，有机物即将转入厌氧分解。

有机物是水体的重要的污染物质。BOD、COD是重要的水质指标。溶解氧(DO)含量是使水体中生态系统保持自然平衡的主要因素之一。溶解氧完全消失或其含量低于某一限值时，就会影响到这一生态系统的平衡，甚至能使其遭到完全破坏。所以水体中溶解氧含量是分析水体环境容量的主要指标。

图8-1所示是接纳大量生活污水的河流，水体中BOD和溶解氧(DO)的变化模式图。将污水排入河流处定为基点O，向上游去的距离取负值，向下游去的距离取正值。污水源为四万人口的小城市的下水道。再假定河流的流速为0.5m/s，流入河中的污水立即与河水混合。在排放前河水中的溶解氧含量为8mg/L，BOD_5处于正常状态(即低于4mg/L)，河水温度为25℃。在自净过程中，各指标值变化情况如下：

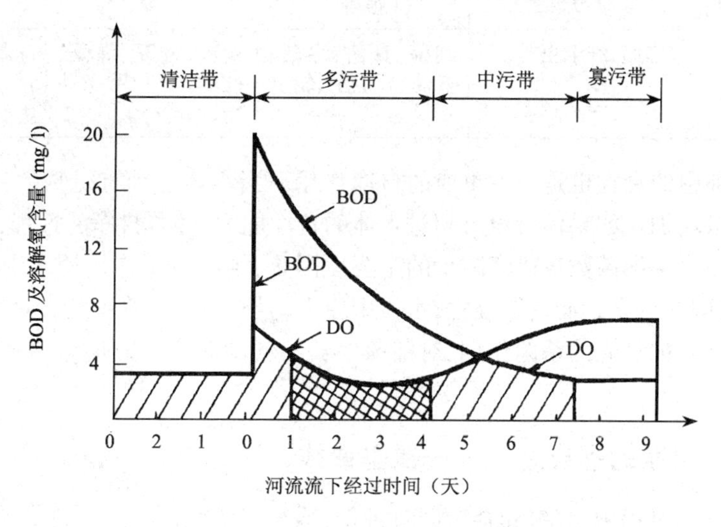

图8-1　溶解氧与BOD变化曲线图

1. BOD变化曲线

污水排放后，在O点处河水中BOD值急剧上升，高达20mg/L，随着河水下流，有机污染物被分解，BOD值逐渐降低；经过7.5天后，又恢复到原来状态。

2. 溶解氧(DO)变化曲线

污水排入水体后，河水中的溶解氧消耗于有机物的降解，开始下降，并从污水流入的第一天开始，含量低于地表水最低允许含量值—4mg/L。在流入2.5日处，降至最低点，以后逐渐回升，但在流入第 4 日前，溶解氧含量都低于地面水的最低允许含量（涂黑部分），此后逐渐回升，在流入的第 7.5 日后，恢复到原来状态。

可将接纳了含有大量有机物污水的河流，从污水排放后，按 BOD 及溶解氧曲线，划分为三个相连接的河段（带）：严重污染的多污带，污染较轻的中污带（又可分为强、弱二带）和污染不严重的寡污带。每一带除有各自的物理化学特点外，还有其的生物学特点（见表 8-5）。

表 8-5　各种污染带的特征

项　目	多　污　带	强　中　污　带	弱　中　污　带	寡　污　带
有机物	含有大量有机物，多是未分解的蛋白质和碳水化合物	由于蛋白质等的分解，形成了氨酸和氨	因氨的进一步分解，出现亚硝酸和硝酸，有机物量很少	沉淀的污泥也进行分解，形成硝酸盐，水中有机物极少
溶解氧	极少或全无（厌氧）	少量（兼性）	多（好氧）	很多（好氧）
BOD_5	很高	高	低	很低
硫化氢	多量	较多	少量	无
生物种属	很少	少	多	很多
各别优劣种	很强	强	弱	弱
细菌数（个/mL）	数十万至数百万	数十万	数万	数百—数十
水生维管植物	无	很少	少	多
主要生物群	细菌、纤毛虫	细菌、真菌、绿藻、蓝藻、纤毛虫、轮虫	蓝藻、硅藻、绿藻、软体动物、甲壳动物、鱼类	硅藻、绿藻、软体动物、甲壳动物、鱼类、水昆虫

水体中细菌的衰亡也是一种重要的自净作用。当水体受到有机物的污染时，水中细菌数量会大量增加。如果污染没有超过水体的自净能力，随着自净的过程，细菌数量会逐渐减少。促使水中细菌数量逐渐减少的主要原因是：生物自净作用使水中有机物量日渐减少，细菌将因缺少食物而逐渐衰亡；水体中原生动物、浮游动物不断吞食细菌，使其数量减少；其他原因，如日光的杀菌作用、对细菌生长不利的温度、pH 值等均可使细菌数量减少。

五、水体自净的标志之一——氧垂曲线

在水体自净过程中，复氧和耗氧同时进行，溶解氧的变化状况反映了水体中有机污染物净化的过程，因而可把溶解氧作为水体自净的标志。溶解氧的变化可用氧垂曲线表示（如图 8-2 所示）。

氧垂曲线图反映了耗氧和复氧的协同作用。图中 a 为有机物分解的耗氧曲线，b 为水体复氧曲线，c 为氧垂曲线，最低点 C_p 为最大缺氧点。若 C_p 点的溶解氧量大于允许值时，从溶解氧的角度看，说明污水的排放未超过水体的自净能力。若排入有机污染物过多，超过水体的自净能力，则 C_p，点低于规定的最低溶解氧含量，甚至在排放点下的某一段会出现无氧状态，此时氧垂曲线会出现中断。在无氧情况下，水中有机物因厌氧微生物

作用进行厌氧分解，产生硫化氢、甲烷等，水质变坏，腐化发臭。

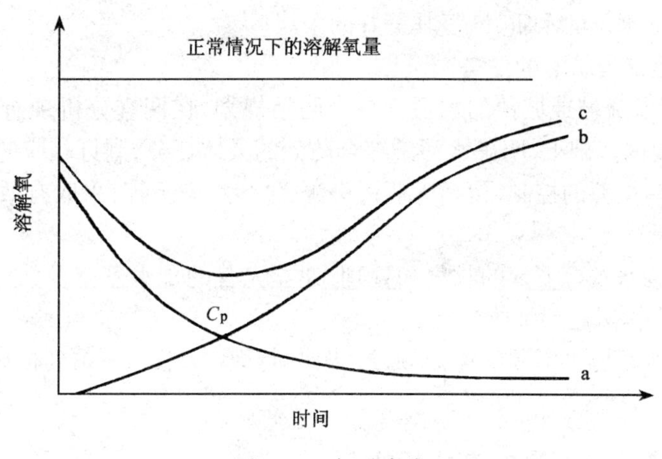

图 8－2　氧垂直线

六、水环境容量

水体的自净能力就是水环境接纳和降解污染物的能力。水环境容量是表示水环境可以容纳污染物的数量，也即水环境对污染物的最大负荷量。不同的水环境对各种污染物的容纳量是各不相同的，一般来说，它取决于三个因素，即：

1. 该水环境单元的各种环境条件；
2. 该污染物的地球化学特性；
3. 人及生物机体对该污染物的忍受能力。

水体对某种污染物质的水环境容量通常用下式表示：

$$W_i = V(c_s - c_B) + C \quad (8-18)$$

式中　W_i——某地面水体对 i 污染物的水环境容量，kg；

V—— 该某地面水体的体积，m^3；

c_s——i 污染物的环境标准，（水质目标），mg/L；

c_B——水体中 i 污染物的环境背景值，mg/L；

C——水体对 i 污染物的自净能力，kg。

污染物的环境标准是按保障人体健康和生态要求制定的，水体中该污染物的环境背景值是客观存在，所以水环境容量实质上取决于水体对该污染物的自净能力。

第六节　水污染综合防治

一、水污染综合防治的目标和任务

（一）水污染综合防治的目标

1. 确保地面水和地下水饮用水源地的水质，以便向居民提供安全可靠的饮用水。
2. 恢复各类水体的使用功能，如自然保护区、珍稀濒危水生动植物保护区、水产养殖区、公共浴泳区、工业用水取水区等,为经济建设提供水资源。

3. 清洁地面水体的水质,恢复其美好的景观。

(二)水污染综合防治的任务

1. 进行区域、流域或城镇的水污染综合防治规划,在调查分析现有水环境质量及水资源利用及需要的基础上,明确水污染综合防治的具体任务,制订相应的防治措施。

2. 加强对污染源的控制,包括工业污染源、生活污染源等,采取有效措施减少污染源排放的污染物量。

3. 对各类废水进行妥善的收集和处理,建立完善的排水系统及污(废)水处理厂,使污(废)水排入水体前达到排放标准。

4. 加强对水环境水资源的保护,通过法律、行政、技术等一系列措施,使水环境水资源免遭污染。

二、水污染综合防治的基本原则

(一)提高水资源利用率与水污染治理相结合

人类生态系统中水循环有两个方面,一是自然水循环,另一方面是人类用水循环(工农业生产用水和生活用水)。在水循环过程中要保证安全用水界限,并尽可能不降低水的质量,就需要对用水循环过程进行调节和控制,包括转变经济增长方式、调整经济结构、特别是要调整工业结构和改善工业布局,以及推行清洁生产等。但是,当前调控手段和方法还很难做到完全不产生污染、不排放污染物,所以还需要进行水污染治理。提高水资源利用率,减少污水排放与水污染治理相结合。

(二)合理利用环境的自净能力与人为治理措施相结合

充分、科学利用水环境自净能力是合理的,但要认识到环境自净能力是有限的、变化的,不断受到人类干扰的自然环境的自净能力是十分脆弱的。加强人为治理措施,有利于保护和更有效地利用环境的自净能力,有利于环境的自净能力的可持续。

(三)污染源分散治理与区域污染集中控制相结合

污水综合排放标准规定的第一类污染物必须由污染源分散治理达标排放,对于小型工业企业可以采用污染治理社会化的方法去解决,对于区域污染的污染物应以集中控制为主。为提高污染治理效益,应将污染源分散治理与区域污染集中控制相结合。

(四)技术措施与管理措施相结合

在规划、评价的基础上选定技术方案,技术方案实施后只有加强管理,才能使技术措施正常运行,获得良好的效益。

三、水污染防治的对策与措施

(一)合理利用水环境容量

水体遭受污染的原因有两个:一是因为水体纳污负荷分配不合理;二是因为负荷超过水体的自净能力(环境容量)。

科学利用水环境容量就是根据污染物在水体中的迁移、转化规律,综合计算和评价水体的自净能力,在保证水体目标功能的前提下,利用水环境容量消除水污染。水污染自净除了利用水体本身的稀释净化作用外,还可以利用水生植物的净化作用、土壤对污染物的净化作用等。

(二)节约用水,循环利用

综合防治水污染的最有效、最合理的方法是节约用水和循环利用。全面节流、适当开源、合理调度,从各个方面采取节约用水措施,不仅关系到经济的持续、稳定发展,而且直接关系到水污染的根治。

经过处理的城市污水,首先可用于农田灌溉、养鱼、养殖等。其次可用作工业用水,如在电力工业、石油开采和加工工业、采矿业和金属加工工业,把处理后的废水用作冷却水、生产过程用水、油井注水、矿石加工用水、洗涤水和消防用水等。当水质不能满足某些工艺的要求时,可在厂内进行附加处理。此外,还可作为城市低质给水水源,用作不与人体直接接触的市政用水,如洒水、浇灌花草、喷泉、消防等。

对工业废水,首先要采取节流措施,提高废水的循环利用率。如回用造纸厂的白水,以减少洗涤用水量。煤气发生站排出的含酚废水,应通过处理封闭循环使用。各种设备的冷却水都应循环使用。在一些情况下,废水可以顺序使用,即将某一设备的排水供另一设备使用。例如,锅炉水力冲灰系统可利用车间排出的没有臭味,不含挥发性物质的废水;回用钢厂冷却水来补充烟气洗涤水;用酸性矿山废水洗煤等。

酸和碱是工业上的重要物质,需求量大。碱性和酸性废水常被重复使用或转供其他工厂使用。食品工业废水和生活污水性质类似,经妥善处理后可以肥田。

发展中水系统,输送经处理后符合相应水质标准的处理水作为低质给水,是解决城市供水紧张的重要途径之一。日本已在这方面开展了许多研究和建设。我国城市,尤其是缺水和严重缺水的城市,有计划地建立中水系统,是充分利用废水资源,解决供水紧张的战略性措施。

(三)水环境功能分区及水环境质量标准

根据水环境的现行功能和经济、社会发展的需要,依据地面水环境质量标准进行水环境功能区划,是水源保护和水污染控制的依据。如地面水环境质量标准将水域按功能分为以下五类:

Ⅰ类主要适用于源头水、国家级自然保护区;

Ⅱ类主要适用于集中式饮用水地表水源地一级保护区、珍稀水生生物栖息地、鱼虾产卵场、仔稚幼鱼的索饵场等;

Ⅲ类主要适用于集中式饮用水地表水源地二级保护区、鱼虾类越冬场、洄游通道、水产养殖区等渔业水域及游泳区;

Ⅳ类主要适用于一般工业用水区及人体非直接接触的娱乐用水区;

Ⅴ类主要适用于农业用水区及一般景观要求水域。

以上分区引自我国《地表水环境质量标准》GB3838-2002。在该标准中,各类地面水域都有相应的质量标准,见表8-6。

表8-6 表1 地表水环境质量标准基本项目标准限值 单位:mg/L

序号	项目＼分类	Ⅰ类	Ⅱ类	Ⅲ类	Ⅳ类	Ⅴ类
1	水温℃	人为造成的环境水温变化应限制在: 周平均最大温升≤1 周平均最大温降≤2				
2	PH值(无量纲)	6~9				

续表

序号	项目 \ 分类		Ⅰ类	Ⅱ类	Ⅲ类	Ⅳ类	Ⅴ类
3	溶解氧	≥	饱和率90% ↓(或7.5)	6	5	3	2
4	高锰酸盐指数	≤	2	4	6	10	15
5	化学需氧量(COD)	≤	15	15	20	30	40
6	五日生化需氧(BOD5)	≤	3	3	4	6	10
7	氨氮(NH3-N)	≤	0.15	0.5	1.0	1.5	2.0
8	总磷(以P计)	≤	0.02(湖、库0.01)	0.1(湖、库0.025)	0.2(湖、库0.05)	0.3(湖、库0.1)	0.4(湖、库0.2)
9	总氮(湖、库、以N计)	≤	0.2	0.5	1.0	1.5	2.0
10	铜	≤	0.01	1.0	1.0	1.0	1.0
11	锌	≤	0.05	1.0	1.0	2.0	2.0
12	氟化物(以F-计)	≤	1.0	1.0	1.0	1.5	1.5
13	硒	≤	0.01	0.01	0.01	0.02	0.02
14	砷	≤	0.05	0.05	0.05	0.1	0.1
15	汞	≤	0.000 05	0.000 05	0.000 1	0.001	0.001
16	镉	≤	0.001	0.005	0.005	0.005	0.01
17	铬(六价)	≤	0.01	0.05	0.05	0.05	0.1
18	铅	≤	0.01	0.01	0.05	0.05	0.1
19	氰化物	≤	0.005	0.05	0.2	0.2	0.2
20	挥发酚	≤	0.002	0.002	0.005	0.01	0.1
21	石油类	≤	0.05	0.05	0.05	0.5	1.0
22	阴离子表面活性剂	≤	0.2	0.2	0.2	0.3	0.3
23	硫化物	≤	0.05	0.1	0.05	0.5	1.0
24	粪大肠菌群(个/L)	≤	200	2 000	10 000	20 000	40 000

同一水域兼有多类功能的,依最高功能划分类别。有季节性功能的,可按季节划分类别。

(四)制定水污染综合防治规划

1. 在水环境调查评价的基础上,分析确定水环境的主要问题。

2. 水污染控制单元的划分。根据水环境问题分析结论,考虑行政区划、水域特征、污染源分布特点,将源所在区域与受纳水域划分为一个个水污染控制单元。

3. 提出水环境控制目标,进行可行性论证。

4. 确定主要污染物削减量,以及削减比例分配方案。

5. 制定水污染综合防治规划及实施方案。

6. 实施规划的支持和保证。包括：资金来源分析，年度计划的制定，实施排污申报登记及排污许可证制度的建议方案，以及必要的技术支持等等。

（五）加强污水排放管理

1. 遵守污水排放标准

污水排放必须符合《污水综合排放标准》GB8978－1996 中有关污水最高容许排放浓度的规定（表 8－6、表 8－7）。标准中将污染物按性质分为二类。第一类污染物，指能在环境或动植物体内蓄积，对人体健康产生长远不良影响者，含有此类污染物质的污水，不分行业和污水排放方式，也不分受纳水体的功能类别，一律在车间或车间处理设施排出口取样，其最高允许排放浓度必须符合表 8－7 的规定，不得用稀释方法代替必要的处理。

表 8－7　第一类污染物最高允许排放浓度　　mg/L

污　染　物	最高允许排放浓度	污　染　物	最高允许排放浓度
1. 总汞	0.05	6. 总砷	0.5
2. 烷基汞	不得检出	7. 总铅	1.0
3. 总镉	0.1	8. 总镍	1.0
4. 总铬	1.5	9. 苯并(a)芘	0.000 03
5. 六价铬	0.5		

第二类污染物，指长远影响小于第一类污染物质，在排放单位排出口取样，其最高允许排放浓度必须符合表 8－8、表 8－9 的规定。

表 8－8　第二类污染物最高允许排放浓度
（1997 年 12 月 31 日之前建设的单位）　　单位：mg/L

序号	污 染 物	适用范围	一级标准	二级标准	三级标准
1	pH	一切排污单位	6～9	6～9	6～9
2	色度（稀释倍数）	染料工业	50	180	—
		其他排污单位	50	80	—
3	悬浮物（SS）	采矿、选矿、选煤工业	100	300	—
		脉金选矿	100	500	—
		边远地区砂金选矿	100	800	—
		城镇二级污水处理厂	20	30	—
		其他排污单位	70	200	400
4	五日生化需氧量（BOD5）	甘蔗制糖、苎麻脱胶、湿法纤维板工业	30	100	600
		甜菜制糖、酒精、味精、皮革、化纤浆粕工业	30	150	600
		城镇二级污水处理厂	20	30	—
		其他排污单位	30	60	300

续表

序号	污 染 物	适用范围	一级标准	二级标准	三级标准
5	化学需氧量（COD）	甜莱制糖、焦化、合成脂肪酸、湿法纤维板、染料、洗毛、有机磷农药工业	100	200	1 000
		味精、酒精、医药原料药、生物制药、苎麻脱胶、皮革、化纤浆粕工业	100	300	1 000
		石油化工工业（包括石油炼制）	100	150	500
		城镇二级污水处理厂	60	120	—
		其他排污单位	100	150	500
6	石油类	一切排污单位	10	10	30
7	动植物油	一切排污单位	20	.20	100
8	挥发酚	一切排污单位	0.5	0.5	2.0
9	总氰化合物	电影洗片（铁氰化合物）	0.5	5.0	5.0
		其他排污单位	0.5	0.5	1.0
10	硫化物	一切排污单位	1.0	1.0	2.0
11	氨氮	医药原料药、染料、石油化工工业	15	50	—
		其他排污单位	15	25	—
12	氟化物	黄磷工业	10	20	20
		低氟地区（水体含氟量<0.5mg/L）	10	20	30
		其他排污单位	10	10	20
13	磷酸盐（以P计）	一切排污单位	0.5	1.0	—
14	甲醛	一切排污单位	1.0	2.0	5.0
15	苯胺类	一切排污单位	1.0	2.0	5.0
16	硝基苯类	一切排污单位	2.0	3.0	5.0
17	阴离子表面活性剂（LAS）	合成洗涤剂工业	5.0	15	20
		其他排污单位	5.0	10	20
18	总铜	一切排污单位	0.5	1.0	2.0
19	总锌	一切排污单位	2.0	5.0	5.0
20	总锰	合成脂肪酸工业	2.0	5.0	5.0
		其他排污单位	2.0	2.0	5.0
21	彩色显影剂	电影洗片	2.0	3.0	5.0
22	显影剂及氧化物总量	电影洗片	3.0	6.0	6.0
23	元素磷	一切排污单位	0.1	0.3	0.3

续表

序号	污 染 物	适用范围	一级标准	二级标准	三级标准
24	有机磷农药(以P计)	一切排污单位	不得检出	0.5	0.5
25	粪大肠菌群数	医院、兽医院及医疗机构含病原体污水	500个/L	1 000个/L	5 000个/L
		传染病、结核病医院污水	100个/L	500个/L	1 000个/L
26	总余氯(采用氯化消毒的医院污水)	医院、兽医院及医疗机构含病原体污水	<0.5	>3(接触时间≥1h)	>2(接触时间≥1h)
		传染病、结核病医院污水	<0.5	>6.5(接触时间≥1.5h)	>5(接触时间≥1.5h)

表8-9 第二类污染物最高允许排放浓度

(1998年1月1日后建设的单位) 单位:mg/L

序号	污 染 物	适用范围	一级标准	二级标准	三级标准
1	pH	一切排污单位	6~9	6~9	6~9
2	色度(稀释倍数)	一切排污单位	50	80	—
3	悬浮物(SS)	采矿、选矿、选煤工业	70	300	—
		脉金选矿	70	400	—
		边远地区砂金矿	70	800	—
		城镇二级法水处理厂	20	30	—
		其他排污单位	70	150	400
4	五日生化需氧量(BOD5)	甘蔗制糖、苎麻脱胶、湿法纤维板、染料、洗毛工业	20	60	600
		甜莱制糖、酒精、皮革、化纤浆粕工业	20	100	600
		城镇二级污水处理厂	20	30	—
		其他排污单位	20	30	300
5	化学需氧量(COD)	甜莱制糖、合成脂肪酸、湿法纤维板、染料、洗毛、有机磷农药工业	100	200	1 000
		味精、酒精、医药原料药、生物制药、苎麻脱胶、皮革、化纤浆粕工业	100	300	1 000
		石油化工工业(包括石油炼制)	60	120	500
		城镇二级污水处理厂	60	120	—
		其他排污单位	100	150	500
6	石油类	一切排污单位	5	10	20
7	动植物油	一切排污单位	10	15	100

续表

序号	污 染 物	适用范围	一级标准	二级标准	三级标准
8	挥发酚	一切排污单位	0.5	05	2.0
9	总氰化合物	一切排污单位	0.5	0.5	1.0
10	硫化物	一切排污单位	1.0	1.0	1.0
11	氨氮	医药原料药、染料、石油化工工业	15	50	—
		其他排污单位	15	25	—
12	氟化物	黄磷工业	10	15	20
		低氟地区(水体含氟量＜0.5mg/L)	10	20	30
		其他排污单位	10	10	20
13	磷酸盐(以P计)	一切排污单位	0.5	1.0	—
14	甲醛	一切排污单位	1.0	2.0	5.0
15	苯胺类	一切排污单位	1.0	2.0	5.0
16	硝基苯类	一切排污单位	2.0	3.0	5.0
17	阴离子表面活性剂(LAS)	一切排污单位	5.0	10	20
18	总铜	一切排污单位	0.5	1.0	2.0
19	总锌	一切排污单位	2.0	5.0	5.0
20	总锰	合成脂肪酸工业	2.0	5.0	5.0
		其他排污单位	2.0	2.0	5.0
21	彩色显影剂	电影洗片	1.0	2.0	3.0
22	显影剂及氧化物总量	电影洗片	3.0	3.0	6.0
23	元素磷	一切排污单位	0.1	0.1	0.3
24	有机磷农药(以P计)	一切排污单位	不得检出	0.5	0.5
25	乐果	一切排污单位	不得检出	1.0	2.0
26	对硫磷	一切排污单位	不得检出	1.0	2.0
27	甲基对硫磷	一切排污单位	不得检出	1.0	2.0
28	马拉硫磷	一切排污单位	不得检出	5.0	10
29	五氯酚及五氯酚钠(以五氯酚计)	一切排污单位	5.0	8.0	10
30	可吸附有机卤化物	一切排污单位	1.0	5.0	8.0
31	三氯甲烷	一切排污单位	0.3	0.6	1.0
32	四氯化碳	一切排污单位	0.03	0.06	0.5

续表

序号	污 染 物	适用范围	一级标准	二级标准	三级标准
33	三氯乙烯	一切排污单位	0.3	0.6	1.0
34	四氯乙烯	一切排污单位	0.1	0.2	0.5
35	苯	一切排污单位	0.1	0.2	0.5
36	甲苯	一切排污单位	0.1	0.2	0.5
37	乙苯	一切排污单位	0.4	0.6	1.0
38	邻-二甲苯	一切排污单位	0.4	0.6	1.0
39	对-二甲苯	一切排污单位	0.4	0.6	1.0
40	间-二甲苯	一切排污单位	0.4	0.6	1.0
41	氯苯	一切排污单位	0.2	0.4	1.0
42	邻-二氯苯	一切排污单位	0.4	0.6	1.0
43	对-二氯苯	一切排污单位	0.4	0.6	1.0
44	对-硝基氯苯	一切排污单位	0.5	1.0	5.0
45	2,4-二硝基氯苯	一切排污单位	0.5	1.0	5.0
46	苯酚	一切排污单位	0.3	0.4	1.0
47	间-甲酚	一切排污单位	0.1	0.2	0.5
48	2,4-二氯酚	一切排污单位	0.6	0.8	1.0
49	2,4,6-三氯酚	一切排污单位	0.6	0.8	1.0
50	邻苯二甲酸二丁脂	一切排污单位	0.2	0.4	2.0
51	邻苯二甲酸二辛脂	一切排污单位	0.3	0.6	2.0
52	丙烯腈	一切排污单位	2.0	5.0	5.0
53	总硒	一切排污单位	0.1	0.2	0.5
54	粪大肠菌群数	医院、兽医院及医疗机构含病原体污水	500个/L	1 000个/L	5 000个/L
		传染病、结核病医院污水	100个/L	500个/L	1 000个/L
55	总余氯(采用氯化消毒的医院污水)	医院、兽医院及医疗机构含病原体污水	<0.5	>3(接触时间≥1h)	>2(接触时间≥1h)
		传染病、结核病医院污水	<0.5	>6.5(接触时间≥1.5h	>5(接触时间≥1.5h)
56	总有机碳(TOC)	合成脂肪酸工业	20	40	—
		苎麻脱胶工业	20	60	—
		其他排污单位	20	30	—

污水水质符合排放标准后才可引入城市下水道,或者接排入河、湖水体。但不得采用慢流排流,不得排入渗坑、渗井及已被污染或自净能力很弱的水体。散发有毒臭气的废水

不得采用明渠，渠道不得渗漏。排入城市下水道的标准，原则上应不妨碍城市污水处理厂生化处理的顺利进行和处理后的水质能符合排入水体的要求。

2. 实行排污许可证制度。

3. 对主要污染源逐步由浓度控制向总量控制过渡。

（六）加强水污染治理

尽管采取以上一系列措施，但是污水的产生仍是难以避免的。所以，加强对水污染的治理是水污染综合防治的重要环节，在城市中，主要是城市污水和工业废水的处理。

四、污水处理概述

现代的污水处理技术，按其作用原理可分为物理法、化学法、物理化学法和生物处理法四大类。

（一）物理法

通过物理作用，以分离、回收污水中不溶解的呈悬浮状的污染物质（包括油膜和油珠），在处理过程中不改变其化学性质。物理法操作简单、经济。常采用的有重力分离法、离心分离法、过滤法及蒸发、结晶法等。

1. 重力分离（即沉淀）法

利用污水中呈悬浮状的污染物和水比重不同的原理，借重力沉降（或上浮）作用，使其水中悬浮物分离出来。沉淀（或上浮）处理设备有沉砂池、沉淀池和隔油池等。

在污水处理与利用方法中，沉淀与上浮法常常作为其他处理方法前的预处理。如用生物处理法处理污水时，一般需事先经过预沉池去除大部分悬浮物质减少生化处理构筑物的处理负荷，而经生物处理后的出水仍要经过二次沉淀池的处理，进行泥水分离保证出水水质。

2. 过滤法

利用过滤介质截流污水中的悬浮物。过滤介质有钢条、筛网、砂布、塑料、微孔管等，常用的过滤设备有：格栅、栅网、微滤机、砂滤机、真空滤机、压滤机等（后两种滤机多用于污泥脱水）。

3. 气浮（浮选）

将空气通入水中，并以微小气泡形式从水中析出成为载体，污水中相对密度接近于水的微小颗粒状的污染物质（如乳化油）粘附在气泡上，并随气泡上升至水面，形成泡沫——气、水、悬浮颗粒（油）三相混合体，从而使污水中的污染物质得以从污水中分离出来。

4. 离心分离法

含有悬浮污染物质的污水在高速旋转时，由于悬浮颗粒（如乳化油）和污水的质量不同，因此旋转时受到的离心力大小不同，质量大的被甩到外围，质量小的则留在内圈，通过不同的出口分别引导出来，从而回收污水中的有用物质（如乳化油），并净化污水。

5. 反渗透

利用一种特殊的半渗透膜，在一定的压力下，将水分子挤压过去，而溶解于水中的污染物质则被膜所截留，污水被浓缩，而被压过膜的水就是处理过的水。目前该处理方法已用于海水淡化、含重金属的废水处理及污水的深度处理等方面。应用反渗透法淡化海水一般需要 $100kg/cm^2$ 的压力，若用作处理一般污水，反渗透的操作压力为 $30kg/cm^2 \sim 50kg/cm^2$，即可获得较高的出水率。

(二)化学法

向污水中投加某种化学物质,利用化学反应来分离、回收污水中的某些污染物质,或使其转化为无害的物质。常用的方法有化学沉淀法、混凝法、氧化还原(包括电解)法等。

1. 化学沉淀法

化学沉淀法是向污水中投加某种化学物质,使它与污水中的溶解性物质发生化学反应,生成难溶于水的沉淀物,以降低污水中溶解物质的方法。这种处理法常用于含重金属、氰化物等工业生产污水的处理。

进行化学沉淀的必要条件是能生成难溶盐。加入污水中促使产生沉淀的化学物质称为沉淀剂。按使用沉淀剂的不同,化学沉淀法可分为石灰法(又称氢氧化物沉淀法)、硫化物法和钡盐法。例如处理含锌污水时,一般投加石灰沉淀剂,pH 控制在 9~11 范围内,使其生成氢氧化锌沉淀;处理含汞污水可采用硫化钠沉淀剂进行共沉处理;含铬污水,可采用碳酸钡、氯化钡、硝酸钡、氢氧化钡等为沉淀剂,生成难溶的铬酸沉淀,从而使污水去除掉铬离子的污染。

2. 混凝法

水中呈胶体状态的污染物质,通常都带有负电荷,胶体颗粒之间互相排斥形成稳定的混合液,若向水中投加带有相反电荷的电解质(即混凝剂),可使污水中的胶体颗粒改变为呈电中性,失去稳定性,并在分子引力作用下,凝聚成大颗粒而下沉。通过混凝法可去除污水中细小分散的固体颗粒、乳状油及胶体物质等。所以该法可用于降低污水的浊度和色度;去除多种高分子物质、有机物、某些重金属毒物(汞、镉、铅)和放射性物质等。也可以去除能够导致富营养化物质如磷等可溶性无机物。此外还能够改善污泥的脱水性能。因此混凝法在工业污水处理中使用得非常广泛,即可作为独立处理工艺,又可与其他处理法配合使用,作为预处理、中间处理或最终处理。目前常采用的混凝剂有:硫酸铝、碱式氯化铝、铁盐(主要指硫酸亚铁、三氯化铁及硫酸铁)等。

当单独使用混凝剂不能达到应有净水效果时,为加强混凝过程、节约混凝剂用量,常可同时投加助凝剂。

3. 中和法

用于处理酸性废水和碱性废水。向酸性废水中投加碱性物质如石灰、氢氧化钠、石灰石等,使废水变为中性。对碱性废水可吹入含有 CO_2 的烟道气进行中和,也可用其他的酸性物质进行中和。

4. 氧化还原法

废水中呈溶解状态的有机或无机污染物,在投加氧化剂或还原剂后,由于电子的迁移,而发生氧化或还原作用,使其转化为无害的物质。根据有毒物质在氧化还原反应中被氧化或还原的不同,污水的氧化还原法可分为氧化法和还原法两大类。

(三)物理化学法

在工业污水的回收利用中,经常遇到物质的相转移过程,例如用汽提法回收含酚污水时,酚由液相(水)转移到气相中,其他如萃取、吸附、离子交换、吹脱等物理化学方法都是传质过程。利用这些操作过程处理或回收利用工业废水的方法可称为物理化学法。工业废水在应用物理化学法进行处理或回收利用之前，一般均需先经过预处理，尽量去除废水中的悬浮物、油类、有害气体等杂质，或调整废水的 pH 值，以便提高回收效率及减少损耗。常采用的物理化学法有以下几种。

1. 萃取(液—液)法

将不溶于水的溶液投入污水之中，使污水中的溶质溶于溶剂中，然后利用溶剂与水的比重差，将溶剂分离出来。再利用溶剂与溶质的沸点差，将溶质蒸馏回收，再生后的溶剂可循环使用。如含酚废水处理，常采用的萃取剂有醋酸丁酯、苯等，经过萃取酚的回收率可达 90%以上。常采用的萃取设备有脉冲筛板塔、离心萃取机等。

2. 吸附法

利用多孔性的固体物质，使污水中的一种或多种物质被吸附在固体表面而去除的方法。常用的吸附剂有活性炭。此法可用于吸附污水中的酚、汞、铬、氰等有毒物质。此法还有除色、脱臭等作用。吸附法目前多用于污水的深度处理。吸附操作可分为静态和动态两种。静态吸附，在污水不流动的条件下，进行的操作。动态吸附则是在污水流动条件下进行的吸附操作。污水处理中多采用动态吸附操作，常用的吸附设备有固定床、移动床和流动床三种方式。

3. 离子交换法

离子交换法是利用离子交换剂的离子交换作用来置换污水中的离子化物质。随着离子交换树脂的生产和使用技术的发展，近年来在回收和处理工业污水的有毒物质方面，由于效果良好，操作方便而得到应用。

在污水处理中使用的离子交换剂有无机离子交换剂和有机离子交换剂两大类。采用离子交换处理污水时必须考虑树脂的选择性。树脂对各种离子的交换能力是不同的。交换能力的大小主要取决于各种离子对该种树脂亲和力(又称选择性)的大小。目前离子交换法广泛用于去除或回收污水中的某些物质，例如去除(回收)污水中的铜、镍、镉、锌、汞、金、银、铂、磷酸、硝酸、氨、有机物和放射性物质等。

4. 电渗析法

电渗析法是在离子交换技术基础上发展起来的一项新技术。它与普通离子交换法不同，省去了用再生剂再生树脂的过程，因此它具有设备简单、操作方便等优点。电渗析的基本原理是在外加直流电场作用下，利用阴、阳离子交换膜对水中离子的选择透过性，使一部分溶液中的离子迁移到另一部分溶液中去，以达到浓缩、纯化、合成、分离的目的。在电渗析过程中，离子减少的隔室称为淡室，其出水为淡水，即为净化了的水；离子增多的隔室为浓室，其出水为浓水；与电极板接触的隔室称为极室，其出水为极水。

(四)生物法

污水的生物处理法就是利用微生物新陈代谢功能，使污水中呈溶解和胶体状态的有机污染物被降解并转化为无害的物质，使污水得以净化，属于生物处理法的工艺又可以根据参与作用的微生物种类和供氧情况，分为两大类即好氧生物处理及厌氧生物处理。

1. 好氧生物处理法

在有氧的条件下，借助于好氧微生物(主要是好氧菌)的作用来进行的。依据好氧微生物在处理系统中所呈的状态不同又可分为活性污泥法和生物膜法两大类。

(1)活性污泥法

这是当前使用最广泛的一种生物处理法。该法是将空气连续鼓入曝气池的污水中，经过一段时间，水中即形成繁殖有巨量好氧性微生物的絮凝体——活性污泥，它能够吸附水中的有机物，生活在活性污泥上的微生物以污水中有机物为食料，获得能量并不断生长繁殖。从曝气池流出并含有大量活性污泥的污水——混合液，进入沉淀池经沉淀分离后，澄清的水被净化排放，沉淀分离出的污泥作为种泥，部分地回流进入曝气池，剩余的(增殖)部分从沉淀池排放。

(2)生物膜法

使污水连续流经固体填料(碎石、煤渣或塑料填料)，在填料上大量繁殖生长微生物形成污泥状的生物膜。生物膜上的微生物能够起到与活性污泥同样的净化作用，吸附和降解水中的有机污染物，从填料上脱落下来的衰老生物膜随处理后的污水流入沉淀池，经沉淀泥水分离，污水得以净化而排放。

生物膜法多采用的处理构筑物有生物滤池、生物转盘、生物接触氧化池及生物流化床等。除此之外，土地处理系统(污水灌溉)和氧化塘皆属于生物处理法中的自然生物处理范畴。

2. *厌氧生物处理法*

厌氧生物处理是在无氧的条件下，利用厌氧微生物的作用来进行的。它已有百年悠久历史，但由于它与好氧法相比存在着处理时间长、对低浓度有机污水处理效率低等缺点，使其发展缓慢，过去厌氧法常用于处理污泥及高浓度有机废水。近30多年来，出现世界性能源紧张，促使污水处理向节能和实现能源化方向发展，从而促进了厌氧生物处理的发展，一大批高效新型厌氧生物反应器相继出现，包括厌氧生物滤池、升流式厌氧污泥床、厌氧流化床等。它们的共同特点是反应器中生物固体浓度很高，污泥龄很长，因此处理能力大大提高，从而使厌氧生物处理法所具有的能耗小并可回收能源、剩余污泥量少、生成的污泥稳定且易处理及对高浓度有机污水处理效率高等优点，得到充分地体现。厌氧生物处理法经过多年的发展，现已成为污水处理的主要方法之一。目前，厌氧生物处理法不但可用于处理高浓度和中等浓度的有机污水，还可以用于低浓度有机污水的处理。

(五)污水处理流程

污水中的污染物质是多种多样的，不能预期只用一种方法就能够把污水中所有的污染物质去除殆尽，一种污水往往需要通过几种方法组成的处理系统，才能达到处理要求的程度。

按污水的处理程度划分，污水处理可分为一级、二级和三级(深度)处理。一级处理主要是去除污水中呈悬浮状的固体污染物质，物理处理法中的大部分用作一级处理。经一级处理后的污水，BOD只能去除30%左右，仍不宜排放，还必须进行二级处理，因此对于二级处理来说，一级处理又属于预处理。二级处理的主要任务，是大幅度地去除污水中呈胶体和溶解状态的有机性污染物质(即BOD物质)，常采用生物法，去除率(BOD)可达90%以上，处理后水中的BOD_5含量可降至20mg/L～30mg/L，一般污水均能达到排放标准。但经二级处理后的污水中仍残存着微生物不能降解的有机污染物和氮、磷等无机盐类。深度处理往往是以污水回收、再次复用为目的，在二级处理工艺后增设的处理工艺或系统，其目的是进一步去除废水中的悬浮物质、无机盐类及其他污染物质。污水复用的范围很广，从工业上的复用直到作为饮用水，对复用水水质的要求显然有很大的差异，一般根据水的复用用途而组合三级处理工艺，常用的方法有生物脱氮法、混凝沉淀法、活性炭过滤、离子交换及反渗透和电渗析等。

污水处理流程的组合，一般应遵循先易后难，先简后繁的规律，即首先去除大块垃圾及漂浮物质，然后再依次去除悬浮固体、胶体物质及溶解性物质。亦即，首先使用物理法，然后再使用化学法和生物法。

图8-3是城市污水处理的典型流程。以去除污水中的BOD物质为主要对象的处理流程，一般其系统的核心是生物处理设备(包括二次沉淀池)。污水先经格栅、沉砂池，除去较大的悬浮物质及砂粒杂质，然后进入初次沉淀池，去除呈浮状的污染物后进入生物处理构筑物(或采用活性污泥暴气池或采用生物膜构筑物)处理，使污水中的有机污染物在好氧微生物的作用下氧化分解，生物处理构造物的出水进入二次沉淀进行泥水分离，澄清的水排出二沉池后再经消毒直接排放；二沉池排放出的剩余污泥再经浓缩、污泥消化、脱水后进行污泥综合利用；污泥消化过程产生的沼气可回收利用，用作燃料能源或沼气发电。

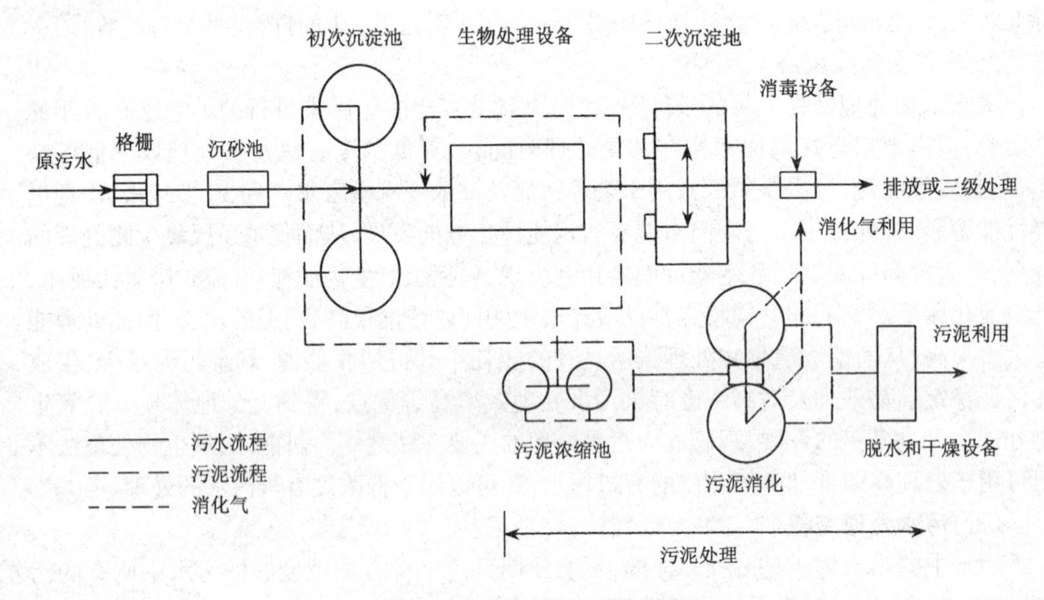

图8-3　城市污水处理典型流程

(六)污泥处理、利用与处置

污泥是污水处理的副产品，也是必然产物。在城市污水和工业废水处理过程中，产生很多沉淀物与漂浮物。有的是从污水中直接分离出来的，如沉砂池中的沉渣，初沉池中沉淀物，隔油池和浮选池中的浮渣等。有的是在处理过程中产生的，如化学沉淀泥与生物化学法产生的活性污泥或生物膜等。一座二级污水处理厂，产生的污泥量约占处理污水量的0.3%～5%(含水率以97%计)。如进行深度处理，污泥量还可增加0.5～1.0倍。污泥的成分非常复杂，不仅含有很多有毒物质，如病原微生物、寄生虫卵及重金属离子等，也可能含有可利用的物质如植物营养素、氮、磷、钾、有机物等。这些污泥若不加妥善处理，就会造成二次污染。所以污泥在排入环境前必须进行处理，使有毒物质得到及时处理，有用物质得到充分利用。一般污泥处理的费用约占全污水处理厂运行费用的20%～50%，所以对污泥的处理必须予以充分的重视。

第九章　城市固体废物污染与控制

第一节　固体废物污染

一、固体废物

固体废物是指人类在生产、加工、流通、消费以及生活等过程中，提取目的组分后，而被丢弃的固态或泥浆状的物质。

人们在利用自然资源从事生产和生活活动时，由于客观条件的限制，总会把其中一部分作为废物丢弃掉。另外，各种产品本身有其使用寿命，超过了寿命期限，也会成为废物。但“废物”只是相对于目的组分或产品而言，随时空条件的变化，往往可以成为另一过程的原料，所以废物也有“放错地方的原料”之称。

随着经济的发展，人们生活水平日益提高，随之而来的固体废物排出量也与日俱增。虽然对资源的循环利用率不断提高，但需要处理的废物数量仍在增大。世界主要工业国家固体废物排出量统计见表 9－1 所示。

表 9－1　1981 年世界主要国家各类废物产量统计　　（$\times 10^5$t）

废物名称	英国	法国	荷兰	比利时	意大利	瑞典	芬兰	日本	联邦德国	美国
城市废物	20.0	12.5	5.2	2.6	21.0	2.5	1.1	35.0	20.0	150
产业废物	45.0	16.0	2.0	1.0	19.0	2.0	—	—	13.0	60.0
污　　泥	—	8.0	1.0	—	—	—	—	125	7.0	—
有害废物	5.0	2.0	1.0	—	—	—	0.4		3.0	57.0
炉　　灰	12.0	—	—	—	—	—	—	—	13.0	—
矿业废物	60.0	42.0	—	—	—	—	—	—	80.0	1 890
建筑废物	3.0	—	6.5	—	—	—	0.3	75.0	96.0	—
采石废物	50.0	75.0	—	—	—	—	—	—	—	
农业废物	250	220	1.0	—	130	32.0	—	44.0	260	660

我国固体废物的产生量，随经济的发展而急剧增加。表 9－2 为我国工业固体废物排出量发展趋势与利用情况。

我国城市垃圾的产出量近些年增长也非常迅猛，尤其是城市居民的生活垃圾和大规模建设带来的建筑垃圾的增长。1987 年为 5 397.7 万吨，1989 年增至 6 291.4 万吨，1990 年已达到 7 000 多万吨。目前，全国城市垃圾的年增长率平均为 10%。

表 9-2　我国工业固体废物产生量与利用情况　　（$\times 10^4 t$）

时间	1981	1985	1990	1995	1998
产生量	37 660	48 409	57 797	61 420	80 000
利用率(%)		23.0	29.3		47.0
时间	1999	2000	2004	2005	2006
产生量	78 000	82 000	120 000	134 000	152 000
利用率(%)	45.6	45.9	55.7	56.1	60.9

二、固体废物的来源与分类

固体废物可以根据其性质、状态和来源进行分类。如按其化学性质可以分为有机废物和无机废物；按其危害状况可分为危险废物和一般废物，危险废物是一类对环境极为有害的废弃物。世界卫生组织的定义是："根据其物理或化学性质，要求必须对其进行特殊处理和处置的废物，以免对人体健康或环境造成影响的废物称危险废物"。目前，"有毒"和"危险"废物的定义比较混乱，"有毒"一般是指狭义的具体物质，能对人和动物造成死亡或严重伤害；"危险"的含义较为广泛，包括所有有毒的废品和对人体健康有直接或长远的影响，或对环境造成危险的废物。

欧美等许多国家将固体废物按来源分为工业固体废物、矿业固体废物、城市固体废物、农业固体废物和放射性固体废物等五类。我国从管理的需要，将其分为：工矿业固体废物，有害固体废物和城市垃圾三类，至于放射性固体废物则自成体系，专门管理。

固体废物来源于人类的生产与消费活动。表 9-3 列出各类发生源产生的主要固体废物。

表 9-3　固体废物的分类、来源和主要组成物

分　类	来　源	主要组成物
矿业废物	矿山、选矿	废矿石、尾矿、金属、废木、砖瓦灰石等
工业废物	冶金、交通、机械、金属结构	金属、矿渣、砂石、陶瓷、边角料、涂料、绝热和绝缘材料、废木、塑料、橡胶、烟尘等
	煤炭	矿石、金属、木料
	食品加工业	肉类、谷物、果类、菜蔬、烟草
	橡胶、皮革、塑料业	橡胶、皮革、塑料、布、纤维、染料、金属等
	造纸、木材、印刷业	刨花、锯末、碎木、塑料、金属、化学药剂、木质素
	石油化工	化学药剂、金属、塑料、橡胶、沥青、陶瓷、石棉、涂料
	电器、仪器仪表	金属、玻璃、木材、塑料、橡胶、化学药剂、绝缘材料、陶瓷、
	纺织服装业	布头、纤维、塑料、橡胶、金属
	建筑材料	金属、水泥、粘土、砂石、陶瓷、石膏、纸、纤维
	电力工业	炉渣、粉煤灰、烟尘等
城市垃圾	居民生活	食物垃圾、纸屑、布料、木料、金属、塑料、玻璃、陶瓷、燃料灰渣、碎砖瓦、废器具、粪便、杂品
	机关、商业	管道、建筑垃圾、废汽车、废电器、废器具、以及类似居民生活栏的各种废物
	市政部门	碎砖瓦、树叶、死禽畜、金属、锅炉灰渣、污泥、脏土

续表

分　类	来　　源	主　要　组　成　物
农业固体废物	农林	秸杆、落叶、蔬菜、水果、塑料、人畜禽粪便、农药
	水产	腥臭死禽畜、腐烂鱼虾、贝壳、污泥
放射性固体废物	核工业、核电站、医疗科研单位	金属、含放射性废渣、粉尘、污泥、器具、劳保用品、建筑材料

三、固体废物对环境的危害

(一)固体废物的特点

与废气和废水相比,固体废物有其显著特点:

1. 固体废物是各种污染物的最终形态,特别是从污染控制设施排出的固体废物,浓集了许多成分。具有呆滞性和不可稀释性,是固体废物的重要特点之一。

2. 在自然条件影响下,固体废物中的一些有害成分会转入大气、水体和土壤中,参与生态系统的物质循环,因而具有长期潜在的危害性。

3. 固体废物的特点决定了从其生产到运输、贮存、处置及处理的每一个环节都要妥善控制,使其不危害生态环境,即具有全过程控制管理的特点。

(二)固体废物对环境的危害

固体废物对环境的危害很大,其污染往往是多方面、多环境要素的。其主要污染途径有下列几个方面(如图 9-1 所示)。

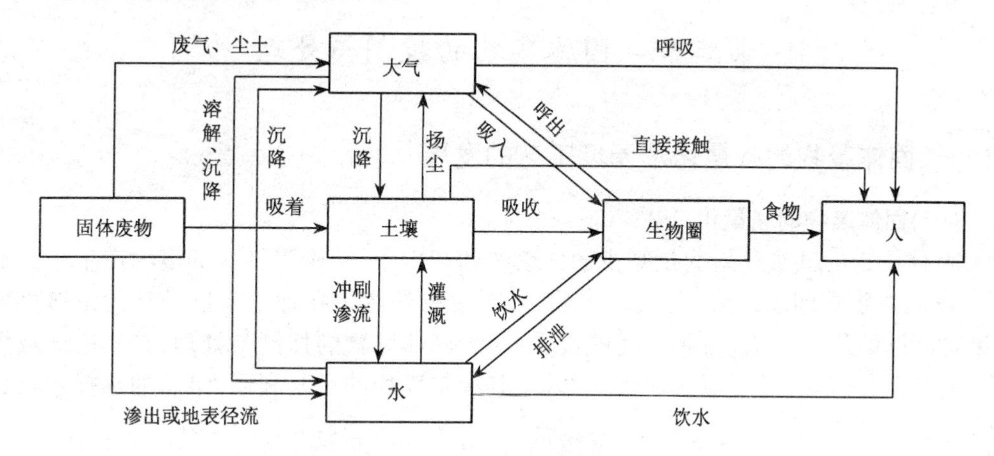

图 9-1　固体废物的主要污染途径

1. 侵占土地

固体废物需要占地堆放。据估算,每堆积 1 万吨废物,占地约需 1 亩。截止 1993 年,我国单是工矿业固体废物历年累计堆存量就达 59.7 亿吨,占地 52 052 公顷。另外随着我国经济的发展和消费的增长,城市垃圾受纳场地日益显得不足,垃圾占地的矛盾日渐突出,例如,根据北京市高空远红外探测的结果显示,北京市区几乎被环状的垃圾堆群所包围。

2. 污染土壤

废物堆放或没有适当的防渗措施的垃圾填埋,其中的有害组分很容易经过风化、雨雪淋溶、地表径流的侵蚀,产生高温和有毒液体渗入土壤,能杀害土壤中的微生物,破坏土壤的生态系统平衡,导致草木不生。另一方面,对人类的健康构成威胁。如在包头市,尾矿堆积如山,使坝下游的大片土地被污染,居民被迫搬迁。

3. 污染水体

固体废物随天然降水和地表径流进入河流湖泊,或随风飘迁落入水体能使地面水污染;随沥渗水进入土壤则使地下水污染。现在不少国家把固体废物直接倾入河流、湖泊或海洋(甚至把海洋倾倒作为一种处置固体废物的方法)。固体废物进入水体除了造成水体污染,还会减少水体面积,并妨害水生生物的生存和水资源的利用。

4. 污染大气

固体废物一般通过如下途径污染大气:以细粒状存在的废渣和垃圾,在大风吹动下会随风飘逸,扩散到很远的地方;运输过程中产生的有害气体和粉尘;一些有机固体废物在适宜的温度和湿度下被微生物分解,能释放出有害气体;固体废物本身或在处理(如焚烧)时散发的毒气和臭味等。典型的例子是煤矸石的自燃,曾在各地煤矿多次发生,散发出大量的 SO_2、CO_2、NH_3 等气体,造成严重的大气污染。

5. 危险废物的危害

危险废物是一类特殊的废物。它不但污染空气、水源和土壤,而且直接危害人体健康与环境。危险废物的特殊性质(如易燃性、腐蚀性、毒性)表现在它们短期和长期危险性上。就短期而言,是通过摄入、吸入、皮肤吸收、眼接触而引起毒害、燃烧或爆炸等危险事件;长期危害包括重复接触而导致的长期中毒、致癌、致畸形、致变异等。

第二节 固体废物的控制与处理

一、固体废物的减量化及无废工艺的发展

(一)固体废物的减量化

固体废物的减量化指的是减少固体废物的产生量。减少污染源的废物产生量是解决工业固体废物问题的最佳方案。当前,减少废物的产生在理论上已被认为是解决固体废物问题的最好方法,得到广泛的接受。对于固体废物的控制与处理,首先应该减少废物的产生,这是应尽可能采取第一选择;其次是废物的重复利用;最后的选择才是处理。

(二)无废少废工艺的发展

无废工艺是一种生产产品的方法,借助这种方法,所有的原料和能量在原料资源—生产—消费—二次原料资源的循环中得到最合理和综合的利用,同时对环境的任何作用都不致破坏它的正常功能。其目的在于解决自然资源的合理利用和环境保护问题。无废工艺生产模式(如图 9-2)所示。

少废工艺是现阶段作为传统工业向无废生产转化的一种过度形式,其定义是:少废工艺是一种生产方法,这种生产的实际活动对环境所造成的影响不超过允许的环境卫生标准(最高容许浓度);同时由于技术、经济、组织或其他方面的原因,少量原材料可能转化成长期存放或掩埋的废料。

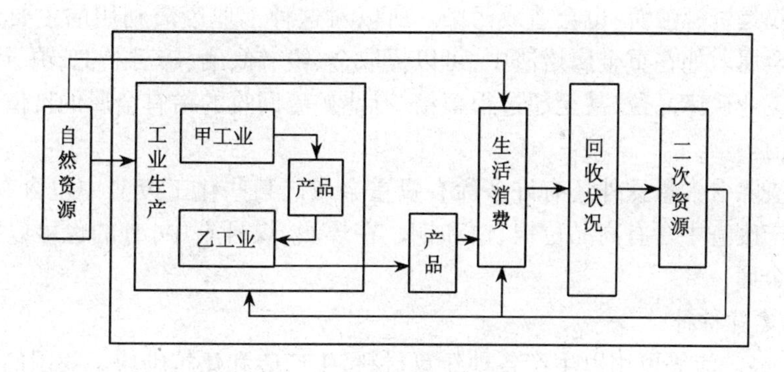

图 9－2　无废工艺生产模式

实现无废生产的主要途径是：

1. 原料的综合利用；

2. 改革原有的工艺或开发全新流程；

3. 实现物料的闭路循环；

4. 工业废料转化为二次资源；

5. 改进产品的设计，加强废品的回收利用。

二、资源化

固体废物的资源化即废物的再循环利用，以回收能源和资源。随着工业发展速度的增长，固体废物的数量以惊人的速度不断上升。在这种情况下，如果能大规模地建立资源回收系统，必将减少原材料的采用，减少废物的排放量、运输量和处理量。这样可以保护和延长原生资源寿命，降低成本，降低环境污染，保持生态平衡，具有显著的社会效益。世界各国的废物资源化的实践表明，从固体废物中回收有用物资和能源的潜力相当大。表 9－4 是美国资源回收的经济潜力，其潜在效益是相当可观的。

表 9－4　美国资源回收的经济潜力

废物料	年产生量（百万吨/年）	可实际回收量（百万吨/年）	二次物料价格（美元/吨）	年总收益（百万美元）
纸	40.0	32.0	22.1	705
黑色金属	10.2	8.16	38.6	316
铝	0.91	0.73	220.5	160
玻璃	12.4	9.98	7.72	77
有色金属	0.36	0.29	132.3	38
总收益	—	—	—	1 296

废弃物通过分类循环再利用，就能成为宝贵的再生资源，从这点讲，废弃物混合是垃圾，分类就是资源。

1. 提取回收金属

金属矿一般都含有多种金属，通常冶炼只提取一种主要的目标金属，其他金属随矿渣排出。这不仅是资源浪费,也会造成污染。所以对这种工业废渣利用的主要途径就是提取其他各种金属。如在重金属熔渣中,可以提取金、银、锑、硒、碲、铊、钯、铂、钛等,有的金属含量达到工业矿床品位,甚至超过很多倍,有些矿渣回收的稀有金属的价值超过了原目标金属的价值。

硫铁矿渣除含大量铁外还有许多稀有贵重金属。某些化工废渣中也含有多种金属。钙镁磷肥生产废渣中含有高品位镍、钴和铜。在煤炭、煤矸石中,有的也可以提取钼、钪、锗、矾、铀等金属。

2. 生产建筑材料

燃料渣、高炉渣等可用以生产各种建筑材料,生产砖和建筑砌块。我国的粉煤灰利用中84%是用来生产砖。另外工业废渣还可生产矿渣棉和泡沫型轻质骨料,生产碎石,用作混凝土骨料,生产水泥。冶金炉渣均属碱性渣,CaO 含量为 30%~50%,经水淬处理后,可以生产各种水泥。

3. 提取燃料或原料

废塑料加热加压成型,可得再生塑料。废塑料经粉碎、微波溶解、加热分解,可提取石油燃料。石油化工渣也可提取石油制品。废纸可回收制作纸浆。

4. 用以农业改良土壤和作肥料

某些无毒无害的工业废渣可以直接用于农用改良土壤。废渣中的一些微量元素还是农业上不可缺少的肥料。

三、固体废物的一般处理技术

(一)预处理技术

固体废物预处理是指采用物理、化学或生物方法,将固体废物转变成便于运输、贮存、回收利用和处置的状态。预处理常涉及固体废物中某些组分的分离与浓集,因此往往又是一种回收材料的过程。预处理技术主要有压实、破碎、脱水、分选和固化等。

(二)焚烧热回收技术

焚烧是高温分解和深度氧化的过程,目的在于使可燃的固体废物氧化分解,借以减容、去毒并回收能量及副产品。固体废物经过焚烧,体积一般可减少 80%~90%,一些有害固体废物通过焚烧,可以破坏其组成结构或杀灭病原菌,达到解毒、除害的目的。焚烧法在发达国家中发展比较迅速,成为除土地填埋之外的一个重要手段。

(三)热解技术

固体废物热解是利用有机物的热不稳定性,在无氧或缺氧条件下受热分解的过程。热解法与焚烧法相比是完全不同的二个过程。焚烧是放热的,热解是吸热的;焚烧的产物主要是二氧化碳和水,而热解的产物主要是可燃的低分子化合物:气态的氢、甲烷、一氧化碳,液态的甲醇、丙酮、醋酸等有机物及焦油、溶剂油等,固态的主要是焦炭或炭黑。这是回收能源的一个有效途径,优点在于能回收可贮存和可运输的燃料。

(四)微生物分解技术

利用微生物的分解作用处理固体废物的技术,应用最广泛的是堆肥化。堆肥化是指依靠自然界广泛分布的细菌、放线菌和真菌等微生物,人为地促进可生物降解的有机物向稳定的腐殖质生化转化的微生物学过程,其产品称为堆肥。其主要作用是能够改善土壤的物理、化学和生物性质,使土壤环境适于农作物生产,而且又有增进化肥肥效的作用。

从发展趋势来看,土地填埋的场所越来越少,一般难以保证,焚烧处理的成本太高,而且二次污染严重。因此,堆肥得到了广泛的重视。我国的具体情况是垃圾量大,农业又要求提供大量的有机肥料作为土壤改良剂。我国民间还有堆肥的悠久传统和丰富经验,因此堆肥是一条可行的、适合我国国情的垃圾处理途径。

四、固体废物的无害化处置

(一)固体废物处置的目的

固体废物是多种污染物质的终态,将长期停留在环境中,为了控制其对环境的污染,使它最大限度地与生物圈隔离,必须进行最终处置。固体废物的无害化处置实际上是解决最终归宿问题,也是对固体废物管理的最后一个环节。

(二)最终处置方法的选择

固体废物的无害化最终处置不外乎上天、入地、入海三个途径。上天现在无论是经济还是技术都是不现实的;目前在国际上除了极个别情况外,废物已不再允许倾入海洋,这是因为海洋处置容易造成污染,破坏海洋生态环境;因此,陆地处置实际上已成为我们唯一的选择。

(三)固体废物的土地填埋

土地填埋是使用最为广泛的土地处置技术,其实质是将固体废物铺成有一定厚度的薄层后加以压实,并覆盖土壤的方法。今天的土地填埋已不是单纯的堆、填和埋,而是按工程理论和土工标准,对固体废物进行有效控制管理的科学工程方法。

按照处置对象及技术要求的差异,土地填埋主要分为卫生填埋和安全填埋两类。卫生填埋适用于生活垃圾的处置,由于它安全可靠和价格低廉,目前已为世界上许多国家所采用。安全填埋则用于处置工业固体废物,特别是有害废物。它实际上是卫生填埋的进一步改进,对场地的建造技术、浸出液的收集处理技术等要求更加严格。我国已把城市垃圾和有害固体废物的土地填埋技术作为国家科技攻关计划的重点研究项目。

五、危险固体废物的处理与处置

对于少量的高危险性废物,如高放射性废物等,国际上已进行了大量的实际研究和可行性探讨,并积累了大量的经验。例如,将放射性废物固化后进行孤岛处置、极地处置或深地层处置等。但对量大面广的危险固体废物,就必须寻求其他的方法。

(一) 填理法

土地填埋是最终处置危险固体废物一种方法,此方法包括场地选择、填埋场设计、施工填埋操作、环境保护及监测、场地利用等几个方面。

(二)焚烧法

焚烧法是高温分解和深度氧化的综合过程。通过焚烧可以使可燃性固体废物氧化分解,达到减少容积、去除毒性、回收能量及副产品的目的。一般地说,差不多所有的有机性危险固体废物都可用焚烧法处理。对于无机和有机混合性固体废物,若有机物是有毒、有害物质,一般也最好用焚烧法处理,这样处理后还可以回收其中的无机物。而某些特殊的有机性固体废物只适合于用焚烧法处理,例如医院的带菌性固体废物,石化工业生产中某些含毒性中间副产物等。

(三)固化法

固化法是将水泥、塑料、玻璃、沥青等凝结剂同危险固体废物加以混合进行固化,使得有害物质封闭在固化体内不被浸出,从而达到稳定化、无害化、减量化的目的。

固化法能降低废物的渗透性,并且能将其制成具有高应变能力的最终产品,从而使有害废物变成无害废物。固化法在日本、欧洲及美国已应用多年,我国主要用此法处理放射性废物。

(四)化学法

化学法是一种利用危险废物的化学性质,通过酸碱中和、氧化还原以及沉淀等方式,将有害物质转化为无害的最终产物。

(五)生物法

许多危险废物是可以通过生物降解来解除毒性的,只要生物未因毒性组分的影响而出现抑制作用,就能取得非常好的结果。解除毒性后的废物可以被土壤和水体所接受。目前,生物法有活性污泥法、气化池法、氧化塘法等。

第三节　城市垃圾的处理

一、城市垃圾的产生量

城市垃圾是指城市居民在日常生活中抛弃的固态和液态废弃物。城市垃圾的分类方法较多,具体有:源地分类法、可燃性分类法、元素分类法、重量分类法等。在这些分类方法中,源地分类法较为常用,它主要根据各类城市废物产生的场所进行分类,将其分成家庭垃圾、零散垃圾、医院垃圾、市场垃圾、建筑垃圾、街道扫集物和城市粪便等。

城市垃圾的产生量与该城市的经济发展和生活习惯有关,表 9-5 为世界部分国家的城镇垃圾的产生量。

表 9-5　世界部分国家的城镇垃圾产生量

国　家	人口(10^6 人)	垃圾量(10^4t/年)	人均垃圾量(kg/日)
澳大利亚	6	160	0.75
比利时	10	230	0.78
瑞　典	6	220	1.03
丹　麦	5	180	1.00
英　国	57	1 800	0.89
法　国	54	1 700	0.875
意大利	57	1 400	0.70
荷　兰	14	130	0.86
日　本	122	4 296	0.98

表 9-7　90 年代部分国家城镇垃圾处理、利用方法的比例　　%

国　　家	填 埋 法	堆 肥 法	焚 烧 法
美　国	75	5	10
日　本	23	4.2	75.8
联邦德国	65	3	32
英　国	88	1	11
法　国	40	22	38
荷　兰	45	4	51
比利时	62	9	29
瑞　士	20	0	80
丹　麦	18	12	70
奥地利	59.8	24	16.2
瑞　典	35	10	55
澳大利亚	62	11	24
中　国	>70	>20	<1

从各国国情来看，国土面积大的美国、澳大利亚等主要采用填埋法，因为填埋法较焚烧法便宜；日本、瑞士、丹麦、瑞典、荷兰等国的技术经济实力较强，而可供填埋垃圾的场地又较少，所以，他们采用焚烧法处置垃圾的比重较大。

三、城市垃圾的回收利用

城市垃圾是丰富的再生资源的源泉。据估算，目前世界的垃圾年增长率不低于 3%，垃圾"包袱"越来越大。而垃圾的 80%实际上是潜在的原料资源，可以重新在经济循环中发挥作用。因此，为了解决城市垃圾问题，必须创造和采用高效率处理方法，回收有用成分作为再生原料加以利用。城市垃圾的成分是复杂而又各不相同的，但所含成分（按重量）一般大约为：废纸 40%，黑色和有色金属 3%～5%，废弃食物 25%～40%，塑料 1%～2%，织物 4%～6%，玻璃 4%，以及其他物质。

利用垃圾有用成分作为再生原料有着一系列优点，可以说是一石多鸟。首先，其收集、分选和富集费用要比初始原料开采和富集的费用低好几倍，经济上是合算的；可以节省自然资源，减少了对宝贵的自然资源的开发和破坏；减少了或避免了对环境的污染。

例如，垃圾所含废纸是造纸的再生原料。由于纸张和纸板需求量的迅速增长，正导致森林资源的枯竭，而处理利用 100 万吨废纸，则可避免砍伐 600 平方公里的森林。

120 吨～130 吨罐头盒可回收 1 吨锡，相当于开采冶炼 400 吨矿石，这还不包括经营费用。

处理垃圾所含废黑色金属，可节省铁矿石炼钢所需电能的 75%，节省水 40%，而且显著减少对大气的污染，降低矿山和冶炼厂周围堆积废石的数量。

利用垃圾中的废弃食物，不仅可减少对环境的污染，而且可作为补充饲料的来源，明显提高农业效益。用 100 万吨废弃食物加工饲料,可节省出 36 万吨饲料用谷物,生产4 500吨以上的肉类。

近年来,世界上许多工业发达国家都大力开展了从垃圾中回收有用成分的研究工作,大量的垃圾综合处理技术方案取得了专利权。例如,意大利的恩切希尼公司在罗马兴建的两座垃圾处理工厂,可处理城市垃圾量的 70% 以上。其处理工艺对垃圾的黑色金属、废纸和有机部分(主要是废弃食物)等基本有用成分进行全面回收,并且还回收塑料和玻璃供重复利用。

日本是在废物资源化方面作得比较好的国家。例如:相对应于年产约 1 亿吨钢,其回收量约为 5 000 万吨。铝年生产量约为 260 万吨,相对应回收量为 90 万吨。1988 年,旧纸回收量为 1 265 万吨,生产出 1 075 万吨再生纸。

最后,应该指出的是,一国的最好的垃圾处理经验,也不能全盘照搬到另一国,必须发展适合本国情况的垃圾综合处理方法。城市垃圾处理特点主要决定于下列因素:成份差别;各种原料的紧缺程度及具体国家的生产需求量;不同种类再生原料与初始原料的比价等经济因素。

第十章　城市噪声及其他物理污染与控制

第一节　城市噪声污染及危害

一、噪声及分类

(一)噪声

声音是一种物理现象,它在人们的生活中起着非常重要的作用,很难想象一个没有声音的世界会是什么样子。然而,人们并不是任何时候都需声音,一切声音,当个体心理对其反感时,即成为噪声,它不仅包括杂乱无章不协调的声音,而且也包括影响旁人工作、休息、睡眠、谈话和思考的乐声等。

本节所论述的噪声与物理学上的噪声在含义上有所不同。物理学上将节奏有调,听起来和谐的声音称为乐声;将杂乱无章,听起来不和谐的声音称为噪声。而这里所说的噪声与个体所处的环境和主观感觉反应有关,也就是说,判断一个声音是否属于噪声,主观上的因素往往起着决定性的作用。同一个人对同一种声音,在不同的时间、地点和条件下,往往产生不同的主观判断。比如,在心情舒畅或休息时,人们喜欢收听音乐;而当心绪烦燥或集中精力思考问题时,即使是和谐的乐声也会使人反感。此外,不论是乐声还是噪声,人们对任何频率的声音都有一个绝对的时限忍受强度,超过这一强度就会对人身造成危害,因此可以认为,噪声即是对人身有害和人们不需要的声音。

(二)噪声的来源及分类

产生噪声的声源称为噪声源。若按噪声产生的机理来划分,可将噪声分为:机械噪声、空气动力噪声和电磁性噪声三大类。

如果把噪声按其随时间的变化情况来划分,可分为:稳态噪声和非稳态噪声两大类。

1. 稳态噪声:稳态噪声的强度不随时间而变化,如电机、风机、织机等产生的噪声。

2. 非稳态噪声:非稳态噪声的强度随时间而变化,可分为:瞬时的、周期性起伏的、脉冲的和无规则的噪声。

城市噪声的来源大致可以分为:工厂噪声、交通噪声、施工噪声和社会噪声。

(1)工厂噪声:工厂产生的噪声,特别是地处居民区而没有声学防护措施或防护设施不好的工厂辐射出的噪声,对居民的日常生活干扰十分严重。我国工业企业噪声调查结果表明,一般电子工业和轻工业的噪声在90dB以下,纺织厂噪声约为90dB~106dB,机械工业噪声为80dB~120dB,凿岩机、大型球磨机为120dB,风铲、风镐、大型鼓风机在120dB以上。发电厂高压锅炉、大型鼓风机、空压机放空排气时,排气口附近的噪声级可高达110dB~150dB,传到居民区常常超过90dB。所以,工厂噪声是造成职业性耳聋的主要原因之一。

(2)交通噪声:交通噪声主要来自交通运输。载重汽车、公共汽车、拖拉机等重型车辆的行进噪声约89dB~92dB,电喇叭大约为90dB~100dB,汽喇叭大约为105dB~110dB(距行驶车辆5米处)。一般大型喷气客机起飞时,距跑道两侧1km内语言通讯受干扰,4km内不能睡眠和休息。超音速客机在1 500m高空飞行时,其压力波可达30km~50km范围的地面,使很多人受到影响。

(3)施工噪声:随着我国城市现代化建设,城市建筑施工噪声越来越严重。尽管建筑施工噪声具有暂时性,但是由于城市人口骤增,建筑任务繁重,施工面广且工期长,因此噪声污染也相当严重。据有关部门测定统计,距离建筑施工机械设备10m处,打桩机为88dB,推土机、刮土机为91dB等,这些噪声不但给操作工人带来危害,而且严重地影响了居民的生活和休息。

(4)社会噪声:社会噪声主要是指社会人群活动出现的噪声。例如人们的喧闹声、沿街的吆喝声,以及家用洗衣机、收音机、缝纫机发出的声音都属于社会噪声。干扰较为严重的有沿街安装的高音宣传喇叭声及秧歌锣鼓声。这些噪声虽对人没有直接的危害,但能干扰人们正常的谈话、工作、学习和休息,使人心烦意乱。

二、噪声的特性

(一)噪声的公害特性

与其他由有害物质引起的公害不同,噪声属于感觉公害。首先,它没有污染物,即噪声在空中传播时并未给周围环境留下什么毒害性的物质;其次,噪声对环境的影响不积累、不持久,传播的距离也有限;另外噪声声源分散,而且一旦声源停止发声,噪声也就消失。因此,噪声不能集中处理,需要特殊的方法进行控制。

(二)噪声的声学特性

噪声本身也是声音,具有声音的一切物理特性。物理学上,用频率、声压、声强、声功率、声压级、声强级、声功率级等几个物理量来定量描述一个声音,这些物理量不依人们的意志而存在。然而,噪声与人的感觉密不可分,必需用反映人主观感觉的物理量加以描述,通常可以用噪声级描述噪声,它是人主体对噪声的感觉物理量。

1.频率、声压与声压级

人耳可以听到的声音,频率从20Hz~20 000Hz,有1 000倍的变化范围。低于20Hz称为次声,高于20 000Hz称为超声。

声压是用来度量声音强弱的物理量。声压的单位为N/m^2,通常用帕(斯卡)Pa来表示。

$$1Pa = 1N/m^2$$

而帕(斯卡)Pa与巴bar的关系是:

$$1bar = 10^5 Pa$$

正常人耳刚能听到的声音的声压称为闻阈声压。人耳对于不同频率声音的闻阈声压不同,这是因为人耳对高频声敏感而对低频声迟钝。对于频率为1 000Hz的声音,闻阈声压为2×10^{-5}Pa。使正常人耳引起痛感感觉的声音的声压称为痛阈声压,痛阈声压为20Pa。人在室内高声谈话时声压约为1微巴(μbar)。靠近飞机发动机几米处的声压可达几百μbar。

在环境声学中，一般用声压级来代替声压作为声音物理量度的指标。因为用声压表示声音大小时，从听阈到痛阈的变化范围达1百万倍，($2\times10^{-4}\mu$bar～$2\times10^{2}\mu$bar)。而用声压级表示时，其变化范围仅为0～120分贝(dB)，计算大为简化。声压级用符号L_p表示，常用单位为分贝，其定义是，声压与基准声压之比值的常用对数乘以20，即：

$$L_p = 20L_p\frac{P}{P_0} = 10\lg\frac{P^2}{P_0^2} \quad (\text{dB}) \tag{10-1}$$

其中：$P_0=2\times10^{-4}\mu$bar。

表10－1表示不同声源在环境中声压与声压级之间的关系。

表10－1　不同声源在环境中声压与声压级值

声压或环境	声压(微巴)	声压级(分贝)	声压或环境	声压(微巴)	声压级(分贝)
播音室或录音室	0.006 4	30	金加工车间	6.4	90
安静的住宅	0.02	40	织布车间	20	100
普通办公室	0.064	50	鼓风机房	200	120
一般讲话声	0.2	60	喷气发动机	2 000	140
收音机声	2	80	火箭发射声	20 000	160

2. *声强与声强级*

声场中，单位时间内通过与声音前进方向垂直的、单位面积上的声能称为声强，其单位为W/m^2，用符号Ⅰ表示。声强以能量的方式说明声音的强弱。声强越大，表示单位时间内耳朵接受到的声能越多，声音越强。

声强与声压有着密切的关系。当声音在自由声场中传播时，在传播方向上，声强与声压有如下关系：

$$\mathrm{I} = \frac{P^2}{\rho_0 c_0} \tag{10-2}$$

式中　P——声压，Pa；

ρ_0——常温下空气的密度，kg/m^3；

c_0——声音速度，m/s。

在噪声测量中，声强的测量比较困难，通常根据声压的测量结果间接求出声强。相对于声强Ⅰ的声强级L_{I}定义为：

$$L_{\mathrm{I}} = 10\lg\frac{\mathrm{I}}{\mathrm{I}_0} \quad (\text{dB}) \tag{10-3}$$

式中　Ⅰ——声强，W/m^2；

I_0——频率为1 000Hz的基准声强值，为10^{-12}W/m^2。

由式(10－1)、(10－2)、(10－3)，可得$L_{\mathrm{I}}=L_p$，即声强级与声压级在数值上是相等。

3. *声级*

(1)响度级

试验证明，人对噪声强弱的感觉不仅与噪声的物理量有关，还与人的生理和心理状态有密切关系。

为了使噪声的客观物理量与人耳的主观感觉统一起来,以人的主观感觉为标准来评价噪声的强弱,人们对人耳的听觉、声压级及频率三者之间的关系进行了大量的试验研究。试验中将不同频率纯音的强度由小增大,根据人耳的感觉绘制出等响度曲线,见图 10-1。

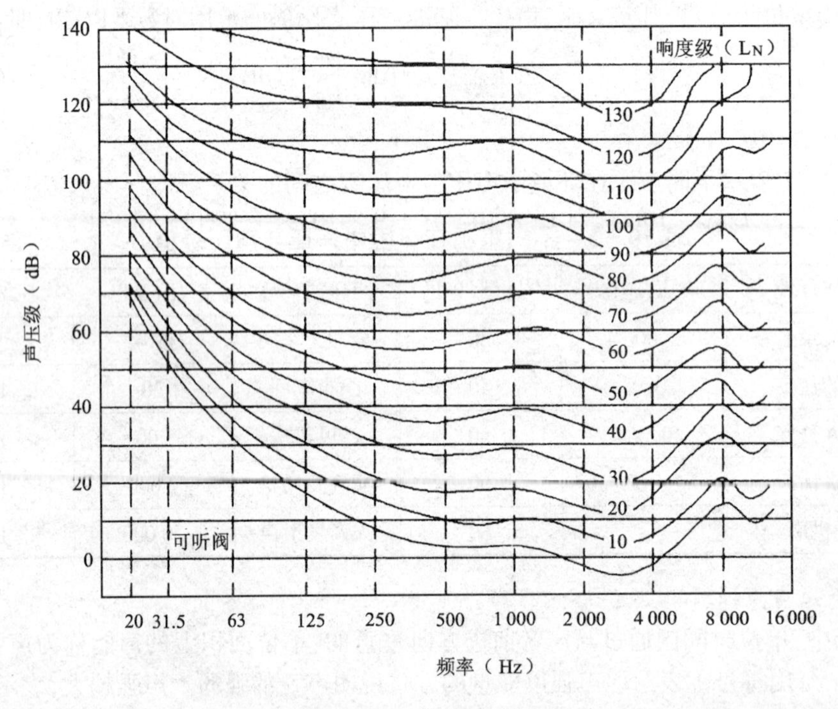

图 10-1 等响曲线

在等响曲线中,每一条曲线上的各点代表不同频率和声压级的纯音,但是人耳的主观响度感觉是一样的,即响度级是一样的,所以称为等响曲线。在等响曲线图(图 10-1)中,最下面的一条曲线是人耳刚能感觉到的不同频率纯音的等响曲线,称为闻阈曲线,相当于 $120L_N$ 的响度曲线称为痛阈曲线。

从等响曲线可以看出,人耳对低频率的声音较为迟钝,频率越低的声音,人耳能感觉出时,它的声压级就越高。反之,人耳对高频声较为敏感,特别是对于 3 000Hz~4 000Hz 的声音尤为敏感。因此,在噪声控制中,应首先降低中、高频率的噪声。

(2)A 声级

声级计中设有 A、B、C 三种特性网络。其中 A 网络是为模拟等响曲线中 $40L_N$ 的曲线而设计的。由 A 网络测出的噪声级称为 A 计权声级,简称 A 声级,单位为 dB(A)。由于用 A 声级测出的量是对噪声所有成分的综合反映,并且与人耳主观感觉接近,因此在噪声测量中,现在大都采用 A 声级来衡量噪声强弱。

(3)等效连续 A 声级

由于许多地区的噪声,是时有时无、时强时弱的,例如道路两旁的噪声。为了准确地评价这类噪声的强弱,1971 年国际标准化组织公布了等效连续 A 声级,它的定义是:

$$L_{ed} = 10\lg \frac{1}{T_2 - T_1}\int_{T_1}^{T_2} 10^{0.1L_p}\, dt \tag{10-4}$$

即把随时间变化的声级变为等声能稳定的声级。式中 T_1 为噪声测量的起始时刻，T_2 为终止时刻，不过式中的 L_p 是时间的函数，应用不方便，而一般进行噪声测量时，都是以一定的时间间隔来读数的，因此采用下式计算等效连续 A 声级较为方便：

$$L_{ed} = 10\lg \frac{1}{n} \sum_{i=1}^{n} 10^{L_i/10} \tag{10-5}$$

式中 L_i 为等间隔时间 t 读的值，n 为读得的噪声级 L_i 的总个数。

反映夜间噪声对人的干扰大于白天的是昼夜等效 A 声级(用 L_{dn} 表示)，其计算公式如下：

$$L_{dn} = 10\lg \left\{ \frac{1}{24} \left[15 \times 10^{0.1L_d} + 9 \times 10^{0.1(L_n+10)} \right] \right\} \quad \text{dB(A)} \tag{10-6}$$

式中 L_d——白天(7:00～22:00)的等效 A 声级；

L_n——夜间(22:00～7:00)的等效 A 声级。

(4)统计噪声级

统计噪声级是指某点噪声级有较大波动时，用以描述该点噪声随时间变化状况的统计物理量。一般用峰值 L_{10}、中值 L_{50}和本底值 L_{90}表示。

L_{10}表示在取样时间内 10％的时间超过的噪声级，相当于噪声平均峰值；

L_{50}表示在取样时间内 50％的时间超过的噪声级，相当于噪声平均中值；

L_{90}表示在取样时间内 90％的时间超过的噪声级，相当于噪声平均低值。

其计算方法是：将 100 个或 200 个数据按大小顺序排列，第 10 个数据或总数 200 个的第 20 个数据即为 L_{10}；第 50 个或总数为 200 个的第 100 个数据即为 L_{50}；同理，第 90 个数据或第 180 个数据即为 L_{90}。

三、噪声污染及危害

(一)噪声污染

噪声污染已成为当代世界性的问题，它对环境的污染与大气污染、水污染、固体废弃物污染一样，成为危害人类环境的公害。在我国环境污染投诉中，占第一位的竟是噪声污染，可见其危害影响之大。

与气、水污染相比，噪声污染又有其自身的特点，即具有时间和空间上的局限性和分散性。所谓局限性和分散性是指环境噪声影响范围的局限性和环境噪声源分布的分散性。首先，噪声污染是一种物理污染，一般情况下不致命，它直接作用于人的感官，当噪声源发出噪声时，一定范围内的人们立即会感到噪声污染，而当噪声源停止发声时，噪声立即消失，声的能量最后转换为空气的热能。其次，噪声污染源无处不在且往往不是单一的，具有随发分散性。

(二)噪声影响与危害

1. 听力损伤

在强噪声下暴露一段时间后，听觉引起暂时性听阈上移，听力变迟钝，称为听觉疲劳。它是暂时性的生理现象，内耳听觉器官并未损害，经休息后可以恢复。如长期在强噪声下工作，听觉疲劳就不能恢复，内耳听觉器官发生病变，暂时性阈移变成永久性阈移或耳聋，称噪声性耳聋，也叫职业性听力损失。有人说，噪声是一种致人死命的慢性毒素，是有一定道理的。长期在噪声环境下工作,耳聋发病率的统计结果见表 10－2。从表中可以看到,噪声级在 80dB 以下时,能保证长期工作不致耳聋;在 85dB 的条件下,有 10%左右的人可能产生职业性耳聋;在 90dB 的条件下,约有 20%的人可能产生职业性耳聋。

表 10－2　工作 40 年后噪声性耳聋发病率

噪　声　级	国　际　统　计(%)	美　国　统　计(%)
80	0	0
85	10	8
90	21	18
95	29	28
100	41	40

如果人们突然暴露在 140dB～160dB 的高强度噪声下,就会使听觉器官发生急性外伤,引起鼓膜破裂流血,螺旋体从基底急性剥离,双耳将完全失听。

2. 对睡眠的干扰

睡眠是人生命中极重要的一环,它使人的新陈代谢得以调节,使人的大脑得到休息,从而使人恢复体力和消除疲劳,保证正常的睡眠是人体健康的重要因素。而噪声会影响人的睡眠质量和数量。连续噪声可以加快从熟睡到轻睡的回转,使人熟睡时间缩短;突发噪声可以使人惊醒。一般 40dB 的连续噪声可使 10%的人受影响,70dB 的连续噪声可以使 50%的人受影响;突发噪声达 40dB 时使 10%的人惊醒,60dB 时,使 70%的人惊醒。长时间处于噪声环境中,就会引起失眠、耳鸣多梦、疲劳无力、记忆力衰退,在医学上称为神经衰弱症候群。在高噪声环境下,这种病的发病率可达 50%～60%以上。

3. 对人体的生理影响

实验表明,噪声会引起人体的紧张反应,刺激肾上腺素的分泌,因而引起心率改变和血压升高。在现代生活中,噪声是心脏病恶化和发病率增加的一个重要原因。

噪声会使人的唾液、胃液分泌减少,从而易患消化道溃疡症。一些研究指出,吵闹环境里,溃疡症的发病率比安静环境高 5 倍。噪声对人的内分泌机能也会产生影响。近年来还有人指出,噪声是刺激癌症的病因之一。人的细胞是产生热量的器官,当人受到噪声刺激时,血液中的肾上腺素显著增加,促使细胞产生的热能增加,而癌细胞则由于热能增高而有明显的增殖倾向,特别是在睡眠中。

4. 对交谈的干扰

实验研究表明噪声干扰交谈,其结果如表 10－3 所示。

表 10－3　噪声对交谈的影响

噪声(dB)	主观反映	保证正常讲话距离(m)	通讯质量
45	安静	10	很好
55	稍吵	3.5	好
65	吵	1.2	较困难
75	吵	0.3	困难
85	太吵	0.1	不可能

5. 对思考和工作的影响

噪声会直接影响人的思考。吵闹的噪声使人讨厌、烦恼、精神不宜集中,影响工作效率。在强噪声下,还容易掩盖语言和危险警报信号,分散人的注意力,发生工伤事故。据世界卫生组织估计,美国每年由于噪声的影响而带来的工伤事故及低效率所造成的损失达40亿美元。

6. 对人心理和儿童的影响

噪声对心理的影响,主要表现在令人烦恼,易激动、易怒,甚至失去理智,因噪声干扰而引起的民间纠纷等事件是常见的。

噪声还会对儿童的智力发育产生影响。吵闹环境中儿童智力发育比安静环境中低20%。另外噪声对胎儿的生长也会造成危害,研究表明,噪声会使母体产生紧张反应,引起子宫血管收缩,以致影响供给胎儿发育所必需的养料和氧气。日本曾对1 000多个初生婴儿进行研究,发现吵闹区域的婴儿体重轻的比例较高,平均在5.5eb(磅,1eb = 0.453 6kg)以下,相当于世界卫生组织规定的早产儿体重,这很可能是由于噪声的影响,使某些促使胎儿发育的激素水平偏低。

此外,高强度的噪声还能破坏机械设备及建筑物。研究证明,150dB以上的强噪声,由于声波振动,会使金属疲劳,由于声疲劳可造成飞机及导弹失事。

第二节　城市噪声污染控制

一、噪声控制技术

噪声在传播过程中有三个要素,即声源、传播途径和接受者。只有当声源、声的传播途径和接受者三个因素同时存在时,噪声才能对人造成干扰和危害。因此,对噪声的控制实质上是对这三个因素的控制。

(一)声源控制技术

控制噪声的根本途径是对声源进行控制,控制声源的有效办法是降低辐射声源声功率。由于声源产生噪声机理各不相同,所采用的声源控制技术也不相同。

1. 机械噪声控制

机械噪声是由于机械部件在外力激发下产生振动或相互撞击而产生的。控制机械噪声的主要方法有:避免运动部件冲击和碰撞、降低撞击力和速度;提高旋转部件平衡精度;提高运动部件加工精度,减少摩擦力;在固定部件间,增加弹性材料,减少固体传声;改变振动部件的质量和刚度,防止共振。

2. 气流噪声控制

气流噪声是由气流流动过程中的相互作用或气流和固体介质之间的作用产生的,控制气流噪声的主要方法是:选择合适的设计参数,减小气流脉动;降低气流速度,减少气流压力突变,以降低湍声噪声;安装合适的消声器。

3. 电磁噪声控制

电磁噪声主要是由交替变化的电磁场激发金属零部件和空气间隙周期性振动而产生的。对于电动机来说,由于电源不稳定也可以激发定子振动而产生噪声。电磁噪声主要分布在 1 000Hz 以上的高频区域。降低电动机噪声的主要措施为:合理选择沟槽数和级数;在转子沟槽中充填环氧树脂、降低振动;增加定子刚性;提高电源稳定度。降低变压器电磁噪声的主要措施有:减小磁力线密度;选择低磁性硅钢材料;合理选择铁芯结构,间隙充填树脂性材料。

4. 隔振技术

振动和噪声是两种不同的概念,但它们有着密切的联系。许多噪声是由振动诱发产生的,因此在对声源进行控制时,必需同时考虑隔振。

振动是环境物理污染因素之一,它在介质中的传播比噪声更复杂,它可以同时以横波、纵波、表面波、剪切波的形式向周围传播。它不仅能激发噪声,而且还能通过固体直接作用危害人体。人体是一个弹性体,骨骼和肌肉构成许多空腔和心、肝、肺、胃、肠等弹性系统。这些空腔和弹性系统都有各自的固有振动频率,一旦与外来的振动频率相吻合或接近时,就会产生共振,这时人体器官会受到极大的危害。工业上振动常常与噪声联合作用于人体,振动控制是噪声控制中的常用方法。

控制振动的方法有:加强机器的平衡性能,减小或消除振动源的激励;防止共振;采取隔振措施,隔离振动的传递,常用的隔振装置有金属弹簧、橡胶隔振器等。

(二)控制噪声的传播途径

1. 吸声降噪

当声波入射到物体表面时,部分入射声能被物体表面吸收而转化成其他能量,这种现象叫做吸声。物体的吸声作用是普遍存在的,吸声的效果不仅与吸声材料有关,还与所选的吸声结构有关。

吸声材料之所以具有吸声降噪的能力是与它们的结构密切相关的。吸声材料的表面具有丰富的细孔,其内部松软多孔,孔和孔之间互相连通,并深入到材料的深层。当声波透过吸声材料的表面进入内部孔隙后,能引起隙中的空气和材料的细小纤维发生振动,由于空气分子之间的粘滞阻力作用和空气与吸声材料的筋络纤维之间的摩擦作用,使振动的动能变为热能而使声能衰减。

多孔吸声材料对高频声有较好的吸声能力,但对低频声的吸声能力较差。为了解决这一矛盾,人们利用共振吸声的原理设计了各种共振吸声结构,取得了较好的结果,从而弥补了多孔材料低频声性能的不足。常用的共振吸声结构有共振吸声器(单个空腔共振结构)、穿孔板(槽孔板)、微穿孔板、膜状和板状共振吸声结构及空间吸声体等。

2. 消声器

消声器是一种既能使气流通过又能有效地降低噪声的设备。通常可用消声器降低各种空气动力设备的进出口或沿管道传递的噪声。例如在内燃机、通风机、鼓风机、压缩机、燃气轮机以及各种高压、高速气流排放的噪声控制中广泛使用消声器。

3. 隔声技术

按照噪声的传播方式。一般可将其分为空气传声和固体传声两种。空气传声是指声源直接激发空气振动并借助于空气介质而直接传入人耳,例如汽车的喇叭声和机器表面向空间辐射的声音。固体传声是指声源直接激发固体构件振动后所产生的声音。如人走路撞击楼板时,固体构件的振动以弹性波的形式在墙壁及楼板等构件中传播,在传播中向周围空气辐射出声波。事实上,声音的传播往往是这两种声音传播方式的组合。在一般情况下,无论是哪种传声,大都需要经过一段空气介质的传播过程,才能最后到达人耳,两种传播形式既有区别又有联系。

对于空气传声的场合,可以在噪声传播途径中,利用墙体、各种板材及其构件将声源与接受者分隔开来,使噪声在空气中传播受阻而不能顺利地通过,以减少噪声对环境的影响,这种措施通称为隔声。对于固体传声,可以采用弹簧、隔振器及隔振阻尼材料进行隔振处理,这种措施通称为隔振。

隔声是噪声控制工程中常用的一种技术措施。常用的隔声构件有各类隔声墙、隔声罩、隔声控制室及隔声屏障等。

(三)个人防护

当在声源和传播途径上控制噪声难以达到标准时,往往需要采取个人防护措施。在很多场合下,采取个人防护还是最有效、最经济的方法。目前最常用的方法是佩戴护耳器。一般的护耳器可使耳内噪声降低10dB~40dB。护耳器的种类很多,按构造差异分为耳塞、耳罩和头盔等。

二、城市噪声综合防治

(一)噪声源及其调查

为了有效地制定噪声控制方案,首先应查明噪声源的物理特性并对其作出适当评价。噪声源按其辐射特性及其传播距离,可分为点源、线源和面源。

1. 点源:对小型设备,其自身的几何尺寸比噪声影响预测距离小得多或研究的距离远大于噪声源本身的尺度,在噪声评价中常把这种噪声辐射源视为点噪声源。

2. 线源:如成线排列的水泵、矿山和选煤场的输送系统、繁忙的交通线等,其噪声是以近线状形式向外传播的,这类噪声源在近距离范围内视为线噪声源。

3. 面源:对于体积较大的设备或集团,噪声往往是从一个面或几个面均匀地向外辐射,对近距离范围内的评价对象而言,将这类的噪声辐射源视为面噪声源。

工业生产性噪声虽然比交通噪声的传播影响范围小,但它的发生源位置基本是固定的,且持续时间长,对其周围环境产生的干扰往往比较严重。由于历史原因,长期以来我国城市规划不合理,许多城市工业企业与居民区混杂,由噪声引起的矛盾时有发生。从总体看,近年来我国城市噪声的恶化趋势虽有所控制,但污染的范围不断扩大。据国家环保局监测统计资料来看,1990年城市工业集中区的噪声超标率为38.5%。

交通噪声是城市噪声的主要来源。机动车辆噪声主要与车速有关,车速增加一倍,噪声级大约增加9dB(A)。此外噪声级的高低还与车型、车流量、路面条件、路旁设施等诸多因素有关。测量表明,城市机动车噪声大多集中在70dB(A)~75dB(A)的范围内。

(二)噪声影响预测

1. 原理

一个声源发出的声音,声波以球面波的形式向四面八方传播,随着离开声源的距离增大,球面积以与半径平方成正比增大。因此,通过单位面积的声能成相应比例减少,即声强随距离的平方成反比例衰减。声音随距离的增大而衰减的程度,主要取决于距离因素。此外,还与声源的形状、地表吸收、风速、气温和障碍物等因素有关。应用适当的模式,可以计算出离声源不同距离处的声音强度。

2. 模式

(1)声压级随距离衰减公式

$r_1 \leqslant a/\pi$ 时， $$L_{p2}=L_{p1} \tag{10-7}$$

$r_2 \leqslant b/\pi$ 且 $r_1 \geqslant a/\pi$ 时， $$L_{p2}=L_{p1}-10\lg(r_2/r_1) \tag{10-8}$$

$r_1 \leqslant b/\pi$ 时， $$L_{p2}=L_{p1}-20\lg(r_2/r_1) \tag{10-9}$$

或 $$L_{p2}=L_{p1}-10\lg[r_2/(a\times b)]-10 \tag{10-10}$$

式中 r_1、r_2——分别为预测点离声源的距离，且 $r_1<r_2$；

a、b——分别为声源的短边和长边；

L_{p1}、L_{p2}分别为 r_1、r_2 距离处的声压级。

(2)声压级合成公式

若有几个声源，其声压级分别为 L_{p1}、L_{p2}、$\cdots L_{pi}$、$\cdots L_{pn}$，则几个噪声源合成的声压级为：

$$L_p = 10\times\lg(\sum_{i=1}^{n}10^{L_i/10}) \tag{10-11}$$

例：若两台机器的声压级相等，均为 50dB(A)，试求出其合成声压级。

解：由式(10-11)可得：

$$L_p=L_1+10\lg n$$

所以 $$L_p=50+10\lg 2\cong 53\text{dB(A)}$$

(三)综合防治对策

发达国家从本世纪 60 年代起开始重视噪声控制。进入 80 年代。随着环保事业的发展，我国的环境噪声污染治理工作，基本上建立了一套完整的环境噪声污染防治法规、标准体系。

目前，国内外综合防治噪声污染主要从两个方面进行，一是从噪声传播分布的区域性控制角度出发，强化城市建设规划中的环境管理，贯彻土地使用的合理布局，特别是工业区和居民区分离的原则，即在噪声污染的传播影响上间接采取防治措施；二是从噪声总能量控制出发，对各类噪声源机电设备的制造、销售和使用，即对污染源本身直接采取限制措施。

第三节 电磁辐射污染及防治

一、电磁辐射污染

电气与电子设备在工业生产、科学研究与医疗卫生等各个领域中都得到了广泛的应用，随着经济、技术水平的提高，其应用范围还将不断扩大与深化。除此之外，各种视听设备、微波加热设备等也广泛地进入人们的生活之中，应用范围不断扩大，设备效率不断提高。所有这些都导致了地面上的电磁辐射大幅度增加，已直接威胁到人的身体健康。因此对电磁辐射所造成的环境污染必须予以重视并加强防护技术的研究与应用。我国自 60 年代以来，在这方面已作了大量的工作，研制了一些测量设备，制定了有关高频电磁辐射安全卫生标准及微波辐射卫生标准，在防护技术水平上也有了很大提高，取得了良好成效。

(一)电磁污染的危害

电磁污染包括了各种天然的和人为的电磁波干扰和有害的电磁辐射。电磁辐射主要是指射频电磁辐射,当射频电磁场达到足够强度时,会造成危害。其危害主要有以下几方面。

1. 引燃引爆

高频电磁的振荡可使金属器件之间相互碰撞而打火,引起可燃油类或可燃气体燃烧爆炸。

2. 干扰信号

电磁辐射可直接影响电子设备仪器的正常工作,使控制失灵。如火车、飞机、导弹或人造卫星的失控;干扰医院的脑电图、心电图信号,使之无法工作。

3. 危害人体健康

辐射对人体机能产生一定的破坏作用。生物机体在射频电磁场的作用下,可吸收一定的辐射能量,并因此产生生物效应。这种效应主要表现为热效应。因为,在生物机体中一般均含有极性分子与非极性分子,在电磁场作用下,极性分子重新排列,非极性分子可被磁化。由于射频电磁场方向变化极快,使这种分子重新排列的方向与极化的方向变化速度也很快。变化方向的分子与其周围分子发生剧烈碰撞而产生大量的热能。当射频电磁场的辐射强度被控制在一定范围时,可对人体产生良好的作用,如用理疗机治病;但当它超过一定范围时,则会破坏人体的热平衡,对人体产生危害。电磁辐射对人体危害的程度与电磁波波长有关。按对人体危害程度由大到小排列,依次为微波、超短波、短波、中波、长波,即波长愈短危害愈大。若人体长期受到较强的电磁辐射,将造成中枢神经系统及植物神经系统机能障碍与失控。常见的有头晕、头痛、睡眠障碍、记忆力减退等为主的神经衰弱症候群,还能引起食欲不振、心血管系统疾病等。微波对人的影响除了上述症状外,还可能造成眼睛损伤(如晶体浑浊、白内障等)。微波对人体作用最强的原因,一方面是由于其频率高,致使机体内分子振荡激烈,摩擦作用强,热效应大;另一方面是微波对机体的危害具有积累性,使伤害不易恢复。

(二)电磁污染源

电磁污染源有天然与人为两种。太阳的黑子活动与耀斑活动、新星爆发和宇宙射线等都属前者,主要会造成大范围电磁干扰,尤其是对短波通讯干扰最烈。我们所讲电磁污染主要指人为污染源,指人工制造的各种系统、设备产生可以危害环境的电磁辐射。

电磁污染源包括某些类型的放电、工频场源与射频场源。工频场源主要指大功率输电线路产生的电磁污染,如大功率电机、变压器、输电线路等产生的电磁场,它不是以电磁波形式向外辐射,而主要是对近场区产生电磁干扰。

射频辐射场的来源,一是人们为传递信息而发射的;另一是在工业、医疗、生活中利用辐射能加热时所泄露,前者的电磁辐射对发射和接受设备而言均为有用信号,而对其他电子设备及人员而言则为干扰源和污染源。为了提高接受效果或增加传送距离,常需加大发射功率导致发射体附近和邻近区域产生很强的地磁辐射水平。诸如无线电台、电视台和各种射频设备在工作过程中都会造成了射频辐射污染。这种辐射源频率范围宽,影响区域大,对近场工作人员危害也较大,因此已成为环境中电磁辐射污染的主要因素。人为电磁辐射污染源的分类见表10－4。

表10－4　人为电磁污染源分类

分类		设备名称	污染来源与部件
放电污染源	电晕放电	电力线(送配电线)	高电压、大电流而引起静电感应、电磁感应、
	辉光放电	放电管	日光灯、高压水银灯及其他放电管
	弧光放电	开关、电气铁道、放电管	点火系统、发电机、整流装置
	火花放电	电气设备、发动机、冷藏库、汽车	整流器、发电机、放电管、点火系统
工频交变电磁场源		大功率输电线、电气设备、电气铁道	污染来自高电压、大电流的电力线场电气设备
射频辐射场源		无线电发射机、雷达	广播、电视与通讯设备的振荡与发射系统
		高频加热设备、热合机、微波干燥机	工业用射频利用设备的工作电路与振荡系统
		理疗机、治疗机	医学用射频利用设备的工作电路与振荡系统
建筑物反射		高层楼群以及大的金属构件	墙壁、钢筋、吊车

二、电磁辐射污染的防护

控制电磁污染也同控制其他类型的污染一样，必须采取综合防治的办法，才能取得更好的效果。要合理设计使用各种电气、电子设备，减少设备的电磁漏场及电磁漏能；从根本上减少电磁污染的排量。通过合理的工业布局，使电磁污染源远离居民稠密区，以加强防护；应制定设备的辐射标准并进行严格控制；对已经进入到环境中的电磁辐射，要采取一定的技术防护手段，以减少对人及环境的危害。下面介绍常用的防护电磁场辐射的方法：

(一)区域控制及绿化

对工业集中城市，特别是电子工业集中的城市或电气、电子设备密集使用地区，可以将电磁辐射源相对集中在某一区域，使其远离一般工作区或居民区，并对这样的区域设置安全隔离带，从而在较大的区域范围内控制电磁辐射的危害。区域控制大体分为四类：

1. 自然干净区：在这样的区域内要求基本上不设置任何电磁设备。
2. 轻度污染区：只允许某些小功率设备存在。
3. 广播辐射区：指电台、电视台附近区域，因其辐射较强，一般应设在郊区。
4. 工业干扰区：属于不严格控制辐射强度的区域，对这样的区域要设置安全隔离带并实施绿化。

由于绿色植物对电磁辐射能具有较好的吸收作用，因此加强绿化是防治电磁污染的有效措施之一。依据上述区域的划分标准，合理进行城市、工业的布局，可以减少电磁辐射对环境的污染。

(二)屏蔽防护

使用某种能抑制电磁辐射扩散的材料，将电磁场源与其环境隔离开来，使辐射能被限制在某一范围内，达到防止电磁污染的目的，这种技术手段称为屏蔽防护。从防护技术角度来说，屏蔽防护是目前应用最多的一种手段。具体方法是在电磁场传递的路径中，安设用屏蔽材料制成的屏蔽装置。屏蔽防护主要是利用屏蔽材料对电磁能进行反射与吸收。

1. 屏蔽的分类

根据场源与屏蔽体的相对位置,屏蔽方式分为两类:

(1)主动场屏蔽(有源场屏蔽)将电磁场的作用限定在某一范围内,使其不对此范围以外的生物机体或仪器设备产生影响的方法称为主动场屏蔽。具体作法是用屏蔽壳体将电磁污染源包围起来,并对壳体进行良好接地。

(2)被动场屏蔽(无源场屏蔽)将场源放置于屏蔽体之外,使场源对限定范围内的生物机体及仪器设备不产生影响,称为被动场屏蔽。具体作法是用屏蔽壳体将需保护的区域包围起来。

2. 屏蔽材料与结构

屏蔽材料可用钢、铁、铝等金属,或用涂有导电涂料或金属镀层的绝缘材料。一般讲,电场屏蔽选用铜材为好,磁场屏蔽则选用铁材。

屏蔽体的结构形式有板结构与网结构两种,可根据具体情况将屏蔽壳体做六面封闭体或五面半封闭体,对于要求高者,还可作成双层屏蔽结构。

3. 屏蔽装置形式

根据不同的屏蔽对象与要求,应采用不同的屏蔽装置与形式。

(1)屏蔽罩:适用于小型仪器或设备的屏蔽。

(2)屏蔽室:适用于大型机组或控制室。

(3)屏蔽衣:屏蔽头盔、屏蔽眼罩,适用于个人的屏蔽防护。

(三)吸收防护

采用对某种辐射能量具有强烈吸收作用的材料,敷设于场源外围,以防止大范围污染。吸收防护是减少微波辐射危害的一项积极有效的措施,可在场源附近将辐射能大幅度降低,多用于近场区的防护上。

(四)个人防护

个人防护的对象一般是个体的微波作业人员,当因工作需要操作人员必须进入微波辐射源的近场区作业时,或因某些原因不能对辐射源采取有效的屏蔽、吸收等措施时,必须采取个人防护措施,以保护作业人员安全。个人防护措施主要有穿防护服,戴防护头盔和防护眼镜等。这些个人防护装备同样也是应用了屏蔽、吸收等原理,用相应材料制成的。

第四节　放射性污染及其防治

一、放射性污染

(一)放射性污染的特点与危害

放射性污染与一般的化学污染物有着明显的不同,主要表现在每一种放射性核素均具有一定的半衰期,在其放射性自然衰变的这段时间里,它都会放射出具有一定能量的射线,持续地产生危害作用;除了进行核反应之外,目前,采用任何化学、物理或生物的方法,都无法有效地破坏这些核素,改变其放射的特性;放射性污染物所造成的危害,在有些情况下并不立即显示出来,而是经过一段潜伏期后才显现出来。因此,对放射性污染物的治理也就不同于其他的污染物的治理。

放射性污染物主要是通过射线的照射危害人体和其他生物体,造成危害的射线主要有α射线、β射线和γ射线。

α粒子流形成的射线称为α射线。α粒子穿透力较小,在空气中易被吸收,外照射对人的伤害不大,但其电离能力强,进入人体后会因内照射造成较大的伤害。β射线是带负电的电子流,穿透能力较强。γ射线是波长很短的电磁波,穿透能力极强,对人的危害最大。

(二)天然辐射源

天然辐射源是自然界中天然存在的辐射源,人类从诞生起一直就生活在这种天然的辐射之中,并已适应了这种辐射。天然辐射源所产生的总辐射水平称为天然放射性本底,它是判断环境是否受到放射性污染的基本基准。天然辐射源主要来自于:

1. 地球上的天然放射源,其中最主要的铀(^{235}U)、钍(^{232}Th)、核素以及钾(^{40}K)、碳(^{14}C)和氚(^{3}H)等。

2. 宇宙间高能粒子构成的宇宙线,以及在这些粒子进入大气层后与大气中的氧、氮原子核碰撞产生的次级宇宙线。

(三)人工辐射源

本世纪40年代核军事工业逐渐建立和发展起来,50年代后核能逐渐被利用到动力工业中。近几十年来随着科学技术的发展,放射性物质被更广泛地应用于各行各业和人们的日常生活中,这些都可能构成了放射污染的人工污染源。

1. 核爆炸沉降物

在大气层进行核试验时,放射性沉降物会随风扩散到广泛的地区,造成对地表、海洋、人及动植物的污染。细小放射性颗粒可以到达平流层并随大气环流流动,造成全球性污染。即使是地下核试验,由于"冒顶"或其他事故,仍可造成如上的污染。核试验时产生的危害较大的物质有^{90}锶、^{137}铯、^{131}碘、和^{14}碳。

核试验造成的全球性污染比其他原因造成的污染严重得多,因此是地球上放射性污染的主要来源。

2. 核工业过程排放物

核能应用于动力工业,构成了核工业的主体。核工业的废水、废气、废渣的排放是造成环境放射性污染的一个重要原因。核燃料的生产、使用及回收形成了核燃料的循环,在这个循环过程中的每一个环节都会排放种类、数量不同的放射性污染物,对环境造成程度不同的污染。

对整个核工业来说,在放射性废物的处理设施不断完善的情况下,处理设施正常运行时,对环境不会造成严重污染。严重的污染往往都是由事故造成的。如1986年前苏联的切尔诺贝利核电站的爆炸漏泄事故。因此减少事故排放对减少环境的放射性污染将是十分重要的。

3. 医疗照射的射线

随着现代医学的发展,辐射作为诊断、治疗的手段越来越广泛应用,因而医用辐照设备增多,诊治范围扩大。辐照方式除外照射方式外,还发展了内照射方式,如诊治肺癌等疾病,就采用内照射方式,使射线集中照射病灶。但同时这也增加了操作人员和病人受到的辐射,因此医用射线已成为环境中的重要人工污染源。

4. 其他方面的污染源

一些用于控制、分析、测试的设备使用了放射性物质,对职业操作人员会产生辐射危害。如某些生活消费品中使用了放射性物质,如夜光表、彩色电视机等;某些建筑材料如含铀、镭量高的花岗岩和钢渣砖等,它们的使用也会增加室内辐射强度。

二、放射性污染的防治

在放射性污染的人工源中,医用射线及放射性同位素产生的射线主要是通过外照射危害人体,对此应加以防护。而核工业生产过程中排出的放射性废物,也会通过不同途径危害人体,对这些放射性废物必须加以处理与处置。

(一)辐射防护

1. 放射性辐射的防护标准

目前我国一般采用“最大容许剂量当量”来限制从事放射性工作人员的照射剂量。其含义是:当放射性工作人员接受这样的剂量照射时,机体受到损伤被认为是可以容许的,即在他的一生中及其后代身上,都不会发生明显的危害,即或有某些效应,其发生率极其微小,只能用统计学方法才能察觉。对邻近居民的限制剂量当量为职业照射的1/10。

2. 辐射防护方法

辐射防护的目的主要是为了减少射线对人体的照射,人体接受的照射量除与源强有关外,还与受照射的时间及与距射源的距离有关。源强越强,受照时间越长,距辐射源越近,则受照量越大。为了尽量减少射线对人体的照射,常用屏蔽的办法,即在放射源与人之间放置一种合适的屏蔽材料,利用屏蔽材料对射线的吸收降低外照射剂量。

(1)α射线的防护:α射线射程短,穿透力弱,因此用几张纸或薄的铝膜,即可将其吸收。

(2)β射线的防护:β射线穿透物质的能力强于α射线,因此对屏蔽β射线的材料可采用有机玻璃、烯基塑料、普通玻璃及铝板等。

(3)γ射线的防护:γ射线穿透能力很强,危害也最大,常用具有足够厚度的铅、铁、钢、混凝土等屏蔽材料屏蔽γ射线。

(二)放射性废物的治理

对放射性废物中的放射性物质,现在还没有有效的办法将其破坏,以使其放射性消失。因此,目前只是利用放射性自然衰减的特性,采用在较长的时间内将其封闭,使放射强度逐渐减弱的方法,达到消除放射污染的目的。

1. 放射性废液的处理

对不同浓度的放射性废水可采用不同的方法处理。

(1)稀释排放:对符合我国《放射防护规定》中规定浓度的废水,可以采用稀释排放的方法直接排放,否则应经专门净化处理。

(2)浓缩贮存:对半衰期较短的放射性废液可直接在专门容器中封装贮存,经一段时间,待其放射强度降低后,可稀释排放。对半衰期长或放射强度高的废液,可使用浓缩后贮存的方法。对这些浓缩废液,可用专门容器贮存或经固化处理后埋藏。对中、低放射性废液可用水泥、沥青固化;对高放射性的废液可采用玻璃固化。固化物可深埋或贮存于地下,使其自然衰变。

(3)回收利用:在放射性废液中常含有许多有用物质,因此应尽可能回收利用。这样做既不浪费资源,又可减少污染物的排放。可以通过循环使用废水,回收废液中某些放射性物质,并在工业、医疗、科研等领域进行回收利用。

2. 放射性固体废物的处理

放射性固体废物主要是指铀矿石提取铀后的废矿渣、被放射性物质沾污而不能再用的各种器物、以及前述浓缩废液经固化处理后所形成的固体废弃物。

经压缩、焚烧减容后的放射性固体废物可封装在专门的容器中,或固化在沥清、水泥、玻璃中。然后将其埋藏于地下或贮存于设于地下的混凝土结构的安全贮存库中。

3. 放射性废气的处理

对于低放射性废气,特别是含有半衰期短的放射物质的低放射性废气,一般可以通过高烟囱直接稀释排放。

对于含有粉尘或含有半衰期长的放射性物质的废气,则需经过一定的处理,如用高效过滤的方法除去粉尘,碱液吸收去除放射性碘等。经处理后的气体,仍需通过高烟囱稀释排放。

第五节　热污染与光污染

由于热污染和光污染还没有对环境造成广泛的明显危害,因此也就没有引起人们普遍地关注。然而,它们对环境的影响是存在的,并在日益增大,特别是热污染,已经对大气和水体造成了危害,因此应予以重视。

一、热污染及其防治

(一)热污染

一般是把由于人类活动影响而危害热环境的现象称为热污染。热污染包含如下内容:

1. 燃料燃烧和工业生产过程所产生的废热向环境的直接排放。
2. 温室气体的排放,通过大气温室效应的增强,引起大气增温。
3. 由于某些能消耗臭氧层的物质的排放,破坏了大气臭氧层,导致太阳辐射的增强。
4. 地表状态的改变,使反射率发生变化,影响了地表和大气间的换热等。

温室效应的增强、臭氧层的破坏,都可引起环境的不良增温,对这些方面的影响,现在都已做为全球大气污染的问题,专门进行了系统的研究。因此作为热污染问题,在此主要讨论的是废热排放的影响和防治。

热污染主要来自能源消费。在发电、冶金、化工和其他的工业生产中。燃料燃烧和化学反应等过程产生的热量,一部分转化为产品形式,一部分以废热形式直接排入环境。转化为产品形式的热量,最终也要通过不同的途径,释放到环境中。以火力发电为例;在燃料燃烧的能量中,40%转化为电能,12%随烟气排放,48%随冷却水进入到水体中。在核电站,能耗的33%转化为电能,其余的67%均变为废热全部转入大气和水中。

由以上数据可以看出,各种生产过程排放的废热,大部分转入到水中,使水升温成温热水排出。这些温度较高的水排进水体,形成对水体的热污染。电力工业是排放温热水最多的行业,据统计,排进水体的热量,有80%来自发电厂。

(二)热污染的危害

各种热力装置排放的废热气体和温热水,对大气和水体造成热污染。

由于废热气体在废热排放总量中所占比例较小,这些废热气体排入大气后,对大气环境的影响表现不明显,因而不能构成直接的危害。

温热水的排放量大,排入水体后会在局部范围内引起水温的升高,使水质恶化,对水生物圈和人的生产、生活活动造成危害。

1. 热污染对水质的影响

水温的变化会引起水的物理性质的改变,例如,当水温上升时,水的粘度降低、密度减小,从而可使水中悬浮物的空间位置和数量发生变化。水温升高还会引起氧溶解度的下降(见表 10-5),而水温升高又会使水中有机物的消化降解过程加快而加速耗氧,出现氧亏。此时,水中生物可能因缺氧而难以存活。

表 10-5　水体物理性质的温度影响

温度℃	粘度 10^{-3}Pa·s	密度 g·mL^{-1}	表面张力 N·m^{-1}	氧溶解度 mg·L^{-1}	氮溶解度 mg·L^{-1}
0	1.787	0.999 84	0.075 6	14.6	23.1
5	1.519	0.999 97	0.074 9	12.8	20.4
10	1.307	0.999 70	0.074 2	11.3	18.1
15	1.139	0.999 10	0.073 5	10.2	16.3
20	1.002	0.998 20	0.072 8	9.2	14.9
25	0.890	0.997 04	0.072 0	8.4	13.7
30	0.798	0.995 65	0.071 0	7.6	12.7
35	0.719	0.994 06	0.070 4	7.1	11.6
40	0.653	0.992 24	0.069 6	6.8	10.8

在接受有机污水的河流,河水中溶解氧量随污水排出口的运移距离延伸而迅速下降,这种氧垂曲线的变化与水温有直接关系(见图 10-2)。水温升高,在一定距离内的耗氧速度加快,亏氧与复氧速率差增大,影响到河流的自净期。

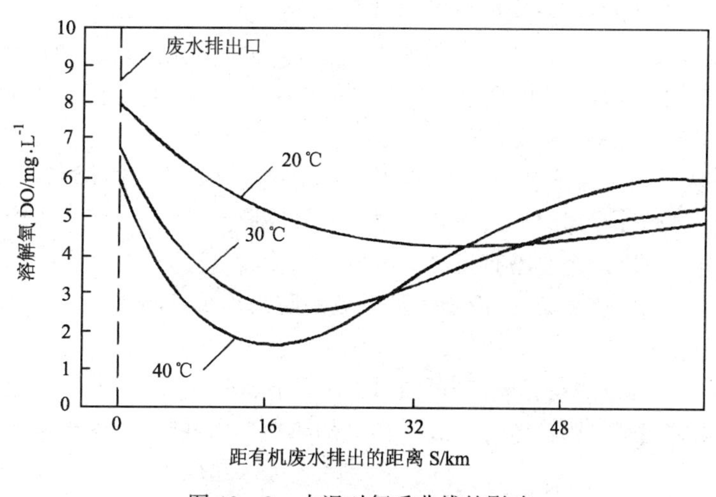

图 10-2　水温对氧垂曲线的影响

2. 对水生生物的生长的影响

水温升高，将不同程度地影响水中生物的数量和种群。在同样条件下，不同种类的微生物或高级生物耐受水温变化的能力有明显的差异，有些细菌在水温升高时可能有更佳的生长条件。在有机物污染的河流中，水温上升时，一般可使细菌的数量增加。由图10-2中所示的氧垂曲线的垂弛点随温度的升高而降低，这时，水中有机物因降解作用而导致的缺氧历程较之发生于低温时的河流要短。

水温的升高，还会引起藻类及湖草的大量繁殖。藻类与湖草的大量繁殖，消耗了水中溶解氧，另外在水温较高时产生的一些藻类，如蓝藻，可引起水味道异常，影响水体感观，并可使人、畜中毒。

3. 对鱼类的影响

水温的变化对鱼类和其他冷血水生动物的生长有直接影响。水生动物的生殖期、消化率、呼吸率及其过程，在一定程度上与温度有关。在高温条件下，鱼的发育受阻，严重时，导致死亡；降低了水生动物的抵抗力，破坏水生动物的正常生存。

水温的升高，导致水中溶解氧的降低，而在水温较高的条件下，鱼及水中动物的新陈代谢率增高，需要更多的溶解氧，此时溶解氧的减少，势必对鱼类生存形成更大的威胁。

(三)水体热污染的控制标准

为了防治热污染对水体产生的不利影响，通常采用控制温度升高范围的办法。具体措施一是限制水体受热排后水温的升高额度；另一种是限制热排污染带的规模。

国际上有些国家基于保护渔业生产的目的，对水体温升作出限制。例如，美国提出废热水排入水体经混合后的水温不得高于以下标准：河水2.83℃；湖水1.66℃；海水：在冬季时2.2℃；夏季0.83℃。

我国尚无专门的冷却水排放标准，但在一些水环境质量标准中对水体的温升有明确的规定。例如，在《地面水环境质量标准》(GB3838-2002)中，在水温项明文规定：“人为造成的环境水温变化应限制在：夏季周平均最大温升≤1℃；冬季周平均最大温升≤2℃”。又如《海水水质标准》(GB3097-1997)中规定水温为：“不超过当地、当时水温4℃”。

(四)水体热污染防治

1. 改进热能利用技术，提高热能利用率

通过提高热能利用率，既节约了能源，又可以减少废热的排放。如美国的火力发电厂，60年代时平均热效率为33%，现已提高到40%，使废热排放量降低很多。

2. 利用温排水冷却技术减少温排水

电力等工业系统的温排水，主要来自工艺系统中的冷却水，对排放后可能造成热污染的这种冷却水，可通过冷却的方法使其降温，降温后的冷水可以回到工业冷却系统中重新使用。目前，电力及冶金企业已有将冷却设备改水冷为气冷方式。这样，即可以减少水的消耗，又可以减少水体热污染，因而是一种有效的防治热污染的方法。

3. 废热的综合利用

对于工业装置排放的高温废气，可通过如下途径加以利用：①利用排放的高温废气预热冷原料气；②利用废热锅炉将冷水或冷空气加热成热水和热气，用于取暖、淋浴、空调加热等。

对于温热的冷却水，可通过如下途径加以利用：①利用电站温热水进行水产养殖，如国内外均已试验成功用电站温排水养殖非洲鲫鱼;②冬季用温热水灌溉农田,可延长适于作物的种植时间;③利用温热水调节港口水域水温,防止港口冻结等。

二、光污染

人类活动造成的过量光辐射对人类生活和生产环境形成不良影响的现象称为光污染。目前对光污染的成因及条件研究得还不充分,因此还不能形成系统的分类及相应的防治措施。一般认为,光污染应包括可见光污染,红外光污染和紫外光污染。

(一)可见光污染

1. 眩光污染

人们接触较多的,如电焊时产生的强烈眩光,在无防护情况下会对人的眼睛造成伤害;夜间迎面驶来的汽车头灯的灯光,会使人视物极度不清,造成事故;长期工作在强光条件下,视觉受损;车站、机场、控制室过多闪动的信号灯以及在电视中为渲染舞厅气氛,快速地切换画面,也可属于眩光污染,使人视觉不舒服。

2. 灯光污染

城市夜间灯光不加控制,使夜空亮度增加,影响天文观测;路灯控制不当或建筑工地安装的聚光灯,照进住宅,影响居民休息,都属于灯光污染。

3. 视觉污染

城市中杂乱的视觉环境,如杂乱的垃圾堆物,乱摆的货摊,五颜六色的广告、招贴等。这是一种特殊形式的光污染。

4. 其他可见光污染

如现代城市的商店、写字楼、大厦等,外墙全部用玻璃或反光玻璃装饰。在阳光或强烈灯光照射下,所发生的反光,会扰乱驾驶员或行人的视觉,成为交通事故的隐患。

(二)红外光污染

近年来,红外线的军事、科研、工业、卫生等方面应用日益广泛,由此可产生红外线污染。红外线通过高温灼伤人的皮肤,还可透过眼睛角膜对视网膜造成伤害,波长较长的红外线还能伤害人眼的角膜,长期的红外照射可以引起白内障。

(三)紫外光污染

波长为250nm~320nm的紫外光,对人具有伤害作用,主要伤害表现为角膜损伤和皮肤的灼伤。

光对环境的污染是实际存在的,但由于缺少相应的污染标准与立法,因而不能形成较完整的环境质量要求与防范措施,这方面有待进一步探索。

第十一章　城市气候

第一节　概　　述

一、城市气候的概念

人类活动对气候的影响在日益增大，在城市中尤为突出。城市气候就是在区域气候的背景下，在城市特殊下垫面和城市人类活动的影响下，形成的一种局地气候。

最早人们感觉到城市气候的一个显著特点的空气混浊、多烟尘。唐代诗人刘禹锡曾用“紫陌红尘扑面来”形容长安城街市繁华、飞尘扑面。在欧洲公元前的诗歌中就有描写古罗马城中烟尘蔽日的景象。城市多雾又是城市气候中为人们熟知的另一特征。英国伦敦是世界闻名的“雾都”。我国也早有“蜀犬吠日，吠所怪也”。形容重庆冬季多浓雾蔽天，偶逢日出犬都会因奇怪而吠叫。从19世纪初，人们才开始较系统地研究城市气候，涉及气温、雾、降水、风等，逐渐形成了城市气候学这样一门学科。

二、城市气候的研究方法

(一)历史对比法

为了研究城市化对气候的影响，对一些发展比较快的城市，可以对比其多年气象资料，分析在城市化前后和发展过程中气候的变化，予以论证。

(二)周末与工作日对比法

由于大城市中企业机关、学校及多数工厂皆在周末(星期六及星期日)休假。人类活动对城市气候的影响在周末与工作日(星期一到星期五)相比，有所差别。所以研究者常利用同一气象站某些气象要素周末平均值(M_n)与工作日平均值(M_w)进行比较，求出二者的差值 ΔM：

$$\Delta M = M_n - M_w \tag{11-1}$$

从中可以看出城区人类活动强度不同时对城市气候影响的差异。

(三)城郊对比法

应用同期的城市与郊区的气候资料进行对比，两者的差值可以作为城市对气候影响的重要标志。

(四)城市内部不同性质下垫面的对比法

在不同类型的下垫面上设置观测点，观测其地表和城市覆盖层内不同高度的气候要素的分布和变化，分析其时空分布的规律及其形成机制，这对弄清城市覆盖层的气候特征和形成原因是十分必要的。

(五)模拟实验法

为了了解城市化对气候的影响，还可采用模拟实验法，最常用的是将城市实况按比例做一模型，进行风洞实验。

（六）应用数学物理方法建立模式

应用数学物理方法建立城市气候研究模式是当前国内外学者最经常使用的方法。

三、城市气候环境

城市化的地区的有其显著的特点：例如人口高密度聚集、有高强度的经济活动、城市地区具有特殊的下垫面。所以，城市除了受当地纬度、太阳辐射、大气环流、海陆位置和地形地貌等区域性气候因素的作用外，还在人类活动无意识的影响下，通过下垫面和近地层大气的辐射、热力、水分、空气质量和空气动力学性质的改变，形成有别于附近郊区的局地气候。

这种局地气候所涉及的范围如图 11－1 所示。城市建筑屋顶以下至地面这一层称为城市覆盖层（urban canopy layer），其气候变化受人类活动的影响最大。它与城市的规划布局、建筑物密度、高度、几何形状、建筑材料、街道宽度及走向、地面铺砌材料、绿化覆盖率、水环境、空气污染物浓度以及“人为热”和“人为水汽”排放量等因素密切相关，属于“小尺度”的气候。由建筑物屋顶向上至积云中部高度为城市边界层（urban boundary layer），这一层气候受城市大气质量（污染物性质及其浓度）和参差不齐的屋顶的热力、动力影响，喘流混合作用显著，与城市覆盖层进行能流和物流交换，并受周围区域气候因子的影响，属于“中尺度”的气候。在城市的下风方向还有一个城市尾羽层也称市尾烟气层（urban plume），这一层中的气流、污染物、云、雾、降水和气温等方面都受到城市的影响。在城市尾羽层之下为乡村边界层（rural boundary layer）。城市对下风方向的影响可至 30km，最大时可达 100km 以上。当在区域静风条件下，城市又有显著热岛环流时，城区出现穹隆形尘盖（urban dome），城市尾羽层就不存在，见图 11－2。

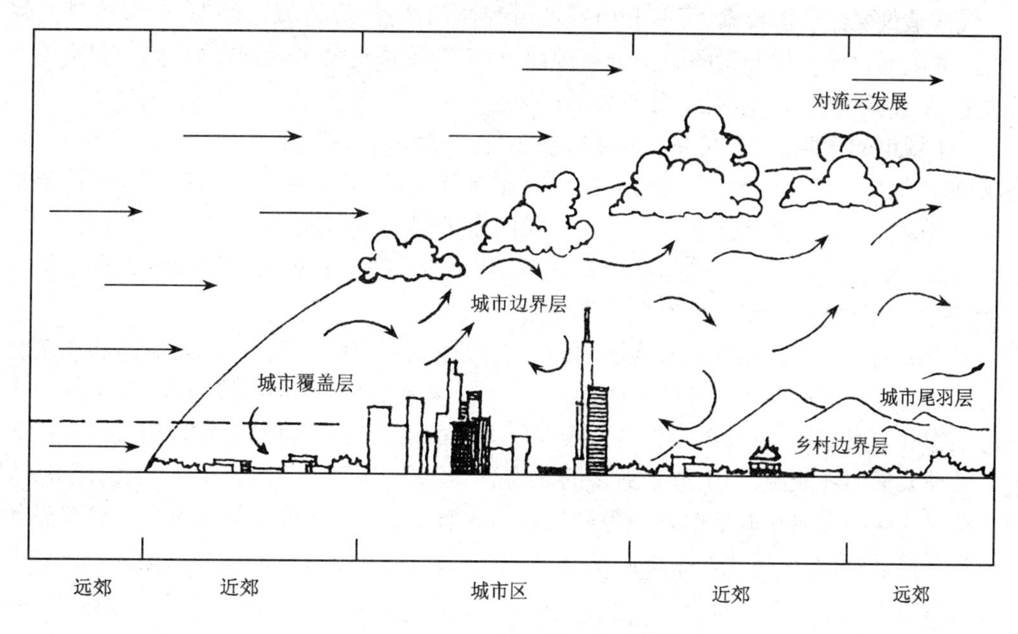

图 11－1　城市大气分层示意图

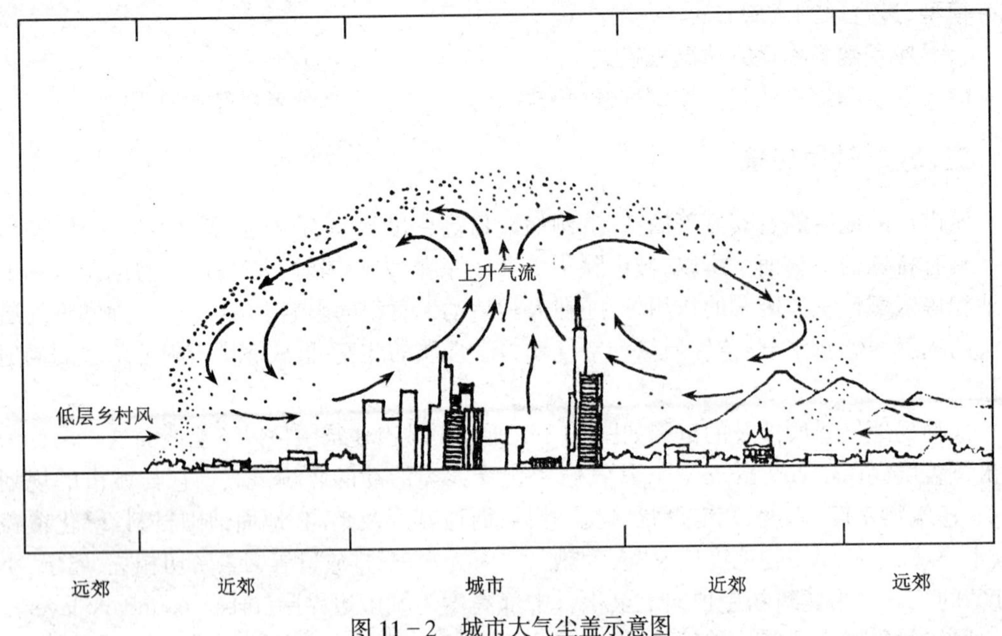

图 11－2　城市大气尘盖示意图

城市边界层的上限高度因天气条件而异,白昼与夜晚不同。在中纬度大城市,晴天常见的情况是:白天可达 1 000m～1 500m,而夜晚只有 200m～250m 左右,夜晚城市尘盖顶高有时只有 100m～200m。

第二节　城市气候的特点

气候是重要的环境要素,了解和研究城市气候的特点,弄清城市的温度、湿度、风、降水、雾、太阳辐射等气候要素的时空分布规律,对于合理进行城市规划布局、减轻和避免大气污染、改善城市生态环境是十分重要的。

一个城市的气候,首先取决于大气气候条件,受到城市的地理纬度、大气环流、地表、植被、水体等自然因素的影响。例如,我国南北地跨温带、亚热带、热带三个气候带,哈尔滨与广州两城市的气候条件就明显不同。我国东半部盛行季风,降水较丰,而西北干旱,青藏高寒。喀什和大连两市的纬度相差不多,但气候条件差异迥然。我国地大且地形复杂,地貌类型多样,故气候类型繁多。

但城市气候又明显地受到人为活动的影响。在城市中由于人口密集,道路和建筑物鳞次栉比,参差不齐,形成特殊的下垫面;交通运输频繁、经济活动高度发展,城市成为大气污染物的主要源地,在一定的程度上改变了大气的组成成分;再加上城市居民的生产和生活活动大量消耗能源,产生愈来愈多的人为热、温室气体和人为水汽进入大气,因此,人类活动对气候的影响在城市中表现得最为突出。有人说,城市是人类活动与气候关系的实验室。很显然,在区域气候条件的基础上,由于城市化和人为活动的结果会影响到城市局部气候。

城市人为环境对城市气候的影响表现在以下几个方面:

一、大气污染对城市气候的影响

城市大气污染与整个城市的边界层天气气候是相互影响、相互制约的。城市气候条件与天气形势影响和制约着城市大气污染的浓度和时空分布，而城市大气污染又反过来影响城市气候，它是导致城市气候有别于乡村地区气候特征的一个重要因素，最显著的影响有：

（一）减弱太阳入射辐射和日照时数

城市大气中的污染物质对太阳入射辐射有不同程度的吸收、散射、和反射作用，从而减少了大气透明度，削弱了到达地表的太阳直接辐射和总辐射，并减少了日照时数。这是城市气候的一个重要特征。

（二）增加城市烟雾频率，减小能见度

城市大气污染物中有很多是吸湿性很强的凝结核，在气候条件适宜时就会形成雾。城市中的雾，往往和烟尘混合在一起形成浓度很大的烟雾，其频率也随着污染的浓度而增大，使得空气混浊，能见度降低。这些吸湿性的污染物对云和降水亦可能产生一定程度的影响。

（三）改变城市大气的热力性质

城市大气污染物不仅能减少太阳入射辐射，也会改变大气本身的长波辐射性能，影响地面有效辐射和地面与空气之间的湍流热交换。在雾的生消过程中，有潜热的出入，会影响城市大气的热量平衡。烟尘对太阳辐射的削弱作用，可对城市气温产生较大的影响。这些因素作用的结果，导致城市大气的热力性质有别于农村。

二、特殊下垫面对城市气候的影响

城市具有特殊的下垫面，它与森林、草原、海洋不同，也与郊区农村土壤及植被的情况不同。在城市是由不同几何形状的建筑物、构筑物、道路、广场等组成凹凸不平的粗糙的下垫面。这种建筑密集、纵横交错的下垫面使地面风速减小，使城区的空气湍流增加，并会影响风的方向。

城市下垫面的建筑材料一般是混凝土、石子、砖瓦、沥青、金属等，使得下垫面坚硬密实不透水，吸水性能很差。在降水时，径流过程加速，降水过后城区的下垫面很快变干，市区的蒸发量减少，空气湿度减小，这是形成所谓“干岛”的因素之一。

城市下垫面的反射率要比郊区小，影响市区净辐射得热量。

城市下垫面建筑材料的导热率和热容量均比郊区的土壤高，加之城市建筑物密集，在太阳辐射下，吸热面和贮热体多，导致城区的热贮存量比郊区为大。

下垫面是影响气候变化重要因素，它与空气存在着复杂的物质交换、热量交换和水分交换，对空气温度、湿度、风向、风速都有很大影响。城市特殊的下垫面，这是形成特殊的城市气候的一个重要原因。

三、人为热对城市气候的影响

人为热包括由人类生活和生产活动以及生物新陈代谢所产生的热量。在城市中由于人口密度大，工业生产、家庭生活、交通工具等排放的热量远比郊区要大，这是城市气候中

一项额外得热量。

人为热的大小和在城市热量平衡中所占比重,与城市所在的纬度、城市的规模、城市的性质、人口密度、人均耗热量以及区域气候条件等有关。

第三节　城 市 气 温

一、城市热平衡

我们可以把城市覆盖层看作一个热系统,如图 11-3,其热量平衡方程为:

$$Q_s = Q_n + Q_F \pm Q_H \pm Q_E \qquad (11-2)$$

式中　Q_s——下垫面层贮热量;

Q_n——覆盖层内净辐射得热量;

Q_F——覆盖层内人为热释放量;

Q_H——覆盖层大气显热交换量;

Q_E——覆盖层内潜热交换量。

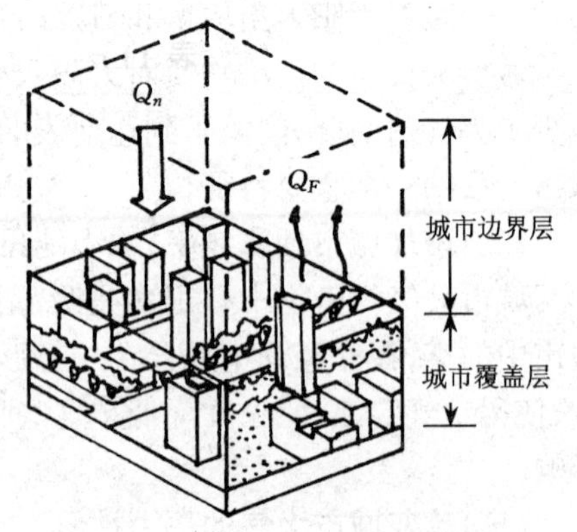

图 11-3　城市边界层与城市覆盖层热系统

(一)城市覆盖层净辐射得热量

1. 城市总辐射量比郊区弱

城市大气中污染物浓度比郊区大,大气透明度远比郊区为小,使得城市的直接辐射量减小。而散射辐射量比郊区大。但散射辐射量的增量不能补偿直接辐射的损失,所以城市中的太阳总辐射比郊区少。这是城市区域太阳辐射的一般情况,在大风天或雨过天晴的一段时间,城市中总辐射与郊区相差不大。

2. 城市下垫面对太阳辐射的反射率小于郊区

在这里,影响反射率的因素主要有两方面。一是下垫面性质不同,因而造成反射系数差异,这种差异因郊区植被类型和生长季节而有显著的变化。尤其在冬季有雪天气,城市积雪时间短且易受到污染,这时城市下垫面的反射率比郊区小得多。二是城市建筑密度大、立体化,墙壁、屋面、道路组成极为复杂的反射面,太阳辐射在这些反射面上多次反射,每一次反射,在受射面上都会有能量的吸收,被反射的能量因此减少,其结果是城市的反射率比郊区为小。

3. 城市覆盖层长波辐射热量交换损失小于郊区

地面和空气之间的长波辐射主要有两个方向:一是地面辐射,它的方向向上;另一个是大气逆辐射,其方向指向地面。

地面向上的长波辐射,由于城市区域平均温度稍高,所以单面积的长波辐射平均强度要大于郊区,但城市上空的污染物和温室气体浓度比郊区大,当长波辐射穿过城市覆盖层和边界层大气时,有相当部分被吸收,热量被留下来。特别是城市空气中二氧化碳含量高,它对地面长波辐射中的波长在 13μm 到 17μm 的波谱区有强烈的吸收作用。综合的结果是城市区域由于长波辐射而散失的热量小于郊区。

城市上空的气温高,向下的大气逆辐射必然大于郊区。

综合上述各因素的作用结果,城市区域的净辐射得热量要大于郊区,这是受城市区域立体化下垫面及受污染的大气的影响所致。

(二)覆盖层内人为热释放量

人为热释放量是人类社会生产活动和生活活动过程中,向环境释放的热量,随着人类社会的发展,在城市热平衡中,这部分热量是不可忽视的。表 11-1 是一些城市有关人为热排放的情况。

表 11-1　若干城市人为热的排放量

城市名称	纬　度	人口密度 人/km²	人均用热量 MJ×10³	时　　期	人为热 Q_F W/m²	净辐射热 Q_n W/m	Q_F/Q_n
费尔班艾斯	64	810	740	年平均	19	18	1.05
莫斯科	56	7 300	530	年平均	127	42	3.02
谢菲尔德	53	10 420	58	年平均	19	56	0.34
柏　林	52	9 830	67	年平均	21	57	0.37
温哥华	49	5 360	112	年平均	19	57	0.33
				夏　季	15	107	0.14
				冬　季	23	6	3.83
布达佩斯	47	11 500	118	年平均	43	46	0.93
				夏　季	32	100	0.32
				冬　季	51	-8	
蒙特利尔	45	14 102	221	年平均	99	52	1.09
				夏　季	57	92	0.62
				冬　季	153	13	11.77
曼哈顿	40	28 810	128	年平均	117	93	1.26
洛杉矶	34	2 000	331	年平均	21	108	0.19
大　阪	35	14 600	55	年平均	26		
中国香港	22	3 730	34	年平均	4	—110	0.04
新加坡	1	3 700	25	年平均	3	—110	0.03

从上表可以看出,人为热在能量平衡中所占的比重各城市是很不一致的。其影响因素主要有:

1. 首先与纬度有关,如低纬度的新加坡和香港的人为热与净辐射相比是微不足道的,而高纬度的莫斯科、蒙特利尔等城市年平均人为热要大于净辐射得热量。

2. 与城市所在区域的气候条件、人口密度、工业和交通运输量的大小等因素有关。例如:加拿大的温哥华纬度比蒙特利尔高 3°43′,但因具有海洋性气候,冬季气温和年平均气温皆较蒙特利尔高,因而,冬季采暖耗热量和年均人为热较蒙特利尔低。再以纽约的曼哈顿和芝加哥两地相比,二者纬度、区域气候条件相差不大,但因曼哈顿的人口密度、工业和交通运输耗能量都比芝加哥为大。因此,两地年平均人为热的排放量大不相同,曼哈顿的年平均人为热相当于芝加哥的 5 倍多。

3. 同一个城市人为热的排放量有明显的季节变化和日变化。冬季正午太阳高度角小，白昼时间又短，净辐射量小，往往小于人为热。夏季情况相反，净辐射量大，一般大于人为热。环境气温在一天中有明显变化，因而空调和采暖所释放的人为热也会有日变化。另外城市交通运输在一天中也有高峰，如上下班时间。一个城市人为热的排放量的季节变化和日变化规律因各城市的具体情况不同而异。

综上所述，人为热的大小和在城市热量平衡中所占比重，受各城市的诸多因素的影响而有很大不同，但都比该城市的郊区大得多，人为热可以说是城市热环境中一项额外得热量。

(三)覆盖层内潜热交换量

城市下垫面吸收了净辐射 Q_n 和人为热 Q_F，一部分贮存在下垫面内，其余的部分则和空气进行热交换。以空气湍流形式进行的是显热 Q_H 的交换，以蒸散(包括从有水地面蒸发和从地表植被蒸腾)下垫面的水分与空气进行的是潜热 Q_E 交换。

1. 城市潜热交换主要包括以下几个物理过程：一是水分的蒸发与凝结；二是冰雪的融化与凝固；三是冰面的升华与凝华。

(1)蒸发(或凝结)潜热交换量可按下式计算：

$$Q_E = L \cdot E = (2\,400 - 2.4t)E \tag{11-3}$$

式中 Q_E——蒸发(或凝结)潜热交换量，J；

L——单位重量水分蒸发(或凝结)潜热量，J/g；

t——空气的温度，K；

E——蒸发(或凝结)量，g。

在常温范围内，L 的变化很小，一般取 $L = 2\,400$J/g。当地面水分蒸发时，每蒸发 1g 水分转变为汽，下垫面要失去 2 400J 的潜热。当空气中的水在地面凝结成露，每凝结 1g 的露，空气要释放 2 400J 的热量，这就是凝结潜热。在相同的温度下凝结潜热与汽化潜热相等。

(2)融化与凝固及升华与凝华的计算

水凝固为冰的凝固潜热和冰融化为水的融化潜热均为 316J/g。在一定的温度下，冰面也对应一定的饱和水蒸汽分压力 P_s，当实际水汽压 P 小于 P_s 时，就有从冰变为水汽的现象发生，这个由冰直接变为水汽的过程称为"升华"。在升华的过程中也要消耗热量，这热量除了包含由水变为水汽所消耗的蒸发潜热外，还包含由冰融化为水时所消耗的融化潜热(316J/g)，因此升华潜热 $L_1 = 2\,400 + 316 = 2\,716$J/g。与升华过程相反，水汽直接转变为冰的过程称为"凝华"。在同温度下，凝华潜热与升华潜热相等。当地面的冰雪升华时要失去升华潜热，而当空气中的水汽直接在地面上凝华为霜时，地面将从空气得到凝华潜热。

2. 根据以上分析，城市中潜热交换量的大小主要取决于水分相变量的大小。而城市的水分相变量要大大小于郊区，故潜热交换量也大大小于郊区，其原因是：

(1)城市中不透水面积大。由于城市的建筑物和道路密集，大面积地面都已硬化，从自然状态变为混凝土或沥青等，成为不透水地面。据美国芝加哥、洛杉矶等 10 个大城市统计，市内住宅、工厂和商店等建筑物用地约占全市总面积的 50%，人工铺设的道路约占全市总面积的 22.7%，二者都不透水，合计占全市总面积的 72.7%。我国上海市区部分不透水面积更高达 80% 以上，西安等城市为减小尘土，就要求全市硬化地面。世界上大多数城市的不透水面积都在 50% 以上。在这样的城市，每次降雨后，雨水很快从下水道和其他排水系统流走，因此雨水滞留地面的时间很短，地面水分蒸发量少。而郊区土壤能够使水分渗入并留在土壤间，这实际上是延长了水在地面的滞留时间，也就增加了水分蒸发量。故城市汽化潜热交换量小于郊区。

(2)城市雪面升华作用小。冬季降雪后，城市中为了交通安全，一般要铲除积雪。另外城市的积雪也比郊区容易融化，停留时间短，其原因一是城市温度比郊区高，二是城市污染大，一些污染物降落在雪面上会改变雪面的吸热性能。郊区温度较低，污染小，又不需要铲除积雪，在农田、森林和草地上的雪融化慢，积雪时间比邻近的城镇长得多。这样城市的雪面的升华作用小，升华潜热交换量比郊区要小。

(3)植物对汽化潜热的影响作用。郊区有大片的自然植被和人工种植的农作物。在降水的时候，这些植物和它们的落叶都会截留一部分降水，使它们不能很快形成径流流失，延长了水的停留时间，这样就增加了地面水的渗透和蒸发。另一方面，植物的蒸腾作用也是一种强烈的水汽转换过程。

大量观测资料表明，人工不透水下垫面和有植物生长下垫面上空的气温有明显差异。北京大学张景哲教授对天安门广场水泥地面、无树荫草坪和有树荫草坪三种不同下垫面在夏季白天所形成的微小气候进行了观测，结果如(图 11－4)所示。

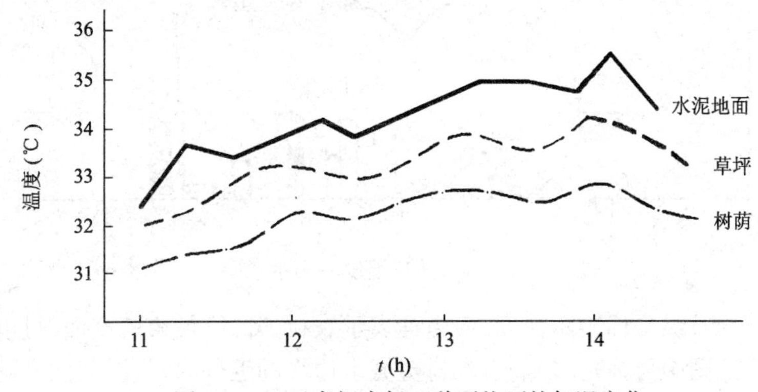

图 11－4　天安门广场三种下垫面的气温变化

而城市的绿地面积和植物量远远小于郊区，上述作用也小于郊区。这又是一个使得城市中地气间潜热交换量小于郊区的重要原因。

(四)覆盖层大气显热交换量

城市下垫面吸收了净辐射热和人为热，一部分贮存在下垫面内部，其余部分则通过显热交换和潜热交换输送给空气。显热交换有三种形式。覆盖层与地面热传导交换量，城市与郊区可以认为基本相同。辐射热交换量在净辐射得热量中已经讨论过，所以这里仅考虑对流换热量。

城市覆盖层与大气对流热交换从机理上可分两类：热力紊流引起的热量传递和机械紊流引起的热量传递。城市中的大气垂直稳定度一般比郊区小，容易发生热力紊流，在无风或小风速条件下，对于较大城市，热力紊流是城市热损失的主要形式。由于城市下垫面的粗糙度比郊区大，又有利于机械紊流的发展。因此一般情况下，城市地气之间的对流换热量应比郊区大。

(五)城市下垫面层的净得热量 Q_s

从以上各项分析可知，城市覆盖层内净辐射得热量 Q_n 大于郊区、覆盖层内人为热释

放量 Q_F 远大于郊区，而城市中的相变潜热失热量 Q_E 又远远小于郊区，其综合效应的结果是城市下垫面层的净得热量 Q_s 大于郊区。也即，城市的得热量大于郊区，而失热量小于郊区，所以城市的气温高于郊区。由热平衡方程(11－2)，这部分热量要以显热方式散失到郊区及边界层大气中。

二、城市气温的水平分布——城市热岛效应

(一)城市热岛效应

城市热岛效应是城市气候最明显的特征之一。城市热岛是随着城市化而出现的一种特殊的局部气温分布现象。1918 年霍华德在《伦敦的气候》一书中，把伦敦市区的气温比周围农村高，这种特殊的局部气温分布现象称之为“城市热岛”。城市热岛温度分布的特点见图 11－5。

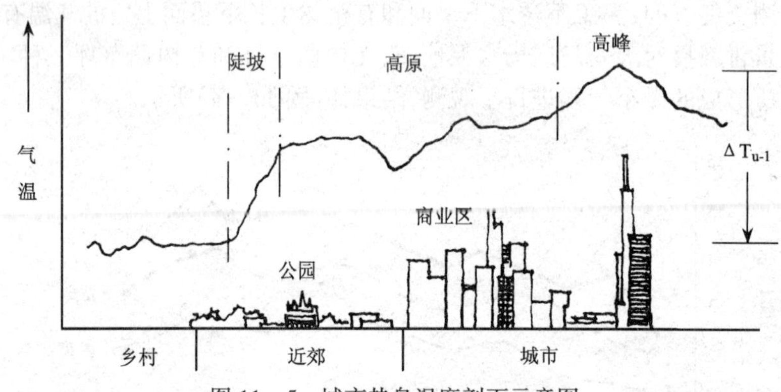

图 11－5　城市热岛温度剖面示意图

在图(11－5)中，纵坐标表示温度，横坐标表示农村、郊区、城市的剖面，可以画出温度变化的曲线图。从图中可清楚看到，由农村至城市边缘的近郊时，气温陡然升高，形成“陡崖”，到了城市温度梯度比较平缓，形成“高原”，到市中心，由于人口和建筑密度增加，温度更高，形成“高峰”。这幅气温剖面图，形象化地显示出城市气温明显高于四周农村的现象，“城市热岛”矗立在周围农村较凉的“海洋”之上。

一般大城市年平均气温比郊区高 0.5℃～1.0℃，冬季平均最低气温约高 1℃～2℃。如巴黎，据德特未勒的研究，巴黎市中心 1951 年～1960 年的年平均气温比郊区高 1.7℃，市中心年平均气温 12.3℃，市郊区年平均气温仅 10.6℃。年平均气温等温线围绕市中心呈椭圆形分布。

据徐兆生等的观测与分析，北京市城区的年平均温度比郊区高 0.7℃～1.0℃，见图 11－6。夏季一般市区平均温度比北京气象台高 0.5℃～0.8℃，最高温度高 0.8℃～2.0℃，最低温度更高出 1.4℃～2.5℃，北京市的气温中心在城区南部。沿东西长安街呈东西长、南北短的椭圆形闭合中心。在石景山钢铁厂也有一个高温区，这是由于钢厂高炉释放的热量特别大所引起的。北京市 70 年代平均温度比 50 年代高出 0.9℃。可见城市环境、人口、建筑、工业密集度的发展引起城市热岛效应的进一步增强。

图(11－7)为华东师范大学周淑贞等对上海地区的观测分析结果，热岛效应同样非常明显。

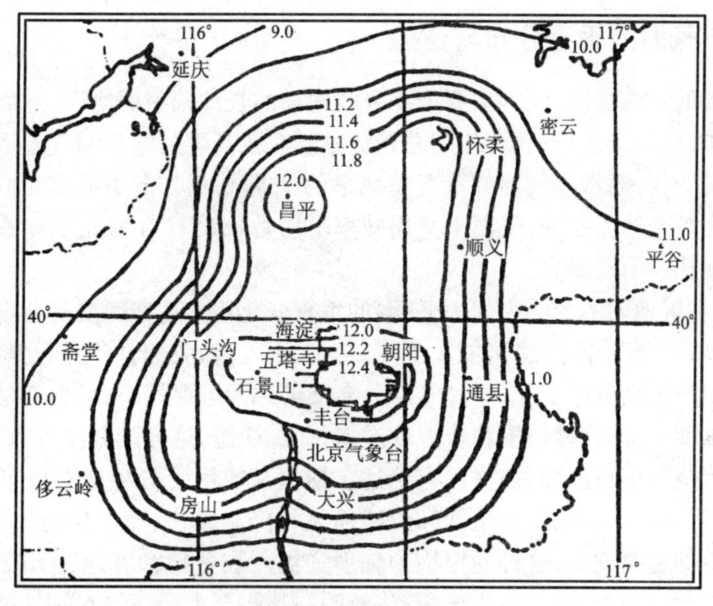

图 11－6　北京市 1981 年年平均气温(℃)

研究结果表明,中国城市热岛强度的年变化,大都是秋、冬季偏大,夏季最小。天津市热岛强度全年平均为 1.0℃,夏季平均 0.9℃,春季平均数 0.4℃,最强的热岛效应出现在冬季,可达 5.3℃。

在同一个季节、同样天气条件下,城市热岛强度还因地区而异。它与城市规模、人口密度、建筑密度、城市布局、附近的自然景观以及城市内局部下垫面性质有关。在城市人口密度大、建筑密度大、人为热释放量多的市区,形成高温中心。在园林绿地形成低温中心或低温带。城市绿地在冬季和夜晚起保温作用,在夏季和白天起减温作用。

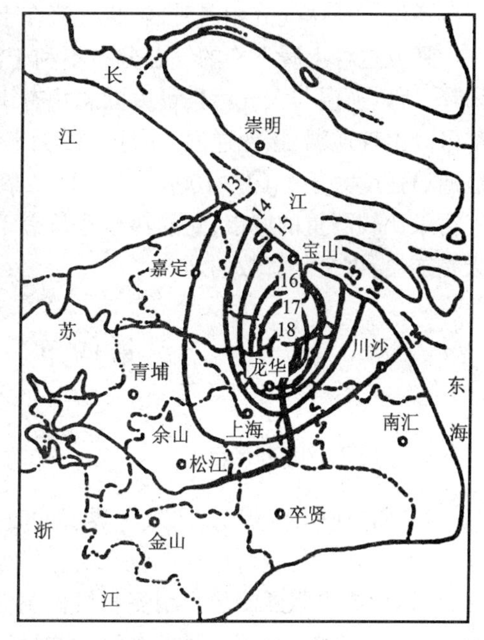

图 11－7　上海城市热岛图
(1984 年 10 月 22 日 20 时)

(二)城市热岛的成因

城市热岛的形成是城市热平衡的结果。在城市热平衡过程中,诸多因素综合作用的结果是城市下垫面层净得热量大于郊区,使得城市气温高于郊区,形成城市热岛。

城市热岛在宏观气象中是一种中小尺度的气象现象,它还要受到大尺度大气形势的影响,当天气形势在稳定的高压控制下,气压梯度小,微风或无风,天气晴朗无云少云,有下沉逆温时,有利于热岛的形成。大风时,城市热岛效应不明显。

三、城市气温的垂直分布与逆温

在大气圈的对流层内，大气主要依靠吸收地面的长波辐射而增温，地面是大气主要的和直接的热源，所以，气温垂直变化的总趋势是随海拔高度的增加而气温逐渐降低。气温随海拔高度的变化，通常以气温的垂直递减率(γ)，即垂直方向每升高 100m 气温的变化值来表示。在整个对流层中，气温垂直递减率平均为 0.65℃/100m，其中在对流层上层气温垂直递减率比中下层要大。

实际上，在近地面的低层大气中，气温的垂直变化比上述情况要复杂得多。垂直递减率可能大于零，可能等于零，也可能小于零。γ 大于零时，我们认为是正常的温度分布，γ 等于零时气温不随高度而变化，这种气温分布气层称为等温气层；γ 小于零时表示气温随海拔高度增加而增加，这种情况称作温度逆增，简称逆温，这样的温度分布气层称逆温层。

逆温的形成有多种原因，前文已有论述。逆温从成因上分主要有以下几种。在晴朗无风的夜晚，强烈的长波辐射使地面和近地面大气降温较快，而上层空气降温较慢，因而出现上暖下冷的逆温现象，这种逆温称为辐射逆温。在盆地和谷地，由于山坡散热快，冷空气沿斜坡下滑，在盆地和谷地内聚积，将较暖空抬高至上层，形成逆温，这种由于地形特征形成的逆温称地形逆温。当高空有大规模下沉气流时，在下沉运动终止高度上可形成下沉逆温。在两气流相遇时，若暖气流在上而冷气流在下，会形成锋面逆温。

逆温这种上暖下冷的气温分布不利于湍流的形成，因而不利于大气污染物的扩散和稀释，所以逆温与大气污染程度的恶化有十密切的关系。据刘攸弘等人研究，广州市全年都可能出现逆温，接地逆温 10 月～12 月较频繁出现，悬浮逆温集中在 1 月～4 月。当接地逆温强度大于 1.0℃/100m 时，市区二氧化硫日平均浓度就会超标。兰州市是我国大气污染比较严重的城市，它的污染程度就和逆温天气有密切关系。兰州市一年中有 310 天是逆温，占全年日数的 86%。

第四节　城 市 的 风

一、城市风的特点

城市化所引起的局部大气边界层的改变，会对低层气流和湍流特征产生显著的影响。在一定的条件下，城市热岛效应会引起局地环流，而特殊的城市下垫面，具有较大的粗糙度，可以形成更强烈的热力湍流和机械湍流。因而，城市覆盖层和城市边界层内的风场结构是极为复杂的，与郊区风场有很大差异。城市风场特征是城市规划、工业布局、城市建筑和环境保护的重要依据。

二、城市热岛环流

一般认为，在晴朗无云，大范围内气压梯度较小的形势下，由于城市热岛的存在，可以在城市中形成一个低压中心，在一定高度范围内，城市低空比郊区同高度空气温度要高，这样就产生了指向城市的气压梯度力，在低层造成向内的辐合流场和上升气流。在几百米高度上，空气又以相反的方向从城市向郊外流出并下沉，形成一缓慢的热岛环流(图 11－8)。

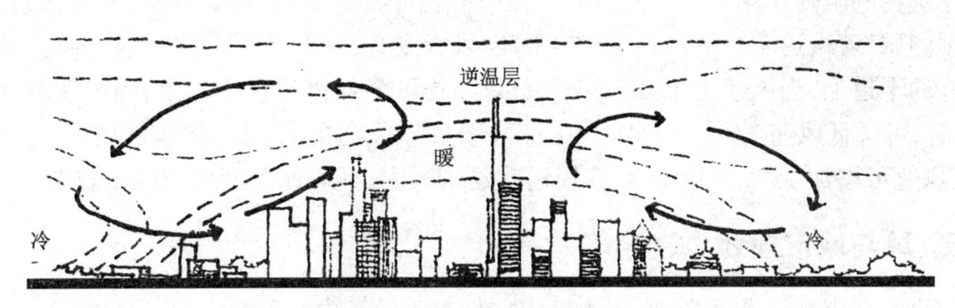

图 11－8　在晴朗夜间城市热岛环流模式

然而，实际情况要杂得多。至少在某种条件下，热岛环流并非完全是在对城市热岛和气压梯度的响应过程中形成的，稳定度因子亦起着相当重要的作用。环流的上升运动有时不在热力扰动中心之上，而是偏向于热力中心的下风方向。可见，热岛环流是一种比较复杂的中小尺度系统。

对于热岛环流在水平风场上的观测，国内外都有实例。我国北京、上海等城市都有过此类观测研究。在实测中，热岛环流往往与其他作用，例如地形作用密切相关。如北京冬季的热岛环流有时受到其西部和北部山地的影响。当大范围气压度比较平缓，天气晴朗时，北京常出现山谷风，风速一般为 2m/s～4m/s，厚度为 300m 左右，这种山谷风常与热岛环流相叠加。而上海地区，海陆温差则对于城市热岛环流的形成起促进作用，并对其造成影响。

三、由地形地貌引起的局地气流

地形和地貌的差异，造成地表热力性质的不均匀性，往往会形成局地气流，其水平范围一般在几公里至几十公里。最常见的局地气流有海陆风(水陆风)、山谷风等，对此前文已有论述。

地形、山脉的阻滞作用，对风速也有很大影响，尤其是封闭的山谷盆地，因四周群山的屏障，往往造成静风或小风。我国是一个多山之国，许多城市位于山间河谷盆地上，静风频率高达 30%以上。例如重庆为 33%、西宁 35%、昆明 36%、成都 40%、兰州 62%、万县 66%等。这些城市因静风、小风时间多，不利于大气污染物的扩散。

四、市区风环境

(一)平均风速小于郊区

城市鳞次栉比的建筑物，纵横交错的街道，使城市下垫面摩擦系数增大。当盛行风穿过市区时，空气动能损失比郊区多，在大部分区域的风速要小于盛行风速。所以，从城市整体而言，其平均风速比同高度的开旷郊区要小。据曲金枝观测资料，北京市前门区与郊区风速比较、要小 40%，但在不同季节，不同时刻，不同的风向风速下，城市与郊区风速的差值不同。

(二)市区内风的局地性差异很大

主要表现在市区内风速差异很大。其原因是：一方面是由于街道的走向、宽度、两侧建筑物的高度、型式和朝向不同,各处所获得的太阳辐射能就有明显的差异。这种差异在微风或无风时导致局地热力环流,使城市内产生不同方向的气流。另一方面,由于参差不齐的建筑物的阻障作用而产生的升降气流、涡流和绕流等,使得风的局地变化更为复杂。

据测试,若街道中心的风速为100%,向风墙侧有90%,背风墙侧为45%。在街道绿化较好的干道上,当风速为1.0m/s~1.5m/s时,可降低风速一半以上;当风速为3m/s~4m/s时,可降低风速15%~55%。在平行于主导风向的行列式建筑区内,由于狭管效应,其风速可增加15%~30%,而在周边式建筑区内,其风速可减少40%~60%。

五、风与城市规划

过去在城市规划布局中,有工业区应布局在主导风向的下风方向,居住区布局在其上风方向的原则,我国50年代以来一直采用这个原则。但是这个原则在季风气候地区并不恰当,因为冬季风和夏季风一般是风频相当,风向相反,冬季风的上风向在夏季就成了下风向。对全年有两个主导风向以及静风频率在50%以上的或各风向频率相当的地区,也都不适用。我国气象工作者经研究,指出我国城市规划设计时应考虑不同地区的风向特点,并提出我国的风向分区(图11-9)。

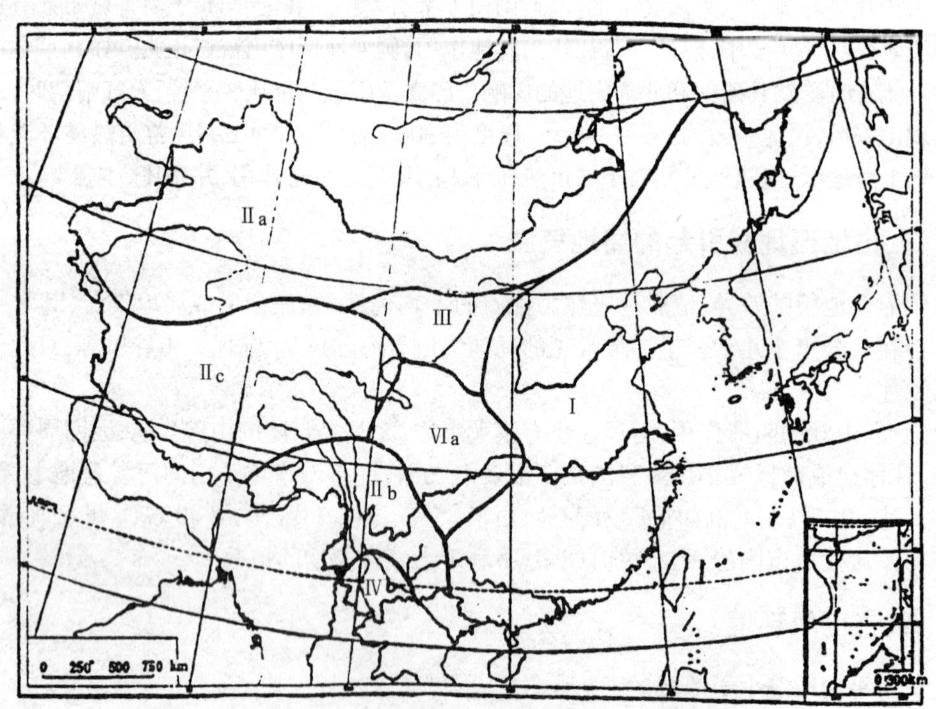

Ⅰ季节变化区;Ⅱ主导风向区;Ⅱa全年以西风为主区;Ⅱb全年多西南风区;Ⅱc冬季盛行偏西风,夏季盛行东风区;Ⅲ无主导风向区;Ⅳ准静止风型区;Ⅳa静稳东风区;Ⅳb静稳西风区

图11-9 城市规划风向分区图(仿朱瑞兆 1987)

(一)季风变化区

我国东半壁盛行季风,从大兴安岭经过内蒙古穿过河套地区,绕四川东部到云贵高原一线以东,盛行风向随季节变化而转变。冬夏季风向基本相反,一般冬季或夏季盛行风向

频率在 20%～40%，很难确定哪个是全年的主导风向。在季节变化型地区，城市规划不能仅用年风向频率玫瑰图，而要将 1 月、7 月风向玫瑰图与年风向玫瑰图一并考虑，在规划中应尽量避开冬、夏对吹的风向，选择最小风频的方向，把那些向大气排放污染的工业企业，按最小风频的风向，布置在居住区的上风方向，以便尽可能减少居住区的污染。

（二）主导风向区

主导风向区包括三个地区：①新疆、内蒙古、黑龙江北部，这一带常年在西风带控制下，风向偏西；②云贵高原西部，常年吹西南风；③青藏高原，盛行偏西风。主导风向区可将排放有害物质的工业企业布置在常年主导风向的下风侧，居住区布置在主导风向的上风侧。

（三）无主导风向区

无主导风向区主要分布在宁夏、甘肃的河西走廊、陇东以及内蒙古的阿拉善左旗等地。影响我国的四条冷空气路径，不同程度地影响着这些地区。该区没有主导风向，风向多变，各风向频率相差不大，一般在 10%以下。这里布局工业，常用污染系数（又称烟污强度系数）来表示：

$$\text{污染系数} = \frac{\text{风向频率}}{\text{平均风速}} \tag{11-4}$$

大气污染的浓度与风速成反比，因此城市规划中应将向大气排放有害物质的工业企业布置在污染系数最小方位或最大风速的下风方向，居住区则在污染系数最大方位或最大风速的上风方向。

（四）准静止风型区

准静止风分布在两个地区：一个是以四川为中心，包括陇南、陕南、鄂西、湘西、贵北等地；另一个是云南西双版纳地区。这个地区年平均风速为 0.9m/s，小于 1.5m/s 的风频全年平均在 30%～60%以上。在规划布局上，必须将向大气排放有害物质的工业企业布局在居住区的卫生防护距离之外，这就要计算出工厂排出的污染物质的地面最大浓度及其落点距离，给出安全边界，生活居住区布局在卫生防护距离之外。

在静风区应尽量少建污染大气的工厂，卫星城镇也以设在远郊为宜。

第五节　湿度与降水

一、城市水分平衡

（一）城市区域地表水分平衡式

城市区域地表水分平衡式为：

$$m + I + F = E + R + S \tag{11-5}$$

式中　m——降水量；

I——城市供水量；

F——燃烧产水量；

E——蒸发散失水量；

R——城市排水量；

S——城市贮水量。

上述各量在城市和郊区都有明显的差别，其中城市的 m、I、F 值均比郊区大，E 和 S 均比郊区小，而 R 又比郊区大很多。上式各量在城市和郊区的差异，除了影响城市的湿度分布外，还影响城市的热平衡，造成城市区域与郊区气象因子的许多不同。

(二)城市得水量大于郊区

由式(11-4)可知城市中水分收入项有降水 m，由燃烧产生的水分 F 和由管道等输入城内的供水 I 等3项。根据大量的观测事实和研究证明，城市中的降水量(m)一般比郊区多5%～15%。当燃烧化石燃料(天然气、汽油、煤等)时，会向空中释放一定量的水汽(F)。城市中的燃料消耗比郊区多得多，所以由于燃料燃烧而释效的水分的燃烧产水量(F)城市要远大于郊区。

城市中由于居民生活、工业和其他方面需要大量用水，这项供水量(I)通过管道输入城市，这又是城市一项额外水量收入(如果不考虑郊区灌溉用水)。

在城市中由于 m、I、F 均比郊区大，在水分平衡中其水量收入显然比郊区多，所以城市得水量应大于郊区。

(三)城市下垫面蒸散量小于郊区

如前所述城市下垫面的蒸发量和植物蒸腾量都比郊区小。减小的程度与实际不透水面积占下垫面的百分比，建筑物材料的透水性能和市内植物覆盖率等相关。城市不透水面积所占的百分比一般可用下式表示：

$$i = aD^b \tag{11-6}$$

式中 i——不透水面积占城市下垫面面积的百分比；

D——城市人口密度；

a、b——分别表示决定于城市土地利用的两个常数。

人口密度 D 是可以通过直接调查计算得到。a、b 两个常数则是根据城市居民住宅面积、工商业建筑物面积、停车场、街道、公路及市内树木、草地、水体等所占面积用多元回归计算出来的。

卢尔(Lull)曾根据他在美国一流域观测研究作过估算：当流域面积的25%为不透水面积时，其年蒸腾量要减少19%；若不透水面积增加到50%，年蒸腾量减少38%，不透水面积增加到75%时，则年蒸腾量减少59%。

(四)城市下垫面水分贮存量比郊区小

城市下垫面的结构组成决定了其易于贮存热量，却不易于贮存水分。城市中由于建筑物密集、不透水面积大、植物覆盖率小，又有较完善的人工排水系统，降水后水分渗透并贮存于下垫面的量极少。而郊区土壤疏松，降水后渗透至下垫面的量大，又有大量植被截留降水。因此郊区在水分平衡中，下垫面水分贮存量要比市区大得多。

(五)城市排水量大于郊区

在城市水分平衡中，城市得水量大于郊区，而在失水量中，城市下垫面蒸散量和贮存量都小于郊区，那么，城市排水量必然要大于郊区。城市得水量的大部分要靠人工化的排水系统排出，一个现代的城市必须有一个十分完善、安全的排水系统，才能保障城市水平衡。

二、城市覆盖层内空气湿度

城市化的结果，使得城市区域空气湿度与郊区也有差异。

(一)城市空气绝对湿度

城市的下垫面相对于自然环境已发生了巨大变化,建筑物和路面多数为不透水层,降雨后很快形成径流,由排水系统排出,雨停后路面很快干燥,加之城市植物覆盖面积小,所以城市蒸散量比较小,故日均绝对湿度比郊区小,形成所谓“干岛”。这在植物生长茂盛的夏季和白昼比较显著。而在夜晚这种情况会发生变化。在夜晚郊区下垫面温度和近地面气温的下降速度比城区快。在风速小,空气层结稳定情况下,可能会有露凝结,致使空气绝对湿度降低。而城区由于热岛效应,气温比郊区高,结露的可能和凝露量都会小于郊区,加之城市有人为水汽量的补充,因此这时城市近地面空气绝对湿度反而比郊区大,形成“城市湿岛”。

(二)城市空气相对湿度

城市空气日均绝对湿度比郊区小,气温又比郊区高,这就使得其相对温度与郊区的差异比绝对温度更为明显。城市相对湿度在一天 24 小时中,基本上都比郊区低,尤其在城市热岛强度大的时间,其城市干岛效应更为突出,尽管有时市区有时绝对湿度比郊区高。在绝对湿度不变,即空气中所含水蒸汽量不变的情况下,空气温度越高,相对湿度越低,反之,气温越低,相对温度越高。

三、城市与降水

(一)城市对降水的影响

城市对局地降水量的影响,在城市气候学界存在着不少争论,为了解决这一争论,1968 年在布鲁塞尔举行的《城市气候和建筑气候学讨论会》决定在 1971 年～1975 年于美国中部平原圣路易斯进行大城市气象观测试验计划,设立了稠密的气象观测网。经过大量观测、试验和研究,证实了城市对降水量分布是有影响的,在城区及其下风方向有使降水增多的效应。我国上海华东师大与上海市气象局科学研究所协作,在上海进行了观测研究,得到了与圣路易斯市试验大致相似的结论。

(二)城市影响降水的可能机制

根据目前的研究,造成城市降水多于郊区的可能机制可归纳为以下三个方面:

1. 城市热岛效应

由于城市热岛效应,使空气层结不稳定,这样就有利于产生热力对流。从能量角度看,热岛是一个高能区,当城市中水汽充足,凝结核丰富,并且在有利于对流性天气发生发展的天气系统制约下,容易形成对流云和对流性降水,或者对暴雨产生“诱导增幅”作用。如有其他系统叠加在城市热岛上空,亦可能产生大暴雨。如果缺乏有利的流场和天气形势的叠加配合,单纯地城市热岛直接触发降水的可能性是较小的。

2. 城市阻障效应

城市因有参差不齐的建筑物,其粗糙度比附近郊区大得多。它不仅能引起机械湍流,而且对移动滞缓的降水系统有阻障作用,使其移动速度减慢,使其在城区的滞留时间加长,因而导致城区降水的时间延长,降水强度增大。

3. 城市凝结核效应

城市凝结核比郊区多,这是不争的事实。而这些凝结核对降水的形成起什么作用。却是一个有争议的问题。从冷云降水机制来说,云中有大量过冷水滴,如果缺乏凝结核,就不易形成降水。城市上空及下风区有大量的凝结核会使小水滴转移到凝结核上,并逐渐变大,形成降水。但也有学者认为这些凝结核反而不利于降水的形成。各方均有自己的理论和依据。这个问题确实比较复杂,在目前这种微物理过程尚未充分被认识的情况下,无法得出令人信服的结论,虽然目前多数学者认为凝结核有促进城市降水增多的效应。

(三)城市降水径流特点

在城市中,由于降水而引起的径流变化量有其明显特点。在降水期间,城市由于其不透水面积大、材料吸水性能差、植被少这样特殊的人工下垫面,径流会急剧增高,很快会出现径流峰值,甚至在有的区域可能会因超过排水系统的排水能力而出现地面积水,而雨停后,径流又会迅速减小。而郊区由于下垫面层吸水能力强,出现径流及峰值出现的时间要推迟很多,并且峰值小而缓,但径流维持时间却要长很多,见(图 11－10)。如果说郊区降水径流曲线近于林地的话,那么,城市降水径流特点恰似荒山秃岭。

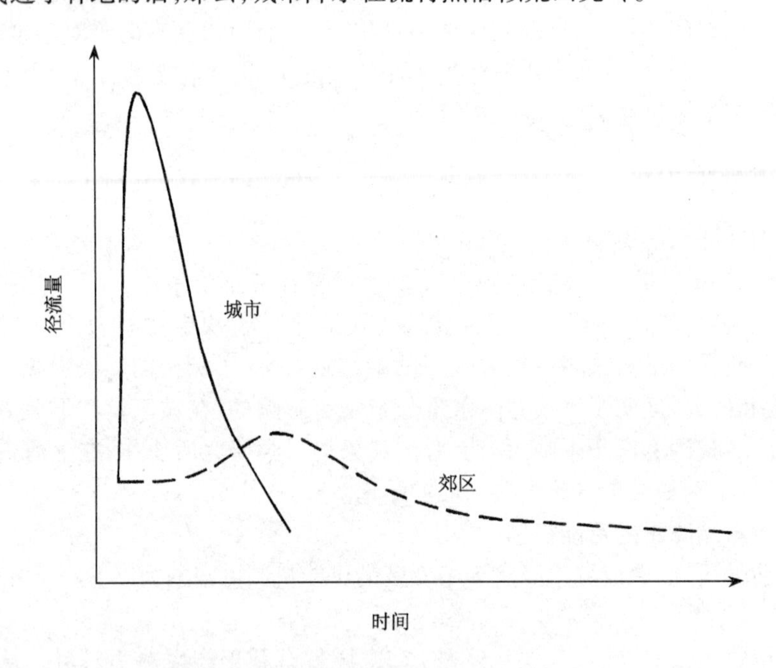

图 11－10　降雨后城市和郊区径流曲线图

四、城市的雾及能见度

(一)城市的雾

城区比郊区雾多。湿雾是城市中最常见的雾类。当城市近地面空气相对湿度接近或达到饱和时,水汽在凝结核上凝结而形成小水滴,半径在 1μm～60μm,一般为 7μm～15μm 左右。这些小水滴与城市的烟尘悬浮在城市低空形成雾障。一般在城市有雾时,能见度仅在 1km 左右。

伦敦是典型的雾都,这种雾称伦敦型雾。我国重庆也是多雾的城市。据蒋国碧统计,1950 年～1964 年,重庆每年平均有雾 100.9 天,且城区雾日比郊区雾日多 1～2 倍,其至 4 倍。

城市多雾的原因，首先是因为人为造成的大气污染，颗粒物质为雾的形成提供了丰富的凝结核。城市中心鳞次栉比的建筑群，增加了下垫面的粗糙度，减少了风速，为雾的形成提供了合适的风速条件。又由于城市热岛环流，从郊区农村带来的水汽，使低空辐合上升凝结成雾的机率增大。

城市的大雾阻碍交通，使航班停开，增加城市交通事故。大雾阻滞了空气中污染物的稀释与扩散，加重了大气污染。城市雾还减弱了太阳辐射，不利于人类与其他生物的生活。

（二）城市中的水平能见度

水平能见度是指视力正常的人在当时的天气条件能够从天空背影中看到和辨认出目标物（黑色、大小适度）的最大水平距离；夜间则是能看到和确定出一定强度灯光的最大水平距离。目前对水平能见度的观测，既有目测也有仪器测试。

城市能见度降低，主要是由于大气中的污染气体和颗粒物（包括固态和液态）对能见光的吸收和散射所产生的消光作用所致。

能见度与空气中污染物质的含量有关，可用下列经验公式计算：

$$r = \frac{1\,207.5}{C} \tag{11-7}$$

式中 r——能见度，km；

C——微粒浓度，$\mu g/m^3$。

大量观测事实证明：城市中的水平能见度比同期郊区为低。这是由于城市空气污染，空气中颗粒状污染物和气态污染物都比郊区多的缘故。

另外，当城市出现降水、浮尘和雾等天气现象出现时，能见度会显著降低。尤其是大雪天气、沙尘暴和浓雾天气造成的能见度下降会直接影响城市空中和地面交通。

第十二章　城市灾害及预防

第一节　概　　述

一、城市灾害与致灾因子

致灾因子为可能引起人类生命伤亡及财产损失和资源破坏的各种自然与人文因素。而灾害则是致灾因子所造成的人员伤亡、财产损失情况。灾害是人类开发自然的“孪生儿”,是区域发展中的必然现象。

城市灾害是发生在城市范围内的自然灾害和人为的各种灾害。城市是人口和社会财富高度集中的地方,也是人类智慧和文化遗产的集中体现。但是世界各国的城市经常发生各种灾害,有自然灾害,也有人为灾害,给城市人民的生命财产带来一定的损失,有的甚至遭到灭顶之灾。

预防城市灾害,使灾害减小到最小程度,是城市建设者和全社会的共同责任。应把自然资源及城市建设与减灾结合起来,这就要求现代建设者应有一个风险管理的概念。

二、城市灾害分类

城市灾害主要有:①地质灾害;②气象灾害;③火灾;④各种交通灾害;⑤各种传染病和环境污染等。

城市灾害从其发生原因可以分为自然灾害和人为灾害两类。对于前者,有些灾害人类目前还难以采取有效的预防对策;后者可通过加强科学技术管理来减少和消除。表12-1为1965年~1992年期间由联合国机构统计的自然灾害有关数据。

表12-1　全球主要自然灾害事件数量、人员死亡、受害人数、直接经济损失情况(1965~1992)

灾害种类	事　件		死亡人数		受害人数		直接经济损失	
	数　量	比例(%)	数　量(×103)	比例(%)	数量(×106人次)	比例(%)	数　量(亿美元)	比例(%)
地　　震	694	15	586	16	45	1	910	27
旱　　灾	494	11	1 851	51	1 579	52	220	6
洪　　水	1 375	30	308	9	1 075	36	690	20
台风、风暴	1 953	34	782	22	249	8	1 440	43
其他灾害	479	11	83	2	59	2	130	4

续表

<table>
<tr><td rowspan="2">灾害种类</td><td colspan="2">事　　件</td><td colspan="2">死　亡　人　数</td><td colspan="2">受　害　人　数</td><td colspan="2">直接经济损失</td></tr>
<tr><td>数　量</td><td>比例(%)</td><td>数　量
(×103)</td><td>比例(%)</td><td>数量(×
106 人次)</td><td>比例(%)</td><td>数　量
(亿美元)</td><td>比例(%)</td></tr>
<tr><td>备　　注</td><td colspan="2">事件总数 4 653 件(死亡大于 10 人，受伤大于 100 人的灾害事件)</td><td colspan="2">死亡总数 361 万人</td><td colspan="2">受害总人数 30.08 亿人次</td><td colspan="2">总损失 3 400 亿美元</td></tr>
</table>

城市的自然灾害有火山、地震、地面沉降、泥石流、滑坡、龙卷风、台风、洪水、雷电等。城市人为灾害有火灾、爆炸、战争、交通事故，环境污染等。还有一些人为因素诱发的现代灾害，如建筑物腐蚀破坏、建筑渗漏、下沉与塌陷、钢结构脆性断裂、室内公害污染等。表 12－2 为按照不同的分类方法，中国自然致灾因子。

表 12－2　中国主要自然致灾因子

分　　类	自　然　致　灾　因　子(灾种)
自然致灾因子类别	干旱、洪涝、台风、地震、冰雹、冰冻、暴风雪、天然林火、病虫害、崩塌、滑坡、泥石流、风沙暴、海浪、海冰、赤潮
大气圈致灾因子	干旱、台风、暴雨、冰雹、低温、霜冻、冰雪、沙暴、干热风
水圈致灾因子	洪水、内涝、风暴潮、海浪、海冰
生物圈致灾因子	作物病害、作物虫害、森林病害、森林虫害、鼠害、毒草
岩石圈致灾因子	地震、滑坡、泥石流、风沙流、沉陷、地裂缝
地震灾害	地震
气象灾害	旱、涝、台风、飓风、龙卷风、冷害
海洋灾害	海潮、风暴潮、巨浪、海冰、赤潮
洪水灾害	洪水
地质灾害	崩塌、滑坡、泥石流、地裂缝
农作物生物灾害	病害、虫害、草害
森林灾害	病害、虫害、鼠害、火灾

三、城市减灾

从表 12－1 中可以看到灾害造成的损失是巨大的，灾害是不容忽视的现象，特别是在城市区域内。城市灾害直接威胁城市居民的生命财产的安全，是城市居民与城市生态环境的重要关系之一。研究城市灾害与城市居民的相互关系越来越得到城市环境生态学家的重视。1996 年 10 月“国际减灾日”的主题就是“城市化与灾害”。我国制定了城市灾害防治计划和防治目标，加强城市危堤、危坝的加固工程，并把上海、临汾、宝鸡三座城市作为减灾试验区，推动全国城市减灾工作的开展。

对灾害的防范首先要建立在对灾害规律的认识上，无论是自然灾害还是人为灾害，其发生原因，发生频率都有一定的规律可循，认真研究这些规律，防患于未然，是避免和减少灾害发生的关键。

城市规划对防灾有极为重要的意义。首先在城市选址上，要避开火山、地震、滑坡、泥石流等自然灾害的多发地区；在城市规划布局中要充分考虑到防火、防风的特殊要求，充分考虑到交通和人流的合理疏散。

在城市详规中对建筑物的安全距离与保证道路交通的畅通无阻有严格的规范要求，也是城市防灾的重要措施。除了城市减灾规划设计外，还应加强城市减灾综合管理和城市减灾立法体系建设，使城市减灾与城市可持续发展相结合。

第二节　地震灾害

一、基本概念

震源：地球内部发生地震的部位(理论上是一个点，实际上是一个区)。

震中：震源在地面上的投影点。地面上受破坏最严重的地区称极震区，理论上震中与极震区基本是相同的。

震源深度：震源到地面的垂直距离，亦即震源到震中的距离。

地震烈度：按一定的宏观标准，表示地震对地面的影响与破坏程度的一种量度。烈度常用字母 I 表示。按烈度大小为序排列的表，称烈度表，我国使用 12 度烈度表。表 12—3 为地震烈度表。

表 12－3　地震烈度表

烈度	房　　屋	地　表　现　象	其　他　现　象
一	无损坏	无	无感觉，仅仪器才能记录到
二	无损坏	无	个别非常敏感的、且完全在静止中的人能感觉到
三	无损坏	无	室内少数在完全静止中的人感到震动，如同载重车辆很快地从旁驰过，细心的观察者，注意到悬挂物轻微摇动
四	门窗和纸糊的顶棚有时轻微作响	无	室内大多数人感觉，室外少数人感觉，少数人从梦中惊醒，悬挂物摇动，器皿中的液体轻微振荡，紧靠在一起的、不稳定的器皿作响
五	门、窗、地板、天花板和屋架木榫轻微作响，开着的门摇动，尘土落下，粉饰的灰散落，抹灰层上可能有细小裂缝	不流通的水池里，起不大的波浪	室内差不多所有人和室外大多数人感觉，大多数人从梦中惊醒，家畜不宁，悬挂物明显地摇摆，少量液体从装满的器皿中溢出，架上放置不稳的器物翻倒或落下
六	“I”类房屋许多损坏，少数破坏，非常坏的房、棚可能倾倒，“Ⅱ”类房屋少数损坏	特殊情况下，潮湿、疏松的土里有细小裂缝 个别情况下，山区中偶有不大的滑坡，土石散落或陷穴	很多人从室内跑出，行动不稳，家畜从厩中跑出；器皿中的液体剧烈地动荡，有时溅出，架上的书籍和器皿等有时翻倒或坠落，轻的家俱可能移动

续表

烈度	房　　屋	地　表　现　象	其　他　现　象
七	“Ⅰ”类房屋大多数损坏，许多破坏，少数倾倒；“Ⅱ”类房屋大多数损坏，少数破坏。“Ⅲ”类房屋大多数轻微损坏（可能有破坏的）	干土中有时产生细小裂缝，潮湿或疏松的土中裂缝较多，较大，少数情况下冒出夹泥沙的水。个别情况下，陡坡滑坡，山区中有不大的滑坡和土石散落，土质松散的地区可能发生崩滑。山泉的流量和地下水位可能发生变化	人从室内仓惶逃出，驾驶汽车的人也能感觉；悬挂物强烈摇摆，有时损坏或坠落；轻的家俱移动，书籍、器皿和用具坠落
八	“Ⅰ”类房屋大多数破坏，少数倾倒；“Ⅱ”类房屋许多破坏，少数倾倒；“Ⅲ”类房屋大多数损坏（可能有倾倒的）	地上裂缝宽达几厘米，土质松散的山坡和潮湿的河滩上，裂缝宽达10cm以上，地下水位较高的地区，常有夹泥沙的水从裂缝里冒出，在岩石土质松散的地区里，常发生相当大的土石散落，滑坡和山崩，有时河流受阻，形成新的水塘，有时井泉干涸或产生新泉	人很难站得住；由于房屋破坏，人畜有伤亡，家俱移动，并有一部分翻倒
九	“Ⅰ”类房屋大多数倾倒；“Ⅱ”类房屋许多倾倒；“Ⅲ”类房屋许多破坏，少数倾倒	地上裂缝很多，宽达10cm，斜坡上或河岸边疏松的堆积层中，有时裂缝纵横，宽达几十厘米，绵延很长。很多滑坡和山石散落，山崩。常有井泉干涸或新泉产生	家具翻倒并损坏
十	“Ⅲ”类房屋许多倾倒	地上裂缝几十厘米，个别情况下达1m以上，堆积层中的裂缝有时组成宽大的裂缝带，断续绵延可达几公里以上，个别情况下，岩石中有裂缝，山区和岸边的悬崖崩塌，疏松的土大量崩滑，形成相当规模的新湖泊，河、池中发生击岸的大浪	家具和室内用品大量损坏
十一	房屋普遍毁坏	地面形成许多宽大裂缝，有时从缝里冒出大量疏松的浸透水的沉积物。大规模的滑坡、崩滑和山崩，地表产生相当大的垂直和水平断裂。地表水情况和地下水位剧烈变化	由于房屋倒塌，压死大量人畜，埋设许多财物
十二	广大地区内房屋普遍毁坏	广大地区内，地形有剧烈的变化，广大地区内地表水和地下水情况剧烈变化	由于浪潮及山区崩塌和土石散落的影响，动、植物遭到毁火

（摘自《建筑设计资料集》1988）

注：表中房屋类型，Ⅰ类指简陋的棚舍，土坯或施工粗糙的房屋；Ⅱ类指老式的有木柱的房屋，或夯土墙，低级灰浆砌筑的墙，无正规木架的房屋；Ⅲ类指新式砖石房屋或有木架的宫殿、庙宇、鼓楼及较好的民居等。

震级：按一定的微观标准，表示地震能量大小的一种量度，通常用里氏（C.F.Richer）标准划分，用字母M表示。震级与震中烈度有下述近似的关系（见表12－4）。

表12－4　震中烈度与震级的关系

震中烈度	1	2	3	4	5	6	7	8	9	10	11	12
震级（级）	1.9	2.5	3.1	3.7	4.3	4.9	5.5	6.1	6.7	7.3	7.9	8.5

或用经验公式：

$$M \cong 1 + \frac{2}{3} I \qquad (12-1)$$

二、地震的地理分布

环太平洋地震带：主要位于太平洋边缘地区，即海洋构造和大陆构造的过渡地区。全球80%的浅震（震源深度小于60km的天然地震），许多中源地震（震源深度在60km～300km之间的地震）和几乎全部的深源地震（震源深度大于300km～700km的地震）发生在本地区。

欧亚地震带（地中海—喜马拉雅地震带）：一部分从堪察加开始，越过中亚，另一部分从印尼开始，越过南亚，在帕米尔汇合，然后伸入伊朗、土耳其和地中海，再出亚速海，也常发生破坏性地震和少数深源地震。

海岭地震带：几乎包括全部海岭构造地区，从西伯利亚北部海岸越过北极，伸入大西洋，然后沿大西洋伸入印度洋，然后分支，一支沿东非裂谷系，另一支通过太平洋直达北美落基山（见图12-1）。

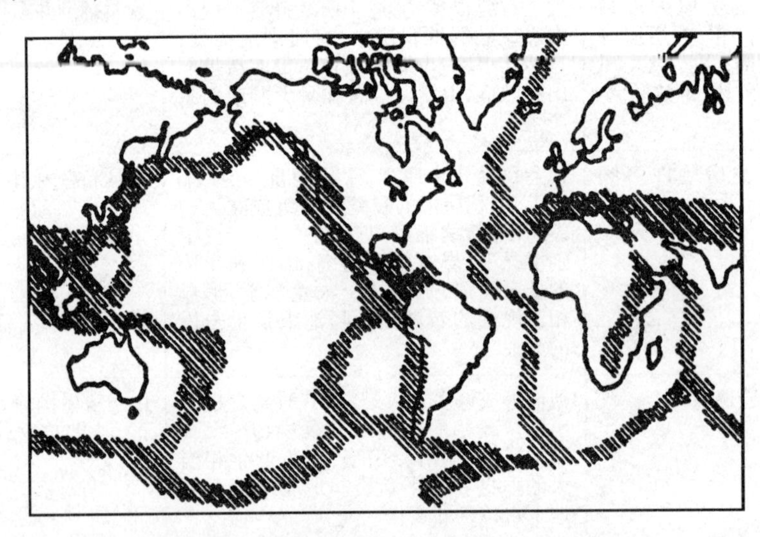

图12-1　世界地震带分布图(仿潘树荣　1985)

我国处于环太平洋地震带与地中海——喜马拉雅地震带之间，也是地震灾害较频繁的国家之一。从公元1177年～1969年，发生有M≥5的地震2 097次。

我国地震活动范围分布很广，基本烈度7度和7度以上地区面积达312万km^2，占国土面积的32.5%，50万以上人口的城市有58%，100万以上人口的城市有70%位于7度和7度以上地区。我国地震活动地区大致范围如下(图12-2)：

天山地震带：主要指沿天山、阿尔泰山一带山区；

青藏高原地震带：包括藏南、川、滇、甘肃祁连山一带，宁夏贺兰山及青海一带；

华北地震带：主要指阴山、燕山一带，及营口——郯城断裂带；

华南地震带：主要指东南沿海及海南岛北部地区；

台湾地震带。

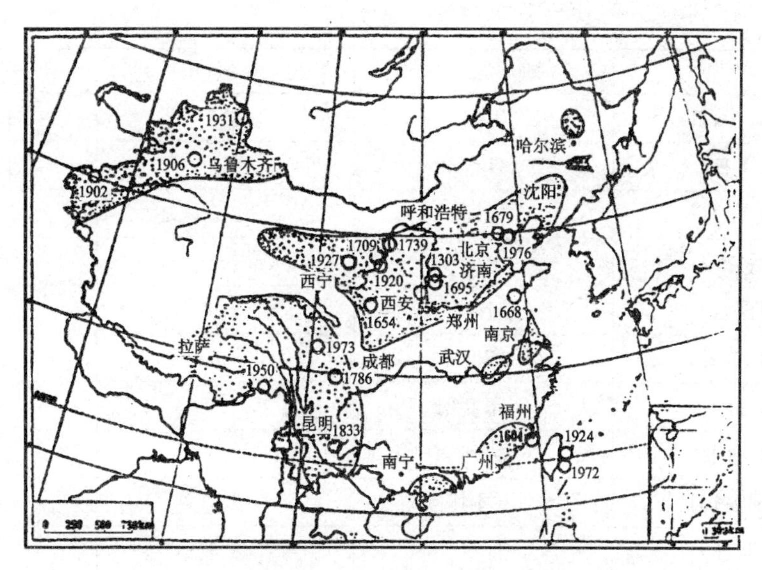

图 12－2　我国地震活动带分布图(自傅淑芳等　1984)

三、地震灾害

地震灾害是地壳任何一部分快速运动的一种形式，是地球内部经常发生的一种自然现象，它是人们的感觉或通过仪器能够觉察到的地面运动。

地震是一种灾害性的自然现象，具有突发性、区域性、多重复杂性及连锁性的特点。毁灭性的大地震可以造成极其严重的破坏，倾刻之间可以使一座城市变成一片瓦砾，造成大量人员伤亡，还可伴随着山崩地陷、诱发火山爆发、海啸、泥石流以及导致水灾、爆炸、疾病等二次灾害，进而是工厂停产、停工等三次灾害。一次大的地震瞬时所造成的经济损失往往给一个国家以致命的打击，甚至导致一届政府的倒台。严重地震给灾区居民造成的心理创伤以及带来的一系社会问题也是不可低估的。

地震是城市面临的第一大天灾，是城市环境使居民遭受最致命打击的城市灾害。

据统计，1900 年～1979 年，全球发生灾害性地震 564 次，死亡人数 120 万，其中 98 次地震造成的经济损失折合人民币约 1 000 亿元。此间我国发生 5 级以上破坏性地震 2 600 余次，其中 6 级以上地震 500 余次，8 级以上地震 9 次。20 世纪以来，至少有 35 个国家的数百个大城市遭到地震灾害的严重破坏，如美国的旧金山和安科雷奇，日本的东京和横滨，土耳其的伊兹密特，中国的唐山和包头，墨西哥的墨西哥城等。自 1906 年至 1999 年全世界 7 级以上地震的不完全统计数据见表 12－5。

表 12－5　1906 年至 1999 年全世界 7 级以上地震的统计数据

时　　间	地　　点	震　　级(里氏)	死　亡　人　数
1906 年 4 月 18 日～19 日	美国	8.3	452
1906 年 8 月 16 日	智利	8.6	20 000
1908 年 12 月 28 日	意大利	7.5	83 000
1915 年 1 月 13 日	意大利	7.5	29 980

续表

时　　间	地　　点	震　　级(里氏)	死　亡　人　数
1920年12月16日	中国	8.6	100 000
1923年9月1日	日本	8.3	100 000
1927年5月22日	中国	8.3	200 000
1932年12月26日	中国	7.6	70 000
1933年3月2日	日本	8.9	2 990
1934年1月15日	印度	8.4	10 700
1935年5月31日	印度	7.5	30 000
1939年1月24日	智利	8.3	28 000
1939年12月26日	土耳其	7.9	30 000
1946年12月21日	日本	8.4	2 000
1948年6月28日	日本	7.3	5 131
1950年8月15日	印度	8.7	1 530
1953年3月18日	土耳其	7.21	1 200
1956年6月10日～17日	阿富汗	7.7	2 000
1957年7月2日	伊朗	7.4	2 500
1957年12月13日	伊朗	7.1	2 000
1960年5月21日～30日	智利	8.3	5 000
1962年9月1日	伊朗	7.1	12 230
1968年8月31日	伊朗	7.4	12 000
1970年3月28日	土耳其	7.4	1 086
1970年5月31日	秘鲁	7.7	66 794
1976年2月4日	危地马拉	7.5	22 778
1976年7月28日	中国唐山	7.8～8.2	242 000
1976年8月17日	菲律宾	7.8	8 000
1976年11月24日	土耳其	7.9	4 000
1977年3月4日	罗马尼亚	7.5	1 541
1978年9月16日	伊朗	7.7	25 000
1979年12月12日	哥伦比亚和厄瓜多尔	7.9	800
1980年10月10日	阿尔及利亚	7.3	4 500
1980年11月23日	意大利	7.2	4 800
1983年10月30日	土耳其	7.1	1 300
1985年9月19日	墨西哥	8.1	9 500

续表

时　　间	地　　点	震　　级(里氏)	死　亡　人　数
1988年10月17日	美国加州	7.5	62
1988年12月7日	原苏联亚美尼亚	7.0	55 000
1995年1月17日	日本	7.2	5 500
1999年8月17日	土耳其	7.4	1.7万
2004年12月26日	印度尼西亚	8.9	近30万
2005年3月28日	印度尼西亚	8.7	近2 000人
2005年10月8日	南亚次大陆	7.6	8.6万

20世纪全球发生的大地震中有4次发生在我国,即1920年12月16日甘肃大地震,死亡10万人;1927年5月22日南山地震,死亡20万人;1932年12月28日甘肃又一次大地震,死亡7万人;1976年7月28日唐山大地震,死亡24万人。

从1988年起,中国又进入第5个地震活动高潮期。据中国国家地震局灾害防御司提供的数据,90年代中国发生多次7级以上地震。根据1990年颁布的中国地震烈度区划图,中国Ⅶ度以上的地震区面积达312万平方公里,约占全国国土面积的33%,有45%的城市位于Ⅶ度和Ⅶ度以上的地震区内。北京、天津、西安、兰州、太原、包头、海口、呼和浩特等城市均在Ⅶ度的高危区域范围内。由于地震有很大的隐蔽性和突发性的特点,故能在极短的时间内造成极大损失。中国权威部门将邢台地震、唐山地震、通海地震列入中国十大重大灾害事件,唐山地震列为众灾之首。1976年7月28日凌晨3时42分,一场历史上罕见的地震灾害袭击了唐山,顷刻间,房屋倒塌,烟囱折断,公路开裂,铁轨变形,通讯中断,水电系统被毁。7.8级地震震中位于唐山市区,极震区烈度11度,震源深度12km,地震波能量3.2×10^{16}J。3万km^2范围内均遭到不同程度的破坏。据统计,这次地震造成24.2万人死亡,16.4万人受伤。全市供水、供电、通讯、交通、医疗等工程全部破坏,整个震区直接经济损失达100亿元。和世界其他国家相比,中国城市地震死亡总人数和一次最高死亡人数均居世界各国之首。中国地震灾害虽然发生频率不高,但是地震一旦发生,造成的人员伤亡和损失极大。要恢复一座被地震所毁的城市,需要几十年的努力,而一些文物古迹荡然无存,损失是无法计算的。成千上万的家庭被毁,更是人们心灵上的创伤。

四、城市防震减灾对策

城市防震减灾对策一般包括监测预报、震前防御、临震或震后应急及恢复重建等几方面的内容。

(一)震害预测方法研究

研究、改进、完善已有的震害预测方法,使之更可靠。例如高层建筑、内框架、底框架建筑、多层砖房、单层厂房等震害预测;供水、供气、供电、交通、通讯系统震害预测;易燃、易爆、泄毒等次生灾害及人员伤亡、经济损失的估计。

(二)预防次生灾害的发生

由地震作为触发因素引起的灾害,如火灾、水灾、海啸、泄毒等叫做次生灾害。在人口高度集中的城市地区，易燃、易爆、剧毒物品、腐蚀性物品、放射性物质、致病细菌和病毒等广泛分布，是诱发大规模次生灾害的潜在因素，如果防治处理不当，次生灾害比直接灾害有可能造成更大的损失和人员伤亡。

（三）城市的易损性分析

城市因其所在的自然地理条件不同，社会经济结构与城市规划布局不同，各城市的易损性也不相同。易损性即在不同地震的作用下，结构物可能出现的破坏程度。易损性分析有以下几个方面：

1. 现有建筑物的类型、分类与抗震设防标准，是城市估计易损性最主要的因素。地震造成的人员伤亡的原因，最主要的不是地震本身，而是人工大量建造的建筑物的倒塌，因而不同地震危险性地区的建筑物，应按不同的抗震设防标准和抗震建筑规范设计。

2. 室外危险品和化学易燃品、毒品的贮存与堆放是否合适，对是否会引起地震二次灾害十分重要，因此要严格按照城市规划布局和危险品的特殊要求放置。

3. 建筑物的密度和邻接方式直接影响到地震灾害的损失程度。在地震危险地区的建筑间距，不仅要从建筑日照方面考虑，还要从抗震以及疏散、避难方面考虑，要留有足够的室外空间备用。

4. 桥梁、立交桥、车站、机场等交通枢纽，供水、供电、煤气、通讯等生命线工程，医院、消防站等重要设施部门对抗震救灾至关重要，如果受到破坏，城市机能就会瘫痪，需要重点保护。

5. 此外，水库、核电站、石油化工厂等重大工程如受到地震破坏，后果不堪设想，需重点设防

（四）抗震的责任体制

减轻地震灾害，主要从三方面入手，第一是预测预防，第二是抗震设防，第三是救灾。我国地震工作的责任体制如表 12－6 所示。

表 12－6　我国地震工作责任制

项　目　内　容	责　任　部　门
领导与协调	国务院
地震预报	国家地震局
地震危害性判断	国家地震局
国家重点项目工程抗震	国家地震局
建筑抗震标准与规范	建设部、有关部委
城市规划与土地利用指导	建设部、国家地震局
现有建筑物加固与加固经费的分配	建设部
地震科研	国家地震局
抗震科研	建设部、国家地震局
防震准备与应急行动	政府、国家地震局
防震救灾	军队、政府、民政部、国家地震局
震后恢复重建	政府、建设部、民政部、国家地震局
普及宣传教育	国家地震局、建设部、新闻机构

（引自王国治等　1986）

第三节　其他地质灾害

一、崩塌、滑坡、泥石流灾害

崩塌、滑坡、泥石流灾害是世界上城市危害比较严重的地质灾害之一，其危害惨重、分布广泛，仅次于地震灾害。这几种灾害具有相同的形成条件与分布规律，它们常常在同一区域或地区相伴而生，因此常把这三种灾害归为一类，它们属于外动力地震灾害或外动力作用下形成的岩石圈灾害。城市崩塌、滑坡、泥石流灾害对人类具有多种危害，主要包括：导致人员伤亡，对城市建筑、铁路、公路、航道、水库和市政设施等的破坏，以及对土地资源和生态环境的破坏。

我国中西部地区尤其是位于我国地形第二阶地的地区，由于重力梯度大，是崩塌、滑坡、泥石流灾害的高发区。近几十年来，由于中西部城市各项工程建设的迅速发展以及其他人工因素的影响，使得崩塌、滑坡、泥石流灾害发生的范围、频率和强度均达到历史最高阶段。据初步调查，我国有灾害性泥石流沟 1.2 万条、滑坡数万处、崩塌数千处。

1949 年～1996 年共发生崩塌、滑坡、泥石流灾害 4 600 次，其中造成严重损失的达 1 001次。1970 年 1 月云南发生地震，极震区内曲江右岸发生连片崩滑，崩塌体积达 100 万立方米。1974 年昭通发生地震，极震区内手扒崖发生巨大的山崩，岩体从 800 米高的崖顶顺层向河谷中塌落，堵塞河道形成堰塞湖。1955 年陕西宝鸡市区的卧龙寺车站发生规模巨大的滑坡，滑坡体积 3 350 立方米，将铁路路基和铁轨向南推出 110 米。崩塌、滑坡发育地区，为泥石流形成提供了固体物质来源，进而形成泥石流灾害。应该指出的是，人为对植被的破坏造成的水土流失为泥石流的形成提供了介质条件。因此，在崩塌、滑坡、泥石流发育地区应尽量减少可能引起地质灾害的人类活动。

二、地面变形灾害

地面变形灾害广泛分布于城市、矿区、铁路沿线等地区，包括地面沉降、地面塌陷和地面裂缝。

国内外许多城市都发生了地面沉降的现象。人们注意到地面沉降活动始于 20 世纪 20 年代，例如日本 1920 年就注意到东京、大阪等城市的地面沉降问题。日本全国的主要城市都相继发生了地面沉降，已经不是“不知不觉地地面下沉”，而是声势浩大地发生了地面下沉，东京最大沉降速率为 270mm/年，最大沉降点的沉降量为 4.6m。美国、墨西哥、澳大利亚、英国、匈牙利、新西兰等许多国家一些地区都发生了地面沉降现象。

我国上海、天津、北京、宁波、西安、沈阳、常州、太原、包头、苏州、无锡、台北等城市也发生了地面沉降现象，有的城市还比较严重。例如上海市 30 年代初就发现了地面沉降现象，50 年代以后地面沉降活动明显增多，70 年代急剧发展，成为影响城市居民生活、妨碍城市建设的重要的环境问题。中国目前发生地面沉降活动的城市达 70 余个，明显成灾的有 30 余个，最大沉降量已达 2.6m。北京地区沉降面积达 600km^2，形成南北 2 个沉降漏斗。这些沉降城市有的是孤立地区，有的密集成群或相互连接，形成广阔地面沉降区或沉降带。目前沉降带有 6 条，即：沈阳——营口；天津——沧州——德州——滨州——东营

——潍坊；徐州——商丘——开封——郑州——上海；上海——无锡——常州——镇江；太原——侯马——运城——西安；宜兰——台北——台中——云林——嘉义——屏东。

地面沉降造成房屋开裂和毁坏，道路桥梁破坏，地下管线变形、位移，降低河流排洪能力，造成雨后积水，影响市容卫生与城市建设。

造成城市地面沉降的原因是多方面的，与地壳运动、地下水的过量开采、建筑物荷载等原因有关，地下水的过量开采是主要原因之一。由于过度抽取地下水，引起许多城市出现地面沉降，例如，无锡市 1964 年～1982 年就下沉了 900mm，苏州市 1965 年～1983 年间下沉 760mm。有人对我国 27 个主要城市作过统计，其中有 24 个城市出现沉降漏斗。北方有几个城市地下水沉降漏斗面积由几十平方公里扩大到几百平方公里，有的甚至达上千平方公里，中心水位累计下降 10m～30m，最大达 70m，平均每年下降 1m～2m。上海地面沉降的历史最长，沉降幅度更大，上海地面沉降累计达 2.63m，天津塘沽达 2.60m。上海的地面沉降导致黄浦江、苏州河防汛墙降低，码头、仓库被毁，桥下净空减少，建筑物出现裂缝，城市基础设施功能下降。另外地面沉降的结果使这些城市在地形上成为漏斗状洼地，不利于降水排泄。国内外对城市地面沉降问题都很重视，采取控制地下水的开采量；调整地下水开采层次；进行地下水人工回灌等方法，已经取得了明显的效果。

地裂缝也是一种地面变形灾害。西安目前已确定的地裂缝达 12 条以上，其活动主要受隐藏性断裂、构造地貌、承压水头下降及地面沉降等因素影响。近些年来，受地下水开采等人为因素的影响，西安地裂缝的活动速率达 3.98mm/年，具有超常活动性质，据监测资料统计：西安地裂缝垂向活动速率为 5mm～35mm/年，最大达 56mm/年；引张速率 2mm～10mm/年，地裂缝经过之处地面开裂，建筑物严重破坏，地下管道屡屡错断。

地面塌陷的原因主要有两方面：开采地下矿产资源引起塌陷；表面岩溶活动引起塌陷。我国煤矿开采以平峒斜井、竖井等井下作业为主，由于采空区顶板失去支撑，造成顶板岩石断裂、沉陷、坍塌。全国因采煤地表发生沉陷、坍塌面积达 38 万公顷。也有其他原因的塌陷，如 1988 年 5 月 10 日，武昌水陆街突然发生地陷，8 间房屋全部塌陷。

三、水土流失灾害

水土流失灾害是土壤在外力（风、水等）的作用下，被剥蚀、搬运和沉积而引起的灾害。其特点是作用发生缓慢，不引人注意，但等到观察到时，往往已经造成巨大的损失，常被人称为“静悄悄的灾难”。引起水土流失的原因很多，但人类不合理利用土壤、破坏植被则是水土流失的主要因素。

土壤被侵蚀之后，会阻碍交通、倒塌矿山、淤塞河道、降低土壤肥力、影响植物生长及引起其他自然灾害的发生，会产生一系列社会经济问题。我国许多大中城市在快速城市化开发建设中，忽视城市水土保持工作，大量城市土地开发或基础建设造成过度的地表扰动，在毫无约束的条件下，随意破坏地貌、植被，从而引起严重的建设开发性水土流失，造成河道淤积、下水道淤塞，从而增加城市防洪压力、迫坏城市基础设施，对城市经济可持续发展和环境质量构成严重威胁。所以，在城市建设和开发的过程中，土壤保护也是一个不可忽视的城市环境问题。

四、风沙尘暴灾害

风沙尘暴也是威胁城市安全的灾害性自然现象,据岩心和冰盖沉积物的测定,更新世的尘暴造成了中国和中亚大量黄土沉积物。近3 000年来中国有史记载的沙尘风暴有许多次,历史上就有不少北方城市因风沙肆虐而被迫丢弃的记载,沙尘在历史上记载为“雨土”,公元1278年曾发生“雨土七昼夜,深七、八尺,没死牛畜”的记载。著名的楼兰古国就是因为缺水和风沙侵袭而被迫放弃。

现在的风沙尘暴灾害是与人类的活动密切相关的。我国的北部,尤其是西北地区是风沙尘暴灾害的多发区。继1993年~1995年西北地区连续3年出现沙暴之后,1996年5月29~30日,又遭受一场骤然而至的强沙尘暴和大风袭击,甘肃省敦煌市,本来晴朗的天空,瞬间变得天昏地暗,沙尘飞扬,能见度下降到5米以内,树木被刮倒,房顶被刮掉,造成多人死亡,棉花和果林受灾,损坏输电线路10.2km,风沙掩埋渠道330km,造成巨大的经济损失。

植被是风沙尘暴灾害的克星,在受风沙尘暴危害严重的城市和地区,加强植被的恢复工作,提高植被的覆盖率,是减少灾害的最佳途径。

五、海平面上升灾害

全球气候变暖的一个后果就是海平面上升。过去的100年来,全球平均气温升高0.3℃~0.6℃,相应全球海平面上升了10cm~20cm。据1997年中国国家海洋局发布的中国海平面公报认为:江苏沿岸几十年相对海平面平均上升速度为2.2mm/年,超过同期全球平均上升速率。海平面上升给沿海城市带来一系列灾害:

(一)阻碍城市防洪

沿海平原城市高程一般比较低,中国沿海平原城市高程大部分仅2m~3m,其相当部分地面处于当地平均高潮位之下,完全依赖城市防洪设施保护城区的安全,如遇到风暴洪水袭击,极易造成危害。海平面上升将导致如天津、上海、广州等城市的防洪能力明显下降。

(二)影响城市供水

海平面上升对城市供水影响主要表现在海平面上升加剧盐水入侵危害和阻碍城市污水排泄而引起的供水水源污染。我国沿海地区主要供水水源以河流地表水为主,而且许多重要城市位于河流人海口区,海平面上升引起河口盐水入侵加剧。由于海平面上升,潮流顶托作用加剧,城市排放污水下泄受阻,造成污水在河网中长期回荡,甚至倒灌,加重城市水体污染。如上海市排入黄浦江的污水因长江口潮流顶托,下泄困难,造成干流75%的河段水质低于国家地面水三级标准。

(三)对旅游业造成威胁

滨海旅游业在沿海城市中占有极为重要的地位,我国沿海城市现在已经开发了大量的滨海公园、浴场、疗养渡假区等旅游景点,旅游海岸线长达数百公里。海平面上升会给滨海旅游业带来很大危害,其中受害最严重的是沙滩资源。据推算,海平面如上升50cm,大连、秦皇岛、青岛、北海和三亚滨海旅游区将淹没后退31m~366m,沙滩损失24%,最著名的北戴河风景区沙滩损失达60%。

六、城市地质灾害防治对策

城市是地区经济、政治、文化的中心,同时也是地质灾害高发区,在相同的情况下,城市的灾害损失明显高于非城市地区。另外城市地质灾害往往会引起次生灾害,造成更大的损失。防治城市地质灾害,是一项十分重要又迫在眉睫的工作。

(一)加强城市地质灾害研究

应加强对城市地质灾害的机理、灾害区划、灾害链、灾害评估及灾害预警系统的综合研究。建立城市地质灾害信息系统,为国家、地区和部门减灾提供综合灾害信息。利用最新的技术,科学地制订减灾方案,最大限度地减少灾害损失。

(二)加强法制建设

虽然我国目前已经颁布了一些有关减少和制止人们不当行为作用于自然环境的法律和法规,对目前仍没有一个有关减灾的法律,许多人对灾害的危害性还没有引起足够的重视。应加强对城市全体居民的法制教育和宣传。以提高以法制灾、以法保城的意识。应加快《城市地质灾害防治法》的制订工作,把城市地质灾害防治纳入法制轨道,保护城市居民的安全,促进经济发展。

(三)加大城市地质灾害防治的投入

加强防灾工程建设,开展包括城市绿化、水土流失治理、防滑坡、防泥石流和入海口防潮工程,水库、危坝的加固工程,防洪、防震的城市防灾工程,以及小流域治理。不断提高城市防灾保护能力。

(四)发展城市地质灾害学科建设

城市地质灾害学科不仅包括土地资源学、城市环境工程学、结构学、生态学、林学、土壤学、大气学、海洋学、系统工程学等,还应包括社会制度、政策法令、国土开发、城市规划、社会治安、公民素质、救灾队伍结构等社会科学。应充分发挥各学科的优势,从而奠定有关城市地质灾害综合体系的理论基础。在统一规划原则下,制订防灾综合规划,构成一个有效而科学的防灾综合体系。

(五)制定科学的减灾措施

研究分析城市地质灾害的种类、成因、发生规律、危害程度、成灾区位。采用长期预报与短期预报相结合,减灾措施与环境治理相结合,兴利与避害相结合,把一切可能避免的灾害消灭在萌芽状态。要尽量作好预报工作,对不易预见的灾害,则要宣传防护知识,加强预期综合研究,防患于未然。

第四节　城 市 消 防

一、城市火灾的危害

火灾是一种发生频率最高而又无法预见的、和人们的日常生活关系最为密切的城市灾害,它还常常孕育于强风、地震、战争等其他重大灾害之中,对城市居民生命财产及城市建设的破坏十分严重。火灾除了燃烧造成的直接破坏外,还可能造成房屋倒塌、交通中断等,甚至可能会使城市通讯、供电、供气等工程系统遭受破坏危及更大范围居民的正常生活和生产。

城市消防是城市防灾的重要方面,因为城市火灾无疑给城市居民带来严重的经济损失、人员伤亡和心理恐惧。据国家统计局的资料:1985 年全国城市发生火灾 8 699 起,经济损失 6 429 万元,死亡人数 1 780 人,据公安部的规定,我国火灾统计计算的起始标准是:大火为经济损失 1 万元以上,死 5 人以上或伤 10 人以上;小火为集体经济损失 100 元以上,居民个人损失 50 元以上。

我国城市火灾有逐年上升的趋势,大城市比中小城市发生频率要高。1985 年城市发生火灾前 10 名的排序为:北京 367 起,天津 282 起,武汉 232 起,成都 193 起,丹东 181 起,青岛 164 起,上海 162 起,营口 144 起,沈阳 121 起,鞍山 117 起。

由于城市人口密集,有很多公共场所,如影剧院、体育场、歌舞厅、大型集会场所,一旦发生火灾,会造成更多的人员伤亡。又由于城市建筑密集、工厂林立、易燃易爆物品多,火灾容易扩大蔓延,形成大面积火场。还由于城市是物质财富、文化遗产高度集中的场所,如果发生火灾会造成巨大的甚至是无法估量的经济损失和文化损失,也会造成不良的政治影响,因此,城市的消防工作至关重要。

二、城市火灾的原因

城市发生火灾的原因是多方面的,除少数自然灾害(如地震的二次灾害、雷击等)以外,绝大多数是人们思想上麻痹大意造成的。常常是在用火、用油、用气、用电的过程中不按规则或不注意而引起火灾的,小孩玩火也是一个不容忽视的原因,还有石油化工等易燃易爆工厂生产或实验不按操作规范而引起燃烧爆炸也是重要原因,故意放火是极个别现象。

三、火灾的预防措施

(一)城市规划与消防

城市规划与消防有十分密切的关系,合理的规划布局可以减少火灾的发生,万一发生火灾也便于扑救。例如在城市功能分区上,要严格将工矿企业与居民区的布局分开,对石油化工、贮存易燃易爆的仓库、装运易燃易爆物品的车站码头,应布局在远离居民区、远离市区的地段。对建筑物的层高、不同建筑物之间的防火间距、街区内的道路、消防车道、安全出口、防火墙、防火带、天桥、栈桥、以及消防站的配备、消防用水等,城市规划的有关规范都有严格的要求,在城规和详规中要严格遵守。

(二)建筑与消防

建筑设计对防火的严格要求是必须遵守的。按建筑物建筑材料最低耐火极限分为 5 级,其中一级与二级耐火建筑物,主体建筑须用非燃烧性建筑材料,如影剧院的放映室,有气体或粉尘爆炸危险的车间等建筑要求一级耐火等级。

安全出口可以保证在发生火灾时尽快疏散,减少伤亡,一、二级建筑物要求在 6 分钟之内疏散完毕。生产、工业辅助及公共建筑或房间安全出口数目不应少于 2 个,影剧院的观众厅至少应有 2 个独立的安全出口,11 层及 12 层以上的高层住宅各户应有通向 2 个楼梯间的 2 个出口。建筑设计规范还规定了其他疏散用的安全设施。

高层建筑由于拔风效应,一旦起火蔓延很快,一幢 30 层的高层建筑,在无阻挡的情况下，半分钟左右烟气就可以从底层扩散到顶层。且高层建筑住的人员多，疏散距离长，如果发生火灾，楼梯电源切断，疏散更为困难，地面消防车供水也有难度。因此，高层建筑的防火尤为重要。对高层建筑的消防，一是要保证安全出口的数量，并且要有疏散标志，设置消防专用电梯；二是要立足于自救，配齐室内消防栓、消防水池与消防泵，设置自动报警装置，并要有排烟、防烟措施，保证预备电源的供给等。

（三）消防用水

虽然有泡沫、干粉、卤代烷等多种灭火剂，但大面积火灾仍然靠水来扑救。在城市给水规划中要充分考虑到城市消防用水，输水干管不少于2条，当其中1条发生事故时，另1条通达的水量不少于70%，管道最小直径不小于100mm，管道压力在灭火时不少于10m水柱。室外消防栓沿街设置并靠近十字路口，间距不应超过120m。超过800个座位的影剧院，超过1 200个座位的礼堂，超过5 000m^3的公共建筑，超过6层的单元住宅以及一般厂房都应设置室内消防给水，并保证在火灾发生5分钟内投入使用。

（四）灭火设施

消防站的配备，要保证在接到报警5分钟之内达到责任区最远端，一般每个消防站的责任面积为4km^2～7km^2。

消防交通要求通畅、快速，在居住区要求车行道宽度不小于3.5m，厂房两侧的通路不小于6m，以保证消防车在5分钟之内到达现场。

消防车是消防站主要的灭火器材，一级消防站应配6～7辆消防车，二级消防站配备4～5辆消防车，三级消防站应配备3辆消防车。

我国各城市的消防火警电话通用号码是“119”专用线。

第五节　城市防洪

一、城市洪涝灾害的特点

（一）城市洪涝灾害的经济损失大

城市是全国或区域的政治、经济、文化的中心，人口集中，建筑密集，居民的个人财产和社会的经济财富及文化财富相对集中，一旦发生洪涝灾害，直接损失是巨大的。另外洪涝灾害的一个重要后果是对交通的影响，城市和外界的交通受阻，将影响城市生态系统能流、物流及人口的流动。洪涝灾害可使市内交通受阻，会影响市民的正常工作、学习和生活，造成间接的损失。

（二）城市化对洪水特征的影响

城市化的进程，伴随着人口向城市集中，城市范围不断扩大，必然地改变了当地的自然地理环境，如砍伐森林、清除植被、建造大量的建筑和道路、修建人工化的城市排水系统，这些都能对城市地区的雨洪产生直接的影响，例如，导致蒸发、截留和下渗减少，径流和汇流速度加快，峰现时间提前等，从而扩大了洪水的灾害性。

城市化对雨洪汇流过程的影响有以下几个方面。

1．不透水地面的扩大

天然流域有自然土壤地面、植被和自然地形，降水被植物截留，在地表注蓄和渗入，形成地表和地下径流。而城市化使自然地面和植被被建筑物、道路、停车场等所替代，不透水面积的比例大为增加，导致地下水回归量和地上滞留量减少，而地表径流总量增加，使得洪峰流量增大。下垫面的上述反应随不透水面积比例的增加而增大。

2. 人工化的地面排水系统

人工化的城市排水系统实现了管网化，提高了城市的排水能力，使暴雨径流尽快就近排入受水体，同时对城市地区原有的汇水河道整治或新建输水渠道，使河道趋于平直、断面规则并有衬砌。城市化改变了原有天然河道的径流流态、洪水过程线和洪峰流量。河道变得平直和规则，减小了河道对洪水的调蓄能力；河道粗糙度减小，使得输水能力加强，导致洪水汇流速度增加，峰现时间提前；涨洪历时和汇流时间缩短，洪水量更加集中，整个洪水历时压缩，见图 12－3。

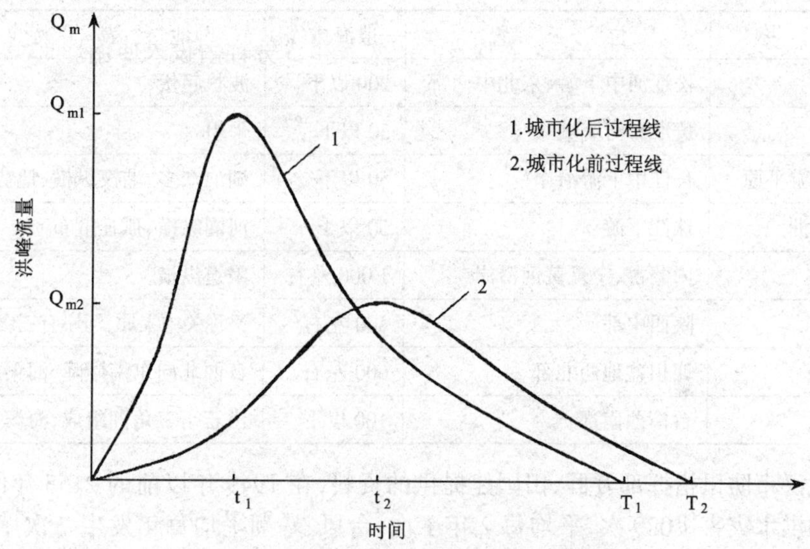

图 12－3　城市化前后洪水过程线比较图

Q_{m1}、Q_{m2}为洪峰流量，t_1t_2 为峰现历时(滞时)，

T_1T_2 为洪水过程线底宽(洪水历时)

3. 土地利用对河道的调洪能力的影响

城市的发展常常侵占一些天然河道的洪水滩地和滞洪洼地，致使城市地区河道调洪能力减弱。爆发性洪水一旦发生，容易发生漫溢，造成洪水灾害，这种现象在沿海低洼城市尤易出现。

综上所述，城市化对洪水特征的影响，主要体现在洪峰流量统计参数和洪水过程线的变化上。据埃斯佩(Espey)、温斯洛(Winslow)和摩根(Morgan)的研究，城市化后单位过程线的洪峰流量约等于城市化前的 3 倍，涨峰历时缩短 1/3。安德森(Anderson)认为排水系统的改善，滞时可减少到天然河道的 1/8，由于滞时缩短和不透水面积增加，洪峰流量为原来的 2～8 倍。可见，城市化增加了产生峰高、量大、迅猛的洪水的可能性。

二、我国城市布局特点及洪水灾害

我国城市的地理分布不均，东部沿海地带有 11 个省、市、自治区，城市总数占全国城市总数的 34.9%，城市化水平为 18.7%，高于全国平均水平。中部地带 9 个省、自治区，城市总数占全国城市总数的 41%，城市化水平为 17%。西部地区 9 个省、自治区，城市总数占全国城市总数的 24.1%，城市化水平为 13%。可见我国城市 76% 在东部和中部地区，主要是沿海、沿江分布，珠江、长江、淮河、黄河、辽河、松花江等江河流域集中了我国 90% 以上的城市人口，集中了工业总产值和固定资产 90% 的资源，集中了我国政治、经济、文化的精华。

我国有 30% 的城市分布在仅占国土面积 10% 的丁字形经济发达的狭长地带，即东北平原、华北平原、长江中下游、珠江三角洲和东部沿海低洼地带，处于河流尾间及海滨地区，海拔高度一般都在 50m 以下，极易遭受洪涝灾害(表 12－7)。

表 12－7　中国主要平原位置、高程简表

名　称	位　置	一般海拔(m)	地　表　特　征
东北平原	松辽河中下游、东北中南部	200 以下	波状起伏
华北平原	黄淮海河流域	50 以下	平坦
长江中下游平原	长江中下游沿岸	50 以下	湖泊众多、港汊纵横、地势低平
珠江三角洲	珠江下游	50 以下	河网纵横、孤丘散布
河套平原	内蒙古、宁夏黄河沿岸	1 000 左右	渠道纵横
渭河平原	陕西中部	500 左右	又称关中平原，河岸有三级黄土阶地
成都平原	四川盆地西北部	600 左右	自西北向东南倾降，河渠成网
台湾平原	台湾西南部	100 以下	由若干三角洲组成，海滨有沙丘

据武汉市防讯指挥部万群、田国建提供的资料，在 1949 年以前的 2155 年间，我国发生较大的洪水灾害 1 029 次，平均每 2 年 1 次，台风、暴潮平均每年发生 7 次。上海市在 1931 年，武汉市在 1931 年、天津市在 1939 年都曾被洪水淹没。1904 年～1939 年，北京市被淹 6 次，天津市被淹 8 次。

近年来我国的洪涝灾害主要发生在长江和松花江等流域。例如 1996 年和 1998 年长江中下游两次发生特大洪水灾害。

洪水灾害具有随机性、突发性的特点，能造成巨大的破坏与损失，所以城市防洪是不可忽视的。

三、我国城市防洪现状

建国以来，我国城市防洪和大规模的水利建设，结束了历史上洪灾频繁的状况。据 1985 年的资料，当时 324 个城市中，已修建堤防的城市有 230 个，防洪堤总长(含涵洞) 5 998km，其中北京 647km，天津 434km，武汉 284km。

我国目前城市防洪水平仍然较低，据 80 个城市的统计资料，仅有 12 个城市接近、达到或超过百年一遇的防洪水平，占已有统计资料城市总数的 15%，上海、武汉仅为 20 年一遇的防洪水平。

因此，我国城市对一般性的洪水灾害，基本上可以得到控制，在一般情况下，可以保证城市不受洪水侵袭。对于全流域性较大的洪水，在采取了分洪措施之后，也可以保护这些城市不致遭到毁灭性的洪水灾害。但是,如果遇到历史上罕见的,象长江 1870 年的特大洪水,目前尚无可靠对策,可能会造成严重的社会经济损失。

四、我国城市防洪建设目标

防洪标准有两种表达方式,即频率法与水文气象法,前者采用较广。日本对特别重要城市要求防 200 年一遇的洪水,重要城市防 100 年一遇,一般城市防 50 年一遇的洪水。澳大利亚防 150 年一遇,波兰(大城市)防 1 000 年一遇,瑞士防 100 年～500 年一遇,美国采用历史最大洪水设防,相当于频率法的 100 年～500 年一遇。

有关专家提出我国近期防洪工程应达到的目标是:

(一)根据各大江河流域的统筹安排,我国各类城市防洪能力要分别提高到 200 年一遇,50 年一遇和 20 年一遇的水平。必须确保全国性与国际性的中心城市北京、上海、香港,跨省区的中心城市广州、武汉、重庆、天津、沈阳、大连、西安、兰州可防 150 年～200 年一遇;百万人口以上的大城市可防 100 年～150 年一遇;50 万人口以上的城市可防 100 年一遇;20 万～50 万人口的中等城市可防 20 年～50 年一遇;20 万人以下小城市可防 20 年一遇。

(二)受洪涝灾害威胁严重的长江中下游武汉、上海等城市的防洪设施需得到根本改善,要结合流域规划和非工程设施,完成分洪蓄洪工程的规划和建设,解决长江中下游城市防御超额洪水问题。

(三)城市防洪工程体量庞大,往往占据城市中心位置,因此在堤防建设中,在保证防洪功能的同时,要注意环境艺术,研究景观效果,并结合绿化在非防汛季节开辟休息游览场所。

五、城市防洪措施

城市防洪应该注意工程措施和非工程措施相结合,防洪工程是基础,而非工程措施又是工程措施的一个必不可少的补充。只有在实施了合理而可行的规划、预报、管理和法规等手段后,才能充分发挥工程的作用。

(一)防洪工程措施

防洪工程措施是城市防洪的基础,包括水库、防洪坝(堤、墙)、溢洪道、挡潮闸、节制闸等工程的建设,以及河道截弯取直、下水系统改造等工程。

(二)非工程措施

1. 加强防洪战略研究,制订城市防洪规划和具体工程项目设计。结合城市规划,根据洪灾风险划分区域,分别制订房屋、道路、桥梁等建筑标准以及土地利用法规,以指导城市的经济建设和发展。同时应重视洪灾的救助和灾后恢复的研究。

2. 建立洪水预报和警报系统。利用现代先进的技术和设备(有线、无线通信、遥感、卫星等)建立一套为洪水预报和警报所需的洪水水情数据收集、处理和传送的自动化系统,制作中长期预报模型和从降雨开始后的短期实时校正的洪水预报和警报的模型,及时发布长、中、短期洪水的预报,以及制订与之相应的防洪调度方案。

3. 开辟滞洪区。结合城市的具体情况,滞洪区可以分散在公园、水塘、湖泊、枯井等处,为适应防洪的需要,公园的高程要低于周围地面。应尽量采用易于下渗的多孔或砾石建筑材料铺砌道路、停车场、和排水沟等,以增加下渗,减少雨洪。山城可沿等高线铺设绿地,以延长洪水滞留时间,迟滞径流。

4. 加强防洪管理

应明确防洪责任制,由有关管理部门承担防洪责任,统一协调。汛前对各类防洪设施进行检查,拆除碍洪建筑,加固和维修防洪工程,按照预先确定的防洪方案结合短期实时预报,调度和操作防洪程序,启闭滞洪区域,以至撤退必要的居民、设备和财务,巡视和保护防洪工程,随时警惕洪水进犯,并可进行防洪演习。

对洪水灾害的研究,不是孤立的、分散的、单方面的研究,而是涉及到水文、气象、天文、地质、地貌、城市建设、环境污染及工程技术等多种学科领域,应进行多学科的综合分析。近年来发展起来的雨水管理模型、蓄水、净化处理、径流模型等大型综合性模型已得到研究者的重视。这些模型把暴雨径流量、水质和管理程序结合起来,取得了良好的效果。

第六节　其他城市灾害

其他城市灾害还有很多,其中污染、噪声、放射性危害在有关章节已有叙述。下面主要简述城市高温灾害、传染病灾害、城市交通事故几方面的内容。

一、城市高温灾害

(一)城市高温灾害

城市高温引起的灾害和经济损失是多方面的。例如城市高温会促进光化学雾的形成,造成烟雾事故;高温会导致人中暑,尤其是对老人儿童、体弱者和高强度劳动者更易造成伤害;高温会影响人的思维活动和体能,降低工作效率;高温会增加能源消耗,过去主要是电扇耗能,现在随着空调和电冰箱的普及,由于酷热高温而引起电能消耗的增加是十分可观的。

城市高温的出现,常伴随着干旱、城市供水量不足,而这时用水反而急剧增加,故会造成城市缺水。城市高温期间容易产生火灾。例如 1988 年 7 月上海持续高温,在半个月内共发生火灾 24 起,火警 98 起,这是上海历年盛夏所少有的。

城市高温灾害,是由于在区域性高温的背景下,叠加上城市热岛效应的缘故。

(二)减少城市高温灾害的对策

1. 减少人为热和温室气体的排放。

在盛夏季节是利用太阳能最有利的时间,宜尽量利用太阳能,减少燃料的用量。这样不仅节约能源,还减少了人为热和温室气体的排放,可有效地减轻城市高温灾害。

2. 增大城市下垫面的反射率

在夏季用浅色涂料粉刷建筑物外表面,以提高其反射率,从而可减低围护结构外表面温度,减少室外热量进入室内。

3. 增加城区水域面积和洒水、喷水设施

这样可以使城市下垫面蒸发量增加,以汽化热形式消耗去下垫面层空气中一定量的热量,从而降低局地气温。

4. 扩大城市绿地覆盖率

城市绿化首先有遮阳蔽阴效应。其次,绿地的蒸发蒸腾作用可以耗去大量潜热。据统计一棵成年阔叶树一天要蒸发 100 加仑水,相当于耗去 963 000KJ/d 的热量。另外,植物的光合作用,吸收大量 CO_2,使得近地空气温室效应减弱。

5. 合理规划城市建设

建筑物是城市下垫面的重要组成部分,它对城市气温的影响甚大。根据城市地理环境(包括纬度、地形、风向、风速、日照、辐射条件等)确定道路网的方位、宽度、建筑物朝向、间距以及建筑物形体等使城市建筑物得到合理的日照和辐射,又便于自然通风,这对防御城市高温灾害,改善局地小气候条件是大有裨益的。

二、传染病灾害

(一)传染病灾害的概况

传染病灾害是城市的人为灾害,由于经济、文化和医疗卫生条件的差异,传染病灾害在发展中国家尤为严重。如 1993 年在发达国家因传染病死亡的人数仅有 14.5 万人,传染病的死亡率仅占总死亡人数的 1%,而在发展中国家传染病死亡人数达 1 630 万人,是总死亡人数的 41.5%。目前世界上主要的传染病和导致死亡的人数如(表 12-8)。

表 12-8　1993 年由传染病和寄生虫病引起的死亡人数

疾病名称/条件	死亡人数(单位:千人)	疾病名称/条件	死亡人数(单位:千人)
3 岁以下儿童,慢性呼吸道感染	4 100	蛔虫病	60
5 岁以下儿童腹泻,包括痢疾	3 010	非洲锥体虫病(睡眠病)	55
结核病	2 709	美洲锥体虫病(查格斯氏病)	45
疟疾	2 000	河盲症	35
麻疹	1 160	脑膜炎	35
乙型肝炎	933	狂犬病	35
爱滋病	700	黄热病	30
百日咳	360	登革热	23
细菌性脑膜炎	210	日本脑炎	11
血吸虫病	200	食物传染吸虫病	10
利什曼原虫病	197	霍乱	6.8
先天性梅毒	190	脊髓灰质炎	5.5
破伤风	149	白喉	3.9
钩虫病	90	麻风病	2.4
变形虫病	70	鼠疫	0.5
		总计	16 445

注:仅包括官方报告的数字。(引自世界资源研究所,1996)

(二)影响传染病灾害的因素

1. 城市环境的变化

人口变化的影响:城市化使得大量移民进入城市,会在人口中产生新的感染,如果居住区十分拥挤,疾病就容易生根,而且很难根除。

温度变化的影响:由于全球气温升高和城市热岛效应,对传染病的发生和发展模式有很大的影响,特别是对传播传染病的蚊虫、苍蝇、田螺和啮齿动物的生长繁殖产生巨大的影响。全球气候变化模式和统计资料显示,气候变暖会导致疟疾病人数的增加,如果到2100年全球平均气温升高3℃,将会使疟疾地带的发病率显著增加,可能增加5 000万到8 000万病例。另外潮湿和持续的大雨也是疟疾突然快速蔓延的重要原因。

地表水环境的变化对传染病的蔓延也有很大影响。

2. 人类活动

人类活动对传播疾病起到关键性的作用。城市人口的过度拥挤和安全卫生用水供应不足,极易导致传染病的发生和蔓延。

三、城市交通事故

城市交通事故是城市的人为灾害。据1985年的资料,全国城市发生交通事故92 415件,死亡8 542人,每万辆机动车每年死亡35人,居世界第三位,直接经济损失3亿多元。重庆市万车死亡率是华盛顿的131倍。而到了1994年我国的交通事故率达25万多起,比1985年增加1.5倍;死亡6.6万人,是1985年的7.8倍;受伤15万人。1994年汽车交通死亡人数达4.6万人,万辆机动车每年死亡人数为50人左右(而美国、日本等国的万辆死亡人数为2~3人)。2005年全国发生交通事故450 254起,死亡98 738人,伤469 911人,每万辆车死亡率为7.6人。2006年全国发生交通事故378 781起,死亡89 455人,伤431 139人,每万辆车死亡率为6.2人。由此可见,汽车安全问题是一个十分重要的问题,它不仅是一个经济问题,还是一个综合性社会问题。

在城市建设的总体布局中,城市交通应放在优先地位,经济发达国家在其经济发展的某一时期,用于道路交通的投资一般占到城市建设总投资的40%~50%。与发达国家相比,道路总量不足仍是我国城市道路的基本问题。我国城市道路保有量仅有国外城市的1/10~1/3。

城市交通系统将城市各部分有机联系在一起,联系的范围和程度对城市的发展有较大影响,这其中交通工具的作用尤为重要。交通工具的每一次进步,均极大地推动了城市的发展。

对于城市交通的发展,人们比较认同的看法是优先发展公共交通,即所谓"公交优先",而公共交通发展人们普遍看好"快速轨道交通"。它是城市中利用铁轨导向、电力驱动的各种类型的轻轨交通、独轨电车、经过现代化改造的有轨电车,以及市郊铁路等。其重要特点之一是有自己专用的通行道,基本上不受市内道路交通的干扰,这样可以大大减少交通事故和交通堵塞。另外这种系统运行速度快,对于解决时间较集中、量特别大的客流运送非常有效。北京地铁已运行路线有42km,仅为公共汽车运营线路里程的1.5%,但承担的运量已占15%,成为北京公共交通的骨干。快轨交通的主要问题是巨额投资的筹措,这是城市经济体制改革中要解决的问题,它直接关系到城市交通减灾规划建设。

第十三章 城市植被

第一节 概 述

一、城市植被的概念

城市植被是指城市里覆盖着的生活植物，是包括城市里的公园、校园、广场、道路、苗圃、寺庙、医院、企事业单位、农田以及空闲地等场所所拥有的森林、灌木丛、绿篱、花坛、草地、树木、农作物等所有植物的总称。

城市生态系统的植被显然不同于自然生态系统的植被，尽管城市里可能或多或少地残留或保护着自然植被的植物，但是城市植被不可避免地受到人类的影响，即使残留或保护着的自然植被也在不同程度上受到人为干扰。另外，人类在城市建设的过程中，一方面破坏和摈弃了许多原有的自然植被和土生植物，另一方面又引进了许多外来的植物和建造了许多新的植被类群。这些改变和干扰，不管是有意识还是无意识、是直接还是间接，最终的结果是改变了城市植被的组成、结构、类群、生态状况等自然特性，使城市植被具有完全不同于自然植被的性质和特征。因此，总的来说，城市植被应属于以人工为主的一个特殊的植被类群。

城市植被是城市生态系统的重要组成部分，但是城市植被作为植物的生产者的作用属于次要的地位，而其美化和净化环境的作用则是主要的功能。从某种意义上讲，城市中的植物更加珍贵，其作用更加重要，绿色空间的大小及其生态效能都是城市环境质量的重要参数，是城市规划的重要内容。

二、城市植被的特征

城市植被毫无疑问具有完全不同于自然植被的人工化的特征，它不仅表现在植被所在的生境特化了，而且植被的组成、结构、动态过程等也改变了。

(一)植被生境的特化

城市环境的特点就是人工化，城市化的进程改变了城市环境，也改变了城市植被的生境。例如，建筑、道路和其他硬化地面，改变了其下的土壤结构和理化性质以及土壤微生物的生存条件；人工化的水系和水污染大大改变了自然水环境；而污染了的大气在直接影响到植物正常生理活动的同时，还改变了光、热、湿和风等气候条件。所以，城市植被处于完全不同于自然植被的特化生境中。

(二)植被区系成分的特化

一般来说，城市植被的区系成分与原生植被具有较大的相似性，尤其是残存或受保护的原生植被片断部分，但是，城市植被种类组成远较原生植被为少，尤其是灌木、草本和藤本植物。另一方面人类引进的或伴人植物的比例明显增多，外来种类对原生植被区系成分的比率，即归化率的比重越来越大，并已成为城市化程度的标志之一。因此在城市绿化的过程中，应注意对树种的选择。从环境生态学的角度讲，一个地方的原生植被绝不是偶然的，而是植物在千百万年来对当地生境的适应，又可以说是大自然的选择。所以，应该最大限度地保留和选择反映地方特色的地方植物种类，在区系成分上尽量减少外来成分所占的比例，这样，不仅符合生态学原理，也可以通过城市绿化来反映地方的景观特色，同时这也是城市生态建设的标志之一。

(三)植被格局的园林化

城市植被在人类的规划、设计、布局和管理下，大多数是园林化格局。如城市森林、树丛、绿篱、草坪或草地、花坛是按照人的意愿配置和布局的，都是人类精心镶嵌而成的，所谓与周边环境的协调也是以人的审美观为依据的。乔木、灌木、草本和藤本等各类植物种类的选择配置也是按照人的意愿进行的。城市植被基本上是在人类的培育和管理下形成的园林化格局，因此，城市园林的研究是城市植被研究的主要内容之一。

中国园林有两千多年的历史，对世界各国园林的发展有着广泛的影响，素有“世界园林之母”之誉。但是传统园林只是少数人显示财富和追求享受的手段，与社会上多数人是无缘的。在现代社会，园林的地位和功能已发生了根本性的改变，城市园林是城市生态系统的重要组成部分，有其不可替代的生态功能和社会功能，要为全社会提供良好的城市生存环境，是显示城市环境优美和社会繁荣进步的重要内容。因此，城市园林建设实际上就是城市植被建设和城市生态建设的一个重要组成部分。

(四)生物多样性及结构趋于简化

在城市植被中，人们对植物种类的选择是按照人的需求，人们会按照城市道路的要求来选择行道树种，按照公园、庭院等的要求来选择树种和花卉，按照城市草坪的要求来选择草的品种，而不是遵照植物群落的生态规律来选择。这样会有大量的原生植物被摈弃掉，生物多样性趋于简化，植被结构分化明显，并趋于单一化。例如，除了残存的自然森林或受保护的森林外，城市森林一般都缺乏灌木层和草木层，藤本植物更为罕见。行道树和草坪的植物种类常常是单一的。

城市植被的动态变化，无论是形成、更新和演替都是在人为干预下进行的。城市植被的动态变化过程实际上是按照人的绿化政策和规划的实施过程。

三、城市植被的类型

城市植被的分类系统，从不同的研究角度可以有不同的分类方法。从人类干预程度来分，城市植被可以分为自然植被、半自然植被和人工植被三大类型。据此，城市植被分类体系可划分为：

1. 自然植被：包括森林、灌木丛、草地等；

2. 半自然植被：包括森林、灌木丛、草地等；

3. 人工植被：包括农田作物、人工林、人工灌木丛、人工草地等。

自然植被一般是在城市化过程中残留下来或被保护起来的自然植被，很少受到人类的破坏，植物群落还保存着自我调节的能力。多数是人类有意识保留下来的城市森林、城市周边自然防护林以及在特殊生境中残留下来的特殊自然植被类型。

半自然植被为侵入人类所创造的城市生境中的伴人野生植物群落和在城市化进程中保留下来的、但是在植物群落中各自然要素之间的基本联系已经遭到一定程度的破坏、植物群落的整体自动调节功能受到很大破坏的植物群落。

人工植被为按人的愿意和周边环境条件的要求,在城市化过程中人工创建起来的植物群落,包括农田作物、行道树林、公园、庭院、街头绿地植物等园林植被。

农田作物指的是在城市化的过程中,人类在城市市区范围内,仍保留的农田里种植的农作物,包括大田作物和果园等。

人工林指建造和经营在城市范围内,以乔木为主体的人工建造的城市植物群落,即包含在城市范围内以乔木为主体的人工绿化实体。

人工灌木丛指建造和经营在城市范围内,以灌木为主体的人工建造的城市植物群落,即包含在城市范围内以灌木为主体的人工绿化实体。

人工草地指的是建造和经营在城市范围内,以草本植物为主体的人工建造的城市植物群落,即包含在城市范围内以草本植物为主体的人工绿化实体,但不包括农田作物。

第二节　城市植被的生态功能

绿色植物在城市中主要集中在园林绿地。和自然生态系统中以绿色植物为中心的情况截然不同,在城市生态系统中,植物处于弱势,作为生产者的功能已十分微弱,处于次要地位,也就是说,在城市生态系统中,绿色植物的主要功能已不在于初级生产。人们从科学和实践中逐渐认识到绿色植物在城市中有着特殊的、极其重要的作用与功能。

一、吸收二氧化碳、放出氧气

在城市生态系统中,人们关注绿色植物的光合作用,主要不是有机物的生产量,而主要是在其光合作用过程中吸收二氧化碳,放出氧气。当然植物也有呼吸作用,但光合作用吸收的二氧化碳比呼吸作用排出的二氧化碳多20倍,因此,总量上是吸收二氧化碳,放出氧气。在这一点上,植物生长与人类活动(包括生产活动)有着相互依存的关系,是同一循环中的两个相反过程。

植物可以说是天然的绿色氧气工厂,大气中氧气的大部分来自陆地上的植物。据统计,每年地球上全部植物所吸收的二氧化碳为93.6×10^9吨,通常一公顷阔叶林每天可以吸收1吨二氧化碳,放出0.73吨氧,只要10平方米的森林,就可以把一个人一昼夜呼出的二氧化碳吸收掉。生长茂盛的草坪,在光合作用过程中,每平方米一小时可吸收1.5克二氧化碳,按每人每小时呼出的二氧化碳约38克计算,只要有50平方米的草坪就可以把一个人一昼夜呼出的二氧化碳吸收掉。可见,一般城市如果每人平均有10平方米树林或50平方米草坪,就可以保持空气中二氧化碳和氧气的平衡,使空气新鲜。

在空气中,二氧化碳的含量通常是稳定在0.03%左右。在城市中,由于工厂集中、人口密集,产生的二氧化碳比较多,其含量有时可以达0.05%~0.07%,局部地区甚至高达0.2%。当二氧化碳含量达到0.05%时,人们呼吸就感不适;到0.2%时,就头昏耳鸣、心悸、血压升高;到1%以上,则可能危及生命。令人忧虑的是整个大气圈的二氧化碳含量有不断增加的趋势。同样空气中氧气含量的降低也会危及人的健康和生命。而植物,只有绿色植物可以吸收二氧化碳,放出氧气,保持大气中二氧化碳和氧气的平衡。

二、净化作用

(一)吸收有害气体

对城市大气中的二氧化硫(SO_2)、一氧化碳(CO)、氟化物(FX)、臭氧(O_3)、氯(Cl_2)等,几乎所有植物对这些有害气体都具有不同程度的吸收或指示作用。植物通过吸收有毒气体,降低大气中有毒气体的浓度,从而达到净化大气的目的。

植物净化有毒气体的能力,除与植物对有毒物质积累量有相互关系外,还与植物对毒物的同化、转移能力密切相关,即与植物的种类的不同而有很大差异。另外还与叶片年龄、生长季节、大气中有毒气体的浓度、接触污染的时间以及其他环境因素,如温度、湿度等有关。一般老叶、成熟叶的吸收能力高于嫩叶,在夏季生长季节,植物的吸毒能力较大。

1. 二氧化硫:自然界有许多物质,在空气中露出的自然表面都具有吸收二氧化硫的能力。吸收量的多少与物体表面的粗糙度成正比,吸收的速度与物体的相对湿度成正比,即物体越粗糙、相对湿度越大,其吸收能力越大。

据测算,松林每天可以从1立方米的空气中吸收20毫克二氧化硫,1公顷柳杉林,每年可吸收720公斤二氧化硫。

对空气湿度与植物抗性作用的研究表明,空气相对湿度越低,植物对二氧化硫抗性越大,反之,空气相对湿度越高,植物抗性越小。同一植物在空气相对湿度为0%时,比100%时抗性要大10倍。对二氧化硫抗性强的植物一般吸收二氧化硫量也多。

据测定,臭椿吸取二氧化硫的能力特别强,超过一般树木的20倍。另外夹竹桃、罗汉松、龙柏、银杏、广玉兰等都有很强的吸收能力。国槐、银杏、臭椿对硫的同化转移能力较强。

2. 氟化氢(HF)是一种无色、有臭味、剧毒气体,是电解铝、玻璃、陶瓷、钢铁、磷肥等生产过程中的产物,氟化氢对人体的危害比二氧化硫大20倍。

对氟化氢具有抗性的植物,在低浓度时,能吸收一部分氟化氢,在含氟化氢5.5$\mu g/m^3$的空气中,西红柿叶子可吸收3 000$\mu g/kg$的氟化氢,扁豆可以吸收12 000$\mu g/kg$的氟化氢,桔子叶、女贞、洋槐等树木也能吸收氟化氢。

3. 氯气的污染性较大,并能吸收阳光中的紫外线。植物可以从大气中吸氯,据研究,生长在离污染源400m~500m处的树林,如洋槐、银桦和兰桉,每年可吸几十公斤氯气。从叶片吸收和积累的能力来看,阔叶树大于针叶树,有时可相差十几倍之多。

4. 臭氧:光化学烟雾的主要成分为臭氧、醛类、过氧乙酰硝酸盐、烷基硝酸盐、酮等氧化剂,其中臭氧占90%左右,也是其中的主要有毒气体。实验证明,树木对臭氧有吸收和净化作用。

对光化学烟雾及臭氧反应灵敏的植物有:甜菜、莴苣、烟草、菠菜、矮牵牛、西红柿、兰花、秋海棠、蔷薇、丁香等。吸收光化学烟雾抗性强的植物有:白菜、黄瓜、洋白菜、花椰菜、橡树、洋槐等。

栓槭、桂香柳、加拿大扬等树木能吸收醛、酮、醇、醚以及致癌物质安息香吡啉等。另外,有的树木还可以吸收空气、水体与土壤中的有毒金属粒子铅、汞、镉、砷等。

(二)吸尘作用

城市空气中含有大量粉尘、烟尘等微粒。这些微粒颗粒虽很小,但在大气中总重量却很惊人。许多工业城市每年每平方公里降尘量平均为 500 吨左右,有的城市甚至高达 1 000吨以上。更有许多飘尘悬浮在空气中。这些粉尘对城市环境造成危害,对城市气候和工业生产十分不利,更会直接影响人们的身体健康。

植物、特别是树木,对烟尘和粉尘有明显的阻档、过滤和吸附作用,植物是天然的空气过滤器和吸尘器。其作用机理,一方面由于枝冠茂密,具有强大的减低风速的作用,使得一部分大颗粒尘粒沉降下来,另一方面是叶面吸附的结果。如有的叶片表面粗糙(如桧树、木槿),有的叶面皱纹交错(如大叶榆);有的叶面绒毛密布(如沙枣),更有的还能分泌油脂(如松树等)。这些特征,都有阻挡、吸附和粘着粉尘的作用。

由于绿色植物的叶面积远远大于它的树冠的占地面积,如森林叶面积的总和是其占地面积的 70～80 倍,生长茂盛的草皮也有 20～30 倍,因此,其吸滞尘的能力是很强的。蒙尘的植物经雨水冲洗后,又能恢复其吸滞尘的能力。

树木叶片单位面积的滞尘量为:榆树 12.29g/m^2、朴树 9.37g/m^2、木槿 8.13g/m^2、广玉兰 7.10g/m^2、重阳木 6.81g/m^2。

一般阔叶树比针叶树吸尘能力强,例如每公顷山毛榉林阻尘量为 68 吨,云杉林仅 32 吨。另外,森林比单株吸尘能力强,林带高宽而密度大比短小的稀疏林效果好,如法桐林减尘率达 35%,刺槐林减尘率 29.7%。

所有的植物都有吸尘作用,根据环境特点,正确选择和确定树种、种植方式、绿化面积以及布置方式等,就能充分的发挥绿化的滞尘作用。

(三)对放射性物质的作用

放射性污染物的扩散与地形、地物有很大关系。森林作为一种地物,不但可以阻隔放射性物质及其辐射的传播,而且可以起到过滤和吸收的作用。据研究,阔叶林对于放射性散落物的净化能力比常绿叶林高得多,三个月后,阔叶林的树冠内部和上部,伽玛(γ)射线的剂量比针叶树低两倍。常绿针叶林净化放射性污染物质的速度也比阔叶林慢。栎树可以吸收 15 000 拉特剂量的中子－伽玛射线的混合辐射,而生长正常。

(四)减少空气中的含菌量

空气中的各种有毒细菌多随灰尘传播,植物的吸尘作用可大量减少其传播,另一方面植物本身还能分泌出具有杀菌能力的挥发性物质——杀菌素。洋葱、大蒜汁能杀死葡萄球菌、链球菌及其他细菌。桦木、银白杨的叶子在 20 分钟内能杀死全部原生动物(赤痢阿米巴、阴道滴虫等),柠檬桉只要 2 分钟、法酮只要 3 分钟、松柏只要 5 分钟也都具有杀死全部原生动物的效力。柠蒙桉叶放出的杀菌素可杀死肺炎球菌、痢疾杆菌及多种致炎球菌、流感病毒;桧柏、松树可杀死白喉、肺结核、伤寒、痢疾等病菌;某些香料林木也有消灭结核菌的作用。因之,空气中的含菌量,在森林外为每立方米 3 万～4 万个,而森林内则仅 3 百～4 百个,一公顷圆柏林一昼夜能分泌 30 公斤杀菌素,可以消除一个小城市的细菌。国外也有类似的研究,据报道某市在绿化区的医院庭院内每立方米空气中的细菌为 7 624 个,远离绿化区的医院内则为 12 372 个,而火车站附近的闹市街道则达 54 880 个之多。

南京市曾对此作过观测,其结果表明:

1. 城市不同类别地区,空气中含菌量有明显差异(表 13－1)。

表 13－1　南京市各类地区空气中含菌量比较

类　别	地　点	人流、车辆、绿化状况	每立方米空气中含菌数
公共场所	火车站	人多、车多、绿化差	49 700
街道	南伞巷	人多、车多、无绿化	44 050
街道	新街口	人多、车多、绿化好	24 480
公园	玄武湖	人多、绿化好	6 980
机关	市防疫站	人少、绿化好	3 460
植物园	植物研究所	人少、树木茂盛	1 046

从上表可以看到,空气中含菌数和植物量密切相关,人越少、植物越茂密,空气中含菌数越少。

2. 不同植物的减菌作用有差异

不同植物的减菌机理、减菌作用能力有所不同,见表 13－2。

表 13－2　各类林地草地上空含菌量比较

类　型	每立方米空气中含菌数
松树林	589
草地(细叶结缕草)	688
柏树林	747
樟树林	1 218
喜树林	1 297
杂木林	1 965

在上表中,松树林、柏树林及樟树林的减菌能力较强,是与它们的叶子能散发某些挥发性物质有关。草地上空的含菌量很低,显然是因为草坪上空尘埃少的缘故。

(五)净化水体

树木可以吸收水中的溶解质,许多水生植物和沼生植物对净化城市污水有明显作用。如芦苇能吸收酚及其他二十几种化合物,每平方米土地上生长的芦苇一年内可积聚 6 千克污染物质。所以,有些国家把芦苇作为污水处理的最后阶段。又如水葫芦能从污水中吸取银、金、汞、铅等金属物质,还具有降解镉、酚、铬等化合物的能力。

树木还可减少水中的细菌数量。如在通过 30 米宽的林带后,由于树木根系和土壤的作用,一升水中所含细菌数量比不经林带的减少 1/2。芦苇的根系可以消除水中的大肠杆菌。

(六)净化土壤

植物的地下根系能吸收大量有害物质而且有净化土壤的能力,有的植物根系分泌物能使进入土壤的大肠杆菌死亡。有植物根系分布的土壤,好气性细菌比没有根系分布的土壤多几百倍至几千倍,故能促使土壤中的有机物迅速无机化,既净化了土壤,又增加了肥力。

城市中一切裸露的土地加以绿化后，不仅可以改善地上的环境，也可以改善地下土壤环境。

（七）指示和监测环境污染

城市植被在指示和监测环境污染方面有重要的作用。许多植物对大气污染的反应，比人类要敏感得多。例如，在二氧化硫浓度达到 1ppm～5ppm 时，人才能闻到气味，10ppm～20ppm 时才会受到刺激而引起咳嗽、流泪反应，而某些敏感植物在 0.3ppm 浓度下几个小时，就会出现受害症状。有些有毒气体毒性很大（如有机氟），但无色无味，人们不易发觉，而某些植物却能及时作出反应。因此，利用某些对有毒气体特别敏感的植物（称为指示植物或监测植物）来监测有毒气体的浓度，指示环境污染程度，是一种既可靠又经济的方法。例如利用紫花苜蓿、菠菜、胡萝卜、地衣监测二氧化硫，唐菖蒲、郁金香、杏、葡萄、大蒜监测氟化氢，矮牵牛、烟草、美洲五针松监测光化学烟雾，棉花监测乙烯，向日葵监测氨，烟草、牡丹、番茄监测臭氧，复叶槭、落叶松、油松监测氯和氯化氢，女贞监测汞等等，都是行之有效的好方法。

植物叶片对有毒气体反应特别敏感，因此可以利用叶片伤斑的面积来指示大气中有毒物质的浓度。大气中有毒物质的浓度越大，受害叶面积也越大，两者呈正相关。植物叶片的有毒物质含量和大气中有毒物浓度又呈正相关，因此，可以根据植物叶片的含毒量来估测大气中毒物浓度。

综上所述，植物对大气、水体、土壤环境的净化都起着重要作用，如果能根据不同地区的特点，科学地配置绿化，则更能经济有效地提高其净化作用。

三、改善局地气候

植物有遮阳蔽荫作用，叶面的蒸腾作用能降低气温，调节湿度，对改善城市局地气候有着十分重要的作用。大面积的森林、宽阔的林带、浓密的行道树及其他公园绿地，对城市各地段的温度、湿度和通风都有良好的调节作用。

（一）调节气温

测试资料表明，当夏季城市气温为 27.5℃时，草坪表面温度为 22℃～24.5℃，比裸露地面低 6℃～7℃，比柏油路表面温度低 8℃～20.5℃。有垂直绿化的墙面表面温度为 18℃～27℃，比清水砖墙表面温度低 5.5℃～14℃。在炎夏季节，林地树荫下的气温较无绿地处低 3℃～5℃，较建筑物处甚至可低 10℃左右。

夏季时，人在树荫下和直射阳光下的感觉会有很大差异。这种温度感觉的差异不仅仅是 3℃～5℃气温差，而主要是太阳辐射热的差异。茂盛的树冠能挡住 50%～90%的阳光辐射热。据测，夏季树荫下与阳光直射的辐射温度可相差 30℃～40℃之多。图 13－1 为对两条不同绿化条件下的道路气温的测定结果。

对绿荫下的建筑物来讲，由于窗口树荫的影响阻挡太阳直接辐射进入室内。又因建筑物的屋顶、墙面和四周地面在绿荫之下，其表面所受到的太阳辐射热是一般没有绿化之处的 1/4—1/15。使传入室内的热量乃大大减少。这是导致夏季室温减低的一个重要原因。

大面积绿地覆盖对气温的调节作用则更加明显，表 13－3 是北京地区的测试结果。

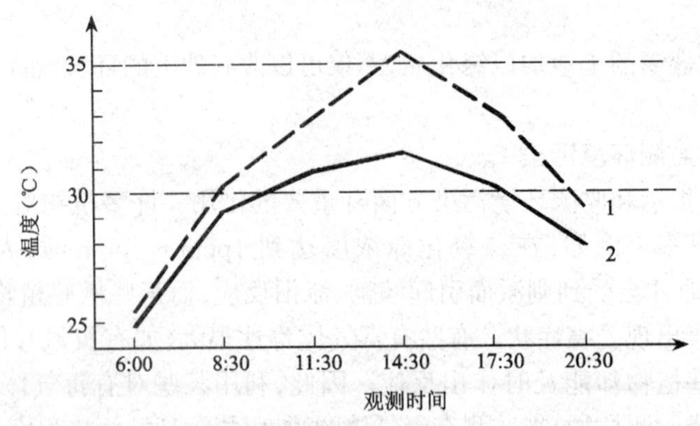

图 13-1　南京夏季两条马路上气温(℃)的差别。

1. 瑞金路,无行道树;

2. 中山东路,行道树完全郁闭(1975 年 8 月实测 21 日)

表 13-3　不同类型绿地降温作用比较(北京地区)

绿 地 类 型	面　积(公顷)	平均气温℃(8 月 1 日)
大型公园	32.4	25.6
中型公园	19.5	25.9
小型公园	4.9	26.2
城市空旷地	–	27.2

大片绿地和水面对改善城市气温有明显作用。如杭州西湖、南京玄武湖、武汉东湖东等,其夏季气温比市区要低 2℃～4℃。因此,在城市地区及其周围大面积绿化,特别是炎热地区,对于改善城市的气温是有积极作用的。应提高绿化覆盖率,将全部裸土用绿色植物覆盖起来,还应尽可能考虑建筑的屋顶绿化和墙面垂直绿化。

(二)调节湿度

绿色植物因其叶面蒸发面积大,一般从根部吸入水分的 99.8%通过叶面蒸腾掉,特别是在夏季。据北京园林局测算,一公顷的阔叶林,一天能蒸腾 2 500 吨水,比同面积裸露土壤蒸发量高 20 倍,相当于同面积水库蒸发量。从实验得知,树木在生长过程中,每形成 1kg 干物质,大约需要蒸腾 300kg～400kg 的水。

由于绿化植物具有如此强大的蒸腾水分的能力,不断地向空气中输送水蒸汽,故可以提高空气湿度。一般森林的湿度比城市高 36%,公园的湿度比城市其他地区高 27%。即使在冬季,由于绿地里风速较小,土壤和树木蒸发水分不易扩散,绿地的相对温度也比非绿地区高 10%～20%。另外行道树也能提高相对湿度 10%～20%(图 13-2)。由此可知,绿地中舒适、凉爽的气候环境与绿色植物调节湿度的作用是分不开的。

(三)防风沙、调节气流的作用

风沙常常给人们的生产、生活带来一些困难,大风沙还给人类带来灾难。绿色的林带植物则不仅能防止风沙,而且对水土保持、调节气流有其积极作用,通常成为保证农业增产的重要措施,也是城市防止风沙、调节气流的主要手段。

位于城市冬季盛行风上风向的林带,可以有效地降低风速,一般由森林边缘深入林内

30 米～50 米处，风速可减低 30%～40%，深入到 120 米～200 米处，则平静无风。在夏季，则又会产生林源风，无风时，由于绿地气温较低，冷空气向空旷地流动而产生微风，可以调节气流。植物的防风沙效果还与绿地结构有关。同样条件下，8 行林带与 2 行林带的减风效果不同，前者可减低风速 50%～60%，后者为 10%～15%。但也并非林带越密越好，多行疏林较成片密林的防风效果要好。

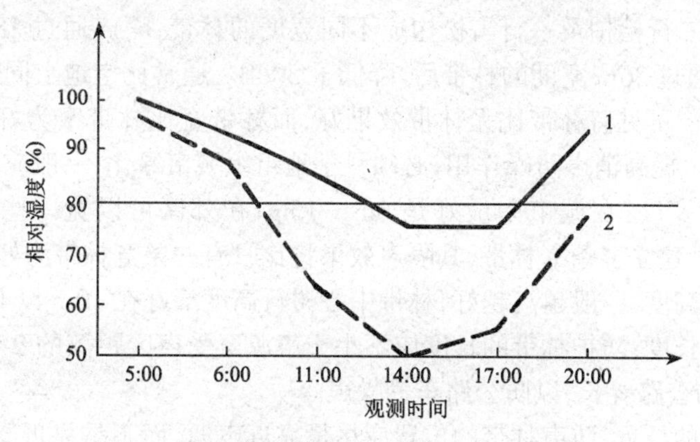

图 13－2 南京两条马路上相对湿度(%)的差别

1. 北京西路，行道树完全郁闭；

2. 北京东路，新栽行道树尚未能遮荫(1975 年 8 月 20 日实测)

在多风沙的城市通过营造防护林带，使整个城市免遭风沙的侵袭。例如巴库北风的平均风速为 7m/s，风速大于 5m/s 的频率几乎占全年的一半，能在 6～7 个昼夜中连续出现。在其城市规划建设中就建立了专门的防风绿地，并在向风的建筑物前种植防风林，特别是在台地的边缘建立这种防风林带最为有效。又如阿什哈巴德市一年四季白昼期间都有从沙漠刮来的风，在气温高达 30℃的夏秋季节，80%的风速在 3m/s 以上。为了防止这种干热风的袭击，在该城的西北、北面和东面建立了防护林带，并在城市南郊和西南郊建立楔形绿化系统，伸入城区，这样山地凉风循楔形绿化带吹入城区。这种林带布置对改善该地局地气候条件起了重要的作用。

四、降低城市噪声

(一)植物降噪的机理

植物的粗糙树干和茂密的的枝叶是天然的吸声器。树木降低噪声的机理有以下几个方面：

1. 是因为从树木的树叶、枝条和树干本身的结构组成来看就具有吸收声能的作用，特别是能吸收那些高频噪声。

2. 因为树木枝密叶稠，它的柔枝嫩叶具有轻、柔、软的特点，声能投射到树叶上，造成树叶微振故使声能消耗而减弱。

3. 树木的枝叶纵横交错、方向不一，声波进入树林后，会产生多次无规则反射，每一次反射在叶面都会有声能被吸收，从而消耗了声能，反射的次数越多，对声能的消耗就越多。

4. 在树林里，风吹树叶沙沙作响和树林里悦耳的鸟鸣所发出的声音，可以对噪声起掩蔽作用。以减少噪声的危害。

(二)防声林带的降噪作用

据测定在公路旁一条宽30m高15m左右的林带,能够使噪声减少6dB~10dB,相当于减少声能量的大部分。40m宽的林带可以减低噪声10dB~15dB。快车道的汽车噪声,穿过12m宽的悬铃木树冠,到达树冠后面的三层楼窗户时,与同距离空地相比,其削减量是3dB~5dB。由二行桧柏及一行雪松构成不同宽度的林带,噪声通过18m宽的林带后,降低了16dB,而通过36m宽度的林带后,降低了30dB。通常比空地上同距离的自然衰减量多10dB~15dB。可见有林带比无林带效果好,而林带宽比林带窄为好,但林带过宽则又占地过多。为了提高消声防噪作用,必须科学地组织城市绿化,一般应注意:

1. 防声林带宽度:在城市中最好是6m~15m,在郊区可以宽一些,最好是16m~30m。如能有条件建立多条窄林带,其隔声效果将比只有一条宽林带为好。

2. 防声林带高度:一般越高越好,林带中心树行高度最好在10m以上。

3. 防声林带长度:防护林带的长度应不小于声源至受声区距离的2倍。如防声林与公路平行,则应与公路等长,以防公路车辆噪声。

4. 防声林带的位置:防声林带的位置应尽量靠近声源,而不是靠近受声区,这样防声效果好。一般林带边缘至声源的距离为6m~15m。

5. 防声林带的配置:应以乔木、灌木和草地相结合,形成一个连续、密集的障碍带。树种应选高大的、树叶密集的、叶片垂直分布均匀的乔木。要尽量采用针叶树种或一年中大部分时间能保留叶子的落叶树种,以保证全年防声。在热带、亚热带地区,最好种植树叶密集、树皮粗糙、叶型较小且表面较为粗糙的树种。在城市居住区多采用前排种植茂密的灌木,其后种一排高大的乔木来阻隔道路上的汽车噪声,占地不多,效果很好。但要注意与通风、采光同时考虑,不能顾此失彼。

五、保护生物多样性

由于世界工业化和城市化进程的加快,人类对自然资源的利用和需求远远大于自然生态系统的平衡能力。森林大面积减少、湿地干涸、草场退化、珊瑚礁被毁,生态环境急剧恶化,这些都导致生物多样性的迅速丧失,大量的物种甚至在科学查明之前就已经灭绝了。目前,生物多样性的保护,是国际上资源与环境保护的重点内容之一。如何利用城市环境进行生物多样性的移地保护,是当今生物多样性的保护的热点课题之一。城市植被的保护和建设,特别是植物园的建设是生物多样性保护的重要内容。

我国虽然有着悠久的开发利用植物资源、发展农林、园艺、医药事业的历史,但是,现代植物园建设出现的却比较晚。中国以现代科学技术为基础建立起来的第一个植物园——庐山植物园,始建于20世纪初。近年来,我国的植物园事业迅速发展,据不完全统计,目前全国共有植物园110余个,分布在全国28个省(市)区。

由于历史原因和主要目标和任务的不同,中国的现有植物园分属科学院、城市建设、林业、农业、海洋、教育、卫生、高等院校等多个管理机构。其中林业系统下属27个植物园,科学院系统下属15个,城市建设系统下属16个。各植物园对植物的保护、科研、教学及植物品种、园容布置等方面的要求和侧重有所不同。

林业系统内的植物园以树木园居多,另外还有一些竹类植物园、沙地植物园、沙漠植物园等专类植物园。其主要以广泛搜集地方特色乡土树种,引种驯化适合于本地区造林绿化的树种资源,为大面积造林提供树种资源,为林业科学研究提供试验场地作为建园方针,并不特意追求树种和濒危树种的数量,而着重于在“适应性”上下功夫。

科学院植物园在建设和管理上都着重于科学性和实验性。因此,从品种数量、植物分区、珍稀植物品种上都力求多而精。其建园方针以科研、植物保护、适应植物自然生态环境为主。在这部分植物园中,搜集非本地植物品种的温室设备较多,科研设备和科研条件也都较好,园内的布局分区也以植物分类为主要依据。如北京植物园(南园)以引种驯化实施区和苗圃为主,有热带植物温室 1 820 平方米,濒危品种 100 余种,以科研和搜集植物品种为主要目的,共有各类植物近 5 000 种,以“北方植物种质资源保存集中地”及“北方地区专门从事植物栽培的科研基地”为建园目标。

园林植物园——即城市建设系统的植物园是集游览、科研、科普教育为一体的综合性植物园。园林植物园以搜集、栽培、引种驯化有特色的园林绿化植物品种,为城市园林绿化建设提供优良的种质资源为主要任务。同时,在建园方针上着重用植物造景,通过园林艺术创造和园林技术手段,把丰富的植物园内涵融入园林景观之中,形成公园式植物园。另外,通过完善的科普教育设施向市民进行保护植物资源、保护生物多样性的教育宣传也是园林植物园区别其他植物园的一个重要特点。

作为城市植被组成部分的植物园,一般地处城郊和城市之间,承担着植物多样性的保护和通过遗传研究及引种驯化实验,开发野外观赏植物资源,驯化和培养城市特殊生态条件下城市植被建设的植物品种的任务等。因此可以说城市植被的生物多样性保护功能意义重大。

总之,绿色植物在自然生态系统中的功能在城市生态系统也都具备,尽管绿色植物在城市生态系统中处于弱势。另外,在城市生态系统这特殊的、强烈人工化的生态系统中,绿色植物具有许多更为可贵的、不可替代的生态功能。

第三节　城市植被的使用和美化功能

城市植被还有比较具体的使用功能和难以替代的美化功能,这方面主要表现在园林绿地。园林绿地是城市植被的重要组成部分,其使用功能与城市的经济发展、文化背景、历史传统、民族习惯以及地理环境等因素密切相关。

一、安全防护

城市的园林绿地具有防震防火、蓄水保土和备战防空的作用。

(一)防震防火

绿地的防震防火功能,过去并未被人们所认识,直到 1923 年 1 月,日本关东发生大地震,同时引起大火灾,城市公园意外地成为避难所,自此以后,公园绿地被认为是保护城市居民生命财产的有效的公共设施。1976 年 7 月北京受唐山地震波及,15 处公园绿地总面积 400 多公顷,疏散居民 20 余万人,并在绿地上搭建了临时避震棚,在抗震救灾中发挥了很大作用。

城市中一旦发生了火灾,绿化地带因树木含有大量水分,且有减弱风速的效应,可以防止火势蔓延,隔离火花飞散,在一定程度上有减弱火势的作用。园林绿地中的水面,更是天然的消防水池。

在城市规划中,应该把绿地作为火灾蔓延的隔断和居民的避难所来考虑。应该把城市公园、体育场、广场、停车场、水体、绿地等统一规划、合理布局,组成一个避灾的绿地空间系统。

(二)备战防空

绿色植物有减缓冲击波、阻挡弹片飞散,并对重要建筑、军事设备、保密设施等可起隐蔽作用,尤其是密林更为有效。例如第二次世界大战时,欧州许多城市遭到轰炸,凡绿化树木较茂盛的地段所受损失要轻得多,所以绿地也是备战防空不可少的技术措施。

(三)蓄水保土

蓄水保土对保护自然景观、涵养水源、防止滑坡以及泥石流都有极大的意义。园林绿地对水土保持有显著的功能。树叶防止暴雨冲刷土壤,草地覆盖地表阻挡了流水冲刷,植物的根系能紧固土壤,所以可以固定沙土石砾,防止水土流失。当降雨时将有15%~40%的水量被树木树冠截留或蒸发,有5%~10%的水量被地表蒸发。地表的径流量仅占0%~1%。大多数的水即占50%~80%的水量被林地上一层厚而松的枯枝落叶所吸收,然后逐步渗入到土壤中,变成地下径流。这对防止暴雨后城区积水成涝有显著的作用。

二、游息娱乐

日常游息活动可分为动、静两类,其活动内容主要包括:

1. 文娱活动:如棋弈、音乐、舞蹈、戏剧、电影、绘画、摄影、阅览等;

2. 体育活动:如田径、游泳、球类、体操、武术、划船、溜冰、滑雪等;

3. 儿童活动:有滑(如滑梯)、转(如电动转马)、摇(如摇船)、荡(如荡秋千)、钻(如钻洞)、爬(如爬梯)、乘(如乘小火车)等;

4. 安静休息:如散步、坐息、钓鱼、茗茶、赏景等。

这些活动,对于体力劳动者可消除疲劳,恢复体力;对于脑力劳动者,可调剂生活,振奋精神,提高工作效率;对于儿童,可培养勇敢、活泼、伶俐的素质,并有益于健康成长;对于老年人,则可享受阳光空气,增进生机,延年益寿。

在国外,许多国家的国家公园立法,都是依据这种使用上的功能来制定公园绿地的定额和各项设施的指标。

三、文化活动

城市园林绿地是进行文化活动,开展科普教育的场所。如在综合性公园、名胜古迹风景点,设置展览馆、陈列室、纪念馆、宣传廊等,可以进行多种形式的文化活动,进行各种科普宣传教育。

四、旅游业

我国幅员辽阔,风景资源丰富,历史悠久。文物古迹众多,园林艺术负有盛誉,这些都是发展旅游事业的优越条件。我国现在已成为旅游资源大国,旅游业在我国国民经济中的地位越来越重要。

我国旅游资源的丰富不仅表现在数量上,更体现于其多姿多彩。在我国既有江南水乡的精巧、灵气与柔美,又有西部的广袤、壮观与苍凉。既有千里冰封的北国,又有风和日丽的南疆。

城市园林绿地、自然风景区是国内外旅游者向往之地,如桂林山水、黄山奇峰、泰山日出、峨嵋云雾、庐山避暑、青岛海滨、西湖胜迹、太湖风光、森林公园张家界、人间仙境九寨沟等。随着我国人民物质文化水平的提高,双休日制和节假日的增加,国内旅游业正在迅猛发展。

五、休疗养基地

由于风景区常具景色优美、气候宜人的自然条件,所以可为人们提供休、疗养的良好环境。许多国家从区域规划角度安排休疗养基地,充分利用某些地理特有的自然条件,如海滨、高山气候、矿泉等作为较长期的休疗之用。我国有许多在自然景区中开发的休疗养地,如河北的北戴河、江西的庐山,河南的鸡公山,重庆的温泉,青岛的崂山等。

从城市规划来看,主要是利用城市郊区的森林、水域附近、风景优美的园林绿地来安排为居民服务的休疗养地,特别是休假活动用地。有时也与体育娱乐活动结合在一起。世界上有许多大城市在规划时考虑到城市居民的休疗养要求。如图 13-3 所示,为维也纳市附近设置短期休假地的例子。著名的奥地利维也纳森林邻接城市西界,它被划分为:近郊散步区,(离市中心约 10 公里)近郊远足区(离市中心约 15 公里),近郊旅游区(离游区市中心约 20 公里)。

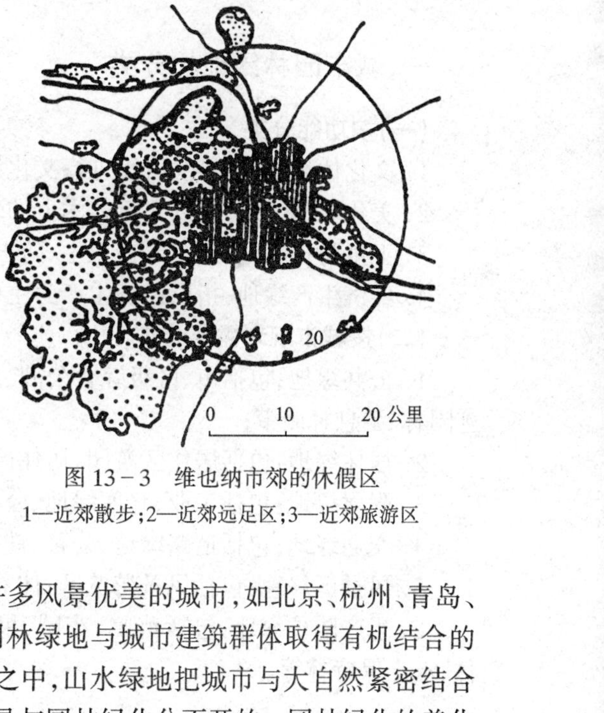

图 13-3　维也纳市郊的休假区
1—近郊散步;2—近郊远足区;3—近郊旅游区

六、美化城市

园林绿地可美化市容,增加城市建筑艺术效果,为以人工为主的城市景观锦上添花。许多风景优美的城市,如北京、杭州、青岛、哈尔滨、桂林、南京、广州、大连等城市,均具有园林绿地与城市建筑群体取得有机结合的特点。鸟瞰全城,郁郁葱葱,建筑处于绿色包围之中,山水绿地把城市与大自然紧密结合在一起。世界上许多著名的城市或建筑群也都是与园林绿化分不开的。园林绿化的美化作用表现在:

(一)丰富城市建筑群体轮廓线。这与城市园林绿地系统的整体布局有关,尤其是城市的滨海、沿江一带,是人们水上游赏的必经之地,有的还是入城大门,充分发挥园林绿地的美化作用就显得更为重要。如青岛海滨,红瓦黄墙的建筑群,高低错落地散布在山丘上,掩隐在绿树丛中,再衬托于蓝天白云青山的轮廓而创造了青岛城市的特有景色。再如上海外滩,解放后开拓了滨江绿带,使高耸的建筑群有了绿化的装饰,丰富了景色,增添了生气。国外的著名城市,如日内瓦湖的景色成为日内瓦景观的代表;塞纳河横贯巴黎,其沿河的绿地丰富了城市的面貌;澳大利亚首都堪培拉,更是处于绿树花草包围之中,成为名副其实的花园城市。

(二)美化市容。城市中的道路、广场绿化对于市容面貌影响很大。街道绿化得好，人们虽置身在闹市之中，却犹如生活在绿色走廊里。街道旁边的绿化广场，既可以供行人短暂休息，观赏街景，满足闹中取静的需要，又可以达到变化空间，美化环境的效果。

(三)衬托建筑，增加艺术效果。如北京的天坛依靠密植的古柏而衬托了祈年殿；苏州古典园林常用粉墙花影、芭蕉、南天竹、兰花来表现它的幽雅清静；广州新建的旅游建筑，由于庭园绿化的组织而具有特色。

(四)体现特色景观。一个城市的特色景观，例如，南国热带风情、北国冰雪风光、西北黄土高原和江南绿色水乡，往往都是由城市特殊的植被来体现的。

园林绿化还可以遮挡有碍观瞻的景象，使城市面貌更加整洁、生动、活泼，并可以利用绿化植物的不同形态、色彩和风格来达到城市环境的统一性和多样性，增强艺术效果。

第四节　城市园林绿地系统规划

一、城市园林绿地的分类

(一)按功能分类

1. 文化休息绿地：指供居民进行文化娱乐休息的绿地，如风景游览区、公园、游园等；

2. 美化装饰绿地：指以建筑艺术上的装饰作用为主的绿地；

3. 卫生防护绿地：指主要在卫生、防护、安全上起作用的绿地；

4. 经济生产绿地：指以经济生产为主要目的的绿地。

(二)按城市规划需要分类

1. 公共绿地：包括市、区级综合公园、儿童公园、动物园、植物园、纪念性园林、名胜古迹园林、游息林荫带；

2. 居住绿地：包括居住区游园、居住区绿地、居住区道路绿地、宅旁绿地；

3. 附属绿地：包括工业、仓库绿地、公共事业绿地、公共建筑绿地；

4. 交通绿地；包括道路绿地、公路、铁路等防护绿地；

5. 风景区绿地：包括风景游览区、休养疗养区；

6. 生产防护绿地：包括苗圃、花圃、果园、林场、卫生防护林、风沙防护林、水源涵养林、水土保持林等。

二、城市园林绿地指标的计算

反映城市园林绿地水平的指标，可以有多种表示方法，目的是为了能反映绿化的质量与数量，并要便于统计，采用较多的指标有以下几种。

(一)城市园林绿地总面积(公顷)＝公共绿地＋居住绿地＋附属绿地＋交通绿地＋风景区绿地＋生产防护绿地。　(13－1)

(二)每人公共绿地占有量(平方米/人)$=\frac{\text{市区公共绿地面积(公顷)}}{\text{市区人口(万人)}}$　(13－2)

(三)城市绿化覆盖率(％)$=\frac{\text{市区各类绿地覆盖面积总和(公顷)}}{\text{市区面积}}\times 100\%$　(13－3)

绿化覆盖面积是指乔灌木和多年生草本植物的覆盖面积，按植物的垂直投影测算，但乔木树冠下重叠的灌木和草本植物不再重复计算。决定绿化覆盖率的因素，除绿地面积外，还有树种选择、植物配置形式、树龄等。因此绿化覆盖面积只能是概略性的推算，如：

1. 居住绿地及附属绿地绿化覆盖面积
=〔一般庭园树平均单株树冠投影面积×单位用地面积平均植树数(株/公顷)×用地面积〕+草地面积。 (13-4)

2. 道路交通绿化覆盖面积
=〔一般行道树平均单株树冠投影面积×单位长度平均植树数(株/公里)×已绿化道路总长度〕+草地面积。 (13-5)

三、城市园林绿地系统规划原则

我国不少城市在进行总体规划的同时，进行了城市园林绿地系统的单项规划，对城市建设起了重要的指导作用。但是，也由于以往的认识不足及政策方面原因，我国城市的绿地明显偏少，而且还不断被侵占。绿地系统的规划思想也很混乱，有的只迁就眼前利益而牺牲长远利益，有的忽视绿地对环境保护、城市面貌、生产发展、居住生活改善等方面的间接效益。给城市建设留下了严重的后遗症。城市园林绿地系统规划应遵循以下原则。

(一)应与城市其他规划相结合

园林绿地规划要与工业区布局、居住区详细规划、公共建筑分布、道路系统规划密切配合、协作。不能孤立地进行。例如在工业区和居住区布局时，就要考虑卫生防护需要的隔离林带布置。在河湖水系规划时，就可考虑水源涵养林带及城市通风绿带的设置，在接近居住区的地段，开辟滨水公共绿地。在居住区规划中，就要考虑居住区、小区级游园的均匀分布，以及宅旁庭园绿化布置的可能性。在公共建筑、住宅群布置时，就要考虑到绿化空间对街景变化、城市轮廓线、“对景”的作用，把绿地有机地组织进建筑群中去。

(二)应因地制宜，有地方特色

我国地域辽阔，幅员广大，地区性强，各城市的自然条件差异很大。同时，城市的现状条件、绿化基础、性质特点、规模范围也各不相同，即使在同一城市中，各区的条件也不同。所以，各类绿地的选择、布置方式、面积大小、定额指标的高低，要从实际的需要和可能出发，编制规划。树种的选择应适合当地的自然条件，要有地方特色。

有的城市名胜古迹多，自然山水条件好，公共绿地面积就会大些(如北京、杭州)；有的北方城市风沙大，就必须设立防护林(如天津、沈阳、北京)；有的城市夏季气候炎热，就要考虑设置通风降温作用的林带；南方城市，植物种类丰富，自然条件好，绿化质量比北方城市当然要高些(如广州、南宁)；有的旧城市，建筑密集，空地少，市内绿地面积不足，绿化条件差，需要充分利用建筑区的边角地、道路两旁的空地，设置街头小游园、绿带、绿岛等，使其星罗棋布地分散在旧市区，既创造了居民日常游息的场地，也美化了旧城面貌(如上海、天津)；有较大工业污染的城市，就需要强调工业隔离带的作用，做到因害设防。

(三)应分布合理

我国多数城市的市级公园绿地，除特大和大城市外，一般都只有两个左右，当然很难做到均匀分布。但区级公园及居住区游园，就有均匀分布的要求。同时，原则上还应根据各区的人口密度来配置相应数量的公共绿地。但往往人口密度大，建筑密集的地区，可供绿化的用地很少，在规划中就需要注意逐步多开辟公共绿地。

对大型公园绿地，居民的使用频率较低，而中小型绿地的布置就必须按照服务半径，使附近居民在较短时间内就可步行到达。联合国出版的一份有关城市绿地规划的报告中，把绿地分为五级，每级规定有：面积、每人定额及服务半径。俄罗斯的建筑规范也把市内公共绿地分成三级，定出每人的定额指标。日本的资料把公共绿地分为三大类。这些都是为了均匀分布的目的而提出的。

(四)近期安排应与远景目标相结合

规划中要充分研究城市远期发展的规模，人民生活水平逐步提高的要求，制定出远景的发展目标，不能只顾眼前利益，而造成将来改造的困难。同时还要照顾到由近及远的过渡措施。例如，对于建筑密集、质量低劣、卫生条件差、居住水平低、人口密度高的地区，应结合旧城改造、新居住区规划留出适当的绿化保留用地，到时机成熟时，即可迁出居民，拆迁建筑，开辟为公共绿地。在远期划为公园的地段内，近期可作为苗圃，既能为将来改造成公园创造条件，又可以防止被其他用地侵占，起到控制用地的作用。如哈尔滨动物园、上海植物园，就是原苗圃改造而成的，又例如西安市，名胜古迹很多，但在建国初期不可能花很多力量来全面修复整理供开放游览，规划中就在古迹周围划出相当的用地作苗圃，以后逐步地建设成开放游览的风景点。

树木的生长需要相当长的时间，因此，一方面要尽量争取有较多的绿地面积；另一方面，要“先绿后好”，先大量种树，搞好城市的普遍绿化，尽快增加绿化覆盖率，然后再重点提高。另外，我国森林面积少，在城市边缘，更缺乏真正的森林公园(昆明的西山可称为森林公园)。在国外，重视森林公园和国家公园的开辟，已成为当前不少国家园林绿地建设的一种发展趋向。如巴黎市区边缘的凡桑和波龙涅两大森林，距市中心只有 5 公里左右。莫斯科有 11 个森林公园，日本也很重视发展近郊森林。

第五节　卫生防护林带规划设置

防护林带是具有多种不同防护功能的带状绿地，其设计与布局，应根据不同功能要求进行。城市中设置较多的是卫生防护林带。

一、卫生防护林带的设置原则

(一)根据烟尘扩散规律确定卫生防护距离

根据烟尘扩散规律，在其他条件不变时，地面最大着点以外有害物质的浓度与距离成反比。设立卫生防护带，使污染源与生活区之间相隔一定距离，对减轻生活区的污染有一定作用。防护距离的大小，应根据企业对有害物质的治理状况，有害物质的危害程度，当地自然、气象、地形条件及环境质量要求等，通过烟尘扩散计算或风洞实验来确定。在无上述条件时，亦可按照我国有关部门制定的工业卫生防护距离标准确定，见图 13－4。

(二)根据不同地形、气象条件确定卫生防护范围

在丘陵地区自然条件变化不一，不似平原地区可按上述标准机械地划定防护范围，一般应考虑下列三种情况：

1. 居住区靠山面厂平行于盛行风向布置时，为了减少烟尘在居住区的沉降量，应加大卫生防护距离(图 13－5),但用地不够经济。

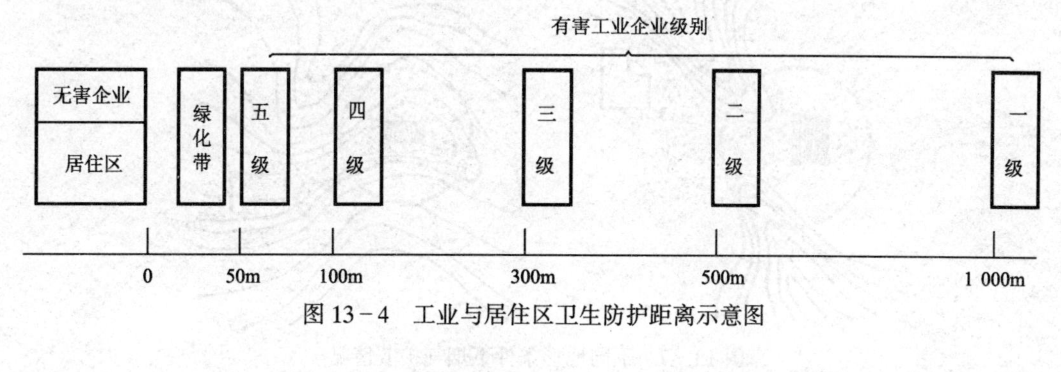

图 13－4　工业与居住区卫生防护距离示意图

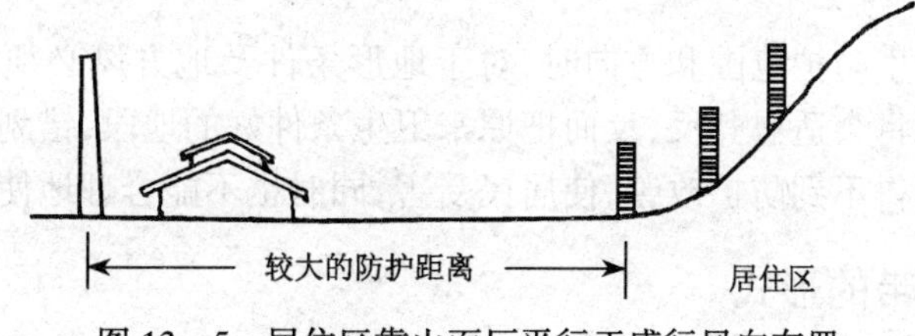

图 13－5　居住区靠山面厂平行于盛行风向布置

2. 居住区靠山背厂时,如由居住区吹向工厂的风,大于由工厂吹向居住区的风时,因涡流持续时间短,可设较小的防护距离,但交通联系不便。反之,则应加大防护距离,避开涡流区,但用地不经济,交通联系也不便(图 13－6)。

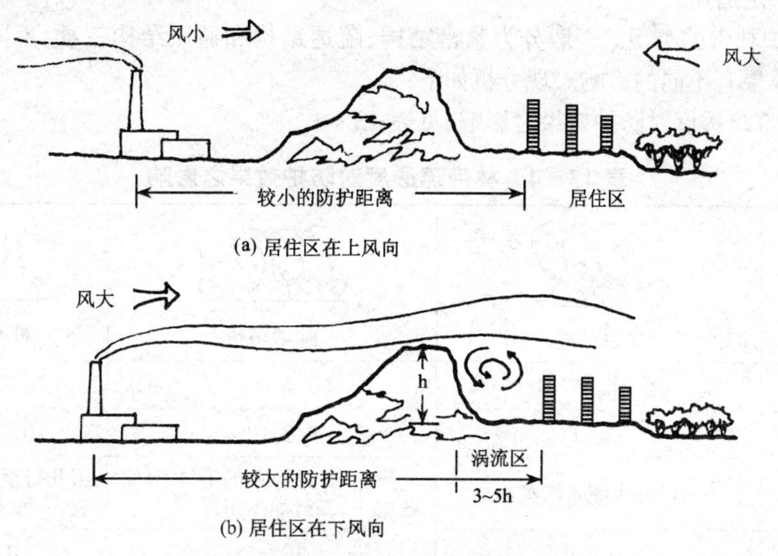

图 13－6　居住区靠山背厂时防护距离的设置

3. 防护范围不似平原地区那样,可简单地按同心圆划定。在丘陵山地地形和气流的影响下,烟污往往成不规则的扩散,许多地方实践证明,如果沟谷走向是垂直或接近于垂直主导风向时,烟尘将会在迎风的一侧密集,这与理论上的主导风向防护距离相矛盾,烟污实际扩散范围与预计往往不一致,如图 13－7 所示就是二例。

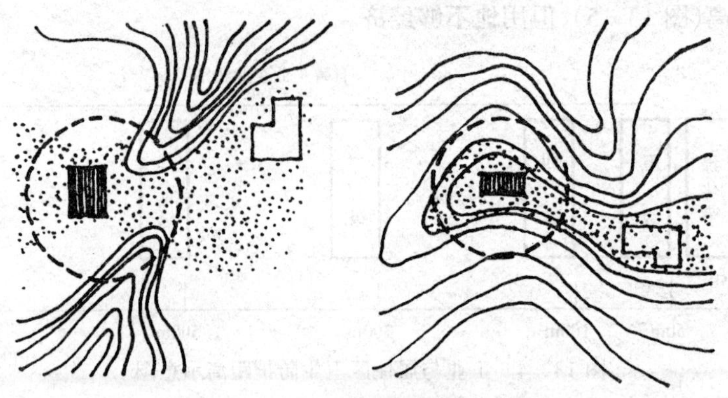

图 13－7　不同地形条件下烟气扩散情况

所以，在确定卫生防护范围和方向时，对于地形条件及地方风必须深入调查研究，因地制宜。否则，结果将会适得其反，反而把原来卫生条件好的地段，错划为隔离带，而真正需要防护的地区，却得不到防护改善，使居民受害，同时也不能合理地使用土地。

二、卫生防护带的形式

（一）专职防护林带

在防护距离内种植宽度不等的林带，通过树木的吸附和过滤作用，可有效降低烟尘及有害气体的浓度，防护效果好，多用于严重污染性工业，但林带占地面积大，对于用地不足的城市不一定适用。

1．防护林带的类型。一般分为紧密结构、疏透结构和通风结构三种，不同的结构类型对防护效果有不同的影响。现分析如下：

（1）林带疏透度对防护效果之影响，见表 13－4。

表 13－4　林带疏透度对防护效果之影响

示意图	紧密结构	疏透结构	通风结构
类　型	紧 密 结 构	疏 透 结 构	通 风 结 构
最佳疏透度	＜0.1	0.3～0.4	0.3～0.4
组　成	一般由乔木灌木搭配组成	一般由较多行数的乔木两侧各配一、二行灌木组成	由几行至十行乔木组成，一般不配灌木
宽度（米）	20～30	10～15	10～15
防风效果	背风面林缘形成静风区，距林带 7 倍树高处离地 2 米高的风速（下同）为旷野风速的 50%，14 倍处为 70%，20 倍处为 80%，防风距离最小。在林缘静风区引起淤砂积雪，适用于固沙林带和防雪林带	背风面林缘的风速为旷野的 40%，5 倍处为 24%，19 倍处为 70%，25 倍处为 80%，适于风沙危害严重地区	林带内风速大于旷野风速，背风面林缘的风速为 80%，7 倍树高处为 28%，23 倍处为 70%，28 倍处为 80%，防风距离最大，适于一般风害地区。

(2)林带横断面对防风距离之影响,见表 13－5。

表 13－5　林带横断面对防风距离之影响

横断面	长方形	屋脊形	凹槽形
形　　式	长　方　形	屋　脊　形	凹　槽　形
防风距离	最　　大	次　　之	最　　小
形成条件	树种单一或生长速度相近而形成	树种生长速度不一的多种树形成	树种生长速度不一的多种树形成

2. 专职林带的位置。要注意以下几点:

(1)工业区(厂区)与居住区之间的卫生防护距离内应设林带,除必要的交通口以外,应尽量使林带贯通。

(2)卫生防护林的设置,应根据工业有害物质的性质和排放情况以及当地自然特点等因素,结合农田防护林和水土保持林综合确定。接近厂区的林带应栽植对有害物抗性强的树种,靠近居住区可植抗性弱的树种。

(3)林带的走向宜与从厂区吹向居住区的非采暖季节主导风向垂直,若受条件限制,其偏角亦不宜超过 30°。在丘陵或地形起伏地区,林带宜沿分水岭或高地而置,但林带垂直直线与风向的交角不应大于 30°。

(4)林带结构,从居住区到厂区依次为紧密结构、疏透结构和透风结构,使林带疏透度向厂区逐渐增大。林带间距一般为成林树高的 15～25 倍,从居住区到厂区间距依次增大,使接近厂风的林带间距为最大。

(二)自然隔离带

利用河流、湖泊、山丘、沟谷等自然地形地貌,将工业区与居住区隔开,并配置一定的林木,具有一定的防护效果,但交通联系不便(图 13－8)。

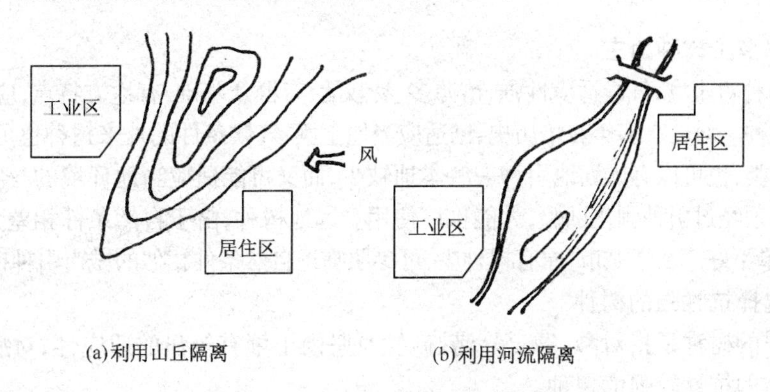

(a)利用山丘隔离　　(b)利用河流隔离

图 13－8　利用自然地形作隔离带

(三)混合隔离带

在防护地带内保留部分农业用地或布置无污染、少污染的工业辅助项目,可达到充分利用土地和节省投资的效果,但农作物可能受污染,防护效果也不理想,重污染性工业区不宜采用。

在卫生防护区内布置无害生产的小车间、仓库、办公室、门诊部、消防队、浴室、洗衣室、警卫室、食堂等,必须注意以下三点:

1. 防护区内的建筑系数一般不得超过10%,计算建筑系数时,卫生防护区的面积如图13-9的阴影部分所示。

2. 不影响卫生防护林带的位置。

3. 不宜将建筑物沿通向居住区的道路两侧紧邻布置成"一条街",形成有害气体侵入居住区的通道。

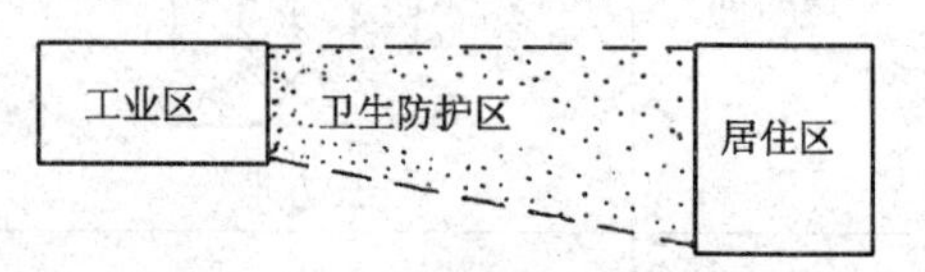

图 13-9　卫生防护区面积图

三、其他防护林带

防风林,主要是防止强风及其所夹带的粉尘、沙土对城市的袭击,沙土、粉尘不但污染空气,而且常含有各种各样的病原菌和寄生虫卵等,危害人体健康。因此在经常遭受风砂袭击的地区,城市的外围必须建立防风林。

另外在冬季长而多雪的地区,为防止积雪影响交通,需营造了积雪林带。沿海城市还要营造防风固沙林。近年来随工业和交通的发展,噪声污染也很严重,因此在林带设计和配置上也要从防噪声污染方面综合考虑。

第六节　城市绿化和树种规划

树种规划是城市园林绿地规划的一个重要组成部分,因为绿化的主要材料是树木,需要经过多年的培育生长,才能达到预期的效果。树种选择恰当,树木生长健壮,符合绿化功能要求,就能早日形成绿化面貌。如果选择不当,树木生长不良,就需要多次变更树种,造成时间和经济损失。树种规划,应由规划、园林、科研部门协同制定。

一、树种选择

(一)以乡土树种为主

乡土树种对土壤、气候适应性强,苗源多、易栽活,有群众基础,有地方特点,应作为城市绿化的主要树种。对已有多年栽培历史,已适应当地土壤、气候条件的外来树种也可选用。为了丰富植物种类,也可以有计划地引种一些本地缺少,而又可能适应当地环境的、经济价值高的树种。但必须经过引种驯化试验,才能推广使用。远地树种,由于自然条件相差太大,直接引用,往往效果不好。新建城市,原有树种少,可参照临近自然条件相似的城市引种推广。

(二)选择抗性强的树种

抗性强的树种是指对酸、碱、旱、涝、砂性及坚硬土壤有较强的适应性,对病虫害、烟尘及有毒气体的抗性较强的树种。

(三)既有观赏价值,又有经济价值

园林绿化结合生产的树种,要求符合绿化功能要求,栽培管理容易,又有经济价值。

(四)速生树与慢长树相结合,近期以速生树为主。

速生树早期绿化效果好,容易成荫,但有的寿命较短,如杨、桦等,往往三十年后就衰

老,需要及时更新、补充,否则要影响城市绿化的效果。慢长树如樟、柏、银杏等要三、四十年时间见效,但寿命长(百年以上)。因此,为了早日发挥绿化效果(特别是新建城市和新建区),应该以速生树为主,搭配一部分慢长树尽快进行普遍绿化。同时要远近结合,有计划、分期分批地使慢长树替换衰老树。

(五)行道树种的选择

街道的环境条件比较差:日照时间短、人为破坏大、建筑垃圾多土壤坚硬、空气中灰尘多、汽车排出的有害气体多、天上地下管线复杂,所以树种选择要求比其他绿地严格。能适合作行道树的树种,当然也适合其他绿地。

选择行道树的要求是:

1. 树木对土壤的适应性强,抗污染、抗病虫害能力强;

2. 耐修剪,又不易萌发根蘖;

3. 不会落下有臭味或影响街道卫生的种毛、浆果等;

4. 易大量繁殖。

行道树宜选用阔叶乔木,从长江向南,逐渐增加常绿阔叶树的比重;长江以北,以落叶阔叶树为主。针叶树对烟尘污染抵抗力弱,不耐修剪,分枝低妨碍交通,一般不宜作行道树,除行道树外,其他针、阔叶乔木、灌木等都要选择一些适应性强、观赏价值和经济价值较高和适合推广的树种,作为骨干树种。

(六)树种的比例

制定树种比例要根据各种绿地的需要,主要制定以下几个比例:

1. 乔木与灌木的比例。以乔木为主,因为乔木是行道树和庭荫树的主要树种,一般应占 70%以上。

2. 落叶树与常绿树的比例。落叶树一般生长较快,每年更换新叶,对有毒气体,尘埃的抵抗力较强。常绿树又分阔叶常绿树和针叶常绿树,前者分布在南方,而北方只有针叶常绿树。常绿树冬夏常青,使城市的一年四季都有良好的绿化效果和防护作用。但常绿树种一般生长较慢,栽植时需带土球,栽大树需用机械施工,比落叶树多费工十几倍,所以一般城市落叶树比重较大。当前各地都有逐步提高常绿树比重的趋向,可根据各地的自然条件和施工力量来确定比例。

二、城市草坪

草坪俗称草皮,又称草地或草毡,是一种经过人工栽培的或自然生长的地被植物。

由于历史及习惯的原因,我国城市过去的草坪很少。在国外,一些发达的城市,除了道路、广场和水面之外,全是草坪覆盖,不露土地。

铺设草坪是绿化城市、保护和改善城市环境、城市建设现代化、城市园林化必不可少的内容。草坪对城市有许多好处,如:

(一)可以防止风沙污染,有草的地方,大量的草根和地面土壤牢固地结合在一起,可有效地保持水土。

(二)可以调节城市的气候。夏天烈日照射下,草坪的温度比铺装地坪和土地面上升缓慢,冬天,草坪的温度又高于铺装地坪和土地面,还能增加空气的湿度。

(三)草坪可以吸附空气中的粉尘。因为草的叶面粗糙不平,有许多绒毛,能滞留和吸

表 13-6 常用树种

树种	主要性状									有萌蘖力	生长速度			对日照要求		
	常绿	落叶	乔木	灌木	藤本	深根	浅根	高度（米）	冠径（米）		快长	一般	慢长	阳性	中性	阴性
1. 广玉兰	·		·			·		15～30	8～12				·		·	
2. 女　贞	·		·			·		13	2～5			·				·
3. 飞娥槭	·		·			·		15	10			·		·		
4. 木麻黄	·		·				·	10～20	7		·			·		
5. 冬　青	·		·			·		13	5			·		·		
6. 多穗椆	·		·			·		7～15	4～3	·	·				·	
7. 观光木	·		·					25	10		·			·		
8. 批　杷	·		·			·		10	5			·		·		
9. 青冈栎	·		·			·		20	12		·				·	
10. 杨　梅	·		·			·		12	8				·			·
11. 苦　槠	·		·			·		20	8	·		·				·
12. 油橄榄	·		·				·	7	4			·		·		
13. 相思树	·		·			·		8～15	8	·	·			·		
14. 香　樟	·		·			·		30	15			·		·		
15. 桂　花	·		·				·	13	10	·			·	·	·	
16. 桉　树	·		·				·	35	10		·			·		
17. 银　桦	·		·				·	20	12		·			·		
18. 黄　兰	·		·			·		10～25	10～15		·			·		
19. 棕　榈	·		·			·		10	1～2				·			·
20. 楠　树	·		·			·		15～20	10			·			·	·
21. 榕　树	·		·				·	25	25		·			·		
22. 樟　树	·		·			·		20～50	15～30		·			·		
23. 三尖杉	·		·			·		10～20	10				·			·
24. 马尾松	·		·			·		20～30	10			·		·		
25. 日本花柏	·		·				·	30	15			·		·		
26. 龙　柏	·		·				·	20	5				·	·		
27. 红豆杉	·		·			·		16	10	·			·	·		
28. 杉　树	·		·				·	20～25	10		·					·
29. 赤　松	·		·				·	30	10	·			·	·		
30. 油　松	·		·			·		25	15				·	·		
31. 罗汉松	·		·				·	16～25	3～10				·			·
32. 侧　柏	·		·			·		20	6			·		·	·	
33. 建　柏	·		·			·		25	10			·		·	·	
34. 桧　柏	·		·				·	20	10				·	·		
35. 柳　杉	·		·				·	20～40	6			·			·	·
36. 黑　松	·		·			·		20	10				·	·		
37. 十大功劳	·			·			·	2～3	1.5				·			·
38. 九里香	·		·	·		·		3～8	5				·	·		
39. 大叶女贞	·			·			·	1～3	1.5				·		·	
40. 小叶女贞	·			·			·	4	2			·		·		
41. 乌子刺	·			·				5	3			·		·		
42. 丝　兰	·			·			·	1～4	1.5			·		·		

的生态习性

对温度要求			对水分要求			对养分要求			对酸碱度要求			对废气的抗性							
耐寒	一般	喜热	耐旱	一般	喜湿	耐瘠	一般	喜肥	酸性	中性	钙质土	SO_2		HF		Cl_2		粉尘	
												强	较强	强	较强	强	较强	强	较强
	·			·				·	·			·			·		·		
	·	·			·		·	·		·			·	·					·
	·			·				·	·	·		·			·				
		·			·	·	·			·	·	·			·				
	·			·			·		·				·						
		·		·				·	·		·								
		·		·				·	·										
	·		·	·				·	·	·	·								
	·			·		·	·			·	·	·		·					
	·	·				·	·	·											
		·		·			·	·	·	·									
	·	·		·				·	·	·	·		·						
		·	·	·		·	·		·	·		·							
	·	·		·			·	·	·				·				·		·
	·			·				·	·				·						
		·		·			·	·	·										
	·		·				·	·	·								·		
	·		·				·	·	·										
	·		·	·			·		·	·		·			·	·			
		·		·				·	·										
		·		·		·			·		·	·			·	·			
	·	·		·			·		·			·							
·				·		·	·		·				·						
	·	·	·			·			·				·						
	·	·		·			·	·	·	·									
·			·	·				·	·				·				·		
	·			·			·		·		·								
	·	·			·		·		·				·						
·			·	·			·		·				·						
·			·			·	·		·	·									
	·	·		·		·		·	·				·				·		
·			·	·		·		·	·	·	·	·						·	·
	·	·		·				·	·										
·			·	·				·	·		·		·	·					
	·		·	·				·	·						·				
	·		·			·	·												·
	·			·			·				·	·							
		·	·					·	·	·	·	·				·			
		·		·			·					·			·	·			
	·		·	·		·	·		·	·			·			·			
	·			·				·	·										
	·	·	·	·			·		·	·			·		·	·			

树种	主要性状									有萌蘖力	生长速度			对日照要求		
	常绿	落叶	乔木	灌木	藤本	深根	浅根	高度（米）	冠径（米）		快长	一般	慢长	阳性	中性	阴性
43.石楠	·		·	·			·	3～7	1～3				·			·
44.夹竹桃	·		·	·			·	3～6	3	·	·			·		
45.杜鹃	·			·			·	3	1.5	·			·		·	·
46.金桔	·			·				3	1	·		·		·		
47.油茶	·		·	·		·		3～6	2～4				·	·		
48.茶	·			·		·		1～3	2				·		·	·
49.枸骨	·		·	·			·	1～3	1				·			·
50.胡颓子	·		·	·				6	3					·		
51.珊瑚树	·			·			·	2	1		·					·
52.海桐	·		·	·			·	3	2				·			·
53.栀子	·			·			·	2	1	·			·	·		
54.黄杨	·			·			·	1～2	1	·			·			·
55.九重葛	·				·							·		·		
56.山木通	·				·			5						·		
57.木香	·				·			10						·		
58.光果铁线莲	·				·			6						·		
59.金银花	·				·			7～10							·	
60.络石	·				·										·	
61.常春藤	·				·			8							·	
62.鸟桕木		·	·			·		30～40	15～20	·	·			·		
63.毛白杨		·	·			·		20～30	10		·			·		
64.五角枫		·	·			·		20	10				·	·		
65.无患子		·	·				·	12～15	8		·			·		
66.乌柏		·	·			·		15	10		·			·		
67.白桦		·	·				·	15～25	10～15	·	·			·		
68.白榆		·	·				·	15～20	10～15	·	·			·		
69.白玉兰		·	·				·	15～20	10～15	·	·			·		
70.白蜡树		·	·			·		15～25	8～10		·			·		
71.加拿大杨		·	·			·		20～30	10		·			·		
72.朴树		·	·			·		20	12		·			·		
73.合欢		·	·			·		15	8			·		·		
74.杏		·	·				·	10	8			·		·		
75.杜仲		·	·			·		20	10	·		·		·		
76.皂英		·	·			·		15	10			·		·		
77.旱柳		·	·			·		10～20	8		·			·		
78.苦楝		·	·			·		20	10		·			·		
79.国槐		·	·			·		10～15	8		·			·		
80.刺槐		·	·				·	10～20	8		·			·		
81.枫杨		·	·				·	20～30	10～15		·				·	
82.枫香		·	·			·		20～40	15		·			·		
83.泡桐		·	·			·		20	10		·			·		
84.构树		·	·				·	20	10	·		·		·		

续表—1

对温度要求			对水分要求			对养分要求			对酸碱度要求			对废气的抗性							
耐寒	一般	喜热	耐旱	一般	喜湿	耐瘠	一般	喜肥	酸性	中性	钙质土	SO_2		HF		Cl_2		粉尘	
												强	较强	强	较强	强	较强	强	较强
		·		·			·		·			·		·					
	·	·		·			·	·	·		·	·			·	·			
	·			·			·	·	·				·						
		·		·			·	·	·	·		·							
	·	·	·				·		·			·							
	·			·			·	·	·			·							
	·			·			·	·	·	·			·				·		
·			·			·						·				·			
	·			·	·		·			·		·				·			
	·			·			·	·	·	·		·			·	·			
	·	·	·	·			·	·	·			·			·		·		·
	·		·	·			·	·	·	·		·		·		·			
		·		·			·	·	·	·	·								
	·			·				·	·		·								
		·																	
		·		·				·	·		·								
·				·				·	·	·	·				·				
	·												·						
	·			·			·	·	·				·						
·			·	·			·			·	·		·						
·			·	·		·	·		·	·			·		·				
	·	·		·		·	·		·	·			·				·		·
	·			·			·	·	·	·	·		·						
·			·	·		·	·		·	·				·					
·			·	·		·	·			·	·	·			·	·			
			·	·				·	·				·		·				
·			·	·			·		·	·	·	·			·				
·			·				·	·		·	·		·				·		
	·		·	·		·	·		·	·	·		·				·		
·			·	·		·	·		·	·			·	·		·			
·			·			·		·	·	·									
·	·			·			·	·	·	·			·						
·		·	·	·		·		·	·	·	·		·				·		
	·		·	·			·		·	·			·		·				
		·		·		·		·	·		·		·	·		·			·
·	·		·	·			·	·	·	·	·	·			·	·			
·	·		·	·		·			·		·	·		·			·	·	
·				·		·	·		·	·			·						·
	·		·	·		·	·		·				·				·		
·			·	·			·	·	·	·			·		·		·		·
·			·	·		·	·		·	·	·	·					·		

树种	主要性状									有萌蘖力	生长速度			对日照要求		
	常绿	落叶	乔木	灌木	藤本	深根	浅根	高度（米）	冠径（米）		快长	一般	慢长	阳性	中性	阴性
85. 垂　柳		·	·			·		15	8		·			·		
86. 青　榄		·	·			·		20	10			·		·		
87. 柿		·	·			·		15	10			·		·		
88. 厚　朴		·	·			·		15	10			·		·		
89. 重阳木		·	·			·		1 020	8	·	·			·		
90. 香　椿		·	·				·	25	712		·			·		
91. 臭　椿		·	·			·		1 025	10		·			·		
92. 香　树		·	·				·	20	5	·			·	·		
93. 栾　树		·	·			·		15	8		·			·		
94. 钻天杨		·	·			·		3 040	5		·			·		
95. 梧　桐		·	·				·	16	10		·				·	
96. 梓　树		·	·			·		20	10		·			·		
97. 银　杏		·	·			·		3 040	1 520	·			·	·		
98. 麻　栎		·	·			·		25	10			·		·		
99. 黄　蘖		·	·					20	10					·		
100. 黄连木		·	·				·	25	8			·		·		
101. 悬铃木		·	·			·		2 030	20		·			·		
102. 喜　树		·	·			·		25	10		·			·		
103. 紫　椴		·	·					15	8							·
104. 椴　树		·	·			·		1 525	10		·			·		
105. 蒙古栎		·	·			·		2 030	15					·		
106. 漆　树		·	·				·	10	4	·		·		·		
107. 糖　槭		·	·			·		20	10		·			·		
108. 檫　树		·	·			·		35	10		·			·		
109. 水　杉		·	·			·		2 535	10	·			·			
110. 落叶松		·	·				·	30	10		·			·		
111. 丁　香		·		·			·	24	1.5	·			·	·		
112. 山梅花		·		·			·	3	1.5			·		·		
113. 木　槿		·		·			·	4	1.5	·	·			·		
114. 木芙蓉		·	·	·			·	26	2	·	·			·		
115. 枸　桔		·	·	·			·	27	13				·	·		
116. 柽　柳		·	·	·			·	5	4		·			·		
117. 胡枝子		·		·			·	3	1.5	·	·			·		
118. 接骨林		·	·	·			·	38	3			·		·		
119. 紫　荆		·	·	·			·	4	1.52	·		·		·		
120. 紫　薇		·	·	·			·	37	4	·		·		·		
121. 紫穗槐		·		·				14	1.5	·	·					
122. 锦鸡儿		·		·		·		2	1.5			·				·
123. 猕猴桃		·			·			8						·		
124. 爬山虎		·			·											
125. 凌　霄		·			·			10						·		
126. 紫　藤		·			·			12		·			·			

续表—2

对温度要求			对水分要求			对养分要求			对酸碱度要求			对废气的抗性							
耐寒	一般	喜热	耐旱	一般	喜湿	耐瘠	一般	喜肥	酸性	中性	钙质土	SO_2		HF		Cl_2		粉尘	
												强	较强	强	较强	强	较强	强	较强
·				·		·	·		·	·	·	·			·	·			
·	·		·				·	·			·								
	·		·	·				·	·	·	·								
	·		·	·				·	·	·									
	·	·		·			·	·	·										
	·		·	·				·	·	·	·	·					·		
·	·		·			·				·	·	·			·		·		
	·	·		·			·		·	·	·		·						
·	·		·	·			·	·	·		·		·				·		·
·			·	·		·	·			·	·		·		·				
	·	·	·	·			·	·	·	·	·		·				·		
·	·			·				·	·				·				·		
·			·	·			·	·	·	·			·						
	·	·	·	·			·		·		·		·	·					
·												·				·			
	·		·				·		·	·	·		·						
	·	·		·			·	·	·	·			·		·				·
	·			·				·	·				·		·				
·						·						·							
·				·			·		·				·		·				
·			·											·					
·	·			·			·		·		·				·				
·			·				·		·					·			·		
	·	·	·			·		·	·										
	·	·		·				·	·				·						
·	·			·		·	·		·	·			·						
·			·					·	·	·			·		·				
	·			·				·	·	·					·				
·			·	·				·	·				·				·		
	·	·		·				·		·			·				·		·
·				·			·			·	·	·							
			·	·		·	·				·					·			
·			·			·	·			·	·								
·			·				·		·	·			·	·			·		
	·		·	·			·		·	·						·			·
	·	·		·			·		·	·			·			·			
	·		·			·		·	·				·			·		·	
·	·		·			·	·		·	·	·						·		
·													·		·				
																·			
·			·																
·			·					·	·	·			·			·			

附空气中的粉尘,比裸露的地面吸尘能力大七十倍。

(四)草坪可吸收二氧化碳,制造氧气。生长良好的草坪,在光合作用中,每平米面积上,一小时可吸收二氧化碳1.5克,每人每小时呼出二氧化碳38克,所以白天要25平方米,加上晚间共有50平方米的草坪,就可吸收一人呼出的二氧化碳,以维持平衡。

(五)城市大力发展草坪,可以有效地美化城市。

适于种植草坪的场所分布很广泛,如公共绿地及风景区中,在丛林的空隙地区,可铺建大面积草坪(上海西郊公园有草坪达15万平方米以上)。在建筑物周围花坛、道路边、空地上可铺设观赏性草坪,美化效果极好。在居住区中,除种植乔灌木外,也可种植草坪,提高绿化覆盖率,美化生活环境。

但草坪耗水量大,维持管理费用较高,对于缺水城市应慎重考虑。

三、常用树种的生态习性

树种的生态习性不仅包括树种本身的生物特性(生物属性、生长状况等),还包括对环境的要求(对日照、温度、水分、养分等的要求),以及对环境的适应能力(对酸碱度的要求、对污染气体的抗性等)。

常用树种的生态习性见表13-6。

第十四章　城市景观

第一节　景观概述

一、景观的概念

景观一词,按中文的字面解释,“景”是自然环境和人工环境在客观世界所表现的一种形象信息,“观”是这种形象信息通过人们的感官(视觉、听觉、嗅觉、味觉等)传导到大脑皮层,产生一种实在的感受,或者产生某种联想与情感。所以景观应包括客观形象信息与主观感受两个方面。

不同专业的学者从各自的专业角度出发,提出了对景观一词的定义,并从各自不同的角度来研究景观。系统工程和控制论学者认为景观是彼此相互作用、相互制约,并具有反馈联系的现象的组合。而在生态学中,景观是具有结构和功能的整体性的生态学单位,由相互作用的拼块或生态系统组成,显然这种景观的概念具有一定的尺度和空间性。

中文景观一词,总的来说,有三种理解。第一是美学上的意义,作为视觉美学上的概念,与“风景”同义。景观作为审美对象,是风景诗、风景画、风景园林学科的审视对象。第二种是地理学上的理解,将景观作为地球表面气候、土壤、地貌、生物各种成分的综合体,对景观的理解就很接近于生态系统或生物地理群落的概念。第三种是景观生态学对景观的理解。在这里景观是空间上不同生态系统的聚合,一个景观包括空间上彼此相邻、功能上互相联系、发生上有一定特点的若干个生态系统的聚合。

二、城市景观的概念

城市景观指城市布局的空间结构和外观形态,包括城市区域内各种组成要素的结构组成及外观形态。在城市景观中,人与环境的相互作用关系是核心,所以,城市景观是由若干个以人与环境相互作用关系为核心的生态系统组成。在城市生态系统中,自然要素和社会要素是不可分的,是融为一体的。城市景观作为城市环境生态学的内容,从景观的角度对城市这一人类活动的中心进行研究探讨,为我们认识和解决当代城市问题,开辟了新的思路。目前,城市所面临的许多问题,诸如交通、住房、土地、环境污染等一系列问题,在很大程度上是由于不合理的景观布局,造成城市内部要素之间不能相互协调,从而削弱了城市生态系统的功能。

三、景观要素

景观是一个由不同生态系统组成的镶嵌体,而其组成单元(各生态系统或亚系统)则称之为景观要素。

景观和景观要素或景观单元的关系是相对的。我们把包括村庄、农田、牧场、森林、道路和城市的异质性地域称之为景观,而将它们的每一类称之为景观要素。但是我们也可以称整片森林为景观,而将每一种森林类型视为景观要素。例如,作为大兴安岭森林的景观要素有兴安落叶松林、樟子松林、山杨林、白桦林等,作为海南五指山原始森林的景观要素有热带低地雨林、热带山地雨林和山地矮林等。同样,可以把城市视为景观,各个功能区为景观要素。

景观与景观要素的区别和联系,还表现在,景观强调的是异质镶嵌体,而景观要素强调的是均质同一的单元。景观和景观要素上述地位的转换,反映了景观问题与时间空间尺度密切相关。环境变动、干扰事件以及生态过程,都是发生在一定的时间尺度和空间尺度上才是可分辨的,也就是说,景观现象具有时间和空间的尺度效应。

第二节 景观要素的基本类型

景观要素是景观的基本单元,按照各种景观要素在景观中的地位和形状,我们将景观要素分为三种类型:①斑块(嵌块体):在外貌上与周围地区(本底)有所不同的一块非线形地表区域;②走廊(廊道):与本底有所不同的一条带状土地;③本底(基质):范围广,连接度最高并且在景观功能上起着优势作用的景观要素类型。可见,斑块与走廊在形状和功能上有所区别,但也有一致的地方,可以说走廊即是带状的斑块,斑块和走廊是与本底相对应的。也可以说,斑块和走廊都是在本底的包围之中。

一、斑　　块

按照起源,斑块可分为四类:干扰斑块、残余斑块、环境资源斑块和引入斑块。

(一)干扰斑块

在一个本底内发生局部干扰,就可能形成一个干扰斑块。例如在一片森林里,发生了森林火灾,形成一个或多个火烧遗迹,这种火烧遗迹就是干扰斑块。森林景观受干扰发生后,干扰斑块的生物种群会发生很大变化,有的种消失了,有的种引入了,有的种个体数量发生了很大变化,这一切决定于各个种对干扰的抵抗能力以及干扰后的恢复能力。

干扰斑块和本底是动态关系。干扰斑块是消失最快的斑块类型。也就是说,它们的斑块周转率最高,平均停留时间最短。当然,这还要看是单一干扰还是慢性干扰(或称重复性干扰),如大气污染就属于慢性干扰,慢性干扰形成的斑块存留时间较长。

(二)残余斑块

残余斑块是由于它周围的土地受到干扰而形成的。它和干扰斑块的成因相似,但结果有所不同。例如,在森林中发生火灾,当火势较小时,出现一片火烧遗迹,这时我们将周围未烧的森林称之为本底,将火烧遗迹称之为干扰斑块;如果火灾蔓延很广,火烧遗迹面积很大,但火烧遗迹地中间有少数块状林地未烧到,这时我们把火烧遗迹地称为本底,而将这些残余的林地称为残余斑块。

长期干扰或人类强烈的干扰也会形成残余斑块,例如被农田或被城市所包围的小片林地就属于这种斑块。

(三)环境资源斑块

以上两种斑块都起源于干扰,而环境资源斑块则不同,它起源于环境的异质性。例如在很多林区，森林是本底，在本底的背景下，有不少沼泽地分布于其中，这些沼泽多分布于低地，那里水分过多，不适合于森林生长。这样，沼泽就是相对森林本底的环境资源斑块。

斑块与本底之间都存在着生态交错区。在干扰斑块和残余斑块与本底之间，生态交错区一般比较窄，即它们的过渡是比较突然的。而环境资源斑块与本底之间，生态交错区较宽，即两个群落的过度就比较缓慢。

环境资源斑块与本底之间因为是受环境资源所制约，所以它们的边界比较固定，周转率极低。

(四)引入斑块

当人们向一块土地引入有机体，就会造成引入斑块。引入的物种可以是植物、动物或人。

如果引入的是植物，如农田、树林、草地，称之为种植斑块。种植斑块的重要特点是其中的物种动态和斑块周转率均极大地决定于人的活动。如果停止这类活动，则有的物种要由本底向种植斑块迁入，种植种要被天然种替代，最后的结果将是种植斑块的消失。种植斑块的长期保存需要人力长期维持，这要付出很大的代价。

引入斑块的另一类型是聚居地，聚居地是由于人为干扰造成的。先是部分或全部清除天然植被，然后建造许多建筑和道路，聚居地作为一个斑块，可以存在几十年、几百年甚至几千年。人类的聚居地在地球上几乎无处不在，大到千万人口的大城市，小到几户人家的小村庄。聚居地中城市和乡村区别很大，小村庄是乡村景观中的聚居地斑块，而大城市及郊区面积很大，足以称之为单独的景观。

二、走　廊

走廊也称为廊道。景观中的走廊是与两边本底有显著区别的狭带状土地，它既可能是一条孤立的带，也可能是某种类型斑块的连接带。例如成带状的植物丛形成的绿篱、防护林带等。既可以是天然的，也可以是人为营造的。

(一)走廊的功能

走廊的功能有着双重性，一方面它可以将景观的不同部分分隔开来，另一方面它又将景观某些不同的部分连接起来。例如，一条铁路或公路可以将相距很远的甲、乙两地连接起来，但当你要垂直穿越它时，它却成为障碍物。这两方面的功能是矛盾的，但却集于一体，区别在于作用的对象不同而已。

走廊有着运输、保护资源和观赏的功能。

运输功能是显而易见的，铁路、公路和运河是人与货物在景观中移动的通路，人在野外踏出来的小路、野生动物的兽道，以及人工建造的各种管线都具有运输功能。

走廊对于被它隔开的景观要素又是一个障碍，从而可以起某种保护作用。世界闻名的万里长城就是为抵御外敌入侵而修建的人工走廊。人工走廊的修建与社会、文化有着密切的关系，在今天的中国，各单位一般都要修建一道围墙，以使本单位与周围地区隔离开来，从而保障本身的安全。带状的防护林可保护农田免受风沙侵害，河岸的植物可以保护河岸。

走廊本身也是一种资源。有些走廊地带，野生动物特别丰富，树篱可以提供很多产品，如燃料、用材、饲料、果品等。

走廊在景观美学中也起着重要的作用。中国传统园林讲究“曲径通幽”，注重园林中观赏路径的设计，曲折弯曲的路径使一些景点藏在幽静之处，并从而使人感到有出乎预料之外的效果。公园中也常有人工走廊的建筑，如颐和园昆明湖东侧的长廊就是一个非常成功、有很高艺术价值的经典之作。一方面，它把颐和园北部和南部连接起来，另一方面，在这个走廊中漫步时，即可以俯视昆明湖宽广的湖面，又可以仰视万寿山的起伏山峦和佛香阁等金碧辉煌的建筑，可以说是一步一景。杭州西湖的苏堤也是一个著名的走廊式风景点。

（二）走廊的起源

按起源，走廊可以分为干扰走廊、残余走廊、环境资源走廊和种植走廊等。干扰走廊是由于带状干扰造成的，如在森林中伐开一条路，即为干扰走廊。如将一片森林基本伐光，只剩下一条带状树木，即是残余走廊。环境资源走廊是由于异质性的环境资源在空间的线状分布而产生的，如河流两岸的植被带，多由喜水的杨柳组成，明显与周围高地的植被不同。种植走廊更加普遍，如行道树、农田防护林等。各种走廊的持久性与其成因有密切的关系。环境资源走廊一般具有相对的稳定性和持久性。干扰走廊和残余走廊变化较快，它们要受干扰所发生的植被常规变化过程所控制。种植走廊的持久性完全决定于人类的经营管理活动，一旦这种活动停止，种植走廊不可能继续存在。

（三）走廊的结构

1. 走廊的弯曲度

走廊的重要特征之一是它的弯曲度或通直度。可以用走廊中两点间的实际距离与它们之间的直线距离之比来表示弯曲度。走廊越通直，景观中两点间的实际距离越短，物体在走廊中的移动速度越快。但作为景观要素，走廊并不是越直越好。例如，中国传统园林十分讲究“曲径”，往往是利用走廊的弯曲来达到其景观效果。

2. 走廊的连通性

走廊的另一个重要特征是它的连通性，它以走廊单位长度中裂口的多少来表示。无论是从走廊的管道功能，还是障碍功能，其连接度都是一个很重要的性能。对有些走廊来说，是不允许出现裂口的，否则就完不成管道作用或障碍作用。例如一条河流要是开了口子，其原有功能就会丧失，而且可能造成灾害。对有的走廊，如农田防护林带，为汽车、拖拉机所开的裂口是必须的，但是过多或设计失当也会妨碍走廊的整体功能。

3. 走廊的宽度

走廊的宽度对功能有直接影响，如会影响到物种的移动。其宽度也不是固定的，是可变化的，走廊的狭窄处称之为狭点。

4. 走廊的连接

两个走廊的连接处或一个走廊与一个斑块相连处，我们称之为结点。结点在走廊中也有特殊的生物学意义，它往往成为不同群落的过渡带。

5. 走廊的横断面结构

走廊的横断面可以分为一个中央区和两个边缘区。中央区反映走廊的主体功能，两个边缘区可能很相似，也可能有某种差别，这决定于走廊的宽度以及周围的性质。按照走廊的宽度以及边缘区和中心区的情况，可将走廊分为线状走廊和带状走廊。线状走廊较狭窄，物种以边缘种占优势。带状走廊较宽，其内部种占一定比例。

6. 走廊的相对高度

从走廊与周围景观要素的垂直高度来看，可分为低位走廊和高位走廊。走廊植被低于周围植被者称为低位走廊，如林间小路、峡谷等。走廊植被高于周围植被者称为高位走廊，如农田防护林。

三、本　　底

(一)本底的概念

一个景观可能是由几种类型的景观要素构成的，其中，本底是面积最大、连接度最强、对景观的功能所起的作用也是最大的那种景观要素。

(二)本底的标准

尽管本底和斑块及走廊在概念上有很大的区别，但在实际上若没有量化的标准，分辨有一定的困难。为此，应提出区分本底和其他景观要素的标准。

1. 相对面积

当一种景观要素类型在一个景观中所占面积最大时，即可认为它是该景观的本底。一般来说，本底面积应超过所有其他景观要素类型的总和，也就是说，应占总面积的 50% 以上，如果面积在 50% 以下，就应考虑其他标准。

2. 连通性

连通性在这里指的是，如果一个空间不被两端与该空间的周界相接的边界分开，则认为该空间是连通的。如一座房子，里面虽然分了几间房间，相互也有隔墙，但是各个房间之间有过道相通，这时还认为它是相通的。

一个连通性高的景观类型有以下几方面的作用：

①这个景观类型可以作为一个障碍物，将其他要素分隔开。例如一个林带可将两边的农田隔离开，在林中设防火林带可将两边森林隔开。这种障碍物可起物理、化学和生物的障碍作用，如妨碍昆虫和种子的流动。

②当这种连通性是以相互交叉带状形式实现时，就可以形成网状走廊，这既便于物种的迁移，也便于种内不同个体或种群间的基因交换。

③这种网状走廊对于被包围的其他要素来说，则使它们成为被包围的生境岛。当一个景观中发生这种隔离时，有些动物的种群会产生遗传分化。

由于以上这些效果，当一个景观要素完全连通并将其他要素包围时，则可以将它视为本底。当然，本底不是必须要完全连通，它也可以分成若干块。

3. 动态控制作用

在景观的动态变化趋势中起控制作用的景观要素类型，可认为它是该景观的本底。以树篱和农田为例，树篱中的乔木树种的果实、种子可被风或动物等媒介传到农田中去，从而当农田在失去人的管理后会逐渐变成森林群落，这就说明了树篱对景观动态变化的控制作用。再如在森林地区，和原始森林相比，采伐迹地和火烧迹地是不稳定的，它们内部乔木的更新和恢复，会受到周围森林种源和其他方面的有利影响。所以，原始森林应为本底，而采伐迹地和火烧迹地应视为斑块。不过，不能孤立地只考虑这一个因素，当采伐迹地和火烧迹地面积很大，而森林面积很小，呈孤岛分布时，森林就起不到动态控制作用了。

在上述本底的判断标准中,相对面积最容易判断,而动态控制作用最难估计。所以,在实践中,首先应该对一个景观计算其相对面积和连通性水平,如果某一景观要素的面积远远超过任何其他要素,我们可以称它为本底。如果有几个景观类型所占面积相近,则可以将连通性最高的要素类型视为本底。如果根据上述两个标准还不能做出决定,则必须进行野外调查,如对森林景观要素来说,就要研究植物种类成分以及它们的生长特性,判断哪个要素对景观动态控制作用更大些。

(三)景观本底的孔性

1. 孔性

斑块在本底中即是所谓孔性,所以斑块密度和孔性有密切联系,不过,计算孔性时只计算有闭合边界的,没有闭合边界的斑块则不算。孔性和连通性二者都是描述本底特征的重要指标。

2. 孔性的生态意义

①它在一定程度上表明本底中不同斑块的隔离程度,而隔离程度影响到动植物的基因交换,并进一步影响到它们的遗传分化。

②各景观要素的边缘部分对动植物的分布和生存有很大的影响,孔性的高低可以说明边缘部分的多少,进而表明本底中环境受斑块影响的大小。

人对森林的采伐在原始森林中制造了不少的孔。其采伐活动的方式,如伐区的大小和伐区配置对森林采伐的成本、工艺设计以及森林更新和森林稳定性等均有重要的影响。为了尽可能的减少对森林的干扰,有利于生物多样性的维持,应尽量降低本底的孔性,减少边缘;应保留大块的原始林作为保护区,以维持内部种的生存和森林的美学价值;处于残存片林之间的连接走廊,对于景观保护至为重要,尤应予以保护。

(四)网络

走廊若相互相交连通,则成为网络。网络是本底的一种特殊形式。许多景观要素,如道路、沟渠、防护林带、树篱等均可形成网络。网络遮结构上的重要特点有交点和网格大小等。

1. 交点

走廊之间的连接处即为交点。一个网络中不同走廊之间的交点可能是各种各样的,可分为十字型、T型、L型等。

交点处及附近的环境条件与网络上的其他部位有所不同。以树篱为例,围绕交点附近的小片地区风速较低,日光较少,土壤和空气湿度较大,土壤有机质含量较高,温度变化较小。这些环境条件的特殊性,导致在天然树篱的交点处,草本植物种的多样性,常比网络中其他部位要明显增高。城市的道路交点处也往往比较繁华。

2. 网格大小

网格大小可以用网线间的平均距离或网格内的平均面积来表示。网格内景观要素的大小、形状、环境条件以及人类活动等特征对网格本身有重要影响,相反的,网格又对被包围的景观要素予以影响。在这相互作用中,网格的大小起着重要作用。

网格的大小有重要的生态意义和经济意义。例如,林区建设需要修路,没有路就不可能进行林区的开发和经营,但是修路又是经济问题。所以,合理的道路密度就成为重要问题。所谓道路密度,指的是单位土地面积上道路的总长度。它也可以作为衡量网格大小的一个间接指标。

在森林景观中，道路密度不仅与经济和各种林业活动有关，并且与野生动物的生境有关。在城市景观中，城市道路的密度与人类活动的系关极为密切。农田林网的网格密度也是一个重要问题。网格密度越大，越不利农田的耕作。同时，当林带宽度相同时，网格密度显然也影响到林网与农田所占的比例。此外，网格大小显然与被保护的农田的环境变化进而与农田的产量也有密切的联系。

第三节　城市景观的特性

一、景观的特征

（一）异质性

从结构上，景观是异质单元所构成的镶嵌体。所谓异质性，就是景观要素的空间分布的不均匀性。异质性是景观的根本属性，任何景观都是异质的。

（二）可感性

景观是客观存在的实体，一种形象信息，可以通过人类的感官传到大脑皮层，给人以美的感受和联想。

（三）时空性

景观是在特定的时间、空间场合客观存在的实体，一般来说是不可位移的。但是，景观可以随时间的推移和人们观赏的空间改变，产生季相变化与步移景迁的景观。

（四）社会性

自然界的山川、日月、生物、人工的建筑、街道、广场是景观构成的要素，形成空间美、时间美、自然美、形态美、色彩美等多方面的客观存在。这些客观存在为人类亲身经历和感受提供了理想的环境，满足人类行为与心理的需求，因此可以说景观具有广泛的社会性。

二、城市的静态景观与动态景观

景物的形象信息反映到人的头脑中来，如果人在一定的距离、一定的方向、一定的角度来观赏景物，接受景物形象传来的信息，这种景观称为静态景观。

当人们在运动中，走动或乘交通工具边运动边观赏景物，观景的距离、方向、角度随运动的变化而变化，因而得到景物形象的信息，也是变化的，这是一种随空间变化的动态序列景观。动态景观会因乘坐不同的交通工具产生不同的景观效果。例如同一处城市景观，如果你乘飞机，或者火车、汽车、自行车，或者步行，会得到不同的观赏效果。

景观也随时间的变化而变化，同一树丛，会有四季不同的季相变化，春天开花，夏季浓荫，秋季结果，冬季落叶。这种景观也是一种动态景观，是随时间变化的动态景观。世界上万物都是运动的、变化的。静态是相对的，而动态是绝对的。一栋建筑物长期暴露在风吹雨淋日晒中，建筑物外表面也会有不同变化。就是在一天之中，建筑的阴影也有不同的变化，这同样形成随时间而变化的动态变化景观。

三、景观的欣赏效果

景观由“景”和“观”也即由客体景物和主体观赏者两部分组成，因此景观的欣赏效果涉及到人与景的关系。

（一）景观的欣赏效果与人的观赏角度有关

人双眼视野的最佳水平视域为60°夹角，垂直方向的最佳视野夹角也是60°，即视线标准线向上40°，向下20°为最佳视野。要看得远，需要站得高，诗云：欲穷千里目，更上一层楼。人对景物的观赏有仰视、平视、俯视之分。仰视有高大雄伟之感，平视有亲切和谐之感，俯视则有一览无余、一览众山小之感。

（二）景观的欣赏效果与人的视距有关

根据透视原理，近大远小。人离景物近则看得细，远则看得粗，更远只能看到轮廓。观赏者所处的位置称视点，离景物的水平距离称视距。

有关专家建议，设置纪念碑或雕像，视点与景物高度的夹角为18°、27°及45°时，水平视距正好分别是景物高度的3倍、2倍、1倍。水平视距为景物高度的3倍远处时，能较好地观赏景物整体，视觉空间舒展；在景物高度2倍远处时，可获得紧凑的景观效果，为好的观景点；当在景物高度1倍远处时，正好可以看到景物的全高（图14－1）。上述视距严格计算还应考虑到观赏者从地平到眼的高度。

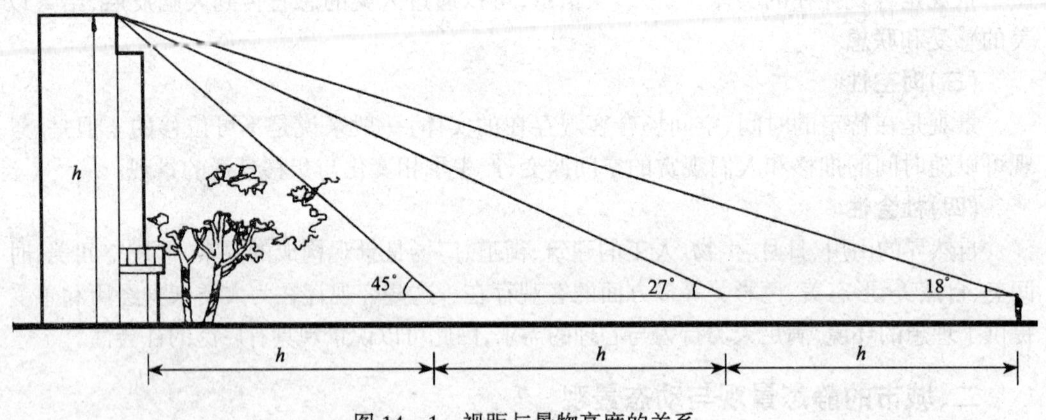

图14－1　视距与景物高度的关系

（三）景观的欣赏效果与人的心理状况有关

景观欣赏与人的主观感觉有关。孔子说："钟鼓之声，怒而击之则武，忧而击之则悲，喜而击之则乐，其态变，其亦变。"虽然景物是客观存在的物象，对每个人都是一样的，但由观赏者心性不同，修养素质不同，其感受也会迥然不同。同一景观对不同的人，甚至同一个人在不同时间都会产生不同的景观欣赏效果。

（四）景观欣赏与文化有关

景物一旦和历史文化相联系便倍加增辉。一些自然景观，经历史上文人墨客赋诗作画，立碑题名，便会增添许多文化内涵，"文因景成，景借文传"，使得原为纯自然的景观变为人文景观。北京景山公园内一棵歪脖老槐树，因明末崇祯皇帝自缢而使其身价百倍。

（五）景观与意境

意境是人们大脑接受现实景观的信息，通过回忆与联想而产生的言外之意，景外之境。

景观是物质的,是第一性的,意境是精神的,第二性的,是触景生情的意念之境。“有水必有源,有声必有鸟,有香必有花,有亭必有路,有舍必有居”。人们可以通过因果关系联想、相似联想,接近联想产生意境。不仅在文学艺术、绘画艺术中,在园林艺术中也经常使用这种寓情于景的创作手法。

四、城市景观要素特征

城市生态系统是特殊的人工生态系统,是城市居民与周围环境相互作用的网络结构。城市生态系统占有一定的环境空间,有其特有的自然生态要素,包括生物和非生物要素,还有人类的社会和经济要素。这些要素形成一个内在的结构复杂、联系紧密的整体。它的各要素在空间上构成特定的分布组合形式,这就是城市的景观生态模式。

在大区域环境尺度上,城市生态系统只是作为干扰斑块来研究。但是城市及郊区的面积也很大,所以城市本身也可以作为一个景观单元,其内部不同规模、性质的组成部分,构成了这一景观的结构要素——斑块、走廊和本底。

(一)城市景观的生态特征

1. 人工化

由于人类活动的强烈干扰和影响,城市中的自然环境和条件,如水文、气象、地质、地貌和动植物等,都发生了很大变化。城市生态系统是人工化的生态系统,城市内部及城市与外部系统之间的物质、能量、信息的交换,主要靠人类活动来协调、维持和完成。

2. 地方特色

各个城市的地理位置、地质地貌、气象、经济发展、人文背景不同,所以各城市景观都表现出浓厚的地方特色。不同地区的城市景观,在一定程度上反映了当地的社会经济发展状况和历史文化特点。特色产生于当地的自然环境条件、社会经济文化背景,可以说特色就是“绿色”。现在我国各城市的城市景观有逐渐趋同的发展趋势,地方特色在消退,这是一个不良的发展势头。失去特色就是失去“绿色”。

3. 不稳定性

城市的经济发展很快,政治、文化等因素的变动很大,和其他生态系统景观相比,城市景观变化极快,具有不稳定性。深圳就是一个明显的例子,在短短的十几年里,它由一个很小的沿海城镇变为一个具有相当规模的现代化开放城市。

城市景观的不稳定性在其边缘区表现尤为明显,在这一范围内,城市具有动态扩展的特征,使城市规模不断扩大,相邻城市可因此而联接为“城市带”或“城市群”。另外,城市生态系统对外的高度依赖性,也是造成城市景观不稳定的一个重要因素。

4. 破碎性

城市内四通八达的交通网,贯穿整个市区景观,将其切割成许多大小不等的引入斑块,这与大面积连续分布的自然景观、农田形成对比,表现出明显的破碎性。城市景观的破碎性,是与城市人口的生产、生活活动相适应的。这些大小不等的斑块以其不同的性质、功能有机地结合在一起,完成城市生态系统的各项功能。

(二)城市景观结构特点

街道和街区是城市景观的主要组成部分,它们共同构成城市景观的本底。城市景观中的本底、斑块与走廊之间没有严格的界限,本底本身也是由不同大小的斑块和廊道组成的。

1. 斑块

城市景观中的斑块,主要指各呈岛状镶嵌分布的不同功能分区。典型的斑块如残存下来的森林植被、公园等,由于植被覆盖好,外貌、结构、功能明显区别于周围建筑物密集的其他区域。工厂、学校、机关单位、医院等,也可以视为不同规模的功能斑块体。

2. 廊道

城市廊道可以分为两大类:自然廊道和人工廊道。自然廊道有以交通为主的河流以及以环境效益为主的城市自然植被带等。人工廊道是以交通为目的的铁路、公路、街道等。城市内有些廊道往往具有特殊的功能,如商业街、步行街等。

3. 本底(基质)

城市景观中,占主体的组成部分是建筑群体,这是其区别于其他生态系统景观之处。人类为生产、生活、社会文化活动的需要,建起各种功能、性质和形状不同的建筑。这些建筑集中在城市有限的空间内,构成了城市的主体景观。廊道贯穿其间,既把它们分割开来,又把它们联系起来。廊道也主要是建筑组成的,城市景观的本底可以说由街道和街区构成的。

五、城市景观异质性

(一)城市景观的异质性特点

城市景观是以人为干扰为主形成的景观,从空间格局上,城市是由异质单元所构成的镶嵌体。城市景观的异质性来源主要是人工产生的,如城市中的道路、街道、建筑物、广场、行道树等都是人工建的。另外也有自然原因形成的,如城市中的过境河流、残留下来的自然植被及国家森林公园等。这些景观要素以一定的组合方式相结合构成一个异质性的城市景观。城市景观的异质性有以下特点。

1. 二维平面的空间异质性

城市景观的异质性首先表现在二维平面的空间异质性。在城市景观中,公园、绿地、水面、建筑物、街道功能不同,性质各异。公园绿地中以人工栽培的观赏植物及人工挖掘的水面为主,它们是城市中的生产者,起着吸收二氧化碳、产生氧气、净化空气、美化环境的作用,是城市生态系统的"肺"。即使作为绿地的斑块,也会由于植物种类的不同,形成了各具特色的绿地异质性。道路网络贯穿整个城市景观,形成了许多大小不等的引入斑块。正是街道及道路网络,增加了城市景观的破碎性和异质性。由水泥、柏油路面及建筑物屋面组成的界面完全不同于自然地表,使城市下垫面发生了巨大的变化,其热力性能与自然绿地有很大差异。同时,由于城市景观功能不同,可分为商业区、工业区、住宅区、文化区等。各功能区的性质不同,对城市景观的效应也不同。就城市景观某一要素而言,其内部也存在着异质性,如公园内有湖泊水面、树林草坪、房屋、活动场地等,这些不同功能的地块组合在一起形成了供人们娱乐、休息、消遣的公园。

2. 垂直空间异质性

城市是一个高度人工化的景观,各种建筑物林立,使得城市景观粗糙度较大,在垂直方向上也表现出异质性。垂直空间异质性一方面表现在建筑物高度不同,在垂直方向上参差不齐,另一方面表现在空气的构成上,由于城市大气污染,使得城市大气结构在垂直方向上表现出异质性。

垂直空间异质性还会导致水平空间的异质性,如高楼的南北两侧由于接受太阳辐射的多少不同，因而空气温湿度有所差异，最后导致同种植物的出叶、开花时间出现差异。

3．时空耦合异质性

上述由于垂直空间异质性导致水平空间的异质性，因而导致时间的异质性，就属于一种时空耦合异质性。一般而言，异质性是指景观要素的空间分布的不均匀性，而把时间异质性用动态变化来表述，异质性的表现形式为空间格局。

当然，城市景观的异质性主要表现在二维平面的异质性。

（二）城市景观异质性的测度

景观的异质性如何来测度，两个具有相同要素类型的景观的异质性是否相同。要弄清这些问题，我们可从景观的根本属性，即异质性的概念看起。异质性是指景观要素的空间分布的不均匀性，据此，可知所谓异质的景观最少要由两类不同类型的景观要素构成。景观要素类型越多，其异质性越大。另外，景观要素的分布情况亦影响异质性的大小。由此可引伸出两点：即不同景观要素类型的斑块数量越多，异质性越大；不同类型的斑块分布越均匀，异质性越大。因此，测度异质性的指数较多，但用景观要素的多样性和均匀性就可以测度异质性。

六、廊道效应

景观中的廊道指两边均与基质有显著区别的狭带状土地。在城市景观中，可分为自然廊道和人为营造的廊道，亦可分为产生经济效益的廊道和产生环境生态效益作用的廊道等。如前所述，廊道有双重的性质：一方面它将景观的不同部分分隔开来，另一方面它又将景观某些不同部分连接起来。这两方面的性质是矛盾的，却集中于一体，区别点在于作用对象和产生的效益不同而已。廊道在城市景观中，是不可缺少和忽视的景观要素类型。

有的廊道主要起运输等经济效应、有的廊道起着保护环境效应。对城市廊道效应的研究是一个重要的课题。例如，公共汽车从城市中心向城市郊区的行驶过程中，载客量逐渐减少，公共汽车效益亦逐渐衰减。一般来说，在城市景观中，廊道效益由中心向外逐步衰减，遵循距离衰减率，因而可以用指数衰减函数表示：

$$V = f(D) = \begin{cases} 0 & D < 0 \\ e^{-KD} & D \geqslant 0 \end{cases} \tag{14 - 1}$$

式中 V 为经济效益；D 为距离；K 为系数。不同廊道的效益不同，效益衰减率亦不一样。其函数图形如图 14－2 所示。

在和谐的城市景观结构中，应该既有发达的产生经济效益的人工廊道，又要保留合理的产生环境效益的自然廊道，或者说在人工廊道建设中，不仅要考虑廊道的经济效益，也要重视廊道的环境效益，应寻找廊道的最佳效益点。假定城市人工廊道产生的经济效应为 V，自然廊道产生的环境效应为 E，两种廊道效应曲线的交点 F，即为最佳效益点。

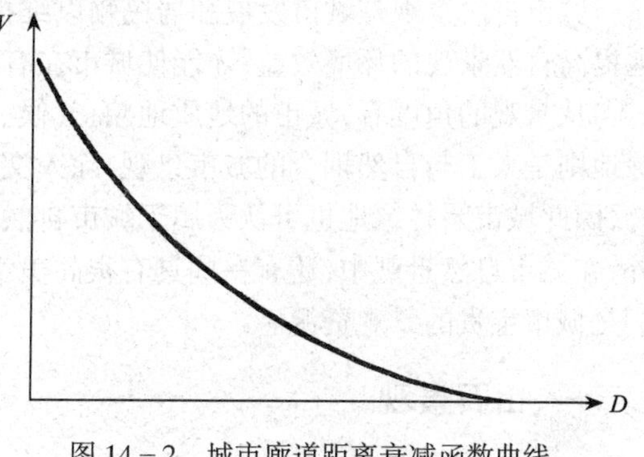

图 14－2　城市廊道距离衰减函数曲线

（引自宗跃光，1996）

在 F 点经济和环境产生的综合效益最大，因此 D_1 就是两种廊道效应最佳期分界点（图 14－3）。

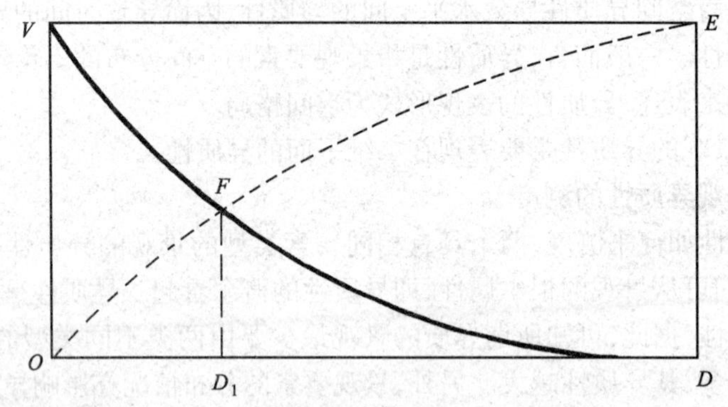

图 14－3　人工和自然廊道两种效益曲线（引自宗跃光，1996）

在城市发展建设中，存在着人工廊道不断加强与扩展的过程，如道路加长加宽、等级提高、多种道路的优化组合，使得人工廊道经济效益提高。图 14－4 表示城市某一方向人工廊道不断强化。假设在这一变化过程中形成 L_1、L_2、L_3 三条等效曲线，与自然效益曲线分别相交于 F_1、F_2、F_3 点，因而相对应地使最佳效益点发生位移，在城市景观中表现为建成区由 D_1 扩展到 D_3。

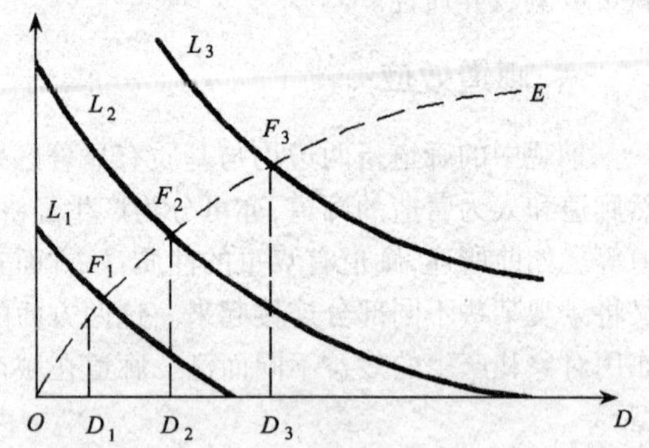

图 14－4　人工廊道效益提高后的最佳效益点位移
（引自宗跃光，1996）

如果在提高廊道的经济效益的同时，不注意提高廊道的环境效益和社会效益，就会严重破坏城市环境生态平衡。可能会加速市中心的衰亡，使城市进一步向外蔓延，造成土地资源的极大浪费和其他环境问题。

第四节　城市自然景观

城市自然景观是城市发展和居民赖以维持生存与发展的重要资源综合体，只有充分地提高自然景观的环境效益，才能使城市在有限的空间内得以进一步发展。

从景观的角度看，城市的地质地貌、气候、自然植被应属于城市自然景观。城市园林绿地则是人工与自然耦合的城市景观，除人文古迹、园林建筑外，也是人类师法自然的产物，因此城市园林绿地也可认为属于城市自然景观。除了一般的地质地貌、自然植被景观外，在城市自然景观中，还有一些具有很高美学价值和观赏价值，比较典型的自然景观，它们是城市宝贵的景观资源。

一、山石景观

山石景观大体上可分为高山景观、低山丘陵景观、岩溶景观和峡谷景观。我国城市多在东经100°以东的平原丘陵地区,沿海、沿江、沿铁路线。因此城市及郊区的山石景观多是低山小丘陵,少数城市有岩溶景观。

城市或城市郊区有一些低山,如果植被丰富,峰峦起伏,或地势奇异,气势雄伟,则是城市不可多得的自然景观资源,为城市增添了异彩,使城市居民饱尝大自然的乐趣。另外我国不少城市的附近有低山风景资源,也可纳入城市景观的体系,只要有便利的交通,就可成为城市居民节假日娱乐的场所。如北京的香山、万寿山,南京的栖霞山,九江的庐山,杭州的玉皇山,武汉的龟山和蛇山,广州的越秀山等。

我国是喀斯特地貌分布最广泛的国家之一。这是由于6 000万年以来新生代地质时期形成的碳酸盐类岩石,在漫长的地质岁月里风化淋溶,演变而成石林、溶洞、钟乳石等不可多得的、千姿百态、稀奇古怪的风景资源,形成了某些城市所特有的自然景观,如桂林的七星岩、芦笛岩、观音岩,北京的云水洞、石花洞,肇庆的七星岩、凌霄岩,贵阳的地下公园等,已经成为全国闻名的风景旅游胜地。

二、水文景观

以某种水体为主景的景观称水文景观,如江河、湖泊、沼泽、泉水、源潭、瀑布、池塘等。城市水系统除了水运交通、提供工业与民用淡水资源、灌溉农田、发展水产事业等功能外,还具有开展水上运动、水上游乐、水景观赏、调节城市气温等功能。

水体是中国园林景观主要的要素之一。我国古典园林专著《园冶》主张“约十亩之基,须开池者三”,主张水面占30%。许多古典园林以曲折的自然水池为中心,形成园中的主景。现代园林利用地形改造,挖湖堆山,或利用天然湖泊造景更为普遍,如杭州西湖、武汉东湖、北京昆明湖、南京玄武湖、昆明滇池、天津水上公园、广州流花湖公园、上海长风公园等都是以水取胜,以水造景,是构成城市优美景观不可分割的一部分。

泉水是地下水的天然露头,我国泉水资源十分丰富,青藏高原为全国之冠,有630处,云南省有480处,广东省有230处,台湾省有百余处。我国一些城市及其郊区也有温泉分布,是城市的风景旅游资源,如西安华清池温泉、济南趵突泉、北京玉泉山的泉水、小汤山的温泉、昆明的安宁温泉、广东从化温泉、湖北咸宁温泉等。

三、城市公园

城市园林绿地是城市自然景观的重要组成部分。根据城市规划的土地平衡以及我国管理体制,城市园林绿地可分为:公共绿地、园林生产及卫生防护绿地、风景旅游绿地、专用绿地、街道绿地等。其中公共绿地一般也指城市公园,包括综合性公园、动物园、植物园以及沿江、沿湖、沿城墙的小游园、街心花园等。关于城市园林绿地前文已有叙述,这里主要讲城市公园。

(一)城市公园的特性与功能

1. 城市公园的本质特性

过去的皇家园林和私家园林都是为帝王、贵族豪门所私有,而现在的城市公园是现代社会的产物,是穷人富人都可以进入的“公共园林”。

2. 生态效应

城市公园出现在建筑密集的市区,是城市的“肺”、“空调器”,改善着城市环境,让人在市区可以看到绿色大自然的本色景观,呼吸新鲜空气。在公园中绿色植物应是主体,而绝不是建筑,更不是水泥铺地。公园在城市中,尤其是大城市中的生态效应是十分明显和重要的。

3. 文化娱乐

在这点上,现代城市公园和传统园林本质上是一样的。传统园林是纯文化娱乐、休息消遣的地方,与商业效益不搭界,现代城市公园的宗旨仍没有变。目前,世界绝大多数国家公园也都是不售门票的,人人可以自由出入。

(二)城市公园的选址

1. 尽量利用城市的自然地形,河湖水系,例如滨河公园,山地公园。

2. 在古树名木或植被丰富、已具有茂密树林的地段建立公园。

3. 在历史古迹遗址地点上建公园。遗址地区不宜建工厂或居民区,建公园可以充分利用土地,又可以保护历史古迹,一举两得。

4. 不宜用作城市建设工程用地的地段,例如某些地层断裂带、河滩沙质地等,用作公园绿化用地则比较适宜。

5. 城市公园布局平衡的需要。在考虑上述各因素的同时,应注意公园在城市总体范围的分布均衡。

(三)目前我国城市公园建设的误区

1. 亭台楼阁化。这是对我国古典园林形式的曲解和滥用。文化写意园林是私人财产,由个人享用。它是住宅大院的一部分,它的建筑形式是"居住场所"的组成部分,所以它有深深的院墙,曲折的长廊,建筑密度很大,是封闭式的。而城市公园则不同,它是公共的,开放的,担负着调节城市生态环境的功能。所以城市公园应该有大面积的草坪,大面积水面,大面积树林,人们到公园需要看到的是大自然的景色,而不是建筑。况且当拥挤的人群进入私人式庭院中时,诗情画意又何在?

2. 商业街区化。为了商业利益,在公园内大搞商业建筑,公园向游人展示的不是大自然绿色景观,而是商业街。

3. 游乐场化。许多城市公园中小火车、飞轮转盘、过山车等设施大有泛滥之势。须知:公园和游乐场完全是两回事。

游乐场不是公园,不能把游乐场在城市总体规划时涂成绿色块,游乐场不具备改变城市生态环境的绿地的功能。我国近年出现的许多"民俗文化村"、"世界之窗"、"西游记宫"、"三国城"等设施,不能列入城市园林绿地范围。

城市公园里一定要有绿树环抱的安静休息场地,这种场地的美学层次要高得多。对于城市居民来说其价值是巨大的,在城市中看到绿色,在喧闹中寻得宁静,这是十分难得的、宝贵的。这才是公园最本质的价值所在。

第五节　城市人工景观

自然景观被人类开发利用,不可避免地要被改造。人类为了满足生存与发展的需要,还建造了许多人造地物实体。这种部分或整体被改造的自然景观与人造地物实体的空间组合,可以统称人工景观。城市的人工环境起源于自然环境,是将自然环境加工改造而成的，因此城市的原有的自然地形地貌往往是城市景观的基调。城市中的人工环境，最主要的仍是建筑物、构筑物与市政工程，成为城市景观的主调。人类是城市的主体，客观景观由人类主观来感知和欣赏。同时人类也是城市景观的一个组成部分，人群在街上行走，人们的衣着、仪表与行为都是城市景观的配调。

一、城市景观的演变

城市人工景观是自然景观被改造的结果，但是，在很多情况下，自然景观与人工景观的界限是难以确定的。按自然景观的被改造程度可以把景观划分为以下几种类型：

1. 轻微改变的景观

对自然景观的改造很少，支配其要素的规律很少受到人类破坏，自然景观还保存着自动调节的能力。例如保存下来的自然森林植被以及城市中较大的湖泊。

2. 较小改变的景观

人类活动已经影响到一个或几个景观组成要素，但是自然要素之间的基本联系未被破坏，仍然保留着一定的自然调节能力，景观的变化通常是可逆的。例如城市大气、被污染的过境河流，城市公园中的土壤等。

3. 强烈改变的景观

人类活动强烈影响景观的多个组成要素，使其结构与功能发生了本质的变化，整体的自然调节功能受到很大的破坏。被破坏的功能的恢复，只有借助于社会资本的投入，即通过消耗大量能量和物质的生物工程或其他工程技术来实现，而且被恢复的功能也不可能完全恢复到原来的初始状态。人类聚集的城市化地区或工业区，自然景观几乎完全被改变。例如，原来自然状态下的林地、草地、湿地甚至湖面被改变为楼房、工厂车间、道路广场、居住区等，由于城市里高层建筑林立，形成局部地区的小气候环境。

总之，人工景观的主要成分是人造地物与实体。工厂、楼房、道路等人工实体，均是以当地自然景观为基础或背景进行改造、加工和建造的。

二、城市化与景观的演变

城市化是城市人口增长和分布、土地利用方式、工业化过程以及水平和趋势的综合表征。城市自然景观的演变和变异大都是城市化过程的产物。

城市的城市化过程和景观的演变通常被划分为表 14－1 所示的三个阶段。集中式城市化引起的景观生态问题主要有：低劣的住房、土地对人口及产业的负载量过大、大气污染严重。发展到郊区化阶段的城市，则是由原有的城市中心和新城市化的郊区形成一个“大城市圈”，由此产生一系列过密的景观生态问题，如高层建筑之间失去日照，城市中心居住环境恶化，汽车流通量大大增加，大气污染与城市噪声危害加剧等。逆城市化阶段象征着城市的衰退，城市中心人口开始减少，失去了过去的繁荣而变成所谓透明地带（空腔地区）和灰色地带（灰色地区），城市景观的空间格局已由过密转向到过疏，导致住房质量下降，公共设施破旧，因此城市的重新开发建设成为城市政策研究的重要课题。

工业化国家大城市目前多数处于第二发展阶段，有的城市，如日本大阪市，则由于城市中心空房率高达 10%，住房质量下降，公共设施破旧而处于从第二阶段走向第三阶段的状态。

表 14－1　城市化阶段与景观的演变

城市化阶段	类型	人口变化			景观生态问题
		中心城市	郊区	城市圈	
Ⅰ集中式城市化	a	+	−	+	城市中心空间过密，土地负载量过大，住房低劣，大气污染
	B	＋＋	+	＋＋	
Ⅱ郊区化	c	+	＋＋	＋＋	空间过密过挤、高层建筑之间的日照变弱、大气污染、噪声危害加重
	D	−	+	+	
Ⅲ逆城市化	e	−	+	−	城市中心人口、土地的负载量减小，环境质量继续下降
	F	－－	−	－－	

注：＋人口增加；＋＋人口大幅度增加；－人口减少；－－人口大幅度减少

三、城市街景

(一)街景的特点与功能

街道在景观中亦称廊道，是一个城市的走廊和橱窗，是城市中的线形景观。城市街道景观具有以下特点与功能：

1. 街道的主要职能是交通运输，是城市生态系统能流、物流、信息流、人口流、金融流的必经之路，街道通畅才能保证城市功能的完善与通畅。

2. 街道是城市的脉络。风景旅游点、商业区、行政中心、车站码头、居民区等都要靠街道来联系。街道直接起人流导向作用，是捷径还是绕道，是疏导还是阻碍，主要靠城市街道起作用。

3. 城市的社区、街坊小区都靠街道来分隔划分和彼此联系，有利于城市社区的管理。

4. 在城市中，城市街道是线形污染源。汽车排放的尾气、噪声、尘埃、垃圾等污染物沿街道分布和扩散，其分布和扩散的状况，除决定于污染源的特性外，还与街道的长度、宽度、方向与污染物的扩散特性有密切的关系。

5. 城市街道对城市局地气候也有影响。街道的走向、宽度、封闭度对城市风的走向和风速有很大影响。合理的街道规划与设计，对空气的流通、城市余热的消散、污染物的稀释扩散以及城市噪声污染的治理，都有一定的作用。

(二)街景的构成

1. 街景的韵律

街道景观是凝固的音乐。不同地形环境规划布置不同类型的建筑，由于各种建筑的功能不同，其平面组合、立面形式、层高、色彩、线条、背景都不相同，配合不同的雕塑、喷水池、绿地、灯柱，以及广告、招牌和霓红灯，使一条街的建筑群体如同音乐的乐章，具有节奏感和韵律感。

2. 街道的宽高比

从城市美学出发，须注意城市街道宽度 D 与街道两侧建筑物高度 H 之比。在欧州传统城市设计中，很注意这一比例，当 $D/H=1$ 时，高度与垂度之间存在着一种匀称之感；当 $D/H<1$ 时，随着比值的减小而产生狭窄和接近之感。文艺复兴时期，达·芬奇认

为宽度与高度相等，即 $D/H \approx 1$ 为理想。现代城市街道的规划设计，主要从功能方面考虑，往往忽视美学要求。现在从日照与采光角度规定建筑间距，实际上还是考虑了 D/H 的数值，应该不仅考虑日照与采光的要求，也应兼顾城市的美学要求。

四、城市广场

广场是城市景观的重要组成部分，是城市廊道间的结合点，又是城市居民社会活动的中心，具有供城市居民集会、交通集散、游览休息、商业集市等多种功能。

广场四周往往有一些重要的、可反映城市面貌的建筑与设施，很多大型广场周围的建筑成为一个城市的标志建筑。中心广场常常是一个城市甚至是一个国家的心脏与象征，如天安门广场、莫斯科红场等。纪念性广场反映了一个城市、一个民族的文化、历史与信仰。交通集散广场每天有大量的人流、能流、物流、信息流通过与集散，是城市多种功能的集结点。

广场是城市生态系统中人流、能流、物流、信息流在流通环节中的一个停顿、休息与间隔，使其再集中、再分配与再传递，相当于信息控制中的一个分检器，将人流、物流、能流与信息流重新组合后再分向四方，是城市生态系统功能得以通畅与完善的重要环节。

城市广场作为城市景观的一个组成部分，除了功能的要求之外，还有其艺术要求。如集会广场要求广场的形式和周围的建筑及绿化布局有主轴线，以达到宏伟壮观的景观效果。纪念性广场要利用建筑、植物、雕塑等的体形、体量、比例尺寸、空间组合、透视关系的方法，组织最佳的视距、视角与视线，以达到瞻仰、纪念的效果。交通集散广场则要与市内外交通要道有便利的联系，在保证通畅的前提下，注意广场形式的美观，突出周围建筑物的立面效果。

第六节　城市景观规划

城市是以聚集的人类为主体的景观生态单元，高度人工化是城市景观区别于自然景观的最突出的特征。人类强烈地影响城市景观，在很大程度上反映了当地的历史、文化与社会经济发展状况，城市景观也因此具有自然生态与人文内涵双重性。自然景观是城市景观的基础，人文内涵则是城市景观的灵魂。

要维持城市的健康发展，就要保证城市景观生态平衡和环境生态平衡，各种生态流应该运行畅通，城市系统运转高效。应该正确处理人类与自然、人类与其他生物以及居民生活需求与资源的关系。城市景观规划应使城市景观符合环境生态学的规律，应既充满自然性，又富有人文内涵。合理的城市景观规划是建设生态城市的前提。

一、城市景观规划的基本原则

近年来，建筑界强调应协调城市中人、建筑与环境的关系，更强调人的主体地位与主导作用。在城市景观规划中主张遵循以下基本原则：

(一)以人为主的基本原则

城市景观规划设计的最终目的是应用社会、经济、文化艺术、科技、政治等综合手段，来满足人们在城市环境中的生存与发展。城市的主体是人，服务对象是人，因而城市的景观规划设计必须满足人类生存、享乐与发展的要求。例如设计应符合人体尺寸比例，各类景观都要满足人类生理与心理的需求,应体现对人的关怀,根据婴幼儿、青少年、成年人、老年人、残疾人的活动行为特点和心理活动特点,创造出满足各自需要的空间,如运动场地、宽阔的草地和老年人俱乐部等。时代在发展进步,人们的生活方式与行为方式也会随之变化,因此城市景观规划设计也应适应这种变化的需求。

在城市中人是不可忽视的主体,各种景物形象要通过人的感官反映到大脑,才能形成城市景观。没有人的城市景观是不存在的。

(二)师法自然的原则

如何协调人与自然环境的关系是当前人类面临的重大课题,在这方面,我国的传统文化更接近于生态规律。和西方建筑追求人工美、几何美,主张个体张扬不同,中国传统建筑主张与自然和谐,以达到"天人合一"的境界,更符合现代城市景观规划的原则。

地形地貌、河流湖泊、原始植被等要素是城市主要的景观资源,是城市景观的基础。但是,现代城市的发展,大量的人工景观替代了自然景观,使得城市环境已经远离了大自然。长期生活在繁华大城市的居民已经厌恶了这种拥挤、吵杂、繁忙的环境,追求和向往大自然。因此在城市景观设计中,应尽可能地师法自然,将大自然引入现代城市,这是城市景观规划设计的原则,也是任务。在钢筋混凝土建筑林立的都市中,积极合理地引入自然景观要素,不仅对实现城市生态平衡、维持城市的持续发展具有重要意义,同时以自然的柔美特征"软化"城市的硬体空间,为城市景观注入生气和活力。如今园林城市已经成为城市景观规划和建设的主导思想。在园林规划设计中,应尽可能多留一些开阔的空间与绿地,利用与改造地形增加山林、水系、野趣的景观。过多的人工建筑和修饰、过细的人工雕琢是城市园林景观设计的大忌。

(三)保持特色的原则

地方特色和乡土气息是城市景观的灵魂。地方特色是当地人文环境和自然环境长期作用演化的结果,没有地方特色的城市景观是苍白的、没有生气的。一个成功的城市景观规划设计应使人们能从景观上分辩出不同城市来,千城一面是城市景观规划设计的失败。不仅从建筑特色上,还可从不同城市特殊的地形地貌、植被上体现地方特色和乡土气息。尊重自然,保持和加强城市的自然景观特征,使人工景观与自然景观和谐共处,有助于城市特色的保持和创造。近年来,我国许多城市都定了市树、市花,这也是体现地方特色的一个努力。例如棕榈科是热带的标志植物,椰子树使人们想到了海南风韵。白桦树是寒带植物,白桦林自然让人们联想到北国风光。

(四)继往开来的原则

城市景观建设许多情况下是在原有基础上所作的更新改造,即所谓旧城改造,今天的建设成为连接过去与未来的桥梁。对于具有历史价值、纪念价值和艺术价值的景物,要有意识的挖掘、利用和维护保存,以使历史所营造的城市空间及城市景观得以连贯,简而言之为:延续历史、开创未来。同时应用现代科学技术,在城市景观的多个要素方面,创造出具有地方特色与时代特色的城市空间环境,以满足时代发展的需要。那些为赶潮流、时髦而一味模仿的规划设计,一般不结合当地的具体情况,还往往表现为急于割断传统。它们常常集豪华与富贵于一身,象一个镶满金牙的爆发户,应有尽有,就是没有文化和灵魂。

(五)协调统一的原则

城市的健康与美要体现在整体的和谐与统一之中。豪华漂亮建筑的集合不一定能组成一座健康与美的城市,而一群普通的建筑却可能形成一座景观优美的城市,意大利中世纪城市即是最好的例证。因此,一个城市只有达到各景观要素间的协调一致,具有特色,又富有变化,才能体现出整体的健康与美。

二、城市景观规划的内容

城市景观规划设计是以城市中的自然要素与人工要素的协调配合,以满足人们的生存与活动要求,创造具有地方特色与时代特色的空间环境为目的的工作过程。其工作领域覆盖从宏观城市整体环境规划到微观细部的环境设计的全过程,一般分为城市总体景观、城市区域景观和城市局部景观等三个层次。城市景观规划设计是对城市空间视觉环境的保护、控制与创造,它与城市规划等有着密切的关系,它们之间互相渗透、互为补充。

如果说,城市规划是对城市土地所作的平面使用计划,城市景观规划就是土地立体使用计划。城市景观规划就土地立体使用,对各城市景观要素按上述原则,进行科学合理的规划设计。其内容是在上述三个层次的基础上,在不同的景观区里进行城市本底、斑块和廊道的规划设计。城市的道路网络是典型的廊道类型,具有明显的人工特性,亦是城市景观规划的重要环节,而城市植被是城市景观中的斑块(镶嵌体)类型,是相对自然的组分。做好城市的道路网络与城市植被系统的景观规划,同时注意城市景观的人文内涵,就能使一个畅通的、健康和现代园林城市的人文景观得到充分的体现。

(一)城市道路网络系统景观规划

道路网络系统的规划是城市景观规划的重要组成部分。其主要规划思想是:在区域范围内应减少过境公路对城市区的干扰,在城市区范围内应寻求最合理的道路配置。从生态效益、社会效益和经济效益三方面统一协调考虑,合理规划设计道路的形态结构。

1. 道路的形态结构和总体格局规划

在城市道路网络系统景观规划中,道路的宽度、平竖曲线度、纵坡、道路交叉点、道路连通性和道路密度等反映道路的形态结构和总体格局。道路形态结构的确定应综合考虑道路的功能、地形地势、经济条件和生态特征等多方面因素。在达到整体运输目标的要求下,应寻求最优的道路配置,降低道路密度。对道路的形态结构和总体格局的规划设计,既要保证城市中能流、物流、人流、信息流的畅通,又要最大限度降低对自然环境的破坏。

2. 完善道路网络的生态功能

应加强道路绿化体系建设,行道树和防护林的景观规划建设是减少道路对城市环境和生态平衡不利影响的有效途径。道路绿化带是城市景观中重要的绿色走廊,对改善城市生态功能十分有益。道路与道路绿化应视为不可分割的统一整体,是道路网络系统规划中永远适用和应该遵循的原则。

(二)城市植被系统景观规划

一个生态稳定的城市植被景观,其结构和功能要高度统一和谐,不仅外形符合美学规律,内部和整体结构更应符合环境生态学原理。要从空间异质性程度、生境连通程度、人为活动强度、物种多样性等多方面综合考虑。在合理的规划设计指导下进行建设的同时,还应为生物的生存与发展提供必要的生境条件。

在城市植被景观的规划建设中,保证相当规模的绿色空间和植被覆盖是建造好城市植被景观的关键。在城市规划建设中,一定要珍惜原有的自然绿色,对一些具有特色意义的自然和文化景观要尽可能保留。同时针对不同功能区和实际情况尽可能利用空地重新建造人工植被系统。

城市植被景观应反映地方特色、城市特色的景观作用。因此,在城市绿色景观规划建设时,要把建造自身特色放在重要地位。城市特色是评价城市规划和建设最基本的准绳之一。特色是城市自然、社会、经济、文化和居民素质的综合反映。城市景观规划应以当地的自然生态条件、地理位置特点为基础,融合传统文化、民俗风情和现代生活需求,反映城市的发展和居民的艺术品味,给绿色景观赋予人文内涵,这样的城市绿色景观才具有灵魂、生气和活力。

(三)城市景观的人文内涵

城市景观不仅是城市内部和外部形态的有形表现,它还包含了更深层次的文化内涵,它是物质与精神的结合。

城市的发展是一种渐进的、演变的过程。城市是人类文化的结晶,城市的历史和文化孕育了城市的风貌和特色。城市的文化特色是城市发展、积累、积淀和更新的表现。人们的社会价值观在不断地发展变化,由于城市的更新和发展,那些陈旧而又无价值的东西将不断被抛弃和淘汰,而城市中一些有深厚人文内涵的物质和精神文化则被保留下来,如古建筑、古迹和有使用价值的建筑,这些建筑和遗迹就成为城市发展的历史见证和人类活动的印证,其中一些建筑成了城市的永恒标志。如希腊的雅典卫城、北京的故宫、法国的巴黎圣母院、意大利的圣·彼得大教堂等。同时从城市的主体脉络中也同样可以寻找到城市人文景观与城市文化发展的轨迹。例如,法国巴黎沿着塞纳河这条城市轴线,卢浮宫、万神庙、德方斯一直到新城,一组建筑群不断展示开来,各个时期、不同时代的建筑风格沿着成网的干道向城市四周摊开。这种城市的文化特色,成为城市景观规划的重要内容。如今这种文化积淀已成为人类文化的共同遗产。

然而在我国的城市开发建设的实践中,过去的城市景观规划思想往往追求高度密集的高层建筑和四通八达的道路网,使之成为城市景观的典型模式。多数城市景观大同小异,没有思想、没有中心,缺少自然美感和人文内涵,没有文化特色。正如前英国皇家建筑师学会会长帕金森(Parkinson)所说:“全世界有一个很大的危害,我们的城镇正在趋向同一模式,这是很遗憾的,因为我们生活中的许多情趣来自多样性和地方特色”。所以,城市景观规划应融入文化特色和人文内涵,通过城市景观反映一定地区、一定时期下的城市特色及居民的经济、精神、伦理、美学等各种价值观,表达居民对环境的认知、感知和信念等文化内涵,城市也因此有了灵魂。

城市景观文化规划是一个新兴领域,对其包含的范围、内容、方法和途径都有待深入的研究和实践。努力挖掘当地文化的精华,继承文化遗产,寻求城市文化的延续和发展,寻求景观的地方特色,营造浓郁的乡土气息;同时加强对城市文化设施的规划和建设,提高公众艺术水准,是居当今世界前沿的城市景观规划思想,也是城市景观规划的发展趋势。

第七节　历史遗产与其景观规划

1972年联合国教科文组织制定了《文化遗产和自然遗产保护的国际公约》,其前言指出“生活环境急剧变化的社会中,能保持与自然和祖辈遗留下来的历史遗迹密切接触,才是人类生活的合适环境。对这种环境的保护,是人类均衡发展不可缺少的因素。因此,在各个地方的社区中,要充分发挥文化和自然遗产的作用”。历史遗产在景观中的体现就是遗址。

一、遗址的概念

遗址是过去岁月各种活动保留至今而又不可移动的痕迹。广义的遗址是大自然和人类活动一切不可移动的遗存。

遗址分为人文历史遗址和自然历史遗址。我们所要研究的是具有典型历史时代特征而又对人类有价值的遗址。

二、遗址的特征和意义

(一)宝贵的文化资源

考古学家、人类学家、地理学家、生物学家依靠这些人类和大自然运动留下的遗址,推断出史前人类活动和古环境的变迁。他们把我们对往昔的追溯想象推至几万年、几十万年以至几百万年前,使我们看到一个又一个消逝的年代。遗址的价值在于它所承载的信息和文化内涵。

回顾历史,不是为了满足好奇心。深入了解古代环境、生活、经济演变过程,是为了掌握人类的物质文化发展规律,最终求得人类社会健康的发展。因此从根本上来说,遗址是人类创未来的宝贵的文化资源。

(二)民族、国家历史文化的象征

文物遗址是一个民族、国家历史过程的见证,维系着世代人们的情感。一个可使人们回忆历史的景观,让世世代代的人们形象地了解祖辈生活的成就,从而也就联系着祖先、现代人和未来人的情感。

国家、民族的凝聚力是一代又一代人所继承的历史文化,而文化遗址是历史文化形态的“实物”。故土对遍及世界的中国人有着巨大的吸引力,这是因为这里是他们祖辈生活的地方,这里有他们买不到,也搬不走的长城、兵马俑、敦煌、周口店。

(三)深层次的美学价值

遗址之美是耐人寻味的,正象戏剧中震憾人心的“悲剧美”。遗址是表现人类历史的景观悲剧。陈旧、剥落、甚至倒塌只剩废墟的宫殿、庙宇,具有憾人心灵的魅力,以低回的旋律沉思历史,令人流连忘返。在艺术的眼光中,它们有比新建筑更具有耐人寻味的深层次的美,这些残存之景观会引起人们无限激情和感慨。

(四)不可再生性

千百年前的遗址在漫长岁月里经过无数侵扰而保存至今是极为难得的,越是久远的遗址越显珍贵。时光不可倒流,汉朝石刻,宋朝建筑,毁坏一个就永远少了一个。毁灭的历史遗址,将永远消失,不可再生。

我国的历史文物、文化遗址遭受了太多的劫难,帝国主义的掠夺,太平天国、文化大革命的破坏。现在存留下来的躲过万劫的文物和遗址,我们应倍加珍惜才是。

三、人文历史遗址

(一)伟人活动遗址

帝王陵墓、名人故居都属于这一类遗址。从景观上讲大多数都很普通,但联系到主人的活动痕迹,同样使人触景生情。

(二)重大历史事件残迹遗址

对历史进程起着加速、延缓甚至扭转作用的事件,可称为重大历史事件。一些古战场如赤壁、虎门销烟地、北京圆明园遗址等都是这类遗址。圆明园不能简单定位为一座普通的皇家园林,它应该作为对帝国主义侵略中国的见证,定位为“圆明园遗址”是恰当的,按原样恢复实不可取。

(三)文物遗物地

诸如长城、金字塔、紫禁城等都是精心建造的遗物,一般都得到了较好的保护。但人们往往忽略了这些遗物的历史空间环境。如我们许多历史文化遗址的空间,现在都栽种着方形、圆形、整形图案的绿篱,配有水泥花坛和喷水池,采用的是西方园林造景手法,显得不仑不类。中国历史遗址应有恰当的历史空间环境,应选择乡土树种,采用自然式绿化布局最为恰当。

四、自然历史遗址

大自然所跨越的时光更为悠远,它的演变过程没有文学记载,大自然运动的遗址是唯一可使人研究其历史的物证。

(一)文明的摇篮

大自然哺育了人类,也孕育了人类的文明,它不仅有科学价值,还有巨大深远的美学艺术价值。黄河、恒河、尼罗河、幼发拉底河和底格里斯河是举世公认的人类文明摇篮。在这些河流两岸产生了各自独立的文化体系,保护这些河流,让它们的波涛永远奔腾不息,这是人类现代以及将来更为灿烂文明“寻根”的需要。

(二)地球造山运动遗址

火山、断层、冰川是地球造山运动留下的典型的自然遗址。我国四川九寨沟色彩变幻的湖泊就是第四纪冰川运动刨蚀山谷、冰碛物阻塞流水而形成的堰塞湖,湖水映着四周的雪山和原始森林,静寂又神秘。

在这里,自然景象虽不是远古的环境,但眼前的一切却是自然演变的结果,仍是十分珍贵的。自然遗址景观规划目标就是保护其“原始性”。

(三)地面生物演变遗址

生命躯体在死之后很快就会腐烂分解,只有极其个别的在特殊环境里成为化石。这些史前化石是人类研究生命起源演化的珍贵材料。

北京周口店猿人遗址在 1986 年被列为世界文化遗产。我国湖北小河自然保护区的水杉、浙江天目山里的银杏、美国加利福尼亚州塞廓亚国家天然公园的红杉树,都是第四纪冰川运动后遗留下来的世界珍贵树木,它们被称为“活化石”,是古地理环境变迁的见证。

五、遗址地规划原则

国际的《威尼斯宪章》、国内的《中华人民共和国文物保护法》《风景名胜区规划管理条例》是遗址地规划基本准则。

(一)保护

遗址的价值在于其历史"真迹",它直接使人追溯想象过去发生的事情,因此规划的核心是"保护历史原本的一切"。自然遗址、人文历史残迹遗址都属于绝对保护之列,它们一旦失去将再也无法挽回。

保护是指现有状况一切不再改变,包括破旧、倒塌的东西不予修复。70 年代初成立的"世界文化遗产公约组织",对世界文化遗产单位选择原则,关键一条是其"历史本性"。法国巴黎某一著名的教堂在 19 世纪末维修时,弥补了建筑立面上全部损缺,结果"世界文化遗产公约组织"拒绝该教堂列入世界文化遗产的申请。我国多处文化遗产的申请遭拒绝都是类似的原因。

(二)修复

修复是指建成历史上最好状态,这主要是对古建筑而言。一般不提倡修复,但当古建筑的初始形式有特殊的历史意义,而缺失部分在总体上只占很小分量时,允许修复缺损。修复要有考古的精确性,对原状要有权威的证据。修复部分应可以识别,以保持文物建筑的历史可读性,不使文物建筑的历史失真。

(三)重建

重建是指在严重损坏的废墟上重新按原样建造文物建筑。重建更不应提倡,它很容易造成文化史的错误认识,甚至虚伪和欺骗。

由于火灾、地震、战争等因素造成的珍贵文物建筑毁灭,如果当地人普遍感情需要寻回那些曾是文明象征之物,可以进行重建,但必须有严格的根据和证明,绝不可臆测。重建的东西不再含有任何历史痕迹和信息,已不具备历史真实性。

我国有辽阔的地域,有 6 000 年的灿烂文明,雄奇瑰丽的名山大川和悠久的历史古迹,为海内外人士所瞩目神往,但这些文化和自然遗产的保护工作却做得使人遗憾。经历了历次战争,经历了各种自然灾害,经历了"文化大革命",中国仍然保留下了一些真正的历史古迹,但数量非常有限。现在这些历史古迹面临着犯罪分子恶意破坏和以不正确保护而引起的善意破坏。我们对待历史文物遗址首先要充分认识其历史文化价值,明确遗址地域景观规划的指导思想。

附:中国的历史名城和国家级风景名胜区

自 1978 年以来,我国国务院先后公布了 99 座历史文化名城和 119 处国家重点风景名胜区,其分布情况如下:

历史文化名城:

北京、上海、天津、重庆;河北省:承德、保定、正定、邯郸;山西省:大同、平遥、新绛、代县、祁县;内蒙古:呼和浩特;辽宁省:沈阳;吉林省:吉林、集安;黑龙江省:哈尔滨;江苏省:南京、苏州、扬州、镇江、常熟、徐州、淮安;浙江省:杭州、绍兴、宁波、衢州、临海;安徽省:歙县、寿县、亳州;福建省:泉州、福州、漳州、长汀;江西省:景德镇、南昌、赣州;山东省:曲阜、济南、青岛、聊城、邹城、临淄；河南省：洛阳、开封、安阳、商丘（县）、郑州、浚县；湖北省：江陵、武汉、襄樊、随州、钟祥；湖南省：长沙、益阳；广东省：广州、潮州、肇庆、佛山、梅州、海康；海南省：琼山；广西：桂林、柳州；四川省：成都、阆中、宜宾、自贡、乐山、泸州、都江堰；贵州省：遵义、镇远；云南省：昆明、大理、丽江、建水、巍山；西藏：拉萨、日喀则、江孜；陕西省：西安、延安、韩城、榆林、咸阳、汉中；甘肃省：武威、张掖、敦煌、天水；宁夏：银川；青海省：同仁；新疆：喀什。

国家级风景名胜区：

北京：八达岭、十三陵；天津：盘山；河北省：承德避暑山庄、外八庙、秦皇岛北戴河、野三坡、苍岩山、嶂石岩、西柏坡—天桂山、崆山白云洞；内蒙古：扎兰屯；山西省：五台山、恒山、黄河壶口瀑布、北武当山、王老峰；辽宁省：鞍山千山、鸭绿江、金石滩、兴城海滨、大连海滨—旅顺口、凤凰山、本溪水洞、青山沟、医巫闾山；吉林省：松花湖、“八大部”至净月潭、仙景台、防川；黑龙江省：镜泊湖、五大连池；江苏省：太湖、南京钟山、云台山、蜀岗瘦西湖、三山；浙江省：杭州西湖、富春江—新安江、雁荡山、普陀山、天台山、嵊泗列岛、楠溪江、莫干山、雪窦山、双龙、仙都、江郎山、仙居、浣江—五泄、方岩、百丈漈—飞云湖、方山—长屿硐天；安徽省：黄山、九华山、天柱山、琅玡山、齐云山、采石、巢湖、花山谜窟—浙江、太极洞、花亭湖；福建省：武夷山、清源山、鼓浪屿—万石山、太姥山、桃源洞—鳞隐石、金湖、鸳鸯溪、海坛、冠豸山、鼓山、玉华洞、十八重溪、青云山；江西省：庐山、井冈山、三清山、龙虎山、仙女湖、三百山、梅岭—滕王阁、龟峰、高岭—瑶里、武功山、云居山—柘林湖；山东省：泰山、青岛崂山、胶东半岛海滨、博山、青州；河南省：鸡公山、洛阳龙门、嵩山、王屋山—云台山、石人山、林虑山、青天河、神农山；湖北省：武汉东湖、武当山、大洪山、隆中、九宫山、陆水；湖南省：衡山、武陵源、岳阳楼洞庭湖、韶山、岳麓、崀山、猛洞河、桃花源、紫鹊界梯田—梅山龙宫、德夯；广东省：肇庆星湖、西樵山、丹霞山、白云山、惠州西湖、罗浮山、湖光岩；海南省：三亚热带海滨；广西：桂林漓江、桂平西山、花山；重庆：长江三峡、缙云山、金佛山、四面山、芙蓉江、天坑地缝；四川省：峨眉山、九寨沟—黄龙寺、青城山—都江堰、剑门蜀道、贡嘎山、蜀南竹海、西岭雪山、四姑娘山、石海洞乡、邛海—螺髻山、白龙湖、光雾山—诺水河、天台山、龙门山；贵州省：黄果树、织金洞、无阳河、红枫湖、龙宫、荔波樟江、赤水、马岭河峡谷、都匀斗篷山—剑江、九洞天、九龙洞、黎平侗乡、紫云格凸河穿洞；云南省：路南石林、大理、西双版纳、三江并流、昆明滇池、丽江玉龙雪山、腾冲地热火山、瑞丽江—大盈江、九乡、建水、普者黑、阿庐；西藏：雅砻河；陕西省：华山、临潼骊山、宝鸡天台山、黄帝陵、合阳洽川；甘肃省：麦积山、崆峒山、鸣沙山—月牙泉；宁夏：西夏王陵；青海省：青海湖；新疆：天山、天池、库木塔格沙漠、博斯腾湖、赛里木湖；西藏：雅砻河。

第十五章　城市环境质量评价

第一节　环境质量评价概述

环境质量是环境科学的一项基础研究课题。20 世纪 70 年代以来世界各国都开始注意到环境质量评价的研究工作。

人们之所以要对环境质量进行评价,是由人类的社会实践的需要所决定的。人类对环境质量采取漠不关心态度的时代已经过去了。人类不得不努力地认识自己与环境质量之间的关系。如果人类想继续存在的话,那么就应当充分认识自己行为将会对环境产生什么样的后果之后才开始行动。

一、城市环境质量评价的意义与作用

城市环境质量评价是认识和研究城市生态系统的一个重要课题。环境质量是环境系统客观存在的一种本质属性,并能用定性和定量的方法加以描述的环境系统所处的状态。所谓环境质量评价,是评价环境质量的价值,是对环境质量与人类社会生存发展需要满足程度进行评定。环境质量评价的对象是环境质量对人类生存发展需要之间的关系,也可以说环境质量评价所探讨的是环境质量的社会意义。

从城市生态的角度看,城市环境质量评价是为了城市生态系统的良性循环,保证城市居民有优美、清洁、舒适、安全的生活环境与工作环境。从社会经济角度来看,是为了以尽可能小的代价获取尽可能好的社会经济环境,取得最大的经济效益、社会效益和环境生态效益。

城市环境质量评价是客观环境质量的反映。它可以用资源质量、生物质量、人群健康、人类生活等尺度来度量。有了大量的调查分析资料和监测数据,在同一基础上,就可以把质和量的概念结合起来,以环境质量综合指数的无量纲数,作为评价城市环境质量的工具,这样可以使我们对城市地区有一个数量和质量上的比较,使地区与地区,城市与城市之间的环境质量比较,有一个客观评价标准。

二、城市环境质量评价的目的

城市环境质量评价的主要目的有:

1. 评价城市环境质量状况及其演变趋势。
2. 提出符合当地实际的环境保护技术政策。
3. 提出改善城市环境质量的全面规划、合理布局的城市环境总体规划设想。
4. 提出控制城市环境污染的技术方案和技术措施。
5. 提出地区性的污染排放标准、环境标准和环境法规。

6. 提出当地环境医学重点研究的方向,推动环境医学上的微观研究。

因此,城市环境质量评价的根本目的是保护人体健康,为控制和改善环境质量提供科学依据。

三、城市环境质量评价的类型

城市环境质量评价可分为:回顾评价、现状评价与预断评价三种类型。

(一)环境质量回顾评价

环境质量回顾评价是指对区域过去一定历史时期的环境质量,根据历史资料进行回顾性的评价。通过回顾性评价可以揭示出区域环境污染的发展变化过程,是环境现状评价和环境影响评价的基础。进行这种评价需要历史资料的积累,一般多在科学监测工作基础比较好的大中城市进行。

回顾评价时一方面收集过去积累的环境资料,同时进行环境模拟,或采集样品分析,推断出过去的环境情况。它包括对污染浓度变化规律、污染成因、污染影响环境的程度的评估,对环境治理效果的评估等。例如可通过对污染物在树木年轮中含量的分析来推知该地区污染物浓度的变化状况。回顾评价还可以作为事后评价,对环境质量预测的结果进行检验。

(二)环境质量现状评价

环境质量现状评价是我国各地普遍开展的评价形式。它是依据一定的标准和方法,着眼当前的环境质量变化进行评价。它一般是根据近三、五年的环境监测资料进行的,通过这种形式的评价,可以阐明环境污染的现状,为进行区域环境污染综合防治提供科学依据。环境现状评价包括下面几个内容:

1. 环境污染评价

环境污染评价要进行污染源调查,了解进入环境的污染物种类和数量及其在环境中的迁移、扩散和变化,研究各种污染物在时空上变化规律,建立数学模式,说明人类活动所排放的污染物对生态系统、对人类健康已经造成或即将造成的危害。

2. 自然环境评价

自然环境评价指为维护生态平衡,合理利用和开发自然资源而进行的区域范围的自然环境质量评价。

3. 美学评价

美学评价指评价当前环境的美学价值。

(三)环境质量预断评价

环境质量预断评价又称环境影响评价,它是指对区域的开发活动给环境质量带来的影响进行预测和评估。环境保护法规定在新的大中型厂矿企业、机场、港口、铁路及高速公路等建设以前,必须进行环境影响评价,写出环境影响评价报告书。

按照环境质量评价的要素,可以分为单个环境要素的质量评价和整体环境质量的综合评价,有时还可以区分出部分环境要素的联合评价。单个环境要素的质量评价包括大气、地表水、地下水的评价;联合评价包括土壤及农作物的联合评价,地表水、地下水、土壤及农作物的联合评价等;整体环境的环境质量评价是指对全环境各种要素的综合评价,进行这种评价的工作量很大,有一定的难度。

四、城市环境质量评价的内容

（一）城市自然环境和社会环境背景调查分析

已知城市是在自然环境的本底上建立起来的人工环境。自然环境为城市环境提供了物质基础，自然环境条件又决定了对城市污染物质的输送、稀释扩散和净化能力。显然，自然环境背景对城市环境质量有显著的制约作用。因此，我们在进行城市环境质量评价工作时，首先必须对城市的自然环境背景进行调查了解。

自然环境背景的调查内容包括城市地区的地层组成、地质构造、岩性及产状、水文地质、工程地质条件、环境水文地质条件、地貌形态、水文、气象、土壤、植被、珍稀动植物物种等等。

城市是人类适应生产力发展的水平，按照自己的意志和愿望，对自然环境进行了强烈改造的人工环境单元。因此，城市环境受到人们目的和愿望的制约，即作为人们目的和愿望体现的社会环境对城市环境有强烈的影响。为此，进行城市环境质量评价还必须对城市的社会环境背景进行调查了解。

社会环境背景的调查内容包括城市地区的土地利用、产业结构、工业布局、主要厂矿企事业单位和居民点的分布、人口密度及其空间分布、国民经济总产值及在行业、部门间的分配、市政及公共福利设施、重要的政治、经济、文化、卫生设施及位置、环境功能区的划分、各功能区的位置、近期和远期的环境目标等。

（二）城市污染物及污染源的调查与评价

城市环境污染及污染源的评价，是为了对种类繁多、性质各异的环境污染物及污染源进行全面客观而科学的评价，在评价中必须建立一个标准化的评价计算方法，即建立一个可比的同一尺度基础，使其具有可比性。比较以后，可确定城市主要污染物。

在普查污染物的基础上，进行一步确定城市的主要污染要素和污染物，因为城市污染特征是由主要污染物所决定的。任何一种污染物都可以作为环境因子，污染物质愈多，愈能全面反映环境要素的综合质量。但选用太多，往往增加监测工作量。因此实用上常选择该地区大气或水体中有代表性的污染物作为参数。首先选择最常见而常规监测所包括的污染物项目，作为依据。

由于污染物对城市人体健康带来的潜在危害，是由污染物排放量和毒性共同决定的，因此，可建立一个系数来表达各种污染物对环境的潜在的危害能力，即

$$F_i = \frac{m_i}{d_i} \tag{15-1}$$

式中 F_i——污染物排毒系数；

m_i——污染物的排放量；

d_i——能导致一个人出现毒作用反应的污染物最小摄入量，由毒理学实验所得出的毒作用阈剂量值计算求得。

废水中污染物 d_i 值计算：

$$d_i = \text{污染物毒作用阈剂量(mg/kg)} \times \text{成年人平均体重(55kg)} \tag{15-2}$$

废气中污染物 d_i 值计算：

$$d_i = \text{污染物毒作用阈剂量(mg/m}^3\text{)} \times \text{人体每日呼吸空气量(10m}^3\text{)} \tag{15-3}$$

F_i 值的意义是表示当污染物充分、长期作用于人体时能够引起出现毒作用反应的人

数。F_i 值完全是一个反映污染物排放水平的系数，它不反映任何外界环境的影响，因此可以作为污染源评价的一个客观指标。

人体健康和生态状况，是进行城市环境质量评价的基本出发点。即环境中一切单因子和复合因子的好坏，都应以对人体健康和生态影响为标准，各种不同性质的污染物，各种不同量纲的因素，通过这种标准化计算，统一在同一的量纲上，相互之间就具有了可比性，使环境中各种不同量纲的因素，最后在统一的量纲上进行对比和进一步运算。F_i 就是环境质量评价中一个无量纲数据值。

在得知一个城市中各种污染物排放总量之后，可以计算它各自的 F_i 值，F_i 值愈大，污染物对环境污染的潜在危害能力就愈大，根据 F_i 值大小，即可以从中选定主要污染物。

一个工厂对环境的潜在危害能力，可用该工厂排放的各种污染物 F_i 值之和 $\sum F_i$ 表示，比较各工厂的 $\sum F_i$ 值，即可判断主要污染源。

包含有许多污染源的城市排毒系数，是各工厂和单位的 $\sum F_i$ 值之和，因此不同地区和不同城市之间也可以进行比较。

根据以上方法，可初步判断城市中的主要污染源和污染物。

(三)环境质量和监测和评价

合理的正确的环境监测工作，能够较真实地全面地反映环境质量的客观情况，使评价所描述的环境质量，达到较为细致和真实的程度。

城市污染监测的原则：

1. 根据环境污染监测的不同目的，选择环境污染监测方案。

2. 环境污染监测网的布置，力求以最少的布点控制最大的面积。根据自然环境条件、污染源的特征及其周围的社会环境条件，布置监测网点，力争合理正确。网点密度必须因地制宜，以达到满足评价的目的为原则。

3. 环境污染监测项目，力求选择较少的项目，而可能真实地反映评价地区的主要污染状况。选择的监测项目必须具有代表性，对于排放量大、毒性强的污染物，必须列入监测项目，以便较客观地反映评价地区的环境质量状况。

4. 监测必须用科学方法采集样品，使采集的样品具有真实性。根据污染物在各环境要素中的特点，决定采样方法和采样频率。样品的保存以及处理方法都应该十分可靠。

(四)环境污染生态效应的调查或监测评价

环境污染生态效应指环境污染对植被、农作物、动物和人群健康的影响。可以通过社会调查、现场踏勘或实地采样化验等方法查清环境污染的生态效应，最终为划分各要素和全环境的环境质量等级提供依据。

调查了解或监测评价的内容包括植被、农作物的一般伤害症状、长势、产量、体内污染物质的含量等；对于动物、人群，则主要了解多发病、常见病、流行病、特异病症、生育状况、畸形、怪胎、体内敏感器官或组织中污染物质的含量等等。儿童对环境污染较为敏感，故儿童的生长发育和健康指标也常作为生态效应调查的内容。

(五)环境质量研究

主要研究城市环境质量的时空变化和影响因素及污染物在城市环境各要素中的迁移转化规律和分配，建立相应的数学模式。研究环境对污染物的自净能力，确定环境容量。

为制定污染物的排放标准和环境质量标准提供依据。

(六)污染原因及危害分析

从城市规划布局、土地利用、人口数量、资源消耗、产业结构、工业选型、生产工艺与设备等宏观决策方面来寻找污染的原因,以便为彻底根治污染提供决策依据。

污染危害主要指环境污染对生态环境的破坏,对人群健康的影响,及由此造成的经济损失。

(七)综合防治对策研究

开展针对城市环境质量问题进行综合防治对策的研究。综合防治对策包括以下内容:从环境区划和规划入手,调整城市的产业结构、工业布局和功能区划分,制定市政建设计划,确定环境投资比例和重点治理项目;从环境管理入手,制定有关环境保护的法令、法规,按城市功能区划分和环境容量,确定各项污染物的环境质量标准和污染物排放标准,以及控制排放、监督排放的各项具体管理办法;从环境工程入手,制定城市重点污染源的治理计划和各污染源的治理方案、经费概算和效益分析。最后,根据提出的综合防治对策进行城市环境质量预测。

五、城市环境质量评价程序

城市环境质量评价的工作程序见图 15-1 城市环境质量评价工作程序框图。

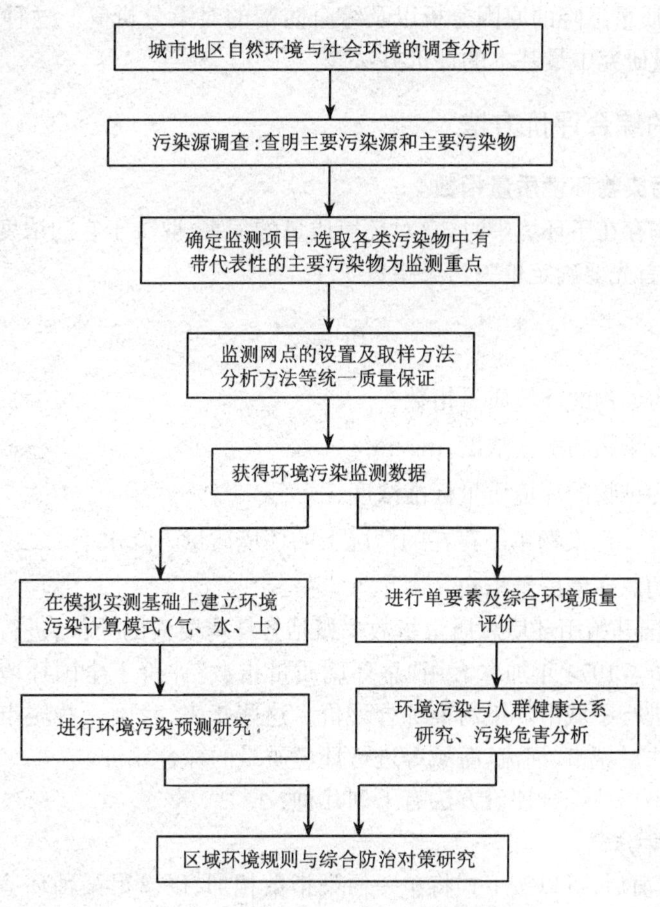

图 15-1　城市环境质量评价工作程序框图

第二节　城市环境质量评价的方法

城市环境质量评价是一项大的系统工程。搞好城市环境质量评价的关键是要搞好评价总体方案的设计。总体方案设计要考虑到城市的性质、结构、规模、历史、特点、主要环境问题以及现有资料条件、已有的工作基础、协作力量等等,在此基础上确定评价的目的、目标、标准、范围和要求。

城市环境质量评价的具体技术工作基本上采用环境质量评价的一般工作方法,包括污染源的调查与评价,各环境要素的现场踏勘、布点、采样、室内分析化验、数据处理等。首先作出单要素的环境质量评价和污染等级划分,然后再进行综合,得到城市全环境的综合质量评价和污染等级划分,并编制城市环境质量图。

城市环境质量评价方法大致分为以下几种。

一、定性的综合分析与评价方法

定性的评价方法有感官(觉)法、经验法、外推法、演绎法等。在城市环境质量综合评价中,它们常用于城市环境问题的分析、污染源的调查分析、社会经济因素对环境影响的分析、城市环境质量下降的原因分析以及综合防治的对策分析等。这种定性的综合评价方法是环境质量研究中最基本的评价方法。

二、定量的综合评价方法

(一)单一污染物环境质量指数

单一污染物存在于环境中时,它对环境质量的危害,取决于它的浓度和毒性。采用此法进行计算时,首先要确定单一污染指数 P_i:

$$P_i = \frac{C_i}{S_i} \tag{15-4}$$

式中　P_i——污染物的环境质量指数;

C_i——污染物的实测浓度,mg/m^3;

S_i——污染物的环境质量标准浓度,mg/m^3。

P_i 值表达了 i 污染物单一存在的情况下的环境质量下降水平。

(二)定量的总环境质量指数

1969 年美国开始用环境总质量指数来概括各环境要素的质量,进行了全国自然资源质量好坏的评价。1974 年加拿大用“总环境质量指数”评价了全国环境综合质量。1975 年日本大阪府进行了城市环境污染综合评价。这些年来,我国一些城市和地区也开始用质量指数的方法对城市、河流、海域等进行环境质量的综合评价。

定量的污染指数综合评价方法有下列几种:

1. 均权迭加法

在获得 P_i 值后,可以按下式将单一污染指数相加,以求得某种环境要素,例如大气、水体或者土壤的质量指数 Q_i,其计算通式为:

$$Q_i = \sum_{i=1}^{k} P_i \tag{15-5}$$

$$P_i = \frac{C_i}{S_i} \qquad (i = 1,2,3,\cdots K)$$

式中 Q_i——综合质量指数；

P_i——各环境要素的质量指数(分指数)；

C_i——污染物的实测浓度,mg/m^3；

S_i——污染物的环境质量标准浓度,mg/m^3。

均权迭加法的基本根据是:在获得低一级的指数 P_i 时,是按污染物的环境质量标准 S_i 作为评价标准进行了污染程度的数值换算,表明已经考虑了不同污染物对人体和环境的污染程度的差异,其实质已作了简单的权重考虑,所以认为采取直接迭加的办法已达到了综合的目的。

若为粗略了解城市环境质量总状况的评价,可考虑选用这种综合评价方法。但它存在两个问题:一是有局限性,即评价标准非严格按评价目的选择,同一评价目的选用了两种或多种标准系列,即使同类系列的评价标准,其标准制定的依据也可能参差不一。二是均权迭加是将不同污染物和不同的环境要素给予同等对待,并未将危害大、影响严重的污染物或环境要素突出,并且忽视了极大值对环境质量变化的重要影响,这就产生了加权和处理极大值的问题。

2. 加权求和法

在综合评价中,不同的污染物和环境要素对人体、生物和环境的影响程度或强度一般是不同的,另外还有地区差异和城市的特殊情况。例如,从环境污染角度来看,空气污染和水体污染都是城市的主要污染问题。但是,就城市居民来说,一般不饮用被污染的河水,而饮用自来水,只要保护好自来水不受污染,环境水体的污染对人的危害就会减小。而对每个人都得呼吸的空气来说,避免被污染的空气危害却是非常困难的。对此,评价指数系统中应该引入权值,使评价结果更接近或符合环境质量的实际情况。加权求和法的环境污染指数的计算通式为:

$$Q_i = \sum_{i=1}^{k} W_i P_i \quad 且 \sum_{i=1}^{k} W_i = 1 \tag{15-6}$$

式中 Q_i——综合环境质量指数；

P_i——各环境要素的质量指数(分指数),求法同上；

W_i——i 环境要素(或污染因子)的权值。

设计权系数的基本根据是:由于所选取的环境要素或污染物对环境以及对人体和生物的影响是不同的,因此认为指数系统中必须引进权值,目的是使评价结论更符合环境质量的实际状况。

目前,确定权值有下列几种方法:

①根据居民来信统计与主观判断定权值。在选定了评价因子后,可根据居民的各种反映进行统计分析,并结合当地环境污染特点提出相对加权值。例如,根据居民来信和综合分析,各污染要素的权值分别为:空气 60%、噪声 20%、地面水 10%、地下水 10%。日本大阪府和南京市的环境质量评价曾采用这种方法。

②根据生产需要或用途定权值。如一条河流，根据饮用、生活用水、工业用水和渔业用水等用量比例定权值。

③根据《环境可容纳量》定权值。环境对某种污染物可容纳的程度即污染物开始引起环境恶化的极限。即：

$$V_i = \frac{S_i - B_i}{B_i} \tag{15-7}$$

式中 S_i——评价标准；

B_i——基准值(本底值)；

V_i——可容纳量的倒数。

由于可容纳量与权值呈反相关，所以权值 W_i 可以用下式表示：

$$W_i = \frac{V_i}{\sum V_i} \tag{15-8}$$

④也有用因子分析法或模糊数学法求权值。国外还有采用专家打分法求权值。

综合评价指数系统引入权系数，从理论上说是无可非议的，问题在确定权值时，应尽量避免人为因素，不恰当权值的引入反而会歪曲环境质量真象。因此，在评价时，最好在选择参数、确定评价标准上下功夫。在未找到科学合理的权值时，宁可采用均权迭加法。

3. 兼顾极值的综合指数法

该综合污染指数法既考虑了各环境要素或污染因子的平均污染状况，又兼顾了污染最重的环境要素或污染因子对环境质量的影响。其计算式如下：

$$l = \sqrt{\frac{(\max P_i)^2 + \overline{P_i}^2}{2}} \tag{15-9}$$

式中 l——综合污染指数；

$\max P_i$——各环境要素或污染因子中的最大分指数；

$\overline{P}_i^2$——各环境要素或污染因子的平均分指数。

总的来说，综合评价指数，只是大体上定量地综合表达区域环境质量。随着我们对环境认识的加深，以及监测手段和评价标准的不断完善，环境质量综合评价指数包括的内容和计算公式也将日渐丰富和深入，且更加科学合理。

三、环境质量分级

为了把定量的评价结构转变为定性的结论，也就是赋予环境质量指数以污染程度的相对概念，必须进行环境质量分级。目前一般的做法是按照综合指数大小划分环境质量级别，也有按照系统聚类分析法划分的。

(一)有关环境污染方面的环境质量分级

由于各城市自然环境、社会环境及污染情况有很大不同，加之综合指数的计算方法不同，所以环境质量的分级标准会有不同。举例如下：

1. 污染物标准指数(PSI)，为美国环境质量委员会和环境保护局 1976 年公布的分级标准(表 15-1)。据表在已知各污染物的实际浓度后，可用内插法计算出分指数，然后计算出标准指数 PSI，最后根据分级标准加以分级。

2. 北京西郊环境质量的评价是在大气、地表水、地下水、和土壤环境质量评价的基础上，用下式迭加进行综合评价的：

$$\sum P = P_{大气} + P_{地面水} + P_{地下水} + P_{土壤} \quad (15-10)$$

计算地面水与地下水时选用酚、氰、砷、汞、铬5个参数；计算大气选二氧化硫、飘尘2个参数；计算土壤选用酚、氰、镉3个参数。按$\sum P$值的大小，可将环境质量的评价分为6个级，其分级见表15－2。

表15－1　污染物标准指数(PSI)与各污染物浓度的关系及大气质量分级

PSI	大气污染浓度水平	污染物浓度(μg/m3)						大气质量分级	对健康的一般影响	要求采取的措施
		颗粒物(24h)	SO_2(24h)	CO(8h)	O_3(1h)	NO_2(1h)	SO_2×颗粒[①]			
500	显著危害水平	10 000	2 620	57.5	1 200	3 750	490 000	危险	病人和老年人提前死亡，健康人出现不良症状，影响正常活动	全体人群应停留在室内，关闭门窗。所有的人均应尽量减少体力消耗
400	紧急水平	875	2 100	46.0	1 000	3 000	393 000	危险	健康人除出现明显症状和降低运动耐受力外，提前出现某些疾病	老年人和病人应停留在市内避免体力消耗，一般人群应避免户外活动
300	警报水平	625	1 600	34.0	800	2 260	261 000	很不健康	心脏病和肺病患者症状显著加剧，运动耐受力降低，健康人群中普遍出现刺激症状	老年人和心藏病、肺病患者应停留在市内并减少体力活动
200	警戒水平	375	800	17.0	400	1 130	65 000	不健康	易感的人症状有轻度加剧，健康人群出现刺激症状	心脏病和呼吸系统疾病患者应减少体力消耗和户外活动
100	大气质量标准	260	365	10.0	160			中等		
50	大气质量标准50%	75[②]	80[②]	5.0	80			良好		
0		0		0	0	0				

注：表中空白处为污染物浓度低于警戒水平，不报告此分指数。①SO_2与颗粒物质的综合指标：24小时平均的SO_2 $\mu g/m^3$值乘以24小时平均颗粒物质$\mu g/m^3$值。②一级标准年平均水平。

表 15－2　北京西郊环境质量评价分级

分　　级	环境质量综合指数	评　　价
Ⅰ级	0	清洁
Ⅱ级	0.1～1.0	尚清洁
Ⅲ级	1.0～5.0	轻污染
Ⅳ级	5.0～10.0	中污染
Ⅴ级	10.0～50.0	重污染
Ⅵ级	50.0～100.0	极重污染

3. 表 15－3 是上海大气污染指数分级标准。表 15－4 是沈阳大气质量指数分级标准。

表 15－3　上海大气污染指数分级标准

分　级	清　洁	轻　污　染	中度污染	重污染	极重污染
$I_{上海}$	<0.6	0.6～1.0	1.0～1.9	1.9～2.8	>2.8
大气污染水平	清洁	大气质量三级标准	警戒水平	警报水平	紧急水平

表 15－4　沈阳大气质量指数分级

质量等级	极重污染	重污染	中等污染	轻污染	清　洁
$I_{沈阳}$	<31	31～40	40～55	55～61	>61
大气污染水平	紧急水平	警报水平	警戒水平	大气质量标准	清洁

（二）其他环境质量评价

城市是一个自然——社会——经济综合体，是一个复杂的人工生态系统，所以居民在城市环境中，不仅面临环境污染方面的问题，还要考虑其他方面的因素，如城市自然环境因素，包括城市气象因素、城市灾害、城市绿色空间等。

例如，在气象因素中，大陆度与人类生活的舒适情况有关。在海洋性气候下，气温的年温差与日温差都较小，年降水分配比较均匀，所以气候宜人；大陆性气候正相反。而年温差的大小是区别二者的主要标志。从大陆性气候到海洋性气候变化的程度可用大陆度来表示，其计算公式如下：

$$大陆度 = 气温年温差(℃)/\sin\varphi \qquad (15-11)$$

式中　φ——为当地地理纬度。

一般以大陆度超过 50 定为大陆性气候。

四、环境质量评价图

环境质量指数的综合评价运算，是在整个城市或地段面积上进行的，为方便计算和表达，以及城市总体规划和详细规划的需要，充分反映环境污染的空间特性，将城市或地段，划分许多等面积的小格(如 250 米×250 米，500 米×500 米)。根据数学上有限单元的概念，当这些微分面积足够小时，可以认为其内部状况是均一的。以此概念为基础，城市内任何方位上的环境质量指数就可以进行迭加计算。

这种由环境质量指数所表达的环境质量评价图一般包括：

1. 单一污染物的环境质量评价图(如二氧化硫、一氧化碳、酚、氰……)；
2. 单一介质的环境质量评价图(如水、大气、噪声、土壤……)；
3. 全环境的环境质量评价图；
4. 为特定目的进行的环境质量评价图(如风景旅游质量评价……)。

这种城市环境质量评价图可以：直观地反映出环境污染的空间变化特征，包括各区和地段环境质量差异及环境质量在空间上的过渡、转化、与规划设计密切配合；便于记录和对比同一地区环境质量随时间的变化；为进一步采用电子计算机进行环境规划、城市规划、环境质量监控等提供了一种显示方式。

第三节　环境影响评价

环境影响评价是环境质量评价的一个重要组成部分。为在环境保护工作中贯彻预防为主的方针，摆脱环境保护工作的被动状态，进行环境影响评价具有十分重要意义。

环境质量是一个不断变化的客观存在，单知道环境的现状不够，还应该预测未来趋势。这就要求在开发或兴建工程之前，事先对该工程将会对环境带来什么影响等问题，进行充分的调查研究，作出科学的预测估计，并制定妥善地预防公害和预防环境破坏的对策。要在人们的行动(开发和建设)没有改变环境之前，就要预测它的影响，进而考虑到防止它对城市环境的反作用。概括的讲，环境影响评价，就是根据地区的特点和自然环境现状，预测它将产生的变化，再把预测的结果进行评价。

一、环境影响评价的类型

环境影响评价因评价对象及侧重点不同，可分为几种类型。通常按开发活动可以分为单个建设项目的环境影响评价、区域开发项目的环境影响评价和发展战略的环境影响评价。

(一)单个建设项目的环境影响评价

建设项目的种类繁多，包括钢铁、化工、煤炭、电力、矿山、油田、航空、公路、铁路等。不同建设项目的性质不同，其环境影响也不一样。

(二)区域开发项目的环境影响评价

近些年来，各地区均出现了区域开发项目，包括新经济开发区、高新技术开发区、旅游开发区及老工业开发区等。区域开发项目的环境影响评价的重点是论证区域内未来建设项目的布局、结构及时序，建立合理的产业结构及污染控制基础设施，以协调开发活动与保护区域环境的关系。

（三）战略环境影响评价

战略环境影响评价是指对发展战略进行环境影响评价，发展战略是对未来发展目标的预期与谋划。该类评价侧重于比较不同发展战略间的环境后果，以选择环境影响小的，并具有显著社会经济效益的发展战略作为区域备选发展战略。1996 年 6 月在葡萄牙召开的国际环境影响评价学术讨论会上，联合国环境规划署号召各国改进环境影响评价，提高其有效性，使发展战略环境影响评价为政府决策服务。

二、环境影响评价的程序

环境影响评价工作的程序也就是影响评价工作自身规律的反应。不同国家由于经济发展水平不一，文化及人们的环境意识不同，因而环境影响评价的工作程序略有不同，但基本步骤如下：

1. 确定所需要的参数及评价的深度

根据对工程的分析及环境质量标准确定所需要的参数及评价的深度。

2. 对基本情况的收集，包括实地考察

通过对工艺过程分析，了解各种污染物的排放源、排放强度；了解废物的治理回收、利用措施；了解原材料的贮运情况；调查运输工具、设备及运输物资的特性，以及其他各种情况的收集和考察。

3. 作出工程项目对环境影响的定量或定性的分析；

通过对资料的分析，作出工程项目对环境影响的定量或定性的分析，如农田的损失、居民的搬迁、景观的变化、施工时期的噪声、振动及土地侵蚀等影响。对建设工程可能发生的环境影响进行识别，列出环境影响识别表，逐项分析各种工程活动对各种环境要素诸如大气环境、水环境、土壤环境及生物的影响，选择重点，深入进行评价。

4. 环境影响预测

根据以上资料及分析结果，进行环境影响预测，包括大气环境影响预测、水环境影响预测、土壤环境影响预测等。

5. 应用评价结果以确定工程建设项目如何进行修正，以最大限度减少不利的环境影响。

我国根据国内的实际情况和工作实践，总结出环境影响评价的工作程序，如图 15－2 所示。由图可见，环境影响评价工作大体分为三个阶段。第一阶段为准备阶段，主要工作为研究有关文件，进行初步的工程分析和环境现状调查，筛选重点评价项目，确定各单项环境影响评价的工作等级，编制评价大纲。第二阶段为正式工作阶段，其主要工作为进一步做工程分析和环境现状调查，并进行环境影响预测和评价环境影响。第三阶段为报告书编制阶段，其主要工作为汇总、分析第二阶段工作所得的各种资料、数据，得出结论，完成环境影响报告书的编制。

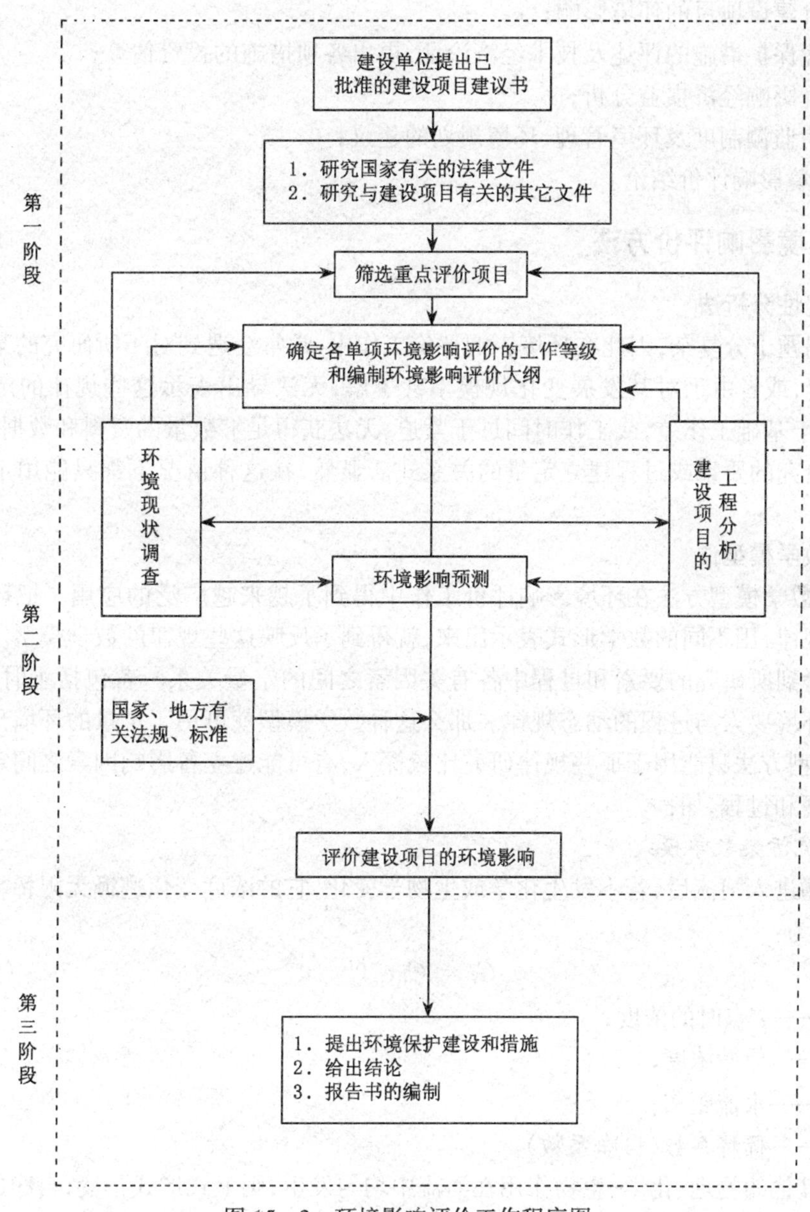

图 15－2　环境影响评价工作程序图

三、环境影响评价的内容

环境影响评价工作最终以报告书的形式反映出来，国家对报告书的内容有详细的规定。根据国家《环境影响评价技术导则》的规定，环境影响评价报告书内容如下：

1．总则；

2．建设项目影响；

3．工程分析；

4．建设项目周围地区的环境现状；

5．环境影响预测；

6. 评价建设项目的环境影响；

7. 环境保护措施的评述及技术经济论证，提出各项措施的投资估算；

8. 环境影响经济损益分析；

9. 环境监测制度及环境管理、环境规划的建议；

10. 环境影响评价结论。

四、环境影响评价方法

(一)定性分析法

环境问题十分复杂，因此在环境影响评价工作中，常常会遇到对于所研究的某些环境要素或过程，或者由于对其发展变化规模不甚了解，无法导出表示这些规律的定量关系式；或者由于基础工作差，或工作时间过于紧迫，无法获得足够数量的资料和数据，因而也无法对所研究的要素或过程建立定量的关系式。显然，在这种情况下都只能用定性分析的方法。

(二)数学模型法

目前，数学模型方法在环境影响评价工作中得到了越来越广泛的应用。把环境要素或过程的规律，用不同的数学形式表示出来，就得到了反映这些规律的数学模型。由数学模型就可得到所研究的要素和过程中各有关因素之间的定量关系。若包括了时间因素，则反映了环境要素与过程的动态规律。那么这种数学模型就可用于定量的环境预测。显然，数学模型方法只能用于那些规律研究比较深入，有可能建立各影响因素之间定量关系的那些要素和过程，如：

1. 河流污染数学模式

污染物进入河流后，若不发生化学或生物学变化，它的浓度变化遵循无限稀释作用规律，表达式为：

$$C_i = C_0 e^{-KD} \tag{15-12}$$

式中 C_i——i 点时的浓度；

C_0——原始浓度；

D——水流距离；

K——稀释系数(自净系数)。

若有其他的物理、化学、生物作用在河流中均匀发生，则上式形式不变，自净的综合作用可以集中反映在 K 值中。

2. 土壤污染数学模式

污染物在土壤中呈现动态积累过程。一方面，污染物随灌溉水、大气降尘等不断进入土壤；另一方面，土壤中的淋洗、分解、吸附、化合、生物吸收等作用又不断使污染物得以净化。若认为这两种作用都是均匀进行的，则在某一时刻土壤中污染物的累积量可表达为：

$$W_i = B_i + \frac{Q_i}{M} K_i \frac{1 - K_i^{\,n}}{K_i} \tag{15-13}$$

式中 W_i——i 污染物在土壤中累积含量，mg/kg；

B_i——土壤本底值，mg/kg；

Q_i——进入土壤的污染物总量,mg/年·亩;

M——耕作层土壤重量,kg/亩;

n——污灌年限,年;

K_i——i 污染物在土壤中的残留率,%。

3. 大气污染数学模式

在风向、风速均匀不变的情况下,由一个连续点源所排出的污染物,若不发生大气化学反应,则可用统计学的中心极限定理,模拟污染质点分布,即:

$$P_i(x,y)=\frac{Q_i}{\pi\sigma_y\sigma_z\bar{u}}\exp\left[-\left(\frac{y^2}{2\sigma_y{}^2}-\frac{h_i{}^2}{2\sigma_z{}^2}\right)\right] \tag{15-14}$$

式中 Q_i——i 污染排放强度;

σ_y,σ_z——横向和垂直方向大气扩散系数;

$\bar{u}$——平均风速;

y——距污染源水平距离;

h_i——i 污染源排放有效高度;

$P_i(x,y)$——空间某点$(x,y,z=0)$浓度。

(三)综合评价法

环境影响评价工作中往往需要对开发活动的各要素和过程造成的影响做一个总的估计和比较,即进行综合评价。

综合评价方法有:矩阵法、地图覆盖法、灵敏度分析法等,其中应用最广泛的综合评价方法是所谓的矩阵法。

五、环境影响报告书

国家有关部门规定的大中型基本建设项目环境影响报告书的内容如下:

(一)建设项目的一般情况

1. 建设项目名称、建设性质;
2. 建设项目地点;
3. 建设规模(扩建项目应说明原有规模);
4. 产品方案和主要工艺流程;
5. 主要原料、燃料、水的用量和来源;
6. 废水、废气、废渣、粉尘、放射性废物等的种别、排放量和排放方式;
7. 废弃物回收利用、综合利用和污染物处理方案、设施和主要工艺原则;
8. 职工人数,生活区布局;
9. 占地面积和土地利用情况;
10. 发展规划。

(二)建设项目周围地区的环境状况

1. 建设项目的地理位置(附位置平面图);
2. 周围地区地形地貌和地质情况、江河湖海和水文情况、气象情况;
3. 周围地区矿藏、森林、草原、水产和野生动物、野生植物等自然资源情况;

4. 周围地区自然保护区、风景游览区、名胜古迹、温泉疗养区以及重要政治文化设施情况；

5. 周围地区现有工矿企业分布情况；

6. 周围地区生活居住区分布情况和人口密度、地方病等情况；

7. 周围地区大气、水的环境质量状况。

(三)建设项目对周围地区的环境影响

1. 对周围地区地质、水文、气象可能产生的影响,包括防范和减少这种影响的措施及最终不可避免的影响；

2. 对周围地区自然资源可能产生的影响,包括防范和减少这种影响的措施及最终不可避免的影响；

3. 对周围地区自然保护区域可能产生的影响,包括防范和减少这种影响的措施及最终不可避免的影响；

4. 最终排放量对周围大气、水、土壤和环境质量的影响范围和程度；

5. 噪声、震动等对周围生活居住区的影响范围和程度。

(四)建设项目对周围地区的环境影响评价

1. 将建设项目对周围地区的环境影响和该地区的环境保护目标或环境标准进行比较,说明影响是否可以接受；

2. 对各种影响的性质加以说明,以筛选出长期的、直接的、不可逆的影响,为决策提供依据。

(五)建设项目的环境保护措施

1. 绿化措施,包括防护区的防护林和建设区域的绿化；

2. 专项环境保护措施及其投资估算。

(六)建设项目环境保护可行性的论证意见。

第四节　城市环境美学质量评价

环境美学是研究人类生存环境的美学法则,研究环境美感对人们的生理和心理的作用,进而探讨这种作用对于人体健康、工作效率以及对社会和经济的影响。

环境美是人类的一种需求。对于环境美的描述,一般习惯是用定性方法来表达,而城市环境美学质量评价则是采用定量和半定量方法来表达。

一、环境美学质量评价的主要内容

环境作为一种物质存在,它有美的特性。外界环境通过人的视觉、听觉、嗅觉、感觉等在人的头脑中引起美与丑的判断、反映和欣赏。这种判断、反映和欣赏与许多社会因子有关,也常因个人的精神、健康、情绪而异,所以环境美学质量评价是一项内容丰富而复杂的工作。一般来说,对于健全正常的人,判定环境美感的标准是基本相同的。为了简化和便于定量分析,我们可将环境美学质量分解为六个组成要素(表 15－5)。

表 15－5　各个环境美学质量要素的主要因子

环境美学质量要素	环 境 美 学 因 子
自然景观美	自然景区总体景观、山景、奇峰异洞、水景(江、河、湖、海、溪、流)、海滩浴场、潮夕、瀑布、森林、草原、古树名木、花卉、云雾天空、四季景致、夜景、村落田野、自然保护区、原始景观、野生动物群落
建筑艺术美	建筑总平面布局(包括竖向布局)、建筑群体构景、对景、借景、主体建筑造型与立面效果、建筑内外空间构图、建筑色彩、建筑细部装修、民族形式、古建筑保护、意境与效果
人文景观美	历史古迹:碑石、摩岩雕刻、壁画、塑像、古墓、古战场、古城遗址、考古发掘;人文、故居、革命文物、文稿手迹、书画题记、古物珍宝、风土人情、神话传说
园林艺术美	园林布局、构思与构图、园林建筑、假山怪石、园林水景、花墙洞口、小桥、林木花草、绿化种植技巧、盆景艺术、园林历史、绿化色泽和声影
环境气氛美	整洁卫生、大气质量(降尘量、飘尘、能见度、氧气含量、有害有毒成分)、水体质量(清澈透明度、能否允许人体接触)、温湿度、环境安宁(无噪声干扰)、大自然声影效果
社会服务质量	交通道路旅游服务(宿、食、导游)、景区容纳最佳人数,商业服务、文化艺术服务、安全、文明、礼貌

各要素中,自然景观美是环境美感的基础,它是由山、水、树、花、鸟、云雾、飞瀑等各种因子组成。建筑艺术、人文景观和园林艺术都是人类在漫长的历史进程中,通过对自然的改造,进行艺术加工而成,是人类历史、文化艺术和自然三位一体的综合美,也是组成现代环境美感的重要部分。环境气氛,如整洁、卫生、安宁是构成环境审美的基本要素。因为环境的美感是通过人的感官在大脑形成的反映,如果周围的环境既不整洁又肮脏嘈杂,那么,纵有很美的环境也是无法使人欣赏的。整洁、卫生、安宁和我们通常研究的环境质量,如大气降尘量、能见度、水质好坏、噪声强度等密切相关,需要将这些方面的监测数据、质量标准转换成美学质量标准。社会服务质量是人类审美的必要条件和保证,如交通条件、食宿条件、景区可容纳的最佳游人数等,在评价环境美学质量的时候占有一定的位置。

组成环境美学质量要素的因子繁多而复杂,在进行评价时,则要从中选取最主要相关的因子作为各个要素的评价参数,数量不宜过多,以能反映美学质量要素的本质和变化为宜。

通过对美学参数的半定量和定量分析,拟定相应的数学模式,评价各环境美学质量要素的等级。最后综合各要素的美学质量(即等级),确定评价对象的美学等级,绘制环境美学质量评价图,一方面参与全环境质量评价,一方面做出改善环境美学质量的规划方案,这就是环境美学质量评价的主要内容。

二、环境美学质量评价的程序和方法

(一)环境美学质量评价程序

环境美学质量评价程序见图 15－3 环境美学质量评价程序框图。

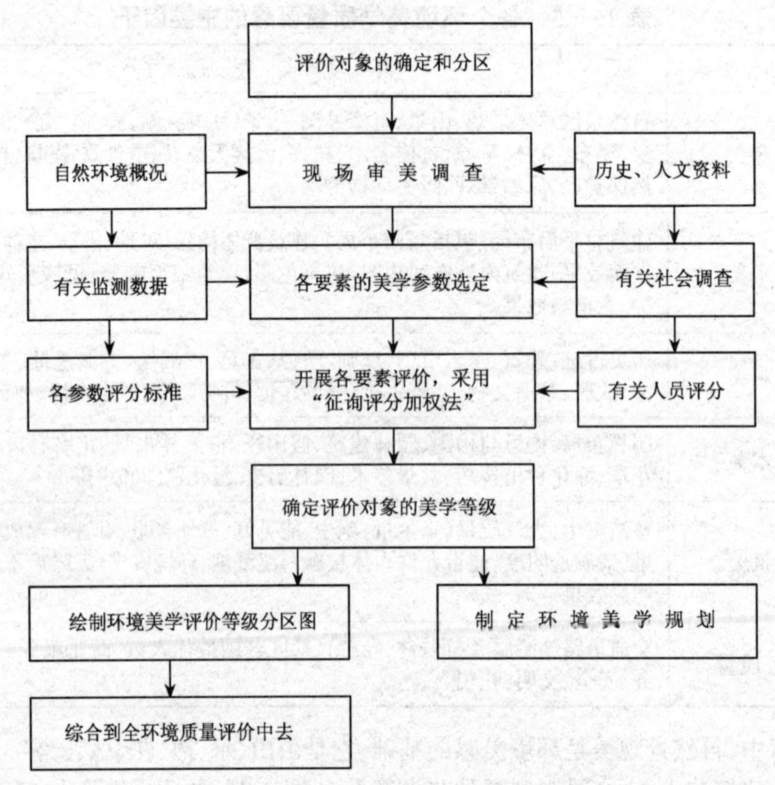

图 15-3　环境美学质量评价程序框图

(二)步骤与方法

1. 确定评价对象及分区界限

掌握自然环境概况,收集有关监测数据,以那些和自然景观形成、发展密切相关的因素为主要方面,如地质地理条件、水文水质状况、大气质量、气候、植被组成和覆盖率、噪声强度和分布规律等,同时要熟悉和了解有关人文景观的历史成因、史迹、当地地方志、历史人物、风土人情及有关的传说,全面地综合考虑上述各种情况,合理地确定评价对象及其分区界限的划分。

2. 各环境美学质量要素的参数(美学因子)选择

广泛开展社会学调查,选取合理的、有代表性的美学参数。调查内容依评价对象而定,调查方法主要通过现场审美观察,结合社会调查的结果,反复推敲综合而成。

参数应富有美学魅力,它们的变化对环境美感的影响最重要和最强烈。例如,通过现场审美和社会学调查,确定庐山自然景观美的主要参数为瀑布与泉水景观、云雾、四季景致和森林与古树名木四个美学因子。

3. 确定美学参数的评分标准和数据整理

美学参数的评分标准的确定有两种情况,一种是有监测数据为依据和可进行数学统计的因子,需转换成无量纲的计算分值,评分采用 0～100 分。100 分表示美学质量最好,0 分则代表最差。下面举例说明(表 15-6)。

表 15-6　美学参数评分标准举例(1)

安静状况	评分标准	景区容纳最佳人数比	评分标准
35 分贝以下	100	80%~96%	100
35~45 分贝	90 以上	96%~102%	90 以上
45~50 分贝	90~75	102%~110%	90~80
50~55 分贝	75~60	110%~125%	80~60
55~70 分贝	60~30	125%~150%	60~40
70 分贝以上	30~0	150%以上	40~0

注:景区容纳最佳人数比 = 高峰游览人数/允许容纳游人数

第二种情况是很难进行定量统计的美学参数,需要将定性分析转换成计算分值,同样采用 0—100 分制,如表 15-7 所示。

表 15-7　美学参数评分标准举例(2)

意境与效果	评分标准	建筑色彩	评分标准
有特色、引人入胜、留连忘返	100~90	明快、协调、富有艺术性	100~90
较有特色、观瞻丰富、艺术感强	90~80	二强一弱(上述三项)	90~80
有点特色、观赏好	80~70	二强一差	80~70
可供观察、一般化	70~50	一强二差	70~50
单调、无感染力	50~20	三差	50~0
无欣赏价值	20~0		

在确定了所有参数的评分标准之后,向有关美学家、诗人、画家、建筑师、地理学家和风景区管理人员征询评分。征询范围可以广泛一些,征询人数视实际情况而定。在最后整理时,有时可采用随机抽样方法,计算平均分值,采用最大值与平均值的算术方根。如庐山自然景观中美学参数"瀑布",通过征询 60 人次,得最高分值为 96,平均分值为 88,得瀑布的分值为:

$$C_{瀑} = \sqrt{\frac{96^2 + 88^2}{2}} = 92$$

4. 环境美学质量要素的评价模式

各参数的计算分值求出以后,就要确定各参数的权重,也就是各参数在美学质量要素中的重要性。通过统计,求出调查对象提出的初步权重的算术平均值,权重的重要程度定为 0~10,最重要参数的权系数为 10,重要性最差的权系数为 1。同时,由参与美学评价的专业人员经过讨论也提出各参数的权重值,取二者的平均值,整理成最后的权系数 q_i(0~1),并使 $\sum q_i = 1$。表 15-8 中列出了修复后的庐山东林寺建筑艺术美学参数的权重值。

表 15-8　庐山东林寺各美学参数重值

美学质量参数	调查对象提出的权重平均值	美学评价人员意见	二项平均值	最后权系数 q_i	评分值 C_i
建筑总平面布局	7	6	6.5	0.18	78
主体建筑造型与立面	8	8	8	0.22	83
建筑色彩	6	5	5.5	0.15	66
古建筑保护	6	8	7	0.20	58
意境与效果	8.5	9.5	9	0.25	86

最后权系数 q_i 的计算式如下：

$$q_i = \frac{\text{二项平均值}}{\text{二项平均值的总和}} \tag{15-15}$$

环境美学质量要素的评价模式采用下式计算：

$$M_y = \sum_{i=1}^{n} C_i q_i \tag{15-16}$$

式中　C_i——各美学参数的计算分值；

q_i——各美学参数的权系数；

M_y——环境美学质量要素的评分计算值。

下面以庐山东林寺“建筑艺术美”的 M_y 的计算为例，其参数评分值 C_i 列于表 15-8 中。根据表 15-8 的 C_i 和 q_i 值综合计算得：

$$M_y = 78 \times 0.18 + 83 \times 0.22 + 66 \times 0.15 + 58 \times 0.20 + 86 \times 0.25 = 75.3$$

为了明确划分美学等级，将计算得到的环境美学质量要素的评分值，按表 15-9 查出所属等级。如东林寺“建筑艺术美”按表 15-9 查出为Ⅱ级，美术效果为“美”。

表 15-9　环境美学等级划分

级　别	美　学　效　果	M_y　值
Ⅰ	很美	100 分~90 分
Ⅱ	美	90 分~75 分
Ⅲ	一般	75 分~60 分
Ⅳ	差	60 分~40 分
Ⅴ	很差	40 分以下

5. 环境美学等级

为了使评价对象最后评定的美学等级具有统一性、可比性，我们拟将评价对象分成三类：(1)自然风光，(2)城市风光，(3)较独立的人文景区(如某庙宇、陵墓等)。然后给出每一类别中各美学要素所占的权重 q_{yi}(二次加权)，再加权计算求出评价对象的美学评价总分 M。三种类别的美学要素权重值初步建议如表 15-10 所示。

最后，将 M_y 值按表 15-10 查出评价对象的环境美学等级

表 15－10　环境美学评价对象三类别各要素权重值 q_{yi}

美　学　要　素	自然风光(Ⅰ)	城市风光(Ⅱ)	较独立人文景区(Ⅲ)
自然景观	0.45	0.15	0.25
建筑艺术	0.17	0.33	0.20
人文景观	0.15	0.12	0.28
园林艺术	0.08	0.18	0.12
环境气氛	0.05	0.10	0.08
社会服务质量	0.1	0.12	0.07

注:①某些自然风光没有园林艺术项目的将该项权重值加入自然景观一项中。

②大自然保护区美学评价不在这三类中。

③在实际运用中,权系数固定值可在 0.05 的幅度中弹性变动。

6. 绘制环境美学质量评价图

小型评价对象一般不进行分区评价,没有必要绘制评价图。对于区域、流域以及规模较大的评价对象,如一个城市、一个风景区,在评价开始时就需要做好分区工作,分别进行评价,绘制评价图,并用不同色块或数字标明不同的美学评定等级,使之一目了然。

根据环境美学质量评价结果,可以提出改进环境美学质量的意见、方案和近、远期规划。环境质量美学评价可以单独作为一个评价结果,也可以综合到全环境质量评价中去。

主要参考文献

[1] 金岚等主编 . 环境生态学 . 北京:高等教育出版社 .1992
[2] 中野尊田等编著 . 城市生态学 . 北京:科学出版社 .1983
[3] 林肇信、刘天齐、刘逸农主编 . 环境保护概论 . 北京:高等教育出版社 .1999
[4] 何强、井文涌、王羽亭编著 . 环境学导论 . 北京:清华大学出版社 .2000
[5] 杨小波、吴庆书等编著 . 城市生态学 . 北京:科学出版社 .2000
[6] 沈清基编著 . 城市生态与城市环境 . 上海:同济大学出版社 .1998
[7] 曲格平编著 . 环境科学基础知识 . 北京:中国环境科学出版社 .1984
[8] 安德森著 . 环境生态学 . 沈阳:辽宁大学出版社 .1987
[9] 迪维诺著 . 生态学概论 . 北京:科学出版社 .1987
[10] 苏文才编著 . 环境质量学概论 . 开封:河南大学出版社 .1989
[11] 陈国新编著 . 环境科学基础 . 上海:复旦大学出版社 .1993
[12] 马德等编著 . 植物对空气污染的反应 . 北京:科学出版社 .1984
[13] 刘加平编著 . 城市环境物理 . 西安:西安交通大学出版社 .1993
[14] 蔡晓明编著 . 生态系统生态学 . 北京:科学出版社 .2000
[15] 徐新华、吴忠标、陈红编著 . 环境保护与可持续发展 . 北京:化学工业出版社 .2000
[16] 于志熙编著 . 城市生态学 . 北京:中国林业出版社 .1992
[17] 曲格平编著 .2000 年中国的环境 . 北京:经济日报出版社 .1989
[18] 曲格平编著 . 环境科学词典 . 上海:上海辞书出版社 .1994
[19] 郦桂芬编著 . 环境质量评价 . 北京:中国环境科学出版社 .1989
[20] 萧笃宁编著 . 景观生态学理论、方法及其应用 . 北京:中国林业出版社 .1991
[21] 董雅文编著 . 城市景观生态 . 北京:商务印书馆 .1993
[22] 周淑贞编著 . 城市气候学 . 北京:气象出版社
[23] 潘纪一编著 . 人口生态学 . 上海:复旦大学出版社 .1988
[24] 周密、王华东、张义生编著 . 环境容量 . 长春:东北师范大学出版社 .1987
[25] 曹磊编著 . 全球十大环境问题 . 环境科学 . 北京:《环境科学》编辑部 . 第 16 卷 .1996
[26] 莱斯特·R·布朗著 . 世界现状 2000. 北京:科学技术文献出版社 .2000
[27] 李汝编 . 自然地理统计资料 . 北京:商务印书馆 .1984
[28] 西安建筑科技大学绿色建筑研究中心编著 . 绿色建筑 . 北京:中国计划出版社 .1999
[29] 马铁丁编著 . 环境心理学与心理环境学 . 北京:国防工业出版社 .1996
[30] 巴巴拉·沃德、雷内·杜博斯著 . 只有一个地球 . 北京:石油化学工业出版社 .1976
[31] 福尔曼等著,萧笃宁等译 . 景观生态学 . 北京:科学出版社 .1990
[32] 尚玉昌、蔡晓明编著 . 普通生态学 . 北京:北京大学出版社 .1992
[33] 祖元刚编著 . 能量生态学引论 . 长春:吉林科学技术出版社 .1990
[34] 祝廷成、钟章成等编著 . 生态系统浅说 . 北京:科学出版社 .1990
[35] 岸根卓郎著 . 环境论 . 南京:南京大学出版社 .1999
[36] 马克·德维利耶著 . 水－迫在眉睫的生存危机 . 上海:上海译文出版社 .2001

[37] 杰克·格林兰著,夏云等译．建筑科学基础．西安:陕西科学技术出版社.1996
[38] 张伟民、杨泰运等著．我国沙漠化灾害的发展及其危害．自然灾害学报.1994.3(3):23—30
[39] 钟义信编著．信息科学原理．北京:北京邮电大学出版社.1996
[40] 湛垦华、沈小峰编著．普里高津与耗散结构理论．西安:陕西科学技术出版社.1982
[41] 王新岭主编．生态·人口·环境．北京:人民出版社.1990
[42] 云南大学生物系编．植物生态学．北京:人民教育出版社.1983
[43] 孔国辉等编著．大气污染与植物．北京:中国林业出版社.1985
[44] 冷平生编著．城市植物生态学．北京:中国建筑工业出版社.1995
[45] 郑长聚等编著．环境噪声控制工程．北京:高等教育出版社.1999
[46] 真锅恒博著,马俊、刘荣原译．住宅节能概论．北京:中国建筑工业出版社.1987
[47] 沼田真著．城市生态学．北京:科学出版社.1986
[48] 金磊编著．城市灾害学原理．北京:气象出版社．
[49] 余正荣编著．生态智慧论．北京:中国社会科学出版社,1996
[50] 张坤民编著．可持续发展论．北京:中国环境科学出版社.1997
[51] 毛文永、文剑平编著．全球环境问题与对策．北京:中国环境科学出版社.1989
[52] 孔繁德等．生态保护．北京:中国环境科学出版社.1994
[53] 历以宁、章铮编著．环境经济学．北京:中国计划出版社.1995
[54] 程正康编著．环境保护法概论．北京:中国环境科学出版社.1993
[55] 李国鼎、金子奇编著．固体废物处理与资源化．北京:清华大学出版社.1990
[56] 中国政府．中国21世纪议程．北京:中国环境科学出版社.1994
[57] 中国自然保护纲要编委会．中国自然保护纲要．北京:中国环境科学出版社.1987
[58] 郑光磊编著．论城市生态系统与城市规划．环境科学讨论会论文集(第一集)．北京:中国环境科学出版社.1984
[59] 国家环境保护总局．2003中国环境状况公报
[60] 国家环境保护总局．2004中国环境状况公报
[61] 国家环境保护总局．2005中国环境状况公报
[62] 国家环境保护总局．2006中国环境状况公报